21 世纪高等院校规划教材

Visual C++程序设计教程
（第二版）

主　编　梁建武

副主编　覃业瞧　刘秀娟　王晓慧

中国水利水电出版社
www.waterpub.com.cn

内 容 提 要

本书介绍 Visual C++ 6.0 编程技术和 Android 编程技术，主要内容包括：Visual C++ 6.0 集成开发环境，程序开发基础，构造应用程序框架，MFC 类库基础，菜单、工具栏与状态栏，对话框，控件与功能函数，高级控件，绘图与打印，访问数据库和文件读写，MFC 的进程和线程，串口通信程序的开发，动态链接库，Eclipse 集成开发环境，Java 语言基础，Android 程序开发基础，Android 系统控件，SQLite3 数据库，Android 网络编程，MFC 网络编程，手机无线组网，Flash 脚本，MFC 和 FLash 的交互。通过这些内容的学习，会使用户充分领略到 Visual C++事件驱动可视编程技术以及 Android 移动编程技术的威力所在。

本书实例丰富、讲解清晰、力求避免代码复杂冗长。简短实例特别有助于初学者仿效理解、把握问题精髓和对应用程序框架的整体认识；本书配套教材《Visual C++程序设计实验指导与实训》（第二版）能让读者学会怎样开发一个大型的程序实例。

本书可作为高等学校计算机或相关专业 Visual C++程序设计和 Android 程序设计的教材或参考书，也可供广大工程技术人员学习参考。

本书配有电子教案和例题对应的源程序代码，读者可以从中国水利水电出版社以及万水书苑网站（http://www.waterpub.com.cn/softdown/或 http://www.wsbookshow.com）下载。

图书在版编目（CIP）数据

Visual C++程序设计教程 / 梁建武主编. -- 2版
. -- 北京：中国水利水电出版社，2015.6
 21世纪高等院校规划教材
 ISBN 978-7-5170-3236-6

Ⅰ. ①V… Ⅱ. ①梁… Ⅲ. ①C语言－程序设计－高等学校－教材 Ⅳ. ①TP312

中国版本图书馆CIP数据核字（2015）第118628号

策划编辑：雷顺加　　责任编辑：李　炎　　封面设计：李　佳

书　　名	21世纪高等院校规划教材 Visual C++程序设计教程（第二版）
作　　者	主　编　梁建武 副主编　覃业瞧　刘秀娟　王晓慧
出版发行	中国水利水电出版社 （北京市海淀区玉渊潭南路1号D座　100038） 网址：www.waterpub.com.cn E-mail：mchannel@263.net（万水） 　　　　sales@waterpub.com.cn 电话：（010）68367658（发行部）、82562819（万水）
经　　售	北京科水图书销售中心（零售） 电话：（010）88383994、63202643、68545874 全国各地新华书店和相关出版物销售网点
排　　版	北京万水电子信息有限公司
印　　刷	三河市铭浩彩色印装有限公司
规　　格	184mm×260mm　16开本　22.75印张　573千字
版　　次	2006年1月第1版　2006年1月第1次印刷 2015年6月第2版　2015年6月第1次印刷
印　　数	0001—3000 册
定　　价	45.00 元

凡购买我社图书，如有缺页、倒页、脱页的，本社发行部负责调换

版权所有·侵权必究

再版前言

本书的第一版发行距今已经有相当长的一段时日了，在这期间，计算机科学技术每天都在更新，编者意识到第一版的内容已经不能满足社会生产实践的需要，因而对本书进行了适当的改版。在本书的第二版中，主要增加了在 Windows 7 系统下提高画线性能的方法，另外为了适应无线移动领域的飞速发展节奏和巨大的市场需求，本书增加了对 Android 编程技术以及在 MFC 中利用 Flash 进行混合开发的相关知识。过去，Windows 编程是一项非常复杂而且难以驾驭的任务；如今，这已成为历史。随着 Visual C++这种强大开发工具的出现，编程技术得到更新，使得编写类似于 Windows 这样的图形用户界面应用程序不再是不可能的事情，用户可以非常容易地创建出像菜单栏、工具栏、按钮、对话框、窗口等高级而又通用的图形元素，可以充分体验编程的乐趣，将自己的研究成果以专业的水准提供给读者。

随着移动互联网的飞速发展，智能手机已经成为人们生活中必不可少的通信娱乐设备，正因为智能手机有着巨大的市场，智能手机所使用的 Android 系统也吸引着越来越多的开发者投身其中，开发出一个又一个方便人们生活的智能手机应用程序。未来将是移动互联网的时代，因此学习 Android 应用程序的开发将显著提升技术人员的竞争力。

本书主要针对 Windows XP/7 系统，介绍应用程序的 Visual C++编程和 Android 编程。

本套教程分为教材和实训，教材所有实例均是在 Windows XP/7 环境下用 Visual C++ 6.0 和 Eclipse 开发的，并且均调试通过，读者可按照所附工程源代码重建应用，由于中所有实例均做得比较简短，需要录入的工作量并不大，所以非常适于仿效学习。实训书则由一个具有代表性的综合实例贯穿全部内容，其创新之处就是按教材内容分为若干个小工程来完成，这样既便于正确理解教材的内容，又便于读者学会怎样开发大型的应用程序。

本书侧重于理论与实践相结合，遵循循序渐进、由浅入深的认识特点来安排各个章节的内容顺序，从而使读者达到学以致用的目的。通过学习本教材，读者不仅能学会如何创建基本的 Windows 程序，还能学会如何在程序中添加一些必要的语句以达到特定的目的。同时，还将学会如何设计事件驱动程序来响应 Windows 消息、创建定制对话框、绘制窗口、打印文档、显示位置图以及常用的菜单、工具栏等操作。除此之外，本书还介绍了一些数据库、多线程、通信、动态库、Android 用户通信和 Flash 动画调用等高级技术的应用。

本书的内容及安排适于学习 Visual C++编程和 Android 编程的三类不同读者：

本书为不懂 C++和 Windows 程序结构的读者专门安排了第 2 章"程序开发基础"和第 3 章、第 4 章关于 Windows 应用程序组织结构的内容，通过这几章的学习，读者应该能够很快建立起对 C++和 Windows 编程结构的认识；懂 C++但不熟悉 Windows 应用程序结构的读者，可以阅读第 3 章、第 4 章关于 Windows 应用程序组织结构的内容，而跳过第 2 章；对于以上两部分都已熟悉的读者，可以跳过这两部分，直接阅读后面的高级部分。本书为不了解 Eclipse 集成开发环境和 Java 语言的同学准备了第 14 章、第 15 章，已经能够熟练运用 Eclipse 进行编程的同学可以跳过这两章。要学会开发大型的应用软件则需要参考本书的配套教材《Visual C++程序设计实验指导与实训（第二版）》。

全书共 20 章。第 1 章至第 4 章分别介绍 Visual C++、基础知识和开发环境；第 5 章至第 9 章分别介绍菜单、工具栏、状态栏、对话框、控件及高级控件、绘图和打印等 Windows 下的基本编程；第 10 章至第 13 章主要介绍数据库开发、MFC 多线程、串口通信、动态链接库等高级编程应用；第 14 章至第 18 章介绍 Android 系统下的编程知识；第 19 章介绍 MFC 网络编程以及手机无线组网技术；第 20 章介绍 Flash 脚本基础以及 MFC 和 Flash 的交互。

本书由梁建武任主编，并负责全书的体系结构和全书统稿，覃业瞧、刘秀娟、王晓慧任副主编，并负责全书的审核和编排。本书主要编写人员分工如下：梁建武编写了第 5 章、第 7 章、第 8 章、第 10 章以及第 17 章至第 20 章，覃业瞧编写了第 1 章、第 2 章、第 13 章至第 16 章，刘秀娟编写了第 6 章、第 9 章，王晓慧编写了第 3 章、第 4 章，陈语林编写了第 11 章、第 12 章。参加本书编写工作的还有施荣华、杜伟、程资、刘卫国、曹刚、王鹰、张伟、史瑞芳、张雷、付世凤、何志斌、刘军军、李华伟、谭海龙、文拯等。

在本书编写过程中，得到了许多专家和同仁的热情帮助和大力支持，在此向他们表示最真挚的感谢！

编　者
2015 年 3 月于中南大学

目 录

再版前言

第1章　Visual C++ 6.0 集成开发环境 ⋯⋯⋯⋯⋯ 1
　1.1　Visual C++ 6.0 工程及其文件构成 ⋯⋯⋯⋯ 1
　　1.1.1　Visual C++中的文件 ⋯⋯⋯⋯⋯⋯⋯ 1
　　1.1.2　工作空间中的文件 ⋯⋯⋯⋯⋯⋯⋯ 2
　　1.1.3　可以创建的文件类型和工程类型 ⋯ 2
　1.2　启动 Visual C++ 6.0 ⋯⋯⋯⋯⋯⋯⋯⋯⋯ 4
　　1.2.1　Visual C++ 6.0 的启动界面 ⋯⋯⋯⋯ 4
　　1.2.2　Visual C++ 6.0 的功能菜单 ⋯⋯⋯⋯ 4
　1.3　Visual C++ 6.0 集成开发环境概述 ⋯⋯⋯ 8
　　1.3.1　项目工作区 ⋯⋯⋯⋯⋯⋯⋯⋯⋯⋯ 9
　　1.3.2　应用程序向导 AppWizard ⋯⋯⋯⋯ 9
　　1.3.3　向导 ClassWizard ⋯⋯⋯⋯⋯⋯⋯ 10
　　1.3.4　向导工具栏 WizardBar ⋯⋯⋯⋯⋯ 13
　习题一 ⋯⋯⋯⋯⋯⋯⋯⋯⋯⋯⋯⋯⋯⋯⋯⋯⋯ 15

第2章　程序开发基础 ⋯⋯⋯⋯⋯⋯⋯⋯⋯⋯ 16
　2.1　C++语法基础 ⋯⋯⋯⋯⋯⋯⋯⋯⋯⋯⋯ 16
　　2.1.1　C++程序的构成 ⋯⋯⋯⋯⋯⋯⋯⋯ 16
　　2.1.2　C++的语言基础 ⋯⋯⋯⋯⋯⋯⋯⋯ 18
　　2.1.3　C++中的类与对象 ⋯⋯⋯⋯⋯⋯⋯ 21
　　2.1.4　类的继承和多态性 ⋯⋯⋯⋯⋯⋯⋯ 21
　　2.1.5　C++中的输入/输出流 ⋯⋯⋯⋯⋯⋯ 23
　2.2　AppWizard 的使用 ⋯⋯⋯⋯⋯⋯⋯⋯⋯ 23
　　2.2.1　AppWizard 第一步 ⋯⋯⋯⋯⋯⋯⋯ 24
　　2.2.2　AppWizard 第二步 ⋯⋯⋯⋯⋯⋯⋯ 25
　　2.2.3　AppWizard 第三步 ⋯⋯⋯⋯⋯⋯⋯ 25
　　2.2.4　AppWizard 第四步 ⋯⋯⋯⋯⋯⋯⋯ 26
　　2.2.5　AppWizard 第五步 ⋯⋯⋯⋯⋯⋯⋯ 27
　　2.2.6　AppWizard 第六步 ⋯⋯⋯⋯⋯⋯⋯ 28
　2.3　一个简单的应用程序 ⋯⋯⋯⋯⋯⋯⋯⋯ 29
　　2.3.1　创建过程 ⋯⋯⋯⋯⋯⋯⋯⋯⋯⋯⋯ 29
　　2.3.2　编译、链接并运行程序 ⋯⋯⋯⋯⋯ 30
　2.4　程序结构剖析 ⋯⋯⋯⋯⋯⋯⋯⋯⋯⋯⋯ 31
　　2.4.1　CAboutDlg 类 ⋯⋯⋯⋯⋯⋯⋯⋯⋯ 31

　　2.4.2　CEg2_1App 类 ⋯⋯⋯⋯⋯⋯⋯⋯⋯ 32
　　2.4.3　CEg2_1Doc 和 CEg2_1View 类 ⋯⋯ 32
　　2.4.4　CMainFrame 类 ⋯⋯⋯⋯⋯⋯⋯⋯ 35
　2.5　Win32 编程基础 ⋯⋯⋯⋯⋯⋯⋯⋯⋯⋯ 36
　　2.5.1　Win32 数据类型 ⋯⋯⋯⋯⋯⋯⋯⋯ 36
　　2.5.2　句柄 ⋯⋯⋯⋯⋯⋯⋯⋯⋯⋯⋯⋯⋯ 37
　　2.5.3　标识符命名 ⋯⋯⋯⋯⋯⋯⋯⋯⋯⋯ 37
　习题二 ⋯⋯⋯⋯⋯⋯⋯⋯⋯⋯⋯⋯⋯⋯⋯⋯⋯ 38

第3章　构造应用程序框架 ⋯⋯⋯⋯⋯⋯⋯⋯ 39
　3.1　单文档应用框架 ⋯⋯⋯⋯⋯⋯⋯⋯⋯⋯ 39
　　3.1.1　创建过程 ⋯⋯⋯⋯⋯⋯⋯⋯⋯⋯⋯ 39
　　3.1.2　CEg3_1App 应用程序运行过程 ⋯⋯ 42
　　3.1.3　InitInstance()函数 ⋯⋯⋯⋯⋯⋯⋯⋯ 42
　3.2　多文档应用框架 ⋯⋯⋯⋯⋯⋯⋯⋯⋯⋯ 44
　　3.2.1　创建过程 ⋯⋯⋯⋯⋯⋯⋯⋯⋯⋯⋯ 44
　　3.2.2　单文档应用程序和多文档应用程序
　　　　　的比较 ⋯⋯⋯⋯⋯⋯⋯⋯⋯⋯⋯⋯ 45
　3.3　基于对话框的应用框架 ⋯⋯⋯⋯⋯⋯⋯ 46
　　3.3.1　创建过程 ⋯⋯⋯⋯⋯⋯⋯⋯⋯⋯⋯ 46
　　3.3.2　InitInstance()函数分析 ⋯⋯⋯⋯⋯⋯ 47
　3.4　程序运行流程分析 ⋯⋯⋯⋯⋯⋯⋯⋯⋯ 48
　　3.4.1　Windows 的编程模式 ⋯⋯⋯⋯⋯⋯ 48
　　3.4.2　MFC 应用程序的运行过程 ⋯⋯⋯⋯ 49
　　3.4.3　三种应用程序框架的异同 ⋯⋯⋯⋯ 49
　习题三 ⋯⋯⋯⋯⋯⋯⋯⋯⋯⋯⋯⋯⋯⋯⋯⋯⋯ 50

第4章　Microsoft 类库基础 ⋯⋯⋯⋯⋯⋯⋯ 51
　4.1　Microsoft 类库概述 ⋯⋯⋯⋯⋯⋯⋯⋯⋯ 51
　4.2　根类：CObject ⋯⋯⋯⋯⋯⋯⋯⋯⋯⋯⋯ 51
　4.3　MFC 应用程序框架结构类 ⋯⋯⋯⋯⋯⋯ 52
　　4.3.1　CWinApp 类 ⋯⋯⋯⋯⋯⋯⋯⋯⋯⋯ 52
　　4.3.2　CDocument 类 ⋯⋯⋯⋯⋯⋯⋯⋯⋯ 53
　　4.3.3　CView 类 ⋯⋯⋯⋯⋯⋯⋯⋯⋯⋯⋯ 54
　4.4　MFC 窗口类 ⋯⋯⋯⋯⋯⋯⋯⋯⋯⋯⋯⋯ 55

4.5 MFC 异常类 ⋯⋯⋯⋯⋯⋯⋯⋯⋯⋯⋯⋯ 56
　　4.5.1 CMemoryException（Out-of-memory exception，内存不足异常）⋯⋯⋯⋯ 56
　　4.5.2 CNotSupportedException（Request for an unsupported operation，系统不支持的操作）⋯⋯⋯⋯⋯ 56
　　4.5.3 CArchiveException（Archive-specific exception 文件归档异常）⋯⋯ 56
　　4.5.4 CFileException（File-specific exception，文件操作异常）⋯⋯ 56
　　4.5.5 CResourceException（Windows resource not found or not creatable，资源未找到）⋯⋯⋯⋯⋯⋯⋯ 57
4.6 MFC 文件类 ⋯⋯⋯⋯⋯⋯⋯⋯⋯⋯⋯⋯ 57
　　4.6.1 打开和关闭文件 ⋯⋯⋯⋯⋯⋯⋯ 57
　　4.6.2 文件的读写 ⋯⋯⋯⋯⋯⋯⋯⋯⋯ 58
　　4.6.3 CStdioFile 类 ⋯⋯⋯⋯⋯⋯⋯⋯ 58
　　4.6.4 CMemFile 类 ⋯⋯⋯⋯⋯⋯⋯⋯ 58
　　4.6.5 CArchive 类 ⋯⋯⋯⋯⋯⋯⋯⋯ 58
　　4.6.6 CSocketFile 类 ⋯⋯⋯⋯⋯⋯⋯ 58
4.7 绘图和打印类 ⋯⋯⋯⋯⋯⋯⋯⋯⋯⋯ 59
　　4.7.1 设备环境类 ⋯⋯⋯⋯⋯⋯⋯⋯⋯ 59
　　4.7.2 图形对象类 ⋯⋯⋯⋯⋯⋯⋯⋯⋯ 59
4.8 ODBC 类 ⋯⋯⋯⋯⋯⋯⋯⋯⋯⋯⋯⋯ 60
　　4.8.1 CDatabase 类 ⋯⋯⋯⋯⋯⋯⋯⋯ 60
　　4.8.2 CRecordset 类 ⋯⋯⋯⋯⋯⋯⋯⋯ 60
　　4.8.3 CRecordView 类 ⋯⋯⋯⋯⋯⋯⋯ 61
习题四 ⋯⋯⋯⋯⋯⋯⋯⋯⋯⋯⋯⋯⋯⋯⋯ 61

第5章 菜单、工具栏与状态栏 ⋯⋯⋯⋯⋯ 63
5.1 编辑菜单资源 ⋯⋯⋯⋯⋯⋯⋯⋯⋯⋯ 63
　　5.1.1 系统生成的菜单 ⋯⋯⋯⋯⋯⋯⋯ 63
　　5.1.2 菜单的编辑 ⋯⋯⋯⋯⋯⋯⋯⋯⋯ 64
5.2 使用 ClassWizard 添加消息处理函数 ⋯ 69
　　5.2.1 为应用程序添加消息处理函数 ⋯⋯ 69
　　5.2.2 MessageBox()函数 ⋯⋯⋯⋯⋯⋯ 70
5.3 加入键盘加速键 ⋯⋯⋯⋯⋯⋯⋯⋯⋯ 70
　　5.3.1 键盘加速键的含义 ⋯⋯⋯⋯⋯⋯ 70
　　5.3.2 添加键盘加速键 ⋯⋯⋯⋯⋯⋯⋯ 71
5.4 工具栏和状态栏 ⋯⋯⋯⋯⋯⋯⋯⋯⋯ 72
　　5.4.1 工具栏 ⋯⋯⋯⋯⋯⋯⋯⋯⋯⋯⋯ 72
　　5.4.2 用 MFC 创建工具栏 ⋯⋯⋯⋯⋯ 72
　　5.4.3 创建一个实际的工具栏 ⋯⋯⋯⋯ 73
　　5.4.4 状态栏 ⋯⋯⋯⋯⋯⋯⋯⋯⋯⋯⋯ 78
习题五 ⋯⋯⋯⋯⋯⋯⋯⋯⋯⋯⋯⋯⋯⋯⋯ 81

第6章 对话框 ⋯⋯⋯⋯⋯⋯⋯⋯⋯⋯⋯⋯ 82
6.1 消息映射 ⋯⋯⋯⋯⋯⋯⋯⋯⋯⋯⋯⋯ 82
6.2 定义对话框 ⋯⋯⋯⋯⋯⋯⋯⋯⋯⋯⋯ 83
6.3 通用对话框 ⋯⋯⋯⋯⋯⋯⋯⋯⋯⋯⋯ 86
　　6.3.1 通用对话框 ⋯⋯⋯⋯⋯⋯⋯⋯⋯ 86
　　6.3.2 应用实例 ⋯⋯⋯⋯⋯⋯⋯⋯⋯⋯ 86
6.4 消息对话框 ⋯⋯⋯⋯⋯⋯⋯⋯⋯⋯⋯ 87
6.5 属性页对话框 ⋯⋯⋯⋯⋯⋯⋯⋯⋯⋯ 88
6.6 鼠标和键盘消息 ⋯⋯⋯⋯⋯⋯⋯⋯⋯ 90
　　6.6.1 鼠标消息 ⋯⋯⋯⋯⋯⋯⋯⋯⋯⋯ 90
　　6.6.2 键盘消息 ⋯⋯⋯⋯⋯⋯⋯⋯⋯⋯ 92
习题六 ⋯⋯⋯⋯⋯⋯⋯⋯⋯⋯⋯⋯⋯⋯⋯ 93

第7章 控件与功能函数 ⋯⋯⋯⋯⋯⋯⋯⋯ 94
7.1 控件概述 ⋯⋯⋯⋯⋯⋯⋯⋯⋯⋯⋯⋯ 94
　　7.1.1 控件的手工编辑 ⋯⋯⋯⋯⋯⋯⋯ 94
　　7.1.2 控件的操作和使用 ⋯⋯⋯⋯⋯⋯ 94
　　7.1.3 用于常用控件的通知 ⋯⋯⋯⋯⋯ 95
7.2 静态控件 ⋯⋯⋯⋯⋯⋯⋯⋯⋯⋯⋯⋯ 95
7.3 按钮控件 ⋯⋯⋯⋯⋯⋯⋯⋯⋯⋯⋯⋯ 95
　　7.3.1 按钮控件的样式 ⋯⋯⋯⋯⋯⋯⋯ 96
　　7.3.2 类 CButton ⋯⋯⋯⋯⋯⋯⋯⋯⋯ 97
　　7.3.3 按钮控件消息 ⋯⋯⋯⋯⋯⋯⋯⋯ 97
7.4 编辑框控件 ⋯⋯⋯⋯⋯⋯⋯⋯⋯⋯⋯ 97
　　7.4.1 编辑框控件的样式 ⋯⋯⋯⋯⋯⋯ 97
　　7.4.2 CEdit 类所有成员函数 ⋯⋯⋯⋯ 97
　　7.4.3 编辑框控件消息 ⋯⋯⋯⋯⋯⋯⋯ 98
7.5 列表框控件 ⋯⋯⋯⋯⋯⋯⋯⋯⋯⋯⋯ 98
　　7.5.1 列表框控件样式 ⋯⋯⋯⋯⋯⋯⋯ 98
　　7.5.2 CListBox 类常用成员函数 ⋯⋯⋯ 99
　　7.5.3 列表框控件消息 ⋯⋯⋯⋯⋯⋯⋯ 99
7.6 组合框控件 ⋯⋯⋯⋯⋯⋯⋯⋯⋯⋯⋯ 99
　　7.6.1 组合框控件样式 ⋯⋯⋯⋯⋯⋯⋯ 99
　　7.6.2 CComboBox 类常用成员函数 ⋯⋯ 100
　　7.6.3 组合框控件消息 ⋯⋯⋯⋯⋯⋯⋯ 100

7.7	滚动条控件	100
7.7.1	滚动条控件样式	100
7.7.2	CScrollBar 类	101
7.7.3	滚动条控件消息	101
7.8	常用控件应用实例	102
7.8.1	创建对话框资源	102
7.8.2	生成对话框类	104
7.8.3	为控件建立相关联的成员变量	105
7.8.4	成员变量的初始化	106
7.8.5	建立消息映射与响应函数	106
7.8.6	函数建立与调用	107
7.8.7	重载其他函数	109
7.8.8	运行程序	110
习题七		110

第 8 章 高级控件 ... 111

8.1	高级控件简介	111
8.2	动画控件	111
8.2.1	动画控件的样式	111
8.2.2	CAnimateCtrl 类	112
8.3	标签控件	112
8.3.1	标签控件的样式	113
8.3.2	类 CTabCtrl	113
8.3.3	标签控件的操作方法	113
8.3.4	应用实例	114
8.4	列表控件	115
8.4.1	列表控件的样式	115
8.4.2	CListCtrl 类	115
8.4.3	应用实例	117
8.5	树形控件	118
8.5.1	树形控件的样式	118
8.5.2	CTreeCtrl 类	118
8.5.3	应用实例	120
8.6	旋转按钮控件	121
8.6.1	旋转按钮控件的样式	121
8.6.2	CSpinButtonCtrl 类	122
8.7	滑动条控件	122
8.7.1	滑动条控件的样式	122
8.7.2	CSliderCtrl 类	123
8.8	进度条控件	123

8.8.1	进度条控件的样式	123
8.8.2	CProgressCtrl 类	123
习题八		126

第 9 章 绘图与打印 ... 127

9.1	设备环境类	127
9.1.1	设备环境类 CDC	127
9.1.2	其他设备环境类	128
9.2	GDI 对象	130
9.3	坐标与坐标模式	131
9.3.1	固定映射模式	132
9.3.2	可变映射模式	132
9.3.3	坐标转换	133
9.4	常用绘图函数	133
9.4.1	常用位置类	134
9.4.2	简单图形函数	134
9.5	绘图实例	135
9.6	字体	141
9.7	画刷	144
9.8	打印和打印预览	146
9.8.1	打印控制流程	146
9.8.2	打印循环	146
9.8.3	打印预览	147
9.9	Win7 系统下高效绘图实例	150
习题九		151

第 10 章 访问数据库和文件读写 ... 152

10.1	MFC 提供的数据库访问类	152
10.1.1	CDatabase 类	152
10.1.2	CRecordset 类	154
10.1.3	CRecordView 类	155
10.1.4	CDBException 类	155
10.1.5	CFieldExchange 类	155
10.2	建立、连接数据源	155
10.2.1	启动 ODBC 驱动程序	155
10.2.2	建立数据源	156
10.3	建立访问数据库的应用程序	157
10.3.1	建立并连接数据库	158
10.3.2	创建访问数据库的应用程序	158
10.4	实现数据访问	160
10.4.1	设计主窗体	160

10.4.2 添加变量……161
10.4.3 运行应用程序……162
10.5 增加和删除记录……163
　10.5.1 增加新记录……163
　10.5.2 删除记录……163
　10.5.3 编辑记录……163
　10.5.4 添加处理记录的功能……164
10.6 程序分析……166
　10.6.1 三个主要函数的代码分析……166
　10.6.2 程序运行机制分析……167
10.7 文件的读写……170
　10.7.1 int fopen(string filename, string mode)函数……170
　10.7.2 int fseek(int fp, int offset, [, int whence])函数……171
　10.7.3 int rewind(int fp)函数……171
　10.7.4 fread 函数和 fwrite 函数……171
　10.7.5 序列化……172
　10.7.6 CFile 类……173
习题十……173

第 11 章　MFC 的进程和线程……175

11.1 Win32 的进程和线程概念……175
　11.1.1 进程的概念……175
　11.1.2 线程的概念……175
11.2 进程编程……176
　11.2.1 进程的创建……176
　11.2.2 进程的管理和终止……177
　11.2.3 取得和设置进程的优先级……178
　11.2.4 进程的终止……178
　11.2.5 判断一个进程是否终止……179
11.3 Win32 中关于多线程的几个函数……179
　11.3.1 线程的创建……180
　11.3.2 CreatRemoteThread 函数……180
　11.3.3 SuspendThread 和 ResumeThread 函数……181
　11.3.4 ExitThread 和 TerminateThread 函数……181
　11.3.5 取得一个线程的优先级的函数……181
11.4 MFC 中多线程的实现……182

11.4.1 与多线程编程相关的全局函数……182
11.4.2 CWinThread 类……183
11.4.3 工作者线程的创建……185
11.4.4 创建用户界面线程……185
11.5 线程之间的通信……186
11.6 线程的调度和同步……186
　11.6.1 临界段对象……187
　11.6.2 互斥对象……187
　11.6.3 事件对象……189
　11.6.4 信号量对象……190
　11.6.5 各种同步方法的比较……191
11.7 应用实例……192
　11.7.1 用户界面的设计……193
　11.7.2 新增成员变量及初始化……194
　11.7.3 创建菜单响应函数……194
　11.7.4 创建游戏者线程……195
　11.7.5 创建机器线程……196
　11.7.6 修改系统界面……198
　11.7.7 运行程序……199
习题十一……199

第 12 章　串口通信程序的开发……201

12.1 串口通信的内部机制……201
　12.1.1 Windows 串行通信的工作原理……201
　12.1.2 串行通信的操作方式……201
　12.1.3 单线程与多线程下的串口通信……202
12.2 串口通信的实现……203
　12.2.1 串口的初始化……203
　12.2.2 串口的配置……204
　12.2.3 超时设置……204
　12.2.4 串口的写操作……205
　12.2.5 串口的读操作……205
　12.2.6 关闭串口……206
12.3 串口通信程序举例……206
　12.3.1 建立基于对话框的程序……207
　12.3.2 添加控件……207
　12.3.3 建立按钮的消息响应函数……208
　12.3.4 重载对话框类的初始化函数 OnInitDialog()……209
　12.3.5 程序运行结果……211

习题十二 ································· 212
第13章 动态链接库 ························· 213
13.1 DLL 基础知识 ······················· 213
　13.1.1 DLL 概述 ······················ 213
　13.1.2 DLL 与 LIB 的区别 ············ 214
　13.1.3 DLL 与 EXE 的区别 ············ 214
　13.1.4 DLL 的两种动态链接方法 ······ 215
13.2 DLL 入口/出口函数 ················· 216
　13.2.1 DLLMain 函数 ·················· 216
　13.2.2 MFC AppWizard 生成的 Regular DLL 入口/出口 ················· 217
13.3 从 DLL 中导出函数 ················· 217
　13.3.1 使用 DEF 文件导出函数 ········ 218
　13.3.2 使用关键字_declspec(dllexport) ···· 218
　13.3.3 使用 AFX_EXT_CLASS 导出 ······ 219
13.4 DLL 中的数据和内存 ··············· 219
　13.4.1 DLL 多进程间的数据共享 ········ 219
　13.4.2 DLL 进程中多线程间的数据隔离 · 220
13.5 几种常用的 DLL ···················· 220
　13.5.1 Win32 DLL ······················ 221
　13.5.2 Regular statically linked to MFC DLL ···························· 222
　13.5.3 Regular using the shared MFC DLL 222
　13.5.4 MFC Extension DLL ·············· 223
13.6 DLL 的调用和调试 ················· 224
　13.6.1 VC 对 DLL 的调用 ·············· 224
　13.6.2 VB 对 DLL 的调用 ·············· 224
　13.6.3 DLL 的调试 ···················· 224
13.7 DLL 例程 ·························· 225
　13.7.1 使用已有的 DLL ················ 225
　13.7.2 资源 DLL ······················ 227
　13.7.3 使用自己的 DLL ················ 233
习题十三 ································· 237
第14章 Android Eclipse 集成开发环境 ······ 238
14.1 Android 背景介绍 ··················· 238
14.2 Android 开发环境 ··················· 238
　14.2.1 Android 开发环境概述 ············ 238
　14.2.2 Android 开发环境搭建 ············ 239
14.3 Eclipse 集成开发环境介绍 ············ 245
　14.3.1 Eclipse 集成开发环境界面 ········ 245
　14.3.2 Eclipse 集成开发环境常用功能 ···· 248
习题十四 ································· 252
第15章 Android 程序开发基础 ············· 254
15.1 Java 语法基础 ······················· 254
　15.1.1 Java 语言特性 ·················· 254
　15.1.2 Java 标识符及关键字 ············ 255
　15.1.3 Java 数据类型 ·················· 256
　15.1.4 Java 运算符 ···················· 256
　15.1.5 Java 语句 ······················ 256
　15.1.6 Java 数组和字符串 ·············· 258
　15.1.7 Java 类、对象和接口 ············ 262
15.2 Android 架构模型 ··················· 266
　15.2.1 Linux Kernel ···················· 266
　15.2.2 Android Runtime ················· 266
　15.2.3 Libraries ························ 267
　15.2.4 Application Framework ············ 267
　15.2.5 Applications ···················· 268
15.3 创建第一个 Android 工程 ············ 268
　15.3.1 创建工程 ······················ 268
　15.3.2 工程目录结构 ·················· 271
习题十五 ································· 274
第16章 Android 基本控件 ················· 275
16.1 TextView 文本框 ···················· 275
　16.1.1 TextView 类的结构 ·············· 275
　16.1.2 TextView 类的方法 ·············· 275
　16.1.3 TextView 标签的属性 ············ 276
　16.1.4 TextView 的使用 ················ 279
16.2 EditText 编辑框 ···················· 280
　16.2.1 EditText 类的结构 ·············· 280
　16.2.2 EditText 类的方法 ·············· 281
　16.2.3 EditText 标签的属性 ············ 281
　16.2.4 EditText 的使用 ················ 284
16.3 Button 按钮 ························ 286
　16.3.1 Button 类的结构 ················ 286
　16.3.2 Button 类的常用方法 ············ 286
　16.3.3 Button 类的常用属性 ············ 286
　16.3.4 Button 类的使用 ················ 287
16.4 ImageButton 图片按钮 ··············· 288

16.4.1 ImageButton 类的结构 …………… 288
16.4.2 ImageButton 类的常用方法 ……… 288
16.4.3 ImageButton 类的常用属性 ……… 289
16.4.4 ImageButton 类的使用 …………… 289
16.5 Toast 提示 ………………………………… 291
16.5.1 Toast 类的结构 …………………… 291
16.5.2 Toast 的常量 ……………………… 291
16.5.3 Toast 类的方法 …………………… 291
16.5.4 Toast 类的使用 …………………… 293
16.6 LinearLayout 线性布局 ………………… 294
16.6.1 线性布局介绍 ……………………… 294
16.6.2 线性布局的常用属性 ……………… 294
16.6.3 线性布局常用的方法 ……………… 295
16.6.4 线性布局的使用 …………………… 295
16.7 RelativeLayout 相对布局 ……………… 296
16.7.1 RelativeLayout 类的结构 ………… 296
16.7.2 RelativeLayout 类的常用方法 …… 297
16.7.3 RelativeLayout 类的常用属性 …… 297
16.7.4 RelativeLayout 类的使用 ………… 298
习题十六 ………………………………………… 299
第 17 章 SQLite3 数据库 ……………………… 300
17.1 SQLite3 数据库概述 …………………… 300
17.1.1 SQLite3 数据库介绍 ……………… 300
17.1.2 SQLite3 数据库特性 ……………… 301
17.1.3 SQLite3 数据库组成结构 ………… 301
17.2 Android SQLite3 数据库访问类 ……… 302
17.3 创建 SQLite3 数据库 …………………… 303
17.3.1 SQLite3 数据库设计 ……………… 303
17.3.2 SQLite3 数据库实现 ……………… 303
17.3.3 SQLite3 数据库实现解析 ………… 305
17.4 SQLite3 数据库读写 …………………… 305
17.4.1 定义 TodoItem 项 ………………… 305
17.4.2 删除和修改 TodoItem 项 ………… 306
17.4.3 查询 TodoItem 项 ………………… 307
习题十七 ………………………………………… 307
第 18 章 Android 网络编程 …………………… 309
18.1 Android 网络编程概述 ………………… 309
18.2 Android 网络编程分类 ………………… 310
　　18.2.1 基于 HTTP 协议的 Android 网络
编程 ………………………………… 310
18.2.2 基于 Socket 的 Android 网络编程 ‥ 312
18.2.3 Android 平台的其他网络编程技术·· 314
18.3 Android 网络编程实现 ………………… 315
18.3.1 使用标准 Java 接口进行网络编程 · 315
18.3.2 使用 Org.apache 接口进行网络编程 318
18.4 使用 Fastjson 传输数据 ………………… 322
18.4.1 Fastjson 介绍 ……………………… 322
18.4.2 Fastjson 常用方法 ………………… 323
18.4.3 使用 Fastjson ……………………… 323
习题十八 ………………………………………… 324
第 19 章 MFC 网络编程及无线组网 ………… 326
19.1 网络编程基本概念 ……………………… 326
19.2 Winsock 基础 …………………………… 327
19.2.1 Winsock API ……………………… 327
19.2.2 WinSock 的使用 …………………… 329
19.3 MFC 网络编程示例 …………………… 335
19.3.1 基于 TCP 的网络编程示例 ……… 335
19.3.2 基于 UDP 的网络编程示例 ……… 337
19.4 使用 json 传输数据 …………………… 339
19.5 无线组网 ………………………………… 341
习题十九 ………………………………………… 343
第 20 章 MFC 和 Flash 的交互 ……………… 344
20.1 Flash 介绍 ……………………………… 344
20.1.1 Flash 简介 ………………………… 344
20.1.2 Flash 主要功能 …………………… 344
20.1.3 Flash 特性和发展前景 …………… 345
20.2 Flash 脚本开发基础 …………………… 345
20.2.1 Flash 脚本基础知识 ……………… 345
20.2.2 Flash 数据类型 …………………… 346
20.2.3 Flash 关键字和变量 ……………… 347
20.2.4 Flash 影片剪辑事件与拖动 ……… 349
20.3 在 MFC 中使用 Flash …………………… 350
20.3.1 MFC 中添加 ShockwaveFlash 控件 350
20.3.2 ShockwaveFlash 控件常用方法 …… 352
20.3.3 在 Flash 和 MFC 之间传递消息 …… 352
习题二十 ………………………………………… 353
参考文献 …………………………………………… 354

第 1 章   Visual C++ 6.0 集成开发环境

本章主要介绍 Visual C++ 6.0 的启动界面以及 Visual C++ 6.0 的集成开发环境，还介绍应用程序向导 AppWizard、类向导 ClassWizard 和向导工具栏 WizardBar。

1.1　Visual C++ 6.0 工程及其文件构成

现在的应用程序，尤其是 Windows 应用程序，一般都由多个文件组成，包括源程序文件、头文件、资源文件等，所以有必要引入工程的概念。将一个应用程序作为一个工程，用工程化管理，使组成应用程序的所有文件形成一个有机的整体。工程包含了用户打开、编译、连接和调试应用程序时所需的所有文件，这些文件可以产生一些程序或二进制文件。下面详细介绍 Visual C++（简称 VC）中这些不同类型的文件分别所起的作用，在此基础上对 Visual C++ 如何管理应用程序所用到的各种文件有一个全面的认识。

1.1.1　Visual C++中的文件

首先要介绍的是扩展名为.dsw 的文件类型，这种类型的文件在 VC 中是级别最高的，称为 Workspace 文件，在创建一个工程工作空间时，系统会产生一个工程文件。此文件用来存储位于工程空间一级的信息，包括：源文件清单、编译选择、连接选择、路径选择、系统需求等设置。

在 VC 中，应用程序是以 Project 的形式存在的，Project 文件以.dsp 为扩展名，在 Workspace 文件中可以包含多个 Project，由 Workspace 文件对它们进行统一的协调和管理。

与.dsw 类型的 Workspace 文件相配合的一个重要文件类型是以.opt 为扩展名的文件，这个文件中包含的是在 Workspace 文件中要用到的本地计算机的有关配置信息，所以这个文件不能在不同的计算机上共享。当打开一个 Workspace 文件时，如果系统找不到需要的.opt 类型文件，就会自动创建一个与之配合的包含本地计算机信息的.opt 文件。

上面提到 Project 文件的扩展名是.dsp，这个文件中存放的是一个特定的工程，也就是特定的应用程序的有关信息，每个工程都对应有一个.dsp 类型的文件。

以.clw 为扩展名的文件是用来存放应用程序中用到的类和资源的信息的，这些文件是 VC 中的 ClassWizard 工具管理和使用类的信息来源。

对应每个应用程序有一个 readme.txt 文件，这个文件中列出了应用程序中用到的所有文件的信息，打开并查看其中的内容就可以对应用程序的文件结构有一个基本的认识。

在应用程序中大量应用的是以.h 和.cpp 为扩展名的文件，其中以.h 为扩展名的文件称为头文件，以.cpp 为扩展名的文件称为实现文件。一般来说，.h 为扩展名的文件与.cpp 为扩展名的文件是一一对应配合使用的，在以.h 为扩展名的文件中包含的主要是类的定义，而在以.cpp 为扩展名的文件中包含的主要是类成员函数的实现代码。

在应用程序中经常要使用一些位图、菜单之类的资源，VC 中以.rc 为扩展名的文件称为资源文件，其中包含了应用程序中用到的所有的 Windows 资源，需要指出的一点是.rc 文件可以直接在 VC 集成环境中以可视化的方法进行编辑和修改。

最后要介绍的是以.rc2 为扩展名的文件，它也是资源文件，但这个文件中的资源不能在 VC 集成环境下直接进行编辑和修改，而是根据需要手工地编辑。

以.ico、.bmp 等为扩展名的文件是具体的资源，产生这种资源的途径很多。使用.rc 资源文件的目的就是对程序中用到的大量的资源进行统一的管理。

1.1.2 工作空间中的文件

在创建好一个工作空间后，工程工作空间窗口包含了一组标签面板，如图 1.1 所示。

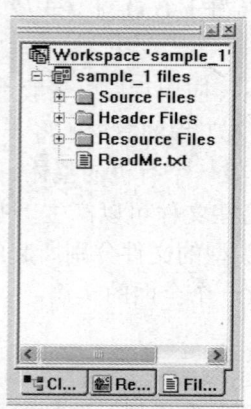

图 1.1　工程工作空间窗口

单击 File | View 标签，可以查看到用户已创建的工程。扩展其中的文件夹可以显示工程中的所有文件：

- Source Files：源文件
- Header Files：头文件
- Resource Files：资源文件
- ReadMe.txt：文本文件

1.1.3 可以创建的文件类型和工程类型

如图 1.2 所示的是 New 对话框的 Files 标签，通过 Files 标签可以创建多种类型的文件：

- Active Server Page：活动服务器页文件
- Binary File：二进制文件
- Bitmap File：位图文件
- C/C++ Header File：C 或 C++头文件
- C++ Source File：C++源文件
- Cursor File：光标文件
- HTML Page：HTML 超文本文件
- Icon File：图标文件
- Macro File：宏文件
- SQL Script File：SQL 脚本文件
- Resource Script：资源脚本文件

- Resource Template：资源模板文件
- Text File：文本文件

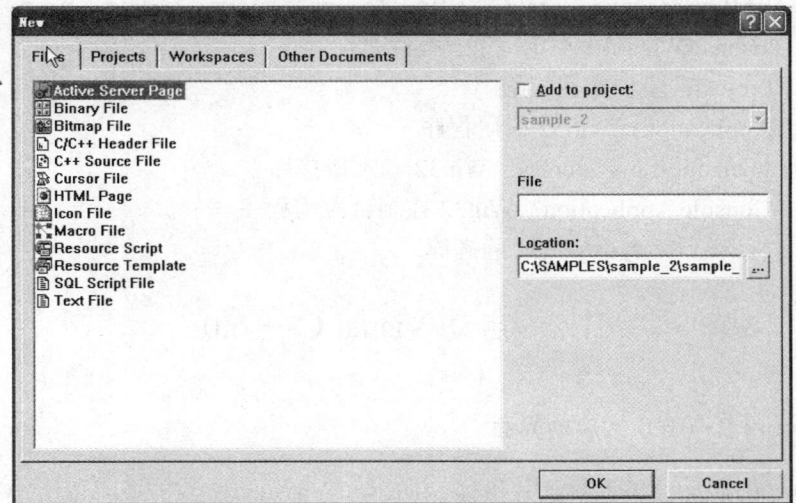

图 1.2　New 对话框的 Files 标签

如图 1.3 所示的是 New 对话框的 Projects 标签，从中可以创建的工程有：

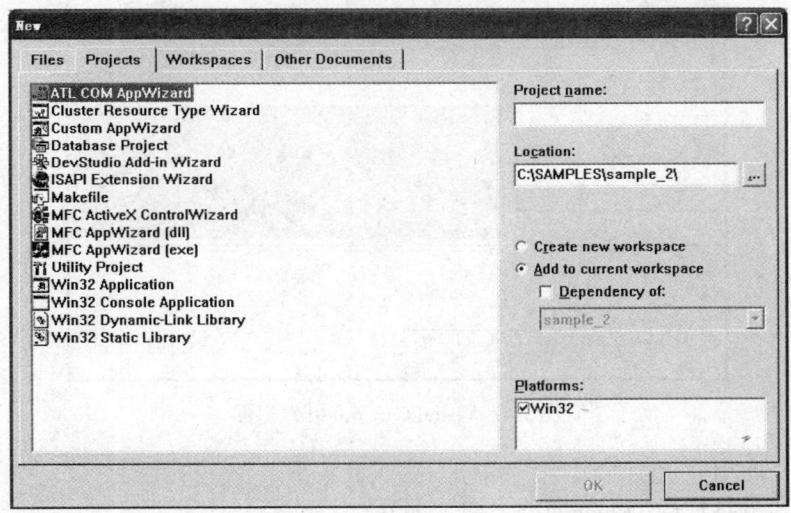

图 1.3　New 对话框的 Projects 标签

- ATL COM AppWizard：ATL 应用程序
- Cluster Resource Type Wizard：资源动态链接库及超级扩展动态链接库
- Custom AppWizard：自定义 AppWizard
- Database Project：数据库工程
- DevStudio Add-in Wizard：自动化宏
- Extended Stored Proc Wizard：用于访问 SQL Server 的动态链接库
- ISAPI Extension Wizard：Internet 服务器或过滤器
- Makefile：Make 文件

- MFC ActiveX ControlWizard：ActiveX 控件程序
- MFC AppWizard（dll）：MFC 动态链接库
- MFC AppWizard（exe）：MFC 应用程序
- New Database Wizard：SQL 数据库服务器
- Utility Project：空白实用工程
- Win32 Application：Win32 应用程序
- Win32 Dynamic-Link Library：Win32 动态链接库
- Win32 Console Application：Win32 控制台应用程序
- Win32 Static Library：Win32 静态库

1.2 启动 Visual C++ 6.0

1.2.1 Visual C++ 6.0 的启动界面

从 Windows 的启动菜单上找到并执行 Microsoft Visual C++ 6.0，可以启动 Visual C++ 6.0。Visual C++ 6.0 启动后，可以看到如图 1.4 所示界面。

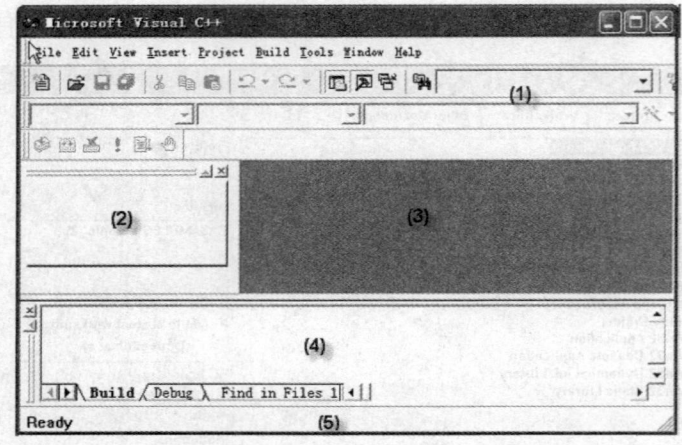

图 1.4　Visual C++ 6.0 开发界面

整个开发界面由 5 个部分组成：
- 菜单和工具栏：位于界面的上面一部分。
- 工作区窗口：界面中间左边的那个窗口。
- 客户区窗口：也称为编辑窗口，界面中间右边的那个窗口，与工作区窗口平行。
- 输出窗口：位于状态栏上方。
- 状态栏：界面的最下方部分。

当然，这个布局并不是固定不变的，在菜单、工具栏、工作区窗口和输出窗口的边上有两条线形成的把手（gripper），把鼠标压在这个把手上拖动就可以改变这些窗口的位置。

1.2.2 Visual C++ 6.0 的功能菜单

Visual C++ 6.0 开发界面的菜单条包含了 Visual C++ 6.0 的几乎所有功能，因此用户可以通过选取各个菜单项执行各种操作。一般情况下，Visual C++ 6.0 开发界面的主菜单如图 1.5 所示。

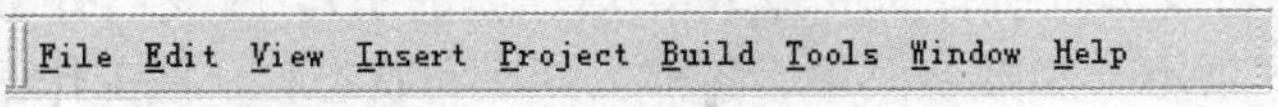

图 1.5　Visual C++ 6.0 的标准菜单

下面简要介绍一些菜单项的功能，通过了解这些菜单项，用户可以对 Visual C++ 6.0 所拥有的功能有一个大致的了解。

1. "文件"菜单（File 菜单，如图 1.6 所示）

第一组菜单项 New、Open、Close 用来对各种类型的文件进行操作。包括项目文件、源程序文件或资源文件。

第二组用于对工作区进行操作。注意，因为 Visual C++ 一次只能打开一个工作区，所以如果使用 Open Workspace 打开一个工作区，原来打开的工作区将被关闭。此外，Save Workspace 只是保存本工作区的设置信息，并不能保存源程序文件。

第三组 Save、Save As、Save All 用于对当前正在编辑的文件进行保存。

Page Setup 和 Print 两个选项用来打印文件。

Recent Files 和 Recent Workspaces 可以重新打开最近打开的文件或工作区。

Exit 用于退出 Visual C++ 集成界面。

2. "编辑"菜单（Edit 菜单，如图 1.7 所示）

"编辑"菜单包含了用户需要的大部分编辑操作，随着当前正在编辑的文件类型不同，这个菜单所具有的菜单项也会随之不同。最下面的 4 项是 Visual C++ 6.0 新增加的功能：List Members 项可以自动列出一个对象的所有成员；Type Info 项可以显示出一个变量的类型；Parameter Info 项可以显示出一个函数的参数个数和每个参数的类型；Complete Word 项可以帮助用户自动拼写一个单词。有了这 4 项功能可以大大减少查找 API 帮助文件的次数，还可以减少拼写错误，提高编程效率。

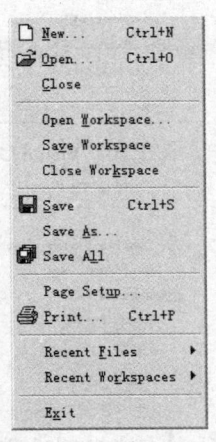

图 1.6　Visual C++ 6.0 的"文件"菜单 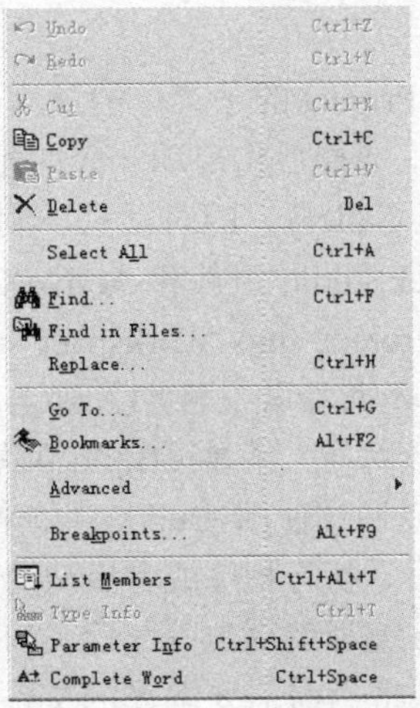　　　　图 1.7　Visual C++ 6.0 的"编辑"菜单

3. "查看"菜单（View 菜单，如图 1.8 所示）

通过"查看"菜单，用户可以显示或隐藏一些窗口。单击 ClassWizard 项可以调出 Class Wizard 对话框。因为这个对话框很常用而且比较复杂，所以在 1.3.3 节中作专门介绍。单击

Resource Symbols 项将调出 Resource Symbols 对话框，这个对话框是用来管理资源 ID 的使用的。通过这个对话框可以浏览所有的资源 ID，增加新的 ID，改变已有 ID 的值，删除未使用的 ID 等。Full Screen 项用于隐藏主菜单、各种工具栏和状态栏，把工作区区域调整到全屏幕。

Workspace 和 Output 选项分别用于改变工作区窗口和输出窗口的显示状态。Debug Windows 窗口子菜单控制各种调试窗口的显示状态，这些菜单项只有在调试程序期间才能使用。

4."插入"菜单（Insert 菜单，如图 1.9 所示）

New Class 可以帮助用户创建一个新类，不过这个类最好不是 MFC 类，如果是 MFC 类，应该用 ClassWizard 创建。

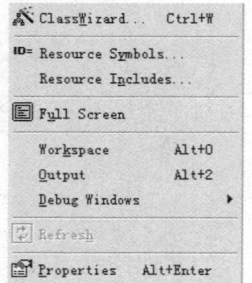
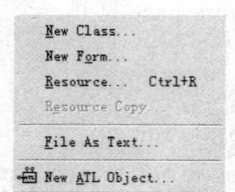

图 1.8　Visual C++ 6.0 的"查看"菜单　　　图 1.9　Visual C++ 6.0 的"插入"菜单

New Form 可以创建一个新的对话框资源和一个基于该资源并从 CDialog 类派生的新类。

单击菜单项 Resource，出现 Insert Resource 对话框，在这个对话框中可以新建一个资源或者从文件中导入一个资源。

File As Text 可以把一个文件插入到当前正在编辑的文件中。

New ATL Object 可以在一个项目中增加 ATL（ActiveX Template）对象。

5."项目管理"菜单（Project 菜单，如图 1.10 所示）

Set Active Project 是一个子菜单，标记的是当前活动的项目。

Add To Project 的子菜单的最后一项是 Components and Controls，选择后将启动一个叫组件廊（Components and Controls Gallery）的对话框，利用它可以为项目增加新的 Visual Studio 组件和 ActiveX 控件。

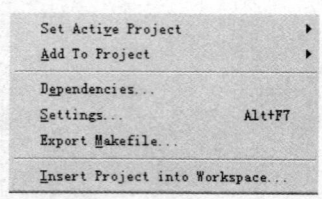

图 1.10　Visual C++ 6.0 的"项目管理"菜单

Insert Project into Workspace 可以把一个 project（.dsp 文件）及其相关文件加入到当前的 Workspace 中。

6."编译执行"菜单（Build 菜单，如图 1.11 所示）

用户可以通过使用 Build 菜单来编译一个文件或者编译整个项目、执行程序或者启动调试器。

Compile 编译的对象是一个 CPP 文件或 C 文件。

Build 项将当前需要编译的文件连接成可执行文件或其他最终模块（DLL 或 OCX）。

Rebuild All 项将删除全部临时文件，重新编译所有源程序。Profile 项用来进行程序优化，但这个菜单项只有当用户在项目设置中已经选上了 Enable Profiling（选

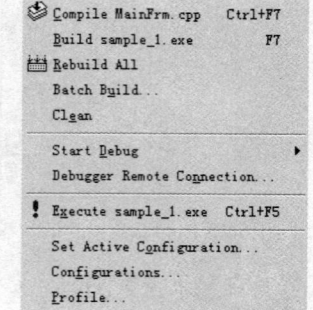

图 1.11　Visual C++ 6.0 的 Build 菜单

择 Projects | Settings…，单击 Link 标签，在 Enable Profiling 选项前选中，如图 1.12 所示），并且重新编译过项目才能打开 Profile 对话框。

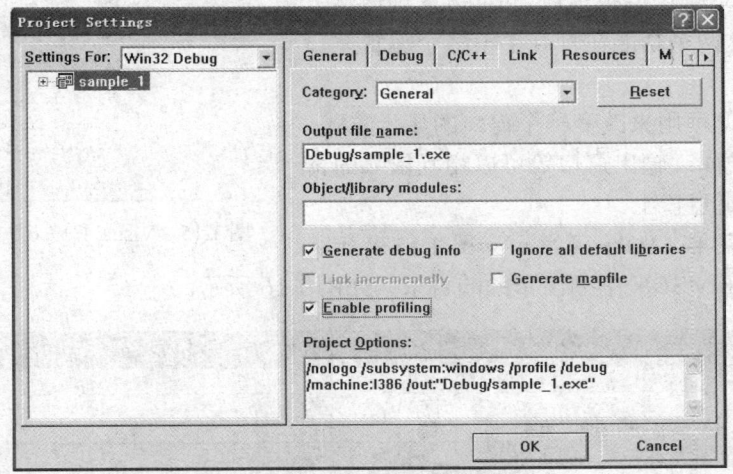

图 1.12　为工程项目设置 Enable profiling

7．"工具"菜单（Tool 菜单，如图 1.13 所示）

"工具"菜单被分成 4 个部分：

第一部分是关于 Source Browser 的。使用 Source Browser 可以方便地查看本项目中各个标识符的出现位置、函数的调用关系等。

第二部分是 Visual Studio 6.0 的部分实用工具。

第三部分的两个菜单项中，Customize 调出定制对话框，可以让用户自定义菜单和工具栏，增加/删除菜单项或工具栏按钮，改变快捷键，还可以设置本菜单第二部分中的实用工具。Options 主要用来设置编辑器的样式，通用的 Include 目录和 Lib 目录等。

第四部分是管理宏用的。

8．"窗口"菜单（Window 菜单，如图 1.14 所示）

Cascade 项以层叠方式排列全部编辑窗口。

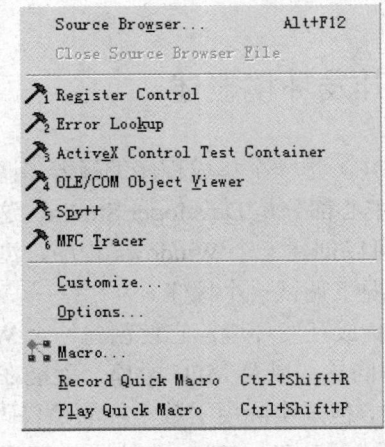

图 1.13　Visual C++ 6.0 的工具菜单

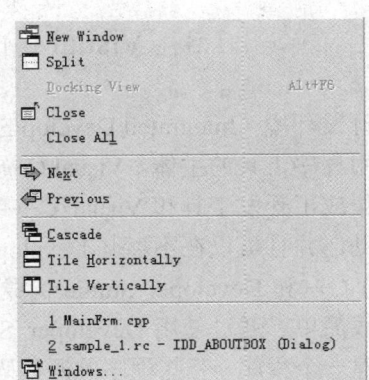

图 1.14　Visual C++ 6.0 的"窗口"菜单

Tile Horizontally 项横向平铺全部编辑窗口。
Tile Vertically 项纵向平铺全部编辑窗口。
Next 项激活下一个编辑窗口，Previous 项激活上一个编辑窗口。这两个功能在打开了很多个编辑窗口时特别有用。

Docking View 项用来改变一个窗口的显示方式，只适用于工作区窗口、输出窗口等可以相互依靠的窗口，不能用在编辑窗口上。

9．"帮助"菜单（Help 菜单，如图 1.15 所示）
Contents 项在 MSDN 中列出帮助的目录，如图 1.16 所示。

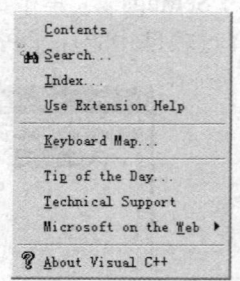

图 1.15 Visual C++ 6.0 的"帮助"菜单

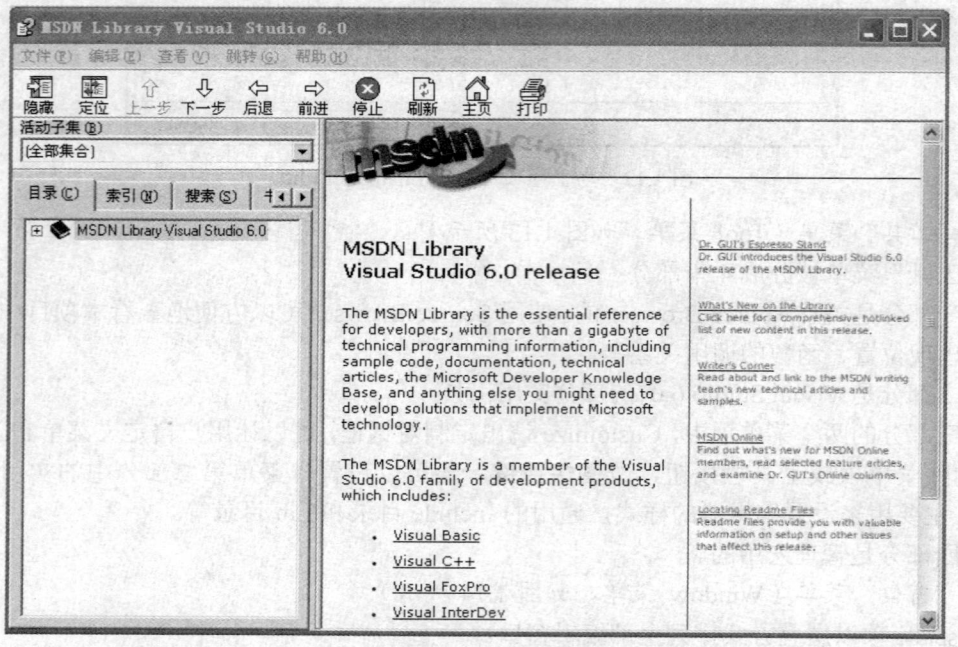

图 1.16 MSDN 窗口

1.3 Visual C++ 6.0 集成开发环境概述

集成开发环境（Integrated Develop Environment，IDE）是一个集成程序编译器、调试工具和建立应用程序工具的主体。Visual C++ 6.0 软件包的中心部分是 Developer Studio，这个集成开发环境集成了开发工具和 Visual C++编译器。用户可以创建一个 Windows 程序，浏览大量的在线帮助，并且可以在不离开 Developer Studio 的情况下调试一个程序。

Visual C++和 Developer Studio 构成了一个完整的集成开发环境，它使创建一个 Windows 程序变得很简单。通过使用 Developer Studio 的工具和向导，以及 MFC 类库，就能在很短的时间里创建一个程序。有些程序的源代码虽然不到一页，但是实际用了数千行的源代码，它们是 MFC 类库的一部分。这些程序也利用了 AppWizard 和 ClassWizard 这两个管理项目的 Developer Studio 工具。

1.3.1 项目工作区

项目工作区包含三个标签：ClassView 标签、Resource View 标签和 File View 标签。
- ClassView 标签显示当前工作区中工程的所有类、结构和全局变量。
- Resource View 标签显示当前工作区中工程的所有资源，包括：加速键表、位图、对话框、图标、菜单、工具栏、字符串表和版本信息。
- File View 标签显示当前工作区中工程的所有文件，包括：C++源文件、头文件、资源文件和外部文件。

图 1.17 显示了工作区的状态。

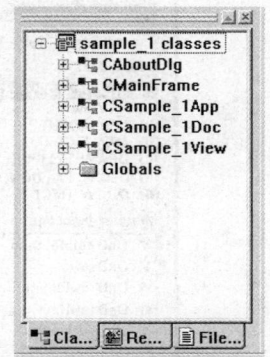

图 1.17 Visual C++ 6.0 的工作区

1.3.2 应用程序向导 AppWizard

Visual C++的 AppWizard 实质上是一个代码生成器——可以把它想象为一个个人编程助手。用户可以利用 AppWizard 在几分钟之内得到一个 Windows 应用程序。AppWizard 会给出一个对话框，并询问一些有关要创建应用程序的特征。获得这些必要的信息之后，AppWizard 将产生一个定制的应用程序框架。这个框架程序具备用户所指定的一些特征，并且还可以更进一步地定制该应用程序，以使得它具备某些与其他 Windows 应用程序相区别的特征。只有当一个项目开始的时候才能使用 AppWizard，可以使用 AppWizard 来创建一个应用程序的原型，但却不能使用它来维护或扩展应用程序。所以在开始应用程序之前，必须先计划好希望应用程序做什么，在完成之后，就无法再运行 AppWizard 来增加打印预览或数据库支持的功能了。

AppWizard 创建一个框架窗口应用程序所需要的所有源文件。它也为用户设置一个项目并且使用户能够指定该项目的目录。虽然这个 AppWizard 项目是一个未来项目的框架，它用 MFC 类库包含以下几个函数：
- 自动支持普通的 Windows 对话框，包括 Print、File Open 和 File Save As。
- 可定位的工具栏。
- 可选择的 Internet Explorer 风格的工具栏，即 ReBars。
- 一个状态栏。
- 可选择的 MAPI、ODBC 和 OLE 支持。

当用 AppWizard 回答一些小问题后，可以在几分钟内运行第一个应用程序。
通常，使用 AppWizard 建立一个程序的操作步骤如下：
（1）使用 AppWizard 创建一个程序框架。
（2）为程序创建任意其他需要的资源。
（3）用 ClassWizard 增加所需的类和信息处理函数。
（4）添加程序所需要的函数。用户必须为这部分编写一些代码。

如果需要，使用 Visual C++集成调试工具编译并测试编写的程序。

1.3.3 向导 ClassWizard

类向导 ClassWizard 对话框分成 5 个标签，用户可以通过 Ctrl+W 快捷键调出这个对话框，也可以通过 View｜ClassWizard…菜单项来打开对话框,打开后的对话框如图 1.18 所示。

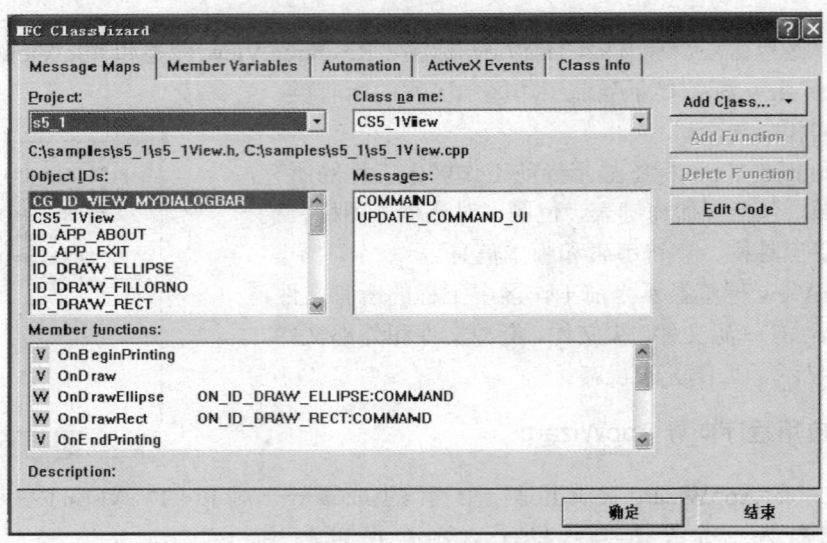

图 1.18　Message Maps 选项卡

从图 1.18 中可以看到这 5 个标签的名称,分别是:Message Maps(用于消息映射)、Member Variables(用于处理成员变量)、Automation(用于给类增加属性和方法)、ActiveX Events(用于处理控件的事件)以及 Class Info(用于查看本工作区中的所有类的基类名、头文件名、CPP 文件名等)。

首先来看第一个标签,见图 1.18。在图中有两个组合框和三个列表框。Project 组合框列出了当前工作区中的所有项目。首先选择要处理的项目,然后从 Class name 组合框中选择要处理的类。这时 Object IDs 列表框中会列出所有本类名和各种命令 ID,选中本类名时,Messages 列表框中列出各种虚拟函数和各种适用的 Windows 消息。

在 Windows 程序设计中,消息是个极为重要的概念,用户通过窗口界面的各种操作最后都转化为发送到程序中的对象的各种消息。下面介绍在 Windows 程序设计中最常用的一些消息:

● 窗口消息:WM_CREATE,WM_DESTROY,WM_CLOSE

在创建一个窗口对象的时候,这个窗口对象在创建过程中收到的就是 WM_CREATE 消息,对这个消息的处理过程一般用来设置一些显示窗口前的初始化工作,如设置窗口的大小、背景颜色等,WM_DESTROY 消息指示窗口即将被撤销,在这个消息处理过程中,计算机就可以做窗口撤销前的一些工作。WM_CLOSE 消息发生在窗口将要被关闭之前,在收到这个消息后,一般性的操作是回收所有分配给这个窗口的各种资源。在 Windows 系统中资源是很有限的,所以回收资源的工作还是非常重要的。

● 键盘消息:WM_CHAR,WM_KEYDOWN,WM_KEYUP

这三个消息用来处理用户的键盘数据,当用户在键盘上按下某个按键的时候,会产生 WM_KEYDOWN 消息,释放按键的时候又会产生 WM_KEYUP 消息,所以 WM_KEYDOWN 与 WM_KEYUP 消息一般总是成对出现的,至于 WM_CHAR 消息是在用户的键盘输入能产生有效的 ASCII 码时才会发生。这里特别提醒要注意前两个消息与 WM_CHAR 消息在使用上是有区别的。在前两个消息中,伴随消息传递的是按键的虚拟键码,所以这两个消息可以处理非打印字符,如方向键、功能键等;而伴随 WM_CHAR 消息的参数是所按键的 ASCII 码,ASCII

码是可以区分字母的大小写的,虚拟键码是不能区分大小写的。

- 鼠标消息:WM_MOUSEMOVE,WM_LBUTTONDOWN,WM_LBUTTONUP,WM_LBUTTONDBCLICK,WM_RBUTTONDOWN,WM_RBUTTONUP,WM_RBUTTONDBCLICK

这组消息是与鼠标输入相关的,WM_MOUSEMOVE 消息发生在鼠标移动的时候,剩余的 6 个消息则分别对应于鼠标左右键的按下、释放、双击事件。要指出的是 Windows 系统并不是在鼠标每移动一个像素时都产生 MOUSEMOVE 消息,这一点要特别注意。

- 另一组窗口消息:WM_MOVE,WM_SIZE,WM_PAINT

当窗口移动的时候产生 WM_MOVE 消息,窗口的大小改变的时候产生 WM_SIZE 消息,而当窗口工作区中的内容需要重画的时候就会产生 WM_PAINT 消息。

- 焦点消息:WM_SETFOCUS,WM_KILLFOCUS

当一个窗口从非活动状态变为具有输入焦点的活动状态的时候,它就会收到 WM_SETFOCUS 消息,而当窗口失去输入焦点的时候它就会收到 WM_KILLFOCUS 消息。

- 定时器消息:WM_TIMER

当一个窗口设置了定时器资源之后,系统就会按规定的时间间隔向窗口发送 WM_TIMER 消息,在这个消息中就可以处理一些需要定期处理的事情。

最后要指出的一点是,在 Windows 环境下,消息的来源是多方面的。最常见的是用户的操作产生消息,系统在必要的时候也会向程序发送系统消息,其他运行中的程序也可以向程序发送消息。此外,在程序的内部,也可以根据需要在适当的时候主动产生消息,比如主动产生 WM_PAINT 消息以实现需要的重画功能。

上面介绍了 Message 列表框中主要的消息,在 Member functions 列表框中列出的是目前被选中的类已经有的成员函数。这些成员函数一般说来是与这个类可以接收的消息一一对应的。也就是说,一个成员函数一般总是用来处理某个特定的消息。如果在 Message 列表框中的某个消息在程序中需要处理,但目前还没有相应的类成员函数,比如这里选中 WM_TIMER 这个消息,它目前还没有相对应的类的成员函数。

选中一个函数或消息,如果当前类已经有了这个函数或消息的处理函数,Delete Function 按钮和 Edit Code 按钮就可用,而 Add Function 按钮不能用,同时 Member functions 列表框自动选中这个函数。如果当前类还没有这个函数或没有这个消息的处理函数,则 Add Function 按钮可用。

单击 Delete Function 按钮时,Visual C++会帮助用户从类的定义文件(头文件)中删除函数的定义。但为了安全起见,ClassWizard 不删除函数体,必须用户手工删除,否则编译时会出错。

单击 Add Function 按钮时,将显示一个简单的对话框,用来输入一个函数名,一般不需要改变 Visual C++提供的默认名。单击 OK 按钮后在 Member functions 列表框中会加入这个函数,但这个函数还没有真正加入文件中,要到用户单击了 Edit Code 按钮或者 OK 按钮关闭 ClassWizard 时才真正在文件中写入这个函数。

ClassWizard 的第二个标签主要用来给对话框添加和删除成员变量,这些变量不是一般的成员变量,它们总是与某控件 ID 联系在一起,可以用来代表这个控件本身或者是代表该控件的某项属性,如图 1.19 所示。

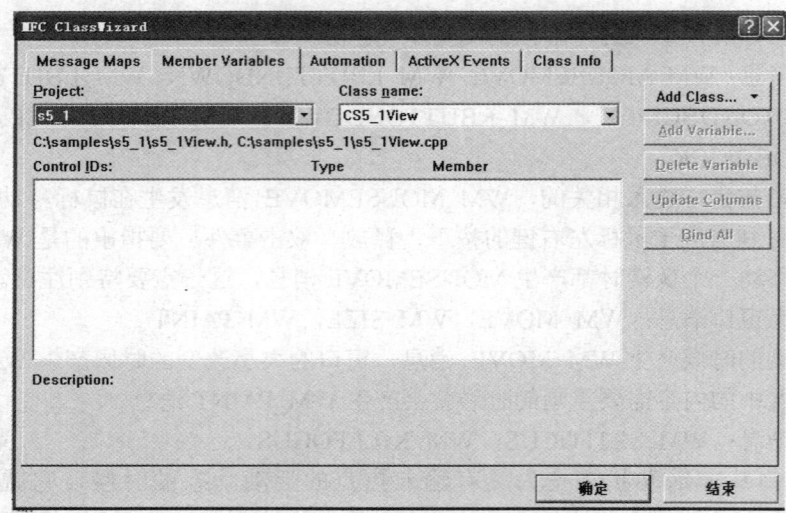

图 1.19　Member Variables 选项卡

左上角的下拉列表框列出了当前工作区中的所有 Project，可以从这里选择一个 Project 处理。选定 Project 后，可以从右上角的组合框中选择一个类。一般来说，只有这个类是从对话框派生的或者从 CFormView 派生对应于对话框模板的，在下面的 Control IDs 列表框中才可能列出一些控件 ID，否则这里就是空的。例如，从 s5_1 项目中选择 CS5_1View 类，Control IDs 列表框就是空的。

Control IDs 列表是一个多列列表框（Multi-Column ListBox），共三列。第一列是 Control ID，第二列是 Type，第三列是 Member。如果选中的某行的 Type 和 Member 是空的，就说明没有为这个控件 ID 设置对应的变量，这时对话框右上角的 Add Variable 按钮是可用的。如果不是空的，就说明已经为这个控件设置了对应变量，这时 Add Variable 按钮和 Delete Variable 按钮都是可用的。Delete Variable 是可用的，这容易理解，Add Variable 也是可用的，这说明可以为一个控件 ID 设置多个变量。实际确实如此，单击 Add Variable 按钮来看看为什么会这样，出现 Add Member Variable 对话框，如图 1.20 所示。

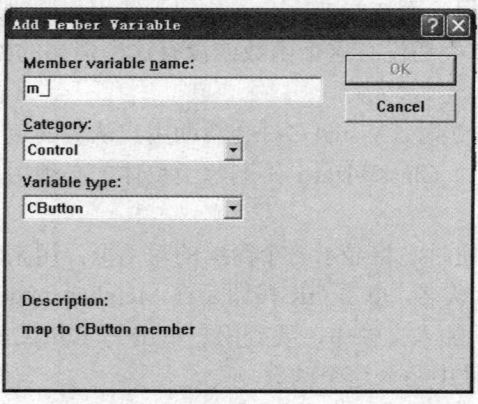

图 1.20　Add Member Variable 对话框

在 Member variable name 编辑框中可以输入变量名。从 Category 组合框中可以选择 Value 或 Control，选择 Value 意味着用户要为该控件的某项属性（property）定义一个变量，选择 Control

则意味着定义的变量代表了控件本身。每个控件只能定义一个 Control 变量，而对控件的每项属性也只可以定义一个 Value 变量。MFC 采用一种 DDX（Dialog Data Exchange）的机制在实际控件属性和对话框的变量之间进行值的交换，CDialog 类有一个成员函数专门用来处理这种交换，即 BOOL UpdateData(BOOL bSaveAndValidate)。若参数 bSaveAndValidate 为 TRUE，则把对话框控件中各个控件的属性值拷贝到对话框的成员变量中；若为 FALSE，就把对话框的成员变量的值赋给各个控件的属性，并更新该控件。

Automation 标签、ActiveX Events 标签和 Class Info 标签在此不作详细介绍了，读者可以自己参看联机帮助信息。使用 ClassWizard 的这 5 个标签，可以进行以下操作：

- 创建新类，这些新类是从处理 Windows 消息和记录集的主框架类继承得到的。
- 将消息映射到函数。
- 创建新的消息处理函数。
- 定义成员变量。
- 删除消息处理函数。
- 查看哪些消息已经有了处理函数，然后跳到该处理函数的代码处。
- 创建新类时，添加自动化方法和属性。
- 与类和类库协同工作。

ClassWizard 还有一些很强大的功能，其中有些操作在后面的章节中再进行详细的叙述。

1.3.4 向导工具栏 WizardBar

向导工具栏 WizardBar 通过对话框资源等可视途径，为用户提供了对工程中类及类成员的访问。对于实现对话框资源的类，WizardBar 能使用户很容易地在对话框资源编辑器和代码间切换。

1. 打开 WizardBar

在工具栏的空区域单击鼠标右键，在弹出的快捷菜单中选择 WizardBar，即可打开 WizardBar 工具栏，如图 1.21 所示。

图 1.21　WizardBar 的界面

2. WizardBar 的元素

WizardBar 的界面包含三个组合框：类列表（WizardBar C++ Class）、过滤器列表（WizardBar C++ Filter）、成员列表（WizardBar C++ Members）及一个图控件 WizardBar Action。其中三个组合框之间的关系是：所选的类决定了可用的过滤器，所选的过滤器决定了在成员列表中的显示内容。如图 1.21 所示，最左边是类列表，最右边的是 Action 控件。单击 Action 控件右边的下拉箭头，或者当鼠标落在 WizardBar 的组合框上时单击鼠标右键，就可以出现 Action 菜单，如图 1.22 所示。

Action 菜单包含的命令如下：

- Go To Function Declaration　将定位于被选择的成员函数在头文件中的声明处。这是一个默认动作，即当单击 Action 按钮而不选择任何菜单项时，此动作将发生。
- Go To Function Definition　将定位于被选择的成员函数在实现文件的定义处。

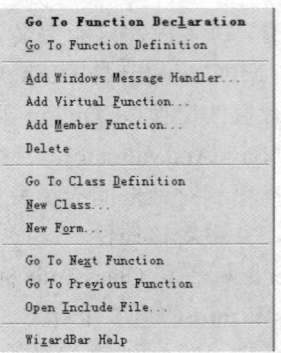

图 1.22 Action 菜单

- Go To Class Definition 将定位于被选择类在头文件或实现文件的定义处。
- Add Windows Message Handler 将给被选择的类添加一个 Windows 信息处理函数。
- Add Virtual Function Override 将给被选择的类添加一个对 MFC 虚函数进行重载的成员函数。
- Add Member Function 将给被选中的类添加一个成员函数。
- New Class 将创建一个新的 MFC 或 ATL 或自定义的类。
- Go To Next Function 将定位到文件的下一个函数。
- Go To Previous Function 将定位到文件的上一个函数。
- Open Include File 允许用户打开与当前文件相关的头文件,将出现一个对话框,提示用户选择一个待打开的文件。
- WizardBar Help 将打开 WizardBar 的联机帮助。

3. WizardBar 的上下文跟踪

WizardBar 在功能上将 ClassView 进行了扩展,它能动态跟踪源代码的当前位置,显示当前工程中的相关信息。当用户在一个源代码窗口工作时,WizardBar 显示当前鼠标处的类或其他成员函数。当鼠标位于一个区域内(如代码注释或包含 C++的声明),WizardBar 的 Member 组合框将变暗,并反映最近的可识别的代码段。当用户在对话框编辑器中操作时,WizardBar 根据当前的活动对象跟踪被选择的对话框的类或控件 ID。双击对话框控件可以做如下操作:

- 对于没有与类相连的对话框,ClassWizard 将提供 Adding a Class 对话框,提示用户为新资源提供一个类,用户可以创建新类或者选择一个已有的类。
- 对于消息处理函数已经实现的控件,用户将直接定位到该函数的定义处。
- 对于当前没有消息处理函数的控件,Add Member Function 对话框将打开。选择一个信息并单击 OK 按钮创建空的信息处理函数,用户可以在该函数内添加代码。
- WizardBar 跟踪所有的类声明,包括那些还未含任何成员的类。然而,在以下的情况下,WizardBar 不能进行跟踪:
  ➢ 当前文件不属于活动的工程。
  ➢ 当前文件不是工程的一部分。
  ➢ 当前文件不是用编程语言写的,例如文本文件就是不可编译的。
  ➢ 同时运行了多个 IDE,并且同时查看同一个工程。
  ➢ 当前的窗口不支持跟踪功能。除了文本编辑器和对话框编辑器外,其他窗口都不支持跟踪功能。

习题一

一、填空题

1. VC++ 6.0 工程文件的扩展名是_____。
2. 集成开发环境的定义是_____。
3. 项目工作区包括三个标签,它们是_____标签、_____标签和_____标签。
4. 可以通过_____快捷键调出类向导 ClassWizard 的对话框。
5. MFC 采用_____的机制在实际控件属性和对话框的变量之间进行值的交换。

二、问答题

1. 什么是消息?常见的消息有哪几种?
2. 什么是向导工具栏?

第 2 章 程序开发基础

面向对象的程序设计是一种新型的程序设计方法，提高了程序的模块化和可维护性。C++结合了面向对象和 C 语言的优点，由 AT&T 将 C 语言扩充功能而产生。Visual C++则是 Microsoft C/C++ 7.0 之后推出的新一代程序开发工具，它不仅继承了 C++的特性，而且具备可视化程序语言（Visual Programming Language）及程序产生器的概念。

Visual C++提供的工程文件生成工具是 AppWizard。它提供了一系列选择项，经用户选择确认后，自动生成相应的工程文件，并对之进行管理。Visual C++ 6.0 所支持的 MFC 程序、SDK 程序、动态链接库、ActiveX、COM、数据库、网络等各种应用程序，都经过这种方式产生工程文件。

本章首先简要介绍 C++语法基础，并对 Win32 编程中的数据类型、句柄以及标识符命名等基本概念进行了说明；然后详细介绍使用 AppWizard 创建应用程序，分析在新创建的单文档应用程序 Eg_1 中所包含的 5 个类以及它们的实现方法。

2.1　C++语法基础

在这一节中，将介绍 C++的特点和基本功能。主要包括 C++中的语法、类、对象、类的继承和多态性以及 C++中的输入/输出流。

2.1.1　C++程序的构成

C++语言的开发过程与其他高级语言程序开发过程类似，需要经过 4 个步骤：编辑、编译、链接和执行。首先编辑源代码，完成后保存为扩展名为.cpp 的文件，经过编译后生成扩展名为.obj 的目标代码文件，然后将用户程序生成的多个目标代码文件和系统提供的库文件（扩展名为.lib）中的特定代码链接在一起，生成一个可执行文件，扩展名为.exe，这样就可以执行了。

一个标准的 C++程序由三个部分构成：预处理命令、函数及程序语句。

1. 预处理命令

预处理命令位于行首，以符号#开始。C++提供的预处理命令有宏定义命令、文件包含命令和条件编译命令三种。

● 宏定义类型有两种，即符号常量和带参数的宏。格式如下：

#define　符号名　字符串常量

例：#define PI 3.14159

在源文件经过预处理后，PI 将被 3.14159 代替。但是在引号内并不进行这样的替代。

下面是一个定义带参数的宏的例子：

#define sqr(x)(x)*(x)

这个宏被用来得到 x 的平方值。只要 sqr(x)出现在程序中的某处，预处理程序就把它置换为(x)*(x)。

● 文件包含命令使编译器把那些指定文件的原始代码包括进来，格式如下：

#include "文件名" 或者 #include <文件名>

例：#include <iostream.h>

通常一个文件的扩展名为 .h（如 stdio.h）称为头文件。头文件通常被用作大量 C++程序中的标准函数和定义。

- 条件编译包括#if、#ifdef、#else、#endif、#undef 及#ifndef 几种格式，其用法如下：

格式：#if　常量表达式

含义：检查常量表达式计算值是否为非 0。

格式：#ifdef　标识符

含义：检查标识符当前是否预定义过。

格式：#else

　　　else_语句序列；

　　　#endif

含义：当前表达式为假时，else_语句序列将被编译。

格式：#undef　标识符

含义：如果标识符以前定义过，那么在#undef 后，标识符就被编译器认为是未定义的了。

例：
```
#ifdef mavis
    #include "horse.h"
    #define stable 5
#else
    #include "ccow.h"
    #define stable 15
#endif
```

解释：#ifdef 语句说明如果紧接的标识符（mavis）已经被预定义，那么到#else 的所有语句都要被编译（如果没有#else 部分，则所有一直到#endif 的语句都要被编译）；如果有 #else，那么从#else 到#endif 的语句在标识符未被定义过的条件下都要被编译。

#ifndef 和#if 语句也能与#else 及#endif 一起使用。当紧接的标识符未被预定义时，#ifndef 为真。它与#ifdef 正好相反。

2．函数

一个函数是根据进去的信息（输入）和产生的结果（输出结果）所定义的一个黑盒。C++程序由若干个函数构成，有且只有一个主函数 main()。函数分为库函数和自定义函数两大类。库函数也称为标准函数，一般由系统提供，自定义函数是由程序员自己定义的。

- 函数的定义

在使用函数前先定义它。一个典型的函数定义具有下列格式：

　　类型　函数名（形式参数表）

　　{

　　　　函数体；

　　}

类型就是函数返回值的类型。函数的返回值表示该函数处理的结果，由函数体中的 return 语句给出。一个函数可以有返回值，也可以没有。如果没有返回值，称为无类型函数。此时需要使用保留字 void 作为类型名，而且函数体中也不需要再写 return 语句。

每个函数都有类型，如果函数定义时没有明确指定类型，则默认类型为 int。

函数名是一个有效的 C++标识符，遵循一般的命名规则。在函数名后面必须跟一对小括号"()"，其中包含了形式参数表，也可以没有任何信息。

函数体是一条复合语句，以左大括号开始，到右大括号结束，中间为一条或若干条 C++语句，用于实现函数执行的功能。

- 函数的调用

函数调用的语法格式为：

    函数名（实际参数表）；

当调用一个带形式参数的函数时，用到实际参数。实际参数是在调用时赋给相应的形式参数的特殊的值。

3. 程序语句

程序语句是程序的基本组成部分，一个语句是给计算机的一条完整的指令。在 C++里，一个语句是在结尾处用分号结束的。C++提供了说明语句、赋值语句、程序控制语句、复合语句及空语句等。

说明语句用来说明变量的类型的初值。

程序控制语句有分支语句、循环控制语句及跳转语句等。C++程序中提供的选择语句有两种：if…else 语句和 switch 语句，循环控制语句有三种：while 语句、do…while 语句、for 语句，跳转语句有 break、continue 及 goto 语句。

复合语句是由包含在大括号里的一个或多个语句组成的程序块。语法上，复合语句被当作单个语句对待。

空语句是指只有一个分号而没有表达式的语句，是最简单的表达式语句。空语句不做任何操作运算，而只是作为一种形式上的语句，填充在控制结构之中。

2.1.2 C++的语言基础

1. C++的词法规则

词法记号是最小的词法单元，这里介绍有关 C++的关键字、标识符、分隔符和空白符。

（1）关键字

关键字是有特殊含义的预定义的保留标识符。作为 C++预定义的单词，关键字不能用作程序中的标识符。下面列出的是 C++中的关键字：

auto	continue	break	case	catch	char	class	const
bool	const_cast	default	delete	do	double	else	enum
explicit	dynamic_cast	extern	false	float	for	friend	goto
if	inline	int	long	mutable	namespace	new	operator
private	protected	public	register	return	short	signed	sizeof
static	static_cast	struct	switch	template	this	true	try
typeof	typeid	typename	union	unsigned	using	virtual	void
volatile	while						

（2）标识符

标识符用来标记一个有意义的实体，可以用来标识对象或变量名称、类、结构或联合名称、枚举的类型名称、成员函数、类成员函数、标号名称、宏名称以及宏参数等。C++标识符的构成规则如下：
- 以大写字母、小写字母或下划线"_"开始。
- 可以由大写字母、小写字母、下划线"_"或数字0～9组成。
- 大写字母和小写字母代表不同的标识符。
- 不能是 C++关键字。

另外，在 C++中，由两个下划线开头的标识符是为编译器的实现而保留的。因此，Microsoft 规定在 Microsoft 特定关键字前加上双下划线，这些关键字不可用作标识符名。

（3）语言符号

语言符号是 C++程序中对编译器有意义的最小单元，也是程序中由字符组成的可以由编译器识别的单元。语言符号通常由一个或者多个空格键分开，可以分为标识符、关键字、文字、运算符、标点符号及其他分隔符。例如：

- 数字：0，1，2，3，4，5，6，7，8，9。
- 小写字母：a，b，c，…，y，z。
- 大写字母：A，B，C，…，Y，Z。
- 运算符包括：

   算术运算符：+，-，*，/，%，++，--
   关系运算符：<，<= ，>=，>，!=，==
   位运算符：<<，>>，&，|，^，~
   赋值运算符：=
   条件运算符：? :
   逗号运算符：,
   逻辑运算符：!，&&，||
   字节数运算符：sizeof

- 其他特殊字符：连字符、下划线、空格、换行和制表符。

（4）注释符

注释是编译器忽略的文本，但对程序设计者而言却非常有用。注释在程序中的作用是对程序进行注解和说明，方便阅读，也便于以后参考。对于编译器来说它们是空白，因为在编译时忽略注释部分，所以注释内容不会增加最终产生的可执行程序的大小。适当地使用注释，能够提高程序的可读性。

在 C++中有两种给出注释的方法：

- 单行注释：使用"//"开始，直到它所在行的行尾，所有的字符都被作为注释处理。

  例如：

  //This is a comment.

  int i; // i is an integer

- 多行注释：使用"/*"和"*/"括起注释文字。

  例如：

  /* This is

  a comment.

  */

  int i;   /*i is an integer */

2. C++的数据类型

数据是程序处理的对象，数据可以依其本身的特点进行分类。数据类型是指定义了一组数据以及定义在这一组数据上的操作，它是程序中最基本的元素。C++的数据类型十分丰富，分为基本类型和自定义类型。其中，基本数据类型是 C++编译系统内置的。程序所处理的数据不仅分为不同的类型，而且每种类型的数据还有常量与变量之分。

（1）基本类型

基本类型有四种：整型（int）、浮点型（float）、字符型（char）、逻辑型（bool），还有一些扩展的类型，如：short、long、double、byte 等。此外，signed 和 unsigned 可以用来修饰 char 和 int（包括 long int）型，signed 表示有符号数，unsigned 表示无符号数。在默认的情况下是有符号（signed）的。

（2）空类型

void 用于显式说明一个函数不返回任何值。还可以说明指向 void 类型的指针，说明以后，这个指针就可以指向各种不同类型的数据对象。

（3）构造类型

常见的构造类型有数组、结构体、联合体和枚举。

其中，数组是由具有相同数据类型的元素组成的集合。例如：

int A[10];

说明了一个具有 10 个元素的一维数组 A，其元素分别是 A[0]，A[1]，…，A[9]。

结构体是由不同的数据类型构成的一种混合的数据结构，构成结构体的成员的数据类型一般不同，并且在内存中分别占据不同的存储单元。例如：

```
struct student                    //学生信息结构体
{
int num;                          //学号
char name[20];                    //姓名，是字符型数组
float score;                      //成绩
}
```

联合体是类似于结构体的一种构造类型，不同的是构成联合体的数据成员共用同一段内存单元。例如：

```
union uarea
{
char c_data;
short s_data;
logn l_data;
}
```

枚举是将变量的值一一列举出来，变量的值只限于列举出来的值的范围内。例如：

enum weekday{sun, mon, tue, wed, thu, fri, sat};

（4）指针类型

指针类型变量用于存储另一变量的地址，而不能用来存放基本类型的数据。它在内存中占据一个存储单元。正确地使用指针，可以方便、灵活而有效地组织和表示复杂的数据结构，另外，动态内存分配和管理也离不开指针。例如：

int *i_pointer;

声明了一个指向 int 类型数据的指针变量，这个指针的名称是 i_pointer，专门用来存放 int 类型的数据的地址。

（5）类类型

类是体现面向对象程序设计的最基本特征，也是体现 C++与 C 最大的不同之处。类也是一个数据类型，它定义的是一种对象类型，由数据和方法组成，描述了属于该类型的所有对象的性质。

2.1.3　C++中的类与对象

对象是构成世界的一个独立单位，它具有自己的静态特征和动态特征。静态特征是可以用某种数据来描述的特征，动态特征即对象所表现的行为或对象所具有的功能。

类是面向对象语言必须提供的用户定义的数据类型，它将具有相同状态、操作和访问机制的多个对象抽象成为一个对象类。

类可以将数据和函数封装在一起，其中数据表示了类的属性（特征），函数表示了类的行为（或称功能）。类提供关键字 public、protected 和 private，用于声明数据和函数是公有的、受保护的或者是私有的，这样可以达到保护私有信息的目的。类的一般定义格式如下：

```
class <类名>
{
private:
        <私有数据成员和成员函数>;
protected:
        <保护数据成员和成员函数>;
public:
        <公有数据成员和成员函数>;
}
<各个成员函数的实现>;
```

其中，class 是定义类的关键字。<类名>是一个标识符，用于唯一标识一个类。一对大括号内是类的说明部分，说明该类的所有成员。类的成员包括数据成员和成员函数两部分。

定义类的函数成员的格式如下：

```
返回类型 类名::成员函数名（参数列表）
{
        函数体
}
```

类的成员函数对类的数据成员进行操作，成员函数的定义体可以在类的定义体中，也可以另外定义，但在类定义时需要给出函数头，且需在函数名前加上类域标记。在域内使用时，可直接使用名字，而在域外使用时，需要在成员名外加上类对象的名称。

为了使用类，还必须说明类的对象。在定义类时，系统是不会给类分配存储空间的，只有定义类对象时才会给对象分配相应的内存空间。对象的定义格式如下：

<类名><对象名表>;

其中，<类名>是特定的对象所属的类的名字，<对象名表>中可以有一个或多个对象名，多个对象名用逗号分隔。

一个对象的成员是该对象的类所定义的成员，一般对象的成员表示如下：

<对象名>.<成员名>　或者<对象名>—><成员名>

2.1.4　类的继承和多态性

继承是面向对象程序设计的基本特征之一，是在已有的类基础上建立新类。通过 C++语言中的继承机制，一个新类既可以共享另一个类的操作和数据，也可以在新类中定义已有类中没有的成员。

如在定义类 B 时，如果继承类 A，就会自动得到类 A 的操作和数据属性，使得程序员只需定义类 A 中所没有的新成分，即可完成类 B 的定义，这样称类 B 继承了类 A，类 A 派生了类 B。这种机制称为继承。称类 A 为基类或父类，类 B 为派生类或子类。

继承的定义格式如下：

    class <派生类名>：<继承方式><基类名>

其中，<派生类名>是新定义的一个类的名字，它是从<基类名>中派生的，并且是按指定的<继承方式>派生的。<继承方式>有三种关键字可以表示：

- public：公有继承，其特点是基类的公有成员和保护成员作为派生类的成员时，它们都保持原有的状态，而基类的私有成员仍然是私有的。
- protected：保护继承，其特点是基类的所有公有成员和保护成员都成为派生类的保护成员，并且只能被它的派生类成员函数或友元访问，基类的私有成员仍然是私有的。
- private：私有继承，其特点是基类的公有成员和保护成员作为派生类的私有成员，并且不能被这个派生类的子类访问。

关于继承的程序示例如下：

```cpp
//基类
class CBase
{
public:
        void FuncA(void);
        void FuncB(void);
};
//派生类
class CDerive :public CBase
{
public:
        void FuncC(void);
        void FuncD(void);
};
//实例主程序
main()
{
    CDerive b; // CDerive 的一个对象
    b.FuncA(); // CDerive 从 CBase 继承了函数 FuncA
    b.FuncB(); // CDerive 从 CBase 继承了函数 FuncB
    b.FuncC();
    b.FuncD();
}
```

除了继承外，C++的另一个重要的特征是支持多态。所谓多态性是指当不同的对象收到相同的消息时，产生不同的动作。C++的多态性具体体现在运行和编译两个方面，在程序运行时的多态性通过继承和虚函数来体现，而在程序编译时多态性体现在函数和运算符的重载上。

关于多态的程序示例如下：

```cpp
class CBase
{
public:
        virtual void FuncA(void){cout<<"This is CBase ::FuncA\n"}
```

```
//用关键字 virtual 声明一个虚函数
};
void Test(CBase *a)
{
a->FuncA();
}
class CDeriveA :public CBase
{
public:
        virtual void FuncA(void){cout<<"This is CDeriveA∷FuncA\n"}
};
class CDeriveB :public CBase
{
public:
        virtual void FuncA(void){cout<<"This is CDeriveB∷FuncA\n"}
};
//主程序
main()
{
    CBase b; // CBase 的一个对象
    CDeriveA objectA; // CDeriveA 的一个对象
    CDeriveB objectB; // CDeriveB 的一个对象
    Test(&b);
    Test(& objectA);
    Test(& objectB);
}
//输出结果如下：
This is CBase ∷FuncA
This is CDeriveA∷FuncA
This is CDeriveB∷FuncA
```

2.1.5　C++中的输入/输出流

C++对处理标准类型的数据和字符串提供了取代 printf 和 scanf 函数调用的备选方法。

例：

```
cout<<"Enter your name:";
cin>>name;
cout<<"Your name is:"<<name<<'\n';
```

第一条语句用到了标准输出流 cout 和运算符<<，<<称为流插入运算符。第二条语句用到了标准输入流 cin 和运算符>>，>>称为流提取运算符。与 printf 和 scanf 不同的是，流插入运算符和流提取运算符不需要指示输出/输入数据类型的格式，控制串、转换说明符和运算符能自动识别要用的类型。

用 C++风格的面向流的输入/输出可以使程序具有更好的可读性，并且能减少出错的可能。要注意的是，C++程序必须包含头文件 iostream.h 后才能使用输入/输出流，这一文件包含了所有输入/输出流操作所需的基本信息。

2.2　AppWizard 的使用

AppWizard 是基于用户的选择创建 MFC 项目的一个工具。AppWizard 创建作为一个框架项目所需要的所有源文件，这个框架项目是应用程序的起始点。可以用 AppWizard 创建单文档、多文档或者基于对话框的应用程序。

2.2.1 AppWizard 第一步

如图 2.1 所示，AppWizard 对于需要创建应用程序的类型提供了三种选项：

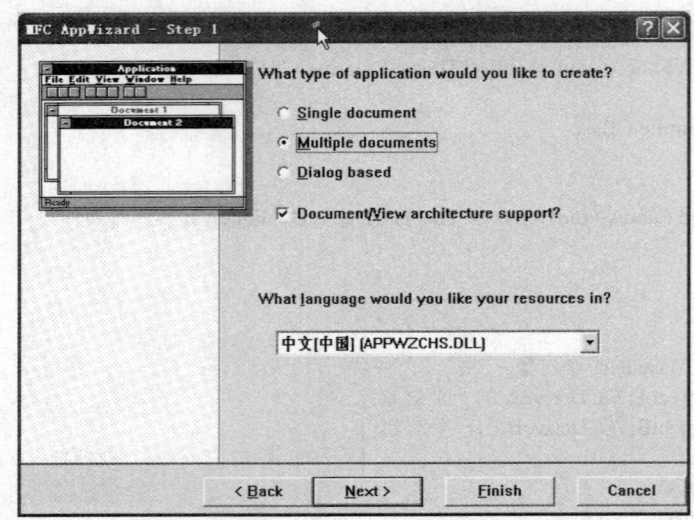

图 2.1　MFC AppWizard 第一步：指定应用程序风格

- Single Document Interface（SDI，单文档界面）——这种类型的应用程序一次只允许打开一个文档。文档自动充满应用程序的主窗口，不为其他的文档留下空间。如 Windows 的 NotePad（写字板）就是一个 SDI 应用程序。当选择从 File | Open 菜单打开一个新的文件时，当前打开的文件就被关闭。
- Multiple Document Interface（MDI，多文档界面）——这种类型的应用程序允许同时打开多个文档。如 Microsoft Office 产品 Word 或 Excel 中，一次可以打开多个文档，每个文档都具有自己的窗口。在 MFC 中，如果要一个文档上有多个视图（view），必须创建一个支持 MDI 的应用程序。
- Dialog based（基于对话框）——这种类型的应用程序使用一个对话框作为其主窗口。基于对话框的应用程序常用于简单的应用程序中，例如 Windows 中设置 Date/Time Properties（日期/时间属性）的应用程序、字符映射工具或计算器一类的应用程序等。Visual C++提供对对话框编辑器进行访问的方式，以便可以设计基于对话框应用程序的外观。基于对话框应用程序包含的类不多，所以初学起来比较容易理解。

在选择不同的选项时，屏幕左边的图片会提示做出当前的选择时，应用程序界面看起来是什么样子。

在 AppWizard 第一步的对话框中还可指定两个特殊的选项。

首先，可以不选中 Document/View Architecture Support 复选框——这是 Visual C++ 6.0 所支持的一个新的选项，这样可以使得 AppWizard 对某些应用程序而言只产生简单的代码。

但是大多数情况下，可以让它保持为默认（选中）状态。如果选中，表示应用程序采用文档－视图结构。这种结构将文档数据的存取和显示分离了。一般应用程序的主要任务就是数据的处理：数据的输入、输出和结果显示等，而且程序应该可以提供界面让用户对数据进行修改。通常，用户还需要同一份数据的多种表现形式，如文字、表格、图形等。采用文档—视图结构可以更清晰、方便地实现这些功能。

2.2.2　AppWizard 第二步

AppWizard 的下一步询问需要支持数据库的类型。AppWizard 将自动书写代码以通过 Open Database Connectivity（ODBC，开放数据库互连）标准访问数据库，并可支持上百种不同的数据库。AppWizard 可通过 Microsoft 在 Access 和 Visual Basic 中使用的数据库引擎 Jet Engine 来访问数据库。在 Visual C++ 6.0 中，还可通过 ActiveX Data Objects（ADO，ActiveX 数据对象）来访问 Object Linking and Embedding（OLE，对象链接与嵌入）DB 的提供者。

从图 2.2 可以看到有 4 个选择：

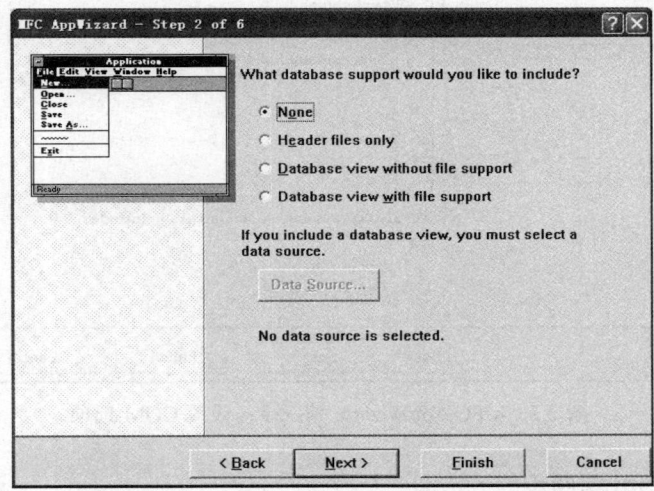

图 2.2　MFC AppWizard 第二步：指定数据库支持选项

- 如果没有写数据库的应用程序，选择 None。
- 如果不想从 CFormView 派生视图类，也不想有 Record 菜单，选择 Header files only，即只用到 ODBC 必需的一些头文件。
- 如果想从 CFormView 派生视图类，并且有 Record 菜单，但不必序列化（Serialize）一个文档，选择 Database view without file support，这样程序就可以通过 CRecordset 来修改数据库的元组（记录）。
- 如果想要数据库的支持，同时要序列化文档，选择 Database view with file support。
当选择数据库的支持时，必须指定数据源。

2.2.3　AppWizard 第三步

在做出了上述选择之后，单击 Next 按钮进入下一步。可以在图 2.3 所示的 MFC AppWizard-Step 3 of 6 对话框中，选择需要包含的复合文档。在该屏幕中，可以要求 AppWizard 添加对 Microsoft 构件对象模型（COM）的支持。有以下 5 个选项：

- 如果不想编写 ActiveX（或先前的 OLE，ActiveX 和 OLE 技术被统称为复合文档技术）应用程序，选择 None。

- 如果要求应用程序能嵌入或连接 ActiveX 对象，如 Word 文档或 Excel 中的工作表，选择 Container。
- 如果希望应用程序能为其他应用程序提供文档服务，且应用程序不必作为一个单独的应用程序，选择 Mini-server。
- 如果希望应用程序作为一个可以独立的运行程序，选择 Full-server。
- 如果希望应用程序既能包含其他应用程序中的对象，又能为其他应用程序提供对象，选择 Both container and server。

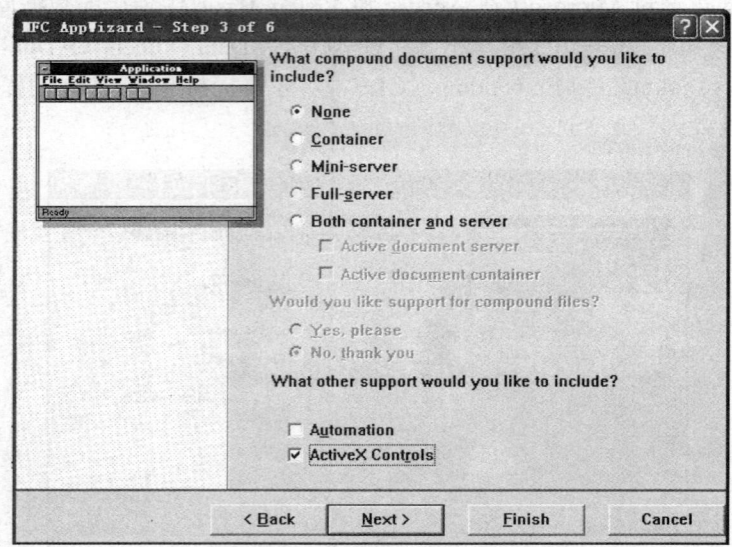

图 2.3　MFC AppWizard 第三步：设置 COM 选项

2.2.4　AppWizard 第四步

单击 Next 按钮进入下一步。在图 2.4 中可以看到，有 4 个选项在默认状态下是选中的。

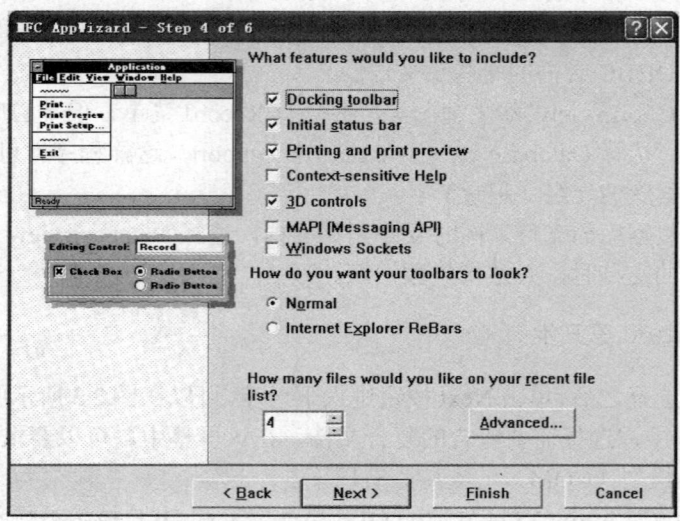

图 2.4　MFC AppWizard 第四步：决定窗口的样式

- Docking toolbar（预设工具条）——告诉 AppWizard 在应用程序菜单下创建一个标准的工具栏。该工具栏是可浮动的，这就意味着应用程序的用户可以将它拖离、移动并重新附在屏幕的任一边上。AppWizard 在创建工具栏时，将提供一些标准的操作按钮，如剪贴板的复制、粘贴，文件的打开和保存。
- Initial status bar（初始状态栏）——在应用程序窗口底部设置一个标准的 Windows 状态栏，激活状态栏支持时，则 AppWizard 创建一个状态栏以显示菜单的提示信息或其他信息。
- Printing and print preview（打印和打印预览）——显示标准 Windows 打印预览窗口，并在用户选择 File | Print 菜单项时显示 Printer 对话框。AppWizard 可以产生实现打印和打印预览的大部分代码。
- 3D controls（三维控件）——添加一些代码，使得 Windows 的控件具有 3D 外观，如复选框、文本域、单选按钮等。选中该选项，可以确保应用程序的所有控件都具有相同的外观。

除了上面 4 个已被选中的项目之外，AppWizard 还允许添加 Context-sensitive Help（上下文相关帮助）、MAPI（消息 API）、Windows Sockets（Windows 套接字）支持，这几个选项在默认状态下均为未被选中状态。

Visual C++ 6.0 的一个新特征就是允许选择 Internet Explorer 风格的 ReBar 工具栏来替代传统的 Windows 工具栏。若选择了 Internet Explorer ReBars，将生成一个 CToolbar，并把所有工具栏放在里边，工具栏可以在 CToolbar 内移动，但不能拖出 CToolbar，如 Windows 98 的 IE 就是这种工具栏。

最后，可以确定文件的最近文件列表中列出的文件个数。

在这一步骤中，还有 Advanced 按钮，单击它，将弹出 Advanced Options 对话框，其中有两个标签：在 Document Template Strings 标签下可以输入程序能处理的文件的扩展名以及更改程序窗口的标题等；在 Windows Style 标签下可以调整程序窗口的风格，如有无系统菜单，有无最大化、最小化按钮等。

接下来是询问用户希望怎样来使用 MFC 类库。As a statically linked library 用于将所要用到的 MFC 类库作为静态库打包到应用程序中，这样生成的应用程序是一个完整的应用程序，但这种与 MFC 静态链接的方式只被专业版和企业版支持；As a shared DLL 是指当多个应用程序共同执行时，只需一次调用 DLL 到内存中。

2.2.5 AppWizard 第五步

单击 Next 按钮进入下一步。在 AppWizard-Step 5 of 6 对话框中选择工程的风格、注释及 MFC 类库的用法，如图 2.5 所示。

- 如果希望工程具有 MFC 标准风格，则应该选择 MFC Standard。
- 如果希望工程具有浏览风格，即拥有切分窗口，左边窗口显示树形视图，右边窗口显示列表视图，则选择 Windows Explorer。
- 如果希望在源代码中产生注释，则选择 Yes，please；反之，选择 No，thank you。

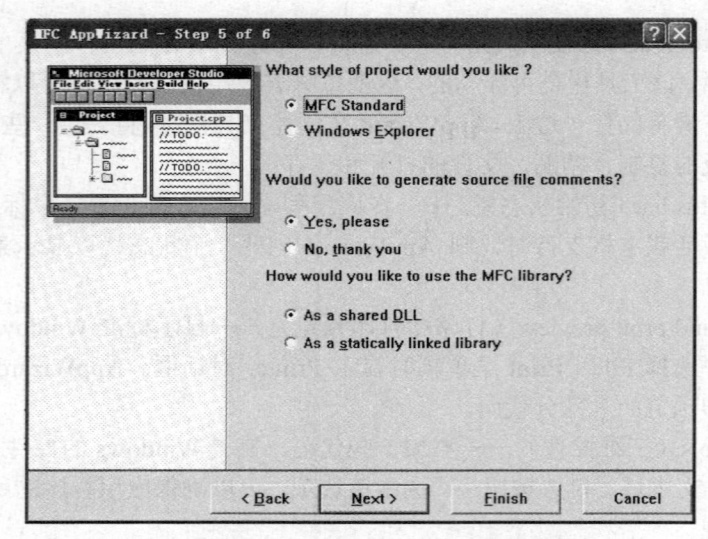

图 2.5　MFC AppWizard 第五步：窗口风格、注释和类型

2.2.6　AppWizard 第六步

单击 Next 按钮进入下一步，如图 2.6 所示。可以修改默认的类名、基类、头文件或实现文件名。当在类名列表框中上下滚动的时候，每个文本域将显示类名，同时还显示基类的名字以及存储类头文件及实现文件的文件名。在 MFC 中，视图类表示应用程序与用户交互的方式以及在屏幕上显示的信息。选择不同的应用程序视图基类，应用程序工作的方式也会相应地改变。单击 Finish 按钮，就完成了 AppWizard 提供的所有选项。

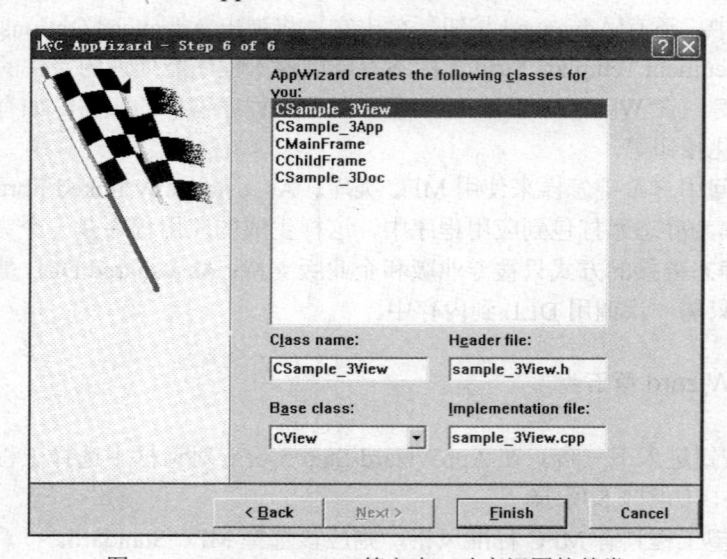

图 2.6　MFC AppWizard 第六步：改变视图的基类

接下来，系统将根据前面各个步骤中所做的选择作一个总结，列出一份新创建工程的全部信息清单，如图 2.7 所示。如果单击 OK 按钮，AppWizard 将会按用户选项的要求自动创建一个工程的应用程序框架。如果单击 Cancel 按钮，则 AppWizard 将退回到 AppWizard-Step 6 of 6 对选项进行修改。

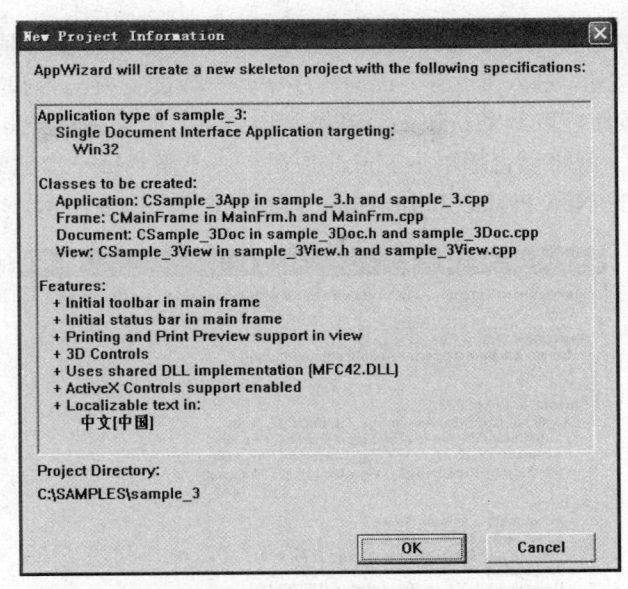

图 2.7 MFC AppWizard 最后一步：程序清单

2.3 一个简单的应用程序

2.3.1 创建过程

（1）在 Visual C++ 6.0 的启动界面中，选择 File | New，在弹出的 New 对话框中单击 Projects 选项卡，如图 2.8 所示。

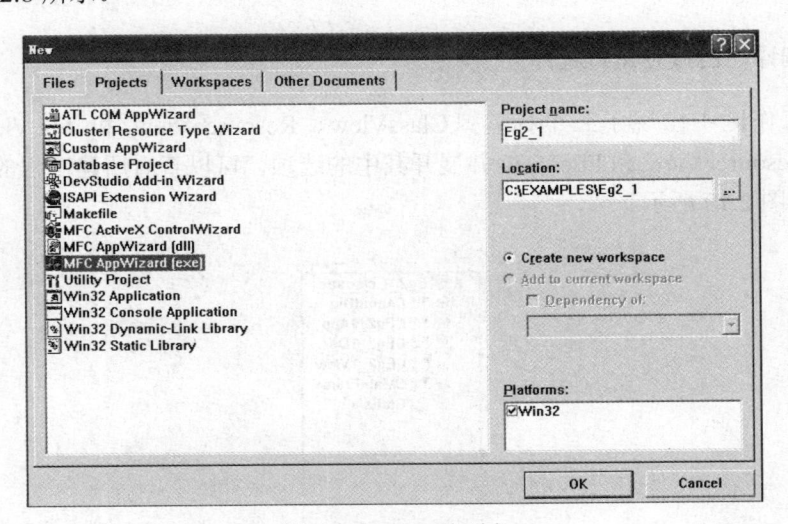

图 2.8 Project 选项卡

（2）选择 MFC AppWizard（exe），在 Location 编辑框中输入要建立的工程所在的目录 C:\EXAMPLES，可以单击编辑框右边的省略号按钮选择一个已有的目录，在右上方的 Project name 编辑框中输入工程名称 Eg2_1，可以注意到 Location 编辑框中的路径后面自动附加上了工程名。单击 OK 按钮，弹出 MFC AppWizard 向导对话框。

（3）在第一步中选择 Single document，建立一个单文档界面应用程序 SDI。

（4）单击 Next 按钮，进入下一步，询问程序中数据库的支持与否和支持程度，取默认值。可以继续单击 Next 按钮，取其默认值，直到第六步结束。如果从某一步开始选择好了，后面的每一步都取默认值，就可以直接单击 Finish 按钮，并不需要每一步都单击 Next 按钮。在单击 Finish 按钮后，弹出 New Project Information 对话框，如图 2.9 所示。

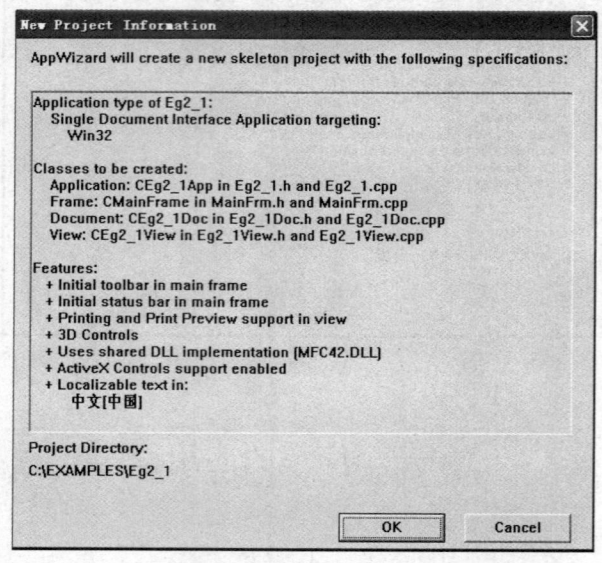

图 2.9　Eg_1 工程的 New Project Information 对话框中的信息

单击 OK 按钮，则 Visual C++ 6.0 开始创建一个工程，即一个应用程序的框架，并很快创建完毕。

2.3.2　编译、链接并运行程序

此时，工作区中出现了三个标签：ClassView、ResourceView 和 FileView，分别单击 ClassView、ResourceView 和 FileView 并展开其中的选项，可以查看所建工程的类、资源和文件等组成，如图 2.10 所示。

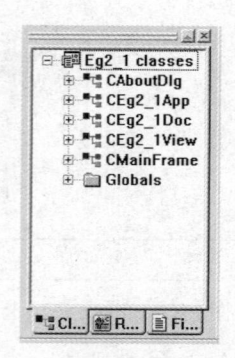

图 2.10　工程 Eg2_1 的工作区

现在可以进行编译和链接了。选择 Build | Build Eg2_1.exe 菜单项或者按 F7 键进行编译、链接。结果可以在输出窗口中显示，如图 2.11 所示。

图 2.11　编译 Eg2_1 应用程序后输出窗口的显示

最后，可以运行程序。选择 Build | Execute Eg2_1.exe 菜单项或者按 Ctrl+F5 组合键，可以看到结果如图 2.12 所示。虽然到现在为止，一句代码还没有加入，但整个程序已经可以很顺畅地工作了，"文件"菜单下的"新建""打开""保存""另存为"菜单项都可以使用，"查看"菜单下的"工具栏""状态栏"也可以控制工具栏、状态栏的显示与消失。"帮助"菜单下的"关于 Eg2_1（A…）"也可以弹出一个软件说明对话框，如图 2.13 所示。

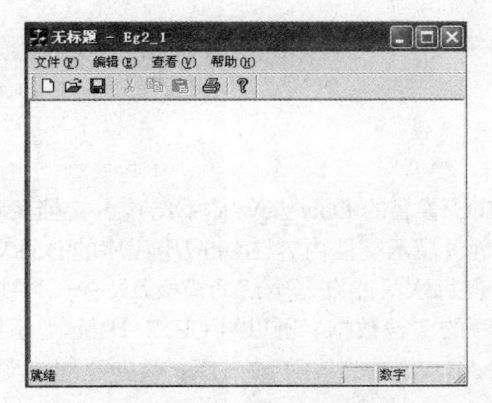

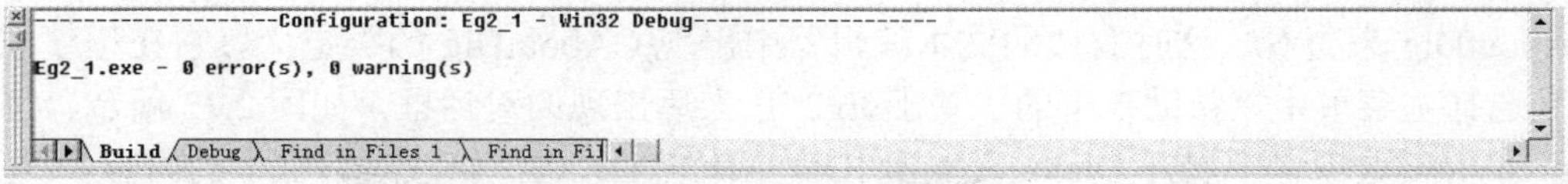

图 2.12　Eg2_1 应用程序框架运行结果　　　　图 2.13　关于 Eg2_1 的对话框

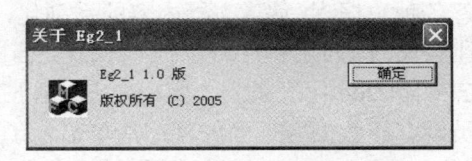

至此，创建了一个简单的 SDI 应用程序 Eg2_1。所在的目录为 C:\EXAMPLES，打开此文件夹，可以发现有一个该工程的文件夹 Eg2_1，双击后可以查看与该工程相关的所有文件及两个子目录：Debug 和 Res。在 Visual C++中，一个工程可以产生两种版本的可执行程序：debug 版本含有用于调试的信息和代码，而 release 版本由于不含有调试信息，不能进行调试，但其最终产生的文件更短小。

2.4　程序结构剖析

对于上一节里创建的单文档应用程序 Eg2_1，来分析其程序结构。在工作区中选择 ClassView 标签，如图 2.14 所示，可以看见，MFC AppWizard 一共生成了 5 个类：CAboutDlg、CEg2_1App、CEg2_1Doc、CEg2_1View 和 CMainFrame。在 MFC 中，Windows 中各式各样的结构都被很好地用类封装起来，绝大部分的 MFC 类是从 CObject 中继承出来的，包括 CFile、CCmdTarget、CDC、CGdiObject 等大类。在第 4 章将详细介绍 MFC 类。

下面来分析一下 MFC AppWizard 生成的 5 个类之间的关系。

2.4.1　CAboutDlg 类

CAboutDlg 类的基类是 CDialog。可以通过双击 ClassView

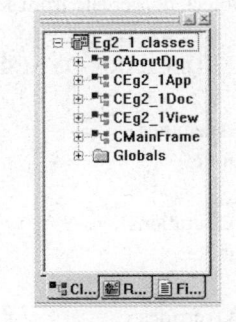

图 2.14　工程 Eg2_1 的工作区

中 CAboutDlg 来查看，这时右边的文本编辑器中出现 CAboutDlg 的类定义。它在程序中的表现就是选择主菜单中"帮助"下的"关于 Eg2_1.."后出现的对话框，如图 2.13 所示，可以到 ResourceView 选项卡中展开 Dialog，双击 IDD_ABOUTBOX，修改对话框中的内容。

2.4.2　CEg2_1App 类

CEg2_1App 类代表整个应用程序，它由 CWinApp 派生。在 MFC 中，一个应用程序的真正的入口点是 AfxWinMain()，但它并不在工程中的任何一个文件中存在，仅在程序编译链接时加入工程中，在 AfxWinMain()中调用了 MFC 应用程序的 InitInstance()函数进行初始化，然后进入 MFC 的消息循环，这样程序就开始运行起来。所以可以认为 InitInstance()是程序员能够修改的最先被执行的函数。

InitInstance()函数执行完毕，窗口就显示在屏幕上，并进入 MFC 消息循环，等待用户的输入和系统消息。

2.4.3　CEg2_1Doc 和 CEg2_1View 类

CEg2_1Doc 和 CEg2_1View 两个类组成了 MFC 著名的 Doc/View 体系结构。文档负责存储处理各种数据，并负责文档内容的系列化，视图负责显示文档内容。SDI 应用程序的 Doc/View 模型比较简单，应用程序可以拥有多个文档模板，但每次只能有一个活动模板，只有一个视图。

CEg2_1Doc 代表了一个文档，它处理应用程序的文档数据。可以给 CEg2_1Doc 类添加数据成员以存储数据。下面的程序清单显示了 MFC AppWizard 给 CEg2_1Doc 类创建的头文件。

```
// Eg2_1Doc.h : interface of the CEg2_1Doc class
//
/////////////////////////////////////////////////////////////////////////////

#if !defined(AFX_EG2_1DOC_H__085CBF31_79FC_49EF_B4DF_88F54A8E33C8__INCLUDED_)
#define AFX_EG2_1DOC_H__085CBF31_79FC_49EF_B4DF_88F54A8E33C8__INCLUDED_

#if _MSC_VER > 1000
#pragma once
#endif // _MSC_VER > 1000


class CEg2_1Doc : public CDocument
{
protected: // create from serialization only
    CEg2_1Doc();
    DECLARE_DYNCREATE(CEg2_1Doc)

// Attributes
public:

// Operations
public:

// Overrides
    // ClassWizard generated virtual function overrides
    //{{AFX_VIRTUAL(CEg2_1Doc)
```

```
public:
    virtual BOOL OnNewDocument();
    virtual void Serialize(CArchive& ar);
    //}}AFX_VIRTUAL

// Implementation
public:
    virtual ~CEg2_1Doc();
#ifdef _DEBUG
    virtual void AssertValid() const;
    virtual void Dump(CDumpContext& dc) const;
#endif

protected:

// Generated message map functions
protected:
    //{{AFX_MSG(CEg2_1Doc)
        // NOTE - the ClassWizard will add and remove member functions here.
        //    DO NOT EDIT what you see in these blocks of generated code !
    //}}AFX_MSG
    DECLARE_MESSAGE_MAP()
};

/////////////////////////////////////////////////////////////////////

//{{AFX_INSERT_LOCATION}}
// Microsoft Visual C++ will insert additional declarations immediately before the previous line.

#endif // !defined(AFX_EG2_1DOC_H__085CBF31_79FC_49EF_B4DF_88F54A8E33C8__INCLUDED_)
```

在代码的开头可以看到类声明的属性部分，CEg2_1Doc 类是由 CDocument 类派生出来的。在这个头文件中，包含了两个虚函数 OnNewDocument()和 Serialize()。MFC 在用户选择 File | New 命令（或是单击相应的工具栏按钮时）调用 OnNewDocument()函数。可以利用这个函数执行文档的数据的初始化工作。

视图类显示存储在文档对象中的数据，并允许用户修改这些数据。下面是 CEg2_1View 类的头文件，它是由 MFC AppWizard 创建的。

```
// Eg2_1View.h : interface of the CEg2_1View class
//
/////////////////////////////////////////////////////////////////////

#if !defined(AFX_EG2_1VIEW_H__EC9BDD7E_40F5_4700_8087_BAD9AA6C063B__INCLUDED_)
#define AFX_EG2_1VIEW_H__EC9BDD7E_40F5_4700_8087_BAD9AA6C063B__INCLUDED_

#if _MSC_VER > 1000
#pragma once
#endif // _MSC_VER > 1000


class CEg2_1View : public CView
{
```

```cpp
protected: // create from serialization only
    CEg2_1View();
    DECLARE_DYNCREATE(CEg2_1View)

// Attributes
public:
    CEg2_1Doc* GetDocument();

// Operations
public:

// Overrides
    // ClassWizard generated virtual function overrides
    //{{AFX_VIRTUAL(CEg2_1View)
    public:
    virtual void OnDraw(CDC* pDC);   // overridden to draw this view
    virtual BOOL PreCreateWindow(CREATESTRUCT& cs);
    protected:
    virtual BOOL OnPreparePrinting(CPrintInfo* pInfo);
    virtual void OnBeginPrinting(CDC* pDC, CPrintInfo* pInfo);
    virtual void OnEndPrinting(CDC* pDC, CPrintInfo* pInfo);
    //}}AFX_VIRTUAL

// Implementation
public:
    virtual ~CEg2_1View();
#ifdef _DEBUG
    virtual void AssertValid() const;
    virtual void Dump(CDumpContext& dc) const;
#endif

protected:

// Generated message map functions
protected:
    //{{AFX_MSG(CEg2_1View)
        // NOTE - the ClassWizard will add and remove member functions here.
        //    DO NOT EDIT what you see in these blocks of generated code !
    //}}AFX_MSG
    DECLARE_MESSAGE_MAP()
};

#ifndef _DEBUG   // debug version in Eg2_1View.cpp
inline CEg2_1Doc* CEg2_1View::GetDocument()
   { return (CEg2_1Doc*)m_pDocument; }
#endif

/////////////////////////////////////////////////////////////////

//{{AFX_INSERT_LOCATION}}
// Microsoft Visual C++ will insert additional declarations immediately before the previous line.
```

#endif // !defined(AFX_EG2_1VIEW_H__EC9BDD7E_40F5_4700_8087_BAD9AA6C063B__INCLUDED_)

CEg2_1View 类的基类是 CView。在程序的开始部分可以看到类的公有属性，声明了 GetDocument()函数，它可以返回一个指向 CEg2_1Doc 对象的指针。

2.4.4 CMainFrame 类

CMainFrame 类即主框架类。双击 CMainFrame 打开 CMainFrame 的类定义文件，CMainFrame 是从 CFrameWnd 中派生出来的。

CMainFrame 程序清单：

```
// MainFrm.h : interface of the CMainFrame class
//
/////////////////////////////////////////////////////////////////////////////

#if !defined(AFX_MAINFRM_H__6C14E239_764E_4A5E_8F53_584B38D69468__INCLUDED_)
#define AFX_MAINFRM_H__6C14E239_764E_4A5E_8F53_584B38D69468__INCLUDED_

#if _MSC_VER > 1000
#pragma once
#endif // _MSC_VER > 1000

class CMainFrame : public CFrameWnd
{

protected: // create from serialization only
    CMainFrame();
    DECLARE_DYNCREATE(CMainFrame)

// Attributes
public:

// Operations
public:

// Overrides
    // ClassWizard generated virtual function overrides
    //{{AFX_VIRTUAL(CMainFrame)
    virtual BOOL PreCreateWindow(CREATESTRUCT& cs);
    //}}AFX_VIRTUAL

// Implementation
public:
    virtual ~CMainFrame();
#ifdef _DEBUG
    virtual void AssertValid() const;
    virtual void Dump(CDumpContext& dc) const;
#endif

protected:  // control bar embedded members
    CStatusBar  m_wndStatusBar;
    CToolBar    m_wndToolBar;
```

```
// Generated message map functions
protected:
    //{{AFX_MSG(CMainFrame)
    afx_msg int OnCreate(LPCREATESTRUCT lpCreateStruct);
        // NOTE - the ClassWizard will add and remove member functions here.
        //      DO NOT EDIT what you see in these blocks of generated code!
    //}}AFX_MSG
    DECLARE_MESSAGE_MAP()
};

/////////////////////////////////////////////////////////////////////////////

//{{AFX_INSERT_LOCATION}}
// Microsoft Visual C++ will insert additional declarations immediately before the previous line.

#endif // !defined(AFX_MAINFRM_H__6C14E239_764E_4A5E_8F53_584B38D69468__INCLUDED_)
```

在 CMainFrame 中的成员说明如下：

protected：

- CMainFrame()：构造函数。
- m_wndStatusBar：框架窗口上的状态栏。
- m_wndToolBar：工具栏。
- OnCreate()：窗口创建消息处理函数。

public virtual：

- PreCreateWindow()：预创窗口，在窗口创建之前调用。
- ~CMainFrame()：析构函数。
- AssertValid()：有效性检查，只在 Debug 版本中存在。
- Dump()：数据倾倒函数，只在 Debug 版本中存在。

AppWizard 在 CMainFrame 类中主要生成了两个函数：即重载了基类的 PreCreateWindow() 函数、建立了响应 WM_CREATE 的消息处理函数 OnCreate()。此外，CMainFrame 类中还内嵌了工具栏类的对象 m_wndToolBar 和状态栏类的对象 m_wndStatusBar。

PreCreateWindow()函数使得用户可以根据自己的需要修改窗口类及其风格。主要是通过修改 CREATESTRUCT 结构的内容来完成。

OnCreate()函数完成创建视图类的对象和视图窗口以及创建工具栏和状态栏的工作，可以根据需要向函数内添加自己的代码。

2.5 Win32 编程基础

2.5.1 Win32 数据类型

Windows 应用程序的源程序中包含种类繁多的数据类型，其中 Windows.h 是用户调用系统功能的关键，文件中定义了 Windows 系统使用的数据类型，其中包括许多简单类型和结构。部分常用的 Windows 数据类型及其说明如表 2.1 所示，定义这些数据类型的目的是增加程序的规范性和可读性。

表 2.1　常用的部分 Windows 数据类型及其说明

数据类型	说明
WORD	16 位无符号整数
LONG	32 位有符号整数
DWORD	32 位无符号整数
HANDLE	句柄
UINT	32 位无符号整数
BOOL	布尔值
LPTSTR	指向字符串的 32 位指针
LPCTSTR	指向字符串常量的 32 位指针

2.5.2　句柄

句柄（handle）是整个 Windows 编程的基础。一个句柄是指系统创建对象后返回的用来代表该对象的一个值，它是 Windows 使用的一个唯一的整数值，是一个 4 字节长的数值，用于标识应用程序中不同的对象和同类对象中不同的实例。例如，一个窗口、按钮、图标、滚动条、输出设备、控制或者文件等。应用程序通过句柄能够访问相应的对象信息，它代表对对象的引用。对用户来说，句柄值到底是多少无关紧要，只要记住它是一个值，就像身份证号码能代表一个人一样，句柄唯一代表了系统所创建的对象，操作系统会根据所提供的句柄找到相应的对象。

在 Windows 应用程序中，句柄的种类很多，使用也是很频繁的。表 2.2 是部分常用句柄类型及其说明。

表 2.2　常用句柄类型及其说明

句柄类型	说明	句柄类型	说明
HWND	标识窗口句柄	HDC	标识设备环境句柄
HINSTANCE	标识当前实例句柄	HBITMAP	标识位图句柄
HCURSOR	标识光标句柄	HICON	标识图标句柄
HFONT	标识字体句柄	HMENU	标识菜单句柄
HPEN	标识画笔句柄	HFILE	标识文件句柄
HBRUSH	标识画刷句柄		

2.5.3　标识符命名

标识符可以作为变量、类、函数、用户定义类型的名字。标识符可以是任意长度，但是默认情况下 VC++ 6.0 只以前面 250 个字符区分。与 C++的标识符命名一样，VC++ 6.0 中的标识符也遵循如下几条规则：

- 以大写字母、小写字母或下划线"_"开始。
- 可以由大写字母、小写字母、下划线"_"或数字 0～9 组成。
- 大写字母和小写字母代表不同的标识符，如"Message"和"message"就是两个不同的标识符。

- 不能是关键字。

说明：关键字是指 VC++保留下来，用作特殊用途的标识符。用户在定义自己的操作符时不能和 VC++的关键字重复。如变量类型说明符"int"；变量访问控制说明符"public""protected""private"；异常的抛出及捕捉"throw""try"和"catch"等。

在 Visual C++中，使用匈牙利标记法（Hungarian Notation）来为变量命名，如在成员变量前使用"m_"，这可以指明变量的类型。常用的 Hungarian Notation 前缀如表 2.3 所示。

表 2.3　Hungarian Notation 前缀

前缀	意义	前缀	意义
A	数组	m_	类的数据成员
B	布尔（整型）	n	短型或整型
By	无符号字符（字节）	np	近指针
c	字符	p	指针
cb	字节数	l	长型
cr	颜色值	lp	长指针
cx，cy	短型（x，y 长度值）	s	串
dw	无符号长整型（dword）	sz	以零终止的串
fn	函数	tm	text metric
h	句柄	w	无符号整型（word）
I	整型	x，y	短整型（x 或 y 坐标）

习题二

一、填空题

1．类的_____成员可以被类作用域内的任何对象访问，而类的_____成员只能被该类的成员函数或友元访问。

2．如果类 Alpha 继承了类 Beta，则类 Alpha 称为_____类，类 Beta 称为_____类。

3．大多数 C++程序都要包含_____头文件，该文件包含了所有输入/输出流操作所需的基本信息。

4．Visual C++提供的工程文件生成工具是_____。

5．AppWizard 对于需要创建应用程序的类型提供了三种选项：_____、_____和_____。

6．选择_____菜单项或者按 F7 键进行编译、链接工程文件。

7．一个句柄是指_____。

二、上机题

1．使用 Visual C++ 6.0 创建一个空的工程。

2．在创建的工程中使用菜单、工具栏、编辑框等操作，熟悉编程环境。

第 3 章　构造应用程序框架

在 Visual C++ 6.0 中用 MFC 编程，虽然看起来与调用 Windows 的 API 函数进行 SDK 程序设计不同，但实际上机理是一致的，因为都是 Windows 应用程序，其运行机制应该一样。不同的是，在 MFC 下，许多工作都由应用框架（framework）来做了。

应用框架不仅包含了 Visual C++的基本类库，而且定义了程序的结构，具有统筹控制应用程序运行的能力，实际上是一种类库的超集。当生成基于 MFC 的应用程序时，Visual C++将把应用框架的有关内容附加于应用程序之上，且应用框架拥有主控权。

本章介绍 MFC 的三种基本应用框架，并通过三个简单的"Hello，Welcome to C++ 6.0！"实例来说明这三个应用框架的区别。其中大部分代码都是系统自动生成的，只添加了一些简单的代码。最后，对程序的运行过程作了简单的描述。

3.1　单文档应用框架

所谓的单文档（SDI）界面应用程序，是指在应用程序中一次只能打开一个文件。在打开下一个文件之前，必须先关闭上一个打开的文件，才能执行下一个打开操作。对于涉及文档较少的程序，只容许处理单个文档的程序或执行其他功能而不太关心文档的程序，一般采用这种方式。

3.1.1　创建过程

下面创建一个单文档应用程序 Eg3_1，操作步骤如下：

（1）创建工程。按照前一章创建工程的步骤创建一个工程，类型为 SDI，工程名为 Eg3_1，其他选项取默认值。最后产生的 New Project Information 对话框如图 3.1 所示。在图 3.1 中包含了三个方面的主要信息：

● 程序类型

Application type of Eg3_1

　　Single Document Interface Application targeting:
　　　　Win32

表示该应用程序是单文档界面 Win32 应用程序。

● AppWizard 自动创建的类

　　Application:CEg3_1App in Eg3_1.h and Eg3_1.cpp
　　Frame:CMainFrame in MainFrm.h and MainFrm.cpp
　　Document: CEg3_1Doc in Eg3_1Doc.h and Eg3_1Doc.cpp
　　View:CEg3_1View in Eg3_1View.h and Eg3_1View.cpp

创建了 CEg3_1App、CMainFrame、CEg3_1Doc 和 CEg3_1View 共 4 个大类，分别在 Eg3_1.h、MainFrm.h、Eg3_1Doc.h 和 Eg3_1View.h 中定义，在 Eg3_1.cpp、MainFrm.cpp、Eg3_1Doc.cpp 和 Eg3_1View.cpp 中实现。

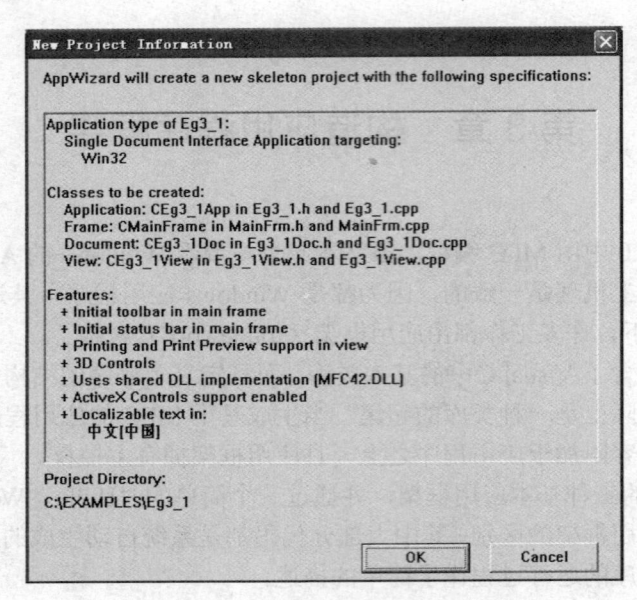

图 3.1 New Project Information 对话框

- 特征

+ Initial toolbar in main frame
+ Initial status bar in main frame
+ Printing and Print Preview support in view
+3D Controls
+ Uses shared DLL implementation [MFC42.DLL]
+ ActiveX Controls support enabled
+ Localizable text in:
  中文［中国］

这部分的信息从第一行开始分别说明了：在主框架中初始化工具栏、状态栏，视图支持打印和打印预览，使用三维的控件，把 MFC42.DLL 作为动态链接库使用，支持 ActiveX 控件的使用，应用程序使用语言为中文。

（2）单击 OK 按钮，AppWizard 就开始创建应用的子目录、文件和类。当 AppWizard 创建完成后，可以查找到 Eg3_1 文件下有如表 3.1 所示的一些文件。

表 3.1　AppWizard 创建的文件及描述

文件	描述
MainFrame.h，MainFrame.cpp	包含类 CMainFrame 的头文件和执行源文件，用于说明主框架
Eg3_1.dsw	应用程序的工程文件
Eg3_1.rc	资源描述文件
Eg3_1View.h，Eg3_1View.cpp	包含视类 CEg3_1View 的头文件和视类执行源文件
Eg3_1Doc.h，Eg3_1Doc.cpp	包含文档类 CEg3_1Doc 的头文件和文档类执行源文件
Eg3_1.h，Eg3_1.cpp	包含应用类 CEg3_1App 的头文件和应用类执行源文件
README.TXT	用来解释所产生的所有文件的文本文件

（3）添加自己的代码。为了实现显示“Hello，Welcome to Visual C++ 6.0！”这个操作，还需要编写一些代码对视窗进行绘制。这里需要进行扩充的成员函数是 Eg3_1View.cpp 中的 OnDraw 函数。OnDraw 函数是 CView 类中的一个虚成员函数，每次当视窗需要被重新绘制时，应用框架都要调用此函数。

在工作区中选中 ClassView 标签，展开 Eg3_1 classes 下面的 CEg3_1View 类，在 OnDraw（CDC *pDC）函数上双击，定位到需要扩展的函数，然后添加如下的代码，其中添加的代码用粗体表示（在以后的程序中都用黑体部分表示自己添加的内容）。

```
void CEg3_1View::OnDraw(CDC* pDC)
{
    CEg3_1Doc* pDoc = GetDocument();
    ASSERT_VALID(pDoc);
    // TODO: add draw code for native data here
    pDC->TextOut (60,100,"Hello, Welcome to Visual C++ 6.0! ");
}
```

有一点要说明，在输入代码或在更改代码的时候，Eg3_1View.cpp 文件对话框的标题栏上有一个“*”，说明正在编辑的文件没有保存，如果编辑完成后单击“保存”按钮，“*”将消失。

（4）更改应用程序的标题。在上一章中曾介绍过可以在 MFC AppWizard 第四步中通过 Advanced 按钮来更改标题。在这里，介绍另一种方法，即对 AppWizard 已经创建好的一个工程更改应用程序的标题。

选择工作区中 ResourceViews 标签，展开 Eg3_1 Resources｜String Table，双击 String Table，弹出字符串资源表，如图 3.2 所示。

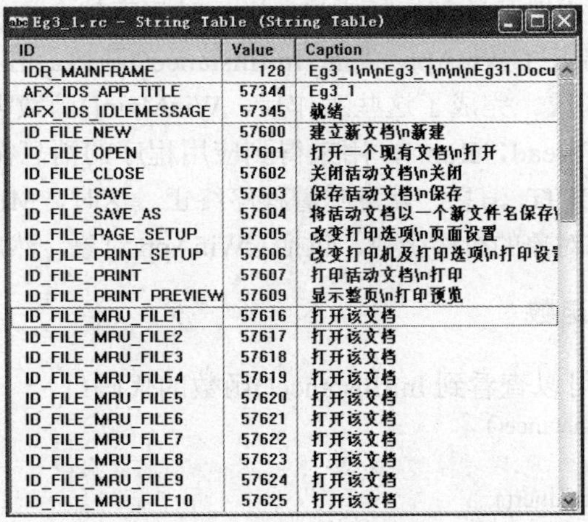
Eg3_1.rc - String Table (String Table)

ID	Value	Caption
IDR_MAINFRAME	128	Eg3_1\n\nEg3_1\n\n\nEg31.Docu
AFX_IDS_APP_TITLE	57344	Eg3_1
AFX_IDS_IDLEMESSAGE	57345	就绪
ID_FILE_NEW	57600	建立新文档\n新建
ID_FILE_OPEN	57601	打开一个现有文档\n打开
ID_FILE_CLOSE	57602	关闭活动文档\n关闭
ID_FILE_SAVE	57603	保存活动文档\n保存
ID_FILE_SAVE_AS	57604	将活动文档以一个新文件名保存
ID_FILE_PAGE_SETUP	57605	改变打印选项\n页面设置
ID_FILE_PRINT_SETUP	57606	改变打印机及打印选项\n打印设置
ID_FILE_PRINT	57607	打印活动文档\n打印
ID_FILE_PRINT_PREVIEW	57609	显示整页\n打印预览
ID_FILE_MRU_FILE1	57616	打开该文档
ID_FILE_MRU_FILE2	57617	打开该文档
ID_FILE_MRU_FILE3	57618	打开该文档
ID_FILE_MRU_FILE4	57619	打开该文档
ID_FILE_MRU_FILE5	57620	打开该文档
ID_FILE_MRU_FILE6	57621	打开该文档
ID_FILE_MRU_FILE7	57622	打开该文档
ID_FILE_MRU_FILE8	57623	打开该文档
ID_FILE_MRU_FILE9	57624	打开该文档
ID_FILE_MRU_FILE10	57625	打开该文档

图 3.2　字符串资源表

双击 IDR_MAINFRAME 项，弹出 String Properties 对话框，如图 3.3 所示，在 Caption 编辑框中将标题修改为“单文档应用程序\nEg3_1”。

（5）编译、链接。选择 Build｜Build Eg3_1.exe（或按 F7 键），编译并链接应用程序。编译、链接的结果在输出窗口中显示，如果有错误，则根据提示改正，直到正确为止，这样就生成了可执行程序。

（6）运行。选择 Build｜Execute Eg3_1.exe（或按 Ctrl+F5 组合键），运行应用程序。执行结果如图 3.4 所示。

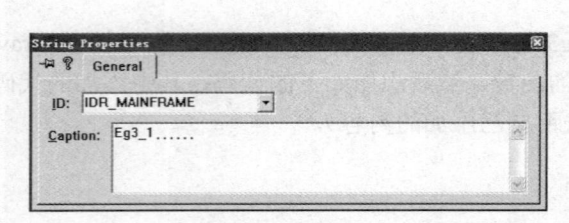

图 3.3 字符串属性对话框　　　　　图 3.4 应用程序 Eg3_1 的执行结果

3.1.2 CEg3_1App 应用程序运行过程

应用程序开始运行的第一步就是初始化应用中的静态和全局对象。全局对象中最重要的就是 CWinApp 类所创建的实例 theApp，整个程序有且只有一个，一切由它开始，最后以它结束。在 Eg3_1.cpp 文件中有如下代码：

```
/////////////////////////////////////////////////////////////////////////////
// The one and only CEg3_1App object
CEg3_1App theApp;
```

Visual C++所产生的代码首先通过初始化数据段来建立全局变量，以及建立一些 MFC 内部使用的对象，然后执行 CWinApp 类的构造函数。

一旦所有静态对象的构造函数都执行完毕，运行时间库就会调用 WinMain()函数，该函数初始化 MFC 应用，并调用 CWinApp 类的 InitInstance()函数。在下一小节中，将详细介绍 InitInstance()函数的代码构成。完成了这些工作后，WinMain()函数调用 CWinApp 类的 Run()函数，通常默认为 CWinThread∷Run()，用来得到应用程序的消息循环，或称消息队列。

当程序接收到 WM_QUIT 消息，就意味着程序终止。这时，MFC 会调用 CWinApp 类的 ExitInstance()，然后是静态对象的析构函数，包括 CWinApp 对象，然后将控制权交还操作系统。

3.1.3 InitInstance()函数

在 Eg3_1.cpp 文件中可以查看到 InitInstance()函数的代码：

```
BOOL CEg3_1App∷InitInstance()
{
    AfxEnableControlContainer();
    // Standard initialization
    // If you are not using these features and wish to reduce the size
    //  of your final executable, you should remove from the following
    //  the specific initialization routines you do not need.
#ifdef _AFXDLL
    Enable3dControls();            // Call this when using MFC in a shared DLL
#else
    Enable3dControlsStatic();      // Call this when linking to MFC statically
#endif
    // Change the registry key under which our settings are stored.
    // TODO: You should modify this string to be something appropriate
    // such as the name of your company or organization.
```

```cpp
    SetRegistryKey(_T("Local AppWizard-Generated Applications"));
    LoadStdProfileSettings();   // Load standard INI file options (including MRU)

    // Register the application's document templates.   Document templates
    //  serve as the connection between documents, frame windows and views.
    CSingleDocTemplate* pDocTemplate;
    pDocTemplate = new CSingleDocTemplate(        //创建单文档模板
        IDR_MAINFRAME,
        RUNTIME_CLASS(CEg3_1Doc),
        RUNTIME_CLASS(CMainFrame),                // main SDI frame window
        RUNTIME_CLASS(CEg3_1View));
    AddDocTemplate(pDocTemplate);

    // Parse command line for standard shell commands, DDE, file open
    CCommandLineInfo cmdInfo;
    ParseCommandLine(cmdInfo);

    // Dispatch commands specified on the command line
    if (!ProcessShellCommand(cmdInfo))             //处理消息
        return FALSE;

    // The one and only window has been initialized, so show and update it.
    m_pMainWnd->ShowWindow(SW_SHOW);               //创建主窗口
    m_pMainWnd->UpdateWindow();

    return TRUE;
}
```

在这段代码中可以看到，InitInstance()函数做了一些十分重要的工作。

首先，根据用户在创建应用程序时所选择的 AppWizard 选项，在 InitInstance()函数中初始化了 OLE、Windows 插口与三维控件等。第一行代码 AfxEnableControlContainer()说明了在 MFC AppWizard 第三步中选择了支持 ActiveX 控件。Enable3dControls() 和 Enable3dControlsStatic()是让应用程序的界面有三维界面效果。

接着调用 SetRegistryKey()使应用程序的一些设置信息保存在注册表中而不是 INI 文件中。LoadStdProfileSettings()的主要用途是调入 MRU（Most Recently Used）文件列表。该函数的调用是用来加载一些标准项，包括应用程序的.ini 文件或是注册表的 Most Recently Used 列表框。注册表提供了一个安全的数据存储和转移的地方。

接下来，应用程序 CEg3_1App 创建单文档模板 CSingleDocTemplate 的实例，并赋给 pDocTemplate 指针。文档模板 CSingleDocTemplate 创建文档 CEg3_1Doc、框架 CMainFrame、视图类 CEg3_1View 的一个实例，创建新的文件、框架和视图。文档模板是 MFC 中比较重要的概念之一，通过文档模板可以同文档类、视窗类、框架类建立联系，同时也借助文档模板，将文档类、视窗类、框架窗组合成为一个整体。第一个参数是这个文档类型所使用的资源，在资源编辑器中可以找到以 IDR_MAINFRAME 为标识的图标、菜单、加速键和字符串表。后面三个参数分别是与这个文档模板相关联的文档类、视窗类和框架类的类名。

这里的 RUNTIME_CLASS 宏返回一个指向类的 RUNTIME_CLASS 结构的指针，该结构用 DECLARE_DYNCREATE 和 IMPLEMANT_DYNCREATE 宏添加到类中。文档模板通过用 CRuntimeClass∷CreateObject()函数创建一个所有三个类的实例来打开一个文档。

InitInstance()函数还创建了一个 CCommandLineInfo 对象 cmdInfo，并把它传递给 ParseCommandLine()函数，这个函数对命令行参数进行扫描分析，并为每个参数调用 CCommandLineInfo∷ParseParam()函数，ParseParam()会更改基于这些参数的 CCommandLineInfo 结构。在 InitInstance()中，CCommandLineInfo 对象的结果被传递到 ProcessShellCommand()，它可以执行命令行指定的默认操作。

全部处理完毕，一切正常之后，就可以显示窗口了。AppWizard 创建的代码接下来要做的就是调用 ShowWindow()及 UpdateWindow()来显示应用程序主窗口，这个主窗口是由 InitInstance()所创建的。

调用主窗口的 ShowWindow()函数来将窗口显示在屏幕上：
m_pMainWnd->ShowWindow(SW_SHOW);
再调用 UpdateWindow()函数刷新窗口的客户区：
m_pMainWnd->UpdateWindow();

3.2 多文档应用框架

多文档（MDI）接口应用程序是指一个应用程序可以同时打开多个文件进行处理。MDI 是大多数应用程序采用的形式。Microsoft 公司的 Word 应用软件就是一个典型的多文档应用。

3.2.1 创建过程

接下来创建一个多文档应用框架。操作步骤如下：

（1）运用 AppWizard 创建工程。选择 File | New 菜单项，弹出 New 对话框，选择 Projects 标签，选中 MFC AppWizard（exe）项，在 Project name 编辑框中输入要建立的工程名称 Eg3_2。

单击 OK 按钮，第一步中默认的选项是 Multiple documents，即创建一个多文档应用程序。单击 Finish 按钮，显示 New Project Information 对话框。

（2）在 New Project Information 对话框中包括了所要创建的应用程序的大部分信息，单击 OK 按钮，AppWizard 就开始创建应用的子目录、文件和类。

多文档应用框架所产生的文件与单文档应用框架基本相同。不同的是，多文档除了产生了主框架的文件以外，还产生了两个子框架的文件：ChildFrm.h 和 ChildFrm.cpp。图 3.5 显示了系统为多文档应用框架产生的类。

（3）添加自己的代码。与单文档应用框架一样的，为了实现显示"Hello，Welcome to Visual C++ 6.0!"这个操作，还需要编写一些代码对视窗进行绘制。这里需要进行扩充的成员函数是 Eg3_2View.cpp 中的 OnDraw 函数。

在工作区中选中 ClassView 标签，展开 Eg3_2 classes 下面的 CEg3_2View 类，在 OnDraw （CDC *pDC）函数上双击，定位到需要扩展的函数，然后添加如下的代码。

```
void CEg3_2View∷OnDraw(CDC* pDC)
{
    CEg3_2Doc* pDoc = GetDocument();
    ASSERT_VALID(pDoc);
    // TODO: add draw code for native data here
    pDC->TextOut (60,100,"Hello, Welcome to Visual C++ 6.0! ");
}
```

（4）编译、链接。选择 Build | Build Eg3_2.exe（或按 F7 键），编译并链接应用程序。

（5）运行。选择 Build｜Execute Eg3_2.exe（或按 Ctrl+F5 组合键），运行应用程序。执行结果如图 3.6 所示。

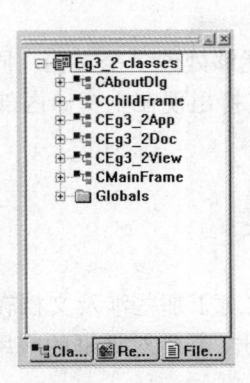

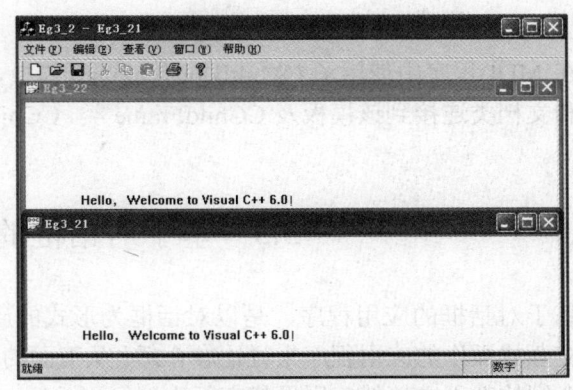

图 3.5 多文档应用框架包含的类　　　　图 3.6 应用程序 Eg3_2 的执行结果

这里只是对每个视图作了同样的处理，而并没有对文档进行操作。所以打开的视图都同样地显示出"Hello，Welcome to Visual C++！"。在这个界面中，可以用菜单或工具栏打开多个视图，如果在程序中对各个视图的文档作不同的处理，那么显示出来的视图就是不同的。

该程序的代码出现在 Eg3_2View.h 和 Eg3_2View.cpp 中。

3.2.2 单文档应用程序和多文档应用程序的比较

可以看到，在 MDI 程序中许多程序的细节是与 SDI 程序相同的，比较 Eg3_1 和 Eg3_2 两个应用程序的 InitInstance()：

```
BOOL CEg3_1App∷InitInstance()
{
    AfxEnableControlContainer();
    …
    CSingleDocTemplate* pDocTemplate;
    pDocTemplate = new CSingleDocTemplate(
        IDR_MAINFRAME,
        RUNTIME_CLASS(CEg3_1Doc),
        RUNTIME_CLASS(CMainFrame),      // main SDI frame window
        RUNTIME_CLASS(CEg3_1View));
    AddDocTemplate(pDocTemplate);
    …
}
```

这里用来创建新文档的文档模板是 MFC 的 CSingleDocTemplate 类型，程序将视图、文档和主窗口类都放置在这个模板中。

```
BOOL CEg3_2App∷InitInstance()
{
    AfxEnableControlContainer();
    …
    CMultiDocTemplate* pDocTemplate;
    pDocTemplate = new CMultiDocTemplate(
        IDR_EG3_2TYPE,
        RUNTIME_CLASS(CEg3_2Doc),
        RUNTIME_CLASS(CChildFrame), // custom MDI child frame
```

```
        RUNTIME_CLASS(CEg3_2View));
    AddDocTemplate(pDocTemplate);
        …
}
```
在 MDI 程序中使用了 CMultiDocTemplate 模板，以便程序能够处理多个文档，同时也将视图和文档类连接到该模板及 CChildFrame 类，CChildFrame 类支持出现在主窗口内部的 MDI 子窗口。

3.3 基于对话框的应用框架

基于对话框的应用程序，是以对话框为形式的应用程序，它对于那些涉及文档较少，主要是交互式操作的应用程序来说比较合适。从下面的例子可以看出，基于对话框的应用框架和上面介绍的基于文档的应用框架有很大的区别。

3.3.1 创建过程

下面用 AppWizard 来创建一个基于对话框的应用程序。

（1）在 AppWizard 的第一步，即 MFC AppWizard-Step 1 中，选中 Dialog based 单选按钮，如图 3.7 所示。

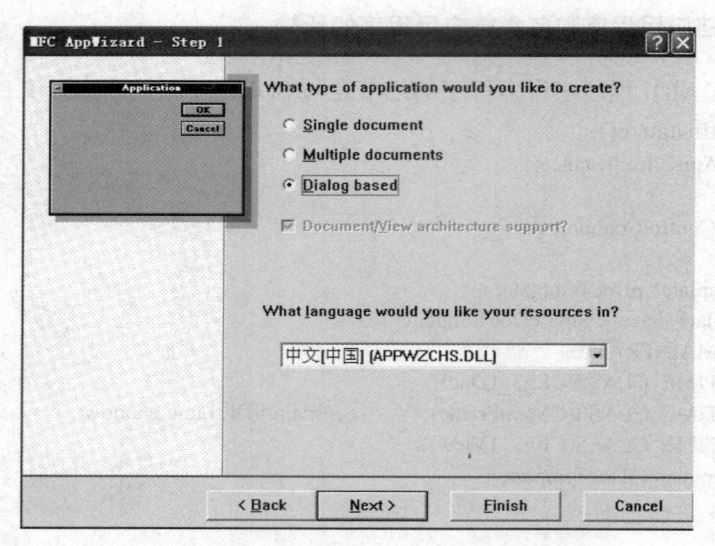

图 3.7　创建一个基于对话框的工程

（2）在第四步，AppWizard 会显示出它将帮助用户创建的类及属性。在这个基于对话框的应用中只有两个类被创建。一个是应用类 CEg3_3App，另一个是对话框类 CEg3_3Dlg。

（3）修改对话框资源。对话框的形状可以在资源编辑器中进行编辑。将工作区切换到 ResourceView 标签中，双击 Dialog 目录下的 IDD_Eg3_3_DIALOG。在客户区中会弹出默认的对话框，现在工作平台处于资源编辑状态，可以对这个对话框进行编辑。

在对话框中可以看到有三个控件："确定"、"取消"按钮和一个静态文本框"TODO：在这里设置对话控制。"选中静态文本框控件，右击鼠标，在弹出的快捷菜单中选择 Properties…，弹出 Text Properties 对话框，如图 3.8 所示。

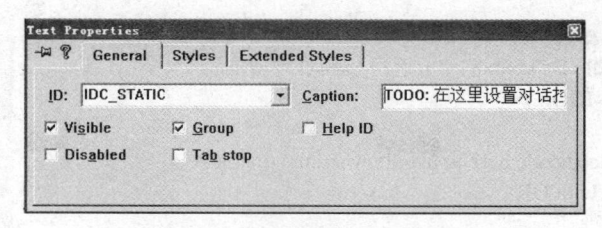

图 3.8　设置静态文本框的属性

（4）在 Text Properties 对话框中，将 Caption 框中的"TODO：在这里设置对话控制。"删除，改成"Hello，Welcome to Visual C++！"。

（5）编译、链接。选择 Build | Build Eg3_3.exe（或按 F7 键），编译并链接应用程序。

（6）运行。选择 Build | Execute Eg3_3.exe（或按 Ctrl+F5 组合键），运行应用程序。执行结果如图 3.9 所示。

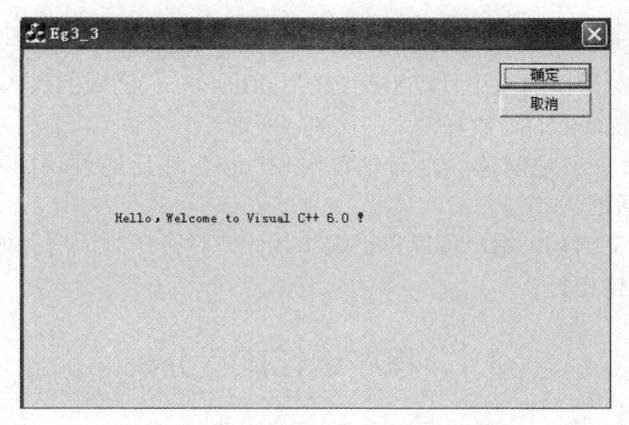

图 3.9　应用程序 Eg3_3 的执行结果

该程序的代码出现在 Eg3_3Dlg.h 和 Eg3_3Dlg.cpp 中。

3.3.2　InitInstance()函数分析

在 Eg3_3.cpp 文件中可以查看到 InitInstance()函数的代码：

```
BOOL CEg3_3App∷InitInstance()
{
    AfxEnableControlContainer();

    // Standard initialization
    // If you are not using these features and wish to reduce the size
    // of your final executable, you should remove from the following
    // the specific initialization routines you do not need.

#ifdef _AFXDLL
    Enable3dControls();           // Call this when using MFC in a shared DLL
#else
    Enable3dControlsStatic();     // Call this when linking to MFC statically
#endif

    CEg3_3Dlg dlg;                //生成一个对话框对象
```

```
    m_pMainWnd = &dlg;
    int nResponse = dlg.DoModal();    //调用和显示对话框
    if (nResponse == IDOK)
    {
        // TODO: Place code here to handle when the dialog is
        // dismissed with OK
    }
    else if (nResponse == IDCANCEL)
    {
        // TODO: Place code here to handle when the dialog is
        //   dismissed with Cancel
    }

    // Since the dialog has been closed, return FALSE so that we exit the
    // application, rather than start the application's message pump.
    return FALSE;
}
```

可以看出，基于对话框的应用程序框架中的 InitInstance()函数的代码与单文档和多文档应用程序框架中的 InitInstance()函数有很大的区别。

实现对话框的第一步是创建一个对话框对象 dlg。然后通过调用对话框类的成员函数 DoModal()来显示对话框。

接下来有一个分支语句，用户可以自己编辑代码，对应在对话框上单击了"确定"或"取消"按钮以后的相应操作。

3.4 程序运行流程分析

比较前面三个应用程序的实例可以看出，一个基本的 SDI 应用程序框架包括应用类、单文档模板类、主边框窗口类、文档类和视图类，一个基本的 MDI 应用程序框架包括应用类、多文档模板类、主边框窗口类、子边框窗口类、文档类和视图类，而一个基于对话框的应用程序框架中只包含应用类和对话框类两个类。

3.4.1 Windows 的编程模式

用 C++编写 MS-DOS 程序时，程序的运行总是由 main()函数开始，其他函数都是由 main()函数调用的。在这一点上 Windows 程序也是类似的，需要有一个 WinMain()函数，该函数主要是建立应用程序的主窗口。与 MS-DOS 程序的根本差别在于：MS-DOS 程序是通过调用操作系统的功能来获得用户输入的，而 Windows 程序则是通过操作系统发送的消息来处理用户输入的，程序的主窗口中需要包含处理 Windows 所发送消息的代码。

Windows 是消息驱动（或事件驱动）的操作系统。消息驱动意味着操作系统的每一部分和其他部分以及应用程序之间，通过 Windows 消息进行通信。Windows 程序在开始部分也需要进行初始化，但初始化完成后就开始等待用户的各种输入。一旦用户有任何输入（例如键盘或鼠标输入），操作系统便会感知，然后向相应的应用程序发送消息，程序要能够随时接受并处理这些消息。图 3.10 是 Windows 程序和 Windows 消息的基本流程。

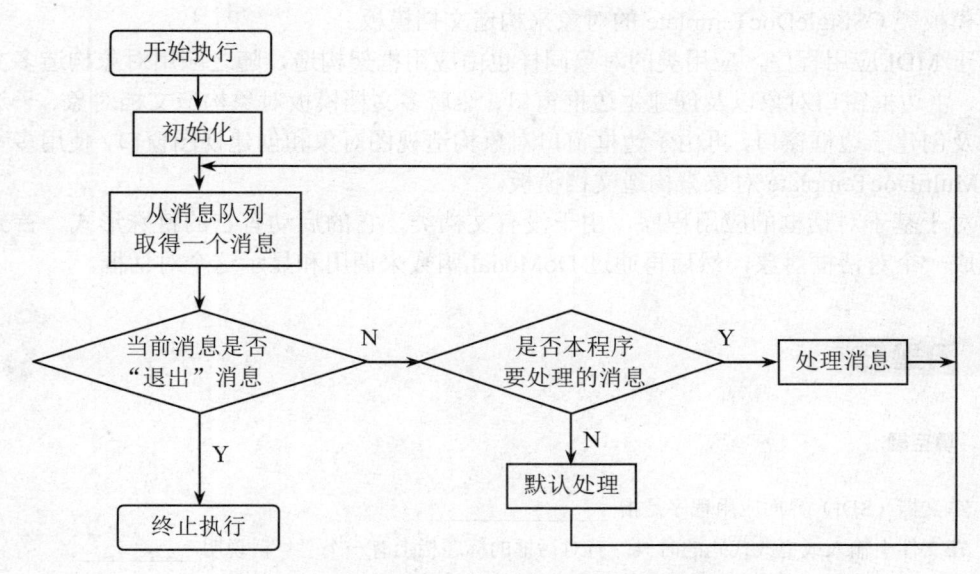

图 3.10 Windows 程序和 Windows 消息的基本流程

3.4.2 MFC 应用程序的运行过程

如果应用 MFC 库，WinMain()函数就被隐蔽了。

如果使用 Visual C++开发环境提供的向导的话，用户就只需要确定哪些消息是需要响应的，并为之编写消息处理函数，而不必担心消息与处理函数代码之间是如何联系起来的，因为自动生成的应用程序框架会处理这些问题。

在 2.3 节中已经详细分析了一个单文档应用程序的 5 个类。通过查看源代码，分析基于 MFC 的应用程序运行过程如下：

（1）应用程序定义一个应用类全局对象。
（2）应用类对象的构造函数开始执行。
（3）构造函数执行完后，调用初始化函数 InitInstance()。
（4）在函数 InitInstance()中，构造文档模板。
（5）构造文档模板时，按照生成一个文档的顺序先产生一个最初的文档、视图主框架。
（6）函数 InitInstance()生成工具栏和状态栏以及其他用户需要的工具。
（7）函数 InitInstance()执行完成后，应用程序处于等待消息的状态。

这时，基本的应用窗口已经生成。应用程序准备好接收用户或系统的消息，完成用户需要的功能。

3.4.3 三种应用程序框架的异同

每个应用程序的应用类都会自动创建一个 InitInstance()函数，当应用程序启动时会自动调用此函数，从这里构造其他的类和程序特征，用户也可以在这里加入自己的初始代码。然后开始生成文档模板。

对于单文档应用程序，应用类的对象由应用框架构造，然后应用对象构造出单文档对象、主边框窗口对象及创建主边框窗口，再由主边框窗口对象构造视图对象和创建视图窗口，使用单文档模板类 CSingleDocTemplate 的对象来构造文档模板。

对于 MDI 应用程序，应用类的对象同样也由应用框架构造，随之应用对象构造多文档模板对象、主边框窗口对象以及创建主边框窗口，然后多文档模板对象构造文档对象、子边框窗口对象及创建子边框窗口，再由子边框窗口对象构造视图对象和创建视图窗口，使用多文档模板类 CMultiDocTemplate 对象来构造文档模板。

而对于基于对话框的应用程序，由于没有文档类，它的启动有它的特殊形式。首先在函数中生成一个对话框对象，然后再通过 DoModal 函数来调用和显示这个对话框。

习题三

一、填空题

1. 单文档（SDI）界面应用程序是指 ＿＿＿＿＿＿。
2. 在文件中输入或更改代码的时候，若对话框的标题栏上有一个"*"，说明＿＿＿＿＿。
3. 在某个函数上＿＿＿＿＿可以快速定位到需要扩展的函数，然后添加自己的代码。
4. MDI 程序中使用了＿＿＿＿＿模板，使程序能够处理多个文档。
5. 一个基于对话框的应用程序框架中只包含＿＿＿＿＿类和＿＿＿＿＿类两个类。

二、问答题

1. MFC 框架可以生成哪几种应用程序框架？
2. 单文档应用程序和多文档应用程序的 InitInstance() 有什么不同？
3. 简述 MFC 的应用程序运行过程。

三、上机题

实现简单的单文档应用程序、多文档应用程序和基于对话框的应用程序，分别完成在屏幕上输出文本"I like VC++ 6.0 programming!"。

第 4 章 Microsoft 类库基础

本章分类列出了 MFC 常用类库及其说明，包括：根类 CObject、应用程序框架类、窗口类、异常类、文件类、绘图和打印类以及 ODBC 类等。

4.1 Microsoft 类库概述

Microsoft 提供了一个基本类库（Microsoft Foundation Class，MFC），MFC 类库是 Visual C++ 程序设计的核心，它封装了许多常用的 Windows API 函数，绝大部分的 Visual C++ 应用程序都是在此基础上构成的。在使用 Visual C++ 之前，编写一个最简单的 Windows 应用程序，开发过程也是很复杂的，其中很大一部分代码是用来在屏幕上建立一个窗口，而事实上这部分代码可为多个应用程序反复使用。基类库则给程序设计人员提供了新型和功能强大的工具箱。它使得编写 Windows 应用程序变得容易。

Microsoft 公司的 MFC 具有以下特点：
- 完全支持所有的 Windows 函数、控制、消息、GDI 基本图形函数、菜单以及对话框。
- 使用与传统的 Windows API 同样的命名规则，因此，一个类所能完成的工作可直接从名字得知。
- 不使用容易产生错误的 switch/case 语句。所用的消息都映射到类中成员函数，这种直接的消息到方法的映射对所有消息都适用。
- 通过发送有关对象信息到文件的能力，来提供更好的判断支持。也可以确认成员变量。
- 提供很多意外处理，减少错误。
- 在运行时确定数据对象的设计，这允许实例化类时动态操作各域。
- 代码少，速度快。

大多数 MFC 类是从三个基类（base class）派生的：CObject、CCmdTarget 和 CWnd。CCmdTarget 派生于 CObject 类，而 CWnd 派生于 CCmdTarget 类。从 CObject 派生的类，具有在运行时获得对象大小和名字的能力；从 CCmdTarget 派生的类，能够处理命令消息；从 CWnd 派生的类，能控制它们自己的窗口。

4.2 根类：CObject

MFC 由数十个 C++ 类组成，但这些类之间并不是毫无关系的。绝大部分 MFC 类都是直接或间接地从 CObject 类派生而来，其他的类基本上是围绕这些类工作的。CObject 以很低的开销，为派生出的所有类提供许多有用的功能。在编程中，还会接触到另一个由很多类组成的体系，即从 IUnknown 派生的接口类（又叫 COM 类）体系，这个体系不属于 MFC 类体系，COM 类也不同于普通的 C++ 类，有很多自己的特点。

CObject 提供以下的基本服务：
- 支持序列化（serialization support）。所谓序列化，就是指每个类都提供一种手段。通过它，一个实例能够把自己的数据写到一个流中，或者从一个流中读出自己的数据并重建这个实例，而不必关心这个流代表的是一个文件还是一块内存或者是系统的剪贴板。
- 运行时（run-time）类的信息。从 CObject 派生的类，可以支持 RUNTIME_CLASS 属性，这样程序可以在运行时判断某个实例是否属于某个类。
- 对象诊断输出（object diagnostic output）。从 CObject 派生的类，可以支持 Dump、AssertValid 等调试宏或调试函数。
- 与容器类兼容（compatibility with collection classes）。MFC 捆绑了 STL（Standard Template Library，标准模板库）中的某些容器类模板，包括 CList 链表模板、CArray 数组模板、CMap 映射模板。

CObject 类不支持多重继承，派生只能有一个 CObject 基类。如果在类的实现和声明中使用一些可选宏，则可使 CObject 派生类的功能得到增强。

CObject 类本身提供的功能较少，主要工作由 6 个伴生宏（companion macros）完成。CObject 和这些宏一起，允许 CObject 的派生类在运行时获取类名和对象大小，创建一个类对象而不必知道类名，以及允许从文件设备中存取一个类的实例而不必知道类名。

4.3 MFC 应用程序框架结构类

这一分类中的类用于构造框架应用程序的结构，它们提供多数应用程序公用的功能。编程的任务是填充框架、添加应用程序专用的功能。用户一般从结构类中派生新类，然后添加新程序、新的成员函数或重载已有成员函数。

组成框架的类对象在运行时相互合作，组合成一个 Windows 应用程序工作框架，主要的组成对象有：一个从 CWinApp 类派生出的应用程序对象；一个或多个从 CDocument 类派生出的文档对象，通常与一个数据文件相关联；一个或多个从 CView 类派生出的视图对象，其中每一个附属于一个文档，并与一个窗口相关联。

4.3.1 CWinApp 类

每一个应用程序有且仅有一个应用对象，这个对象由 CWinApp 派生，在程序运行中与其他对象协同作用。CWinApp 封装了初始化、运行和结束应用的代码。下面通过 CEg3_1.h，看看 AppWizard 是怎样做的。

```
class CEg3_1App : public CWinApp
{
public:
    CEg3_1App();

// Overrides
    // ClassWizard generated virtual function overrides
    //{{AFX_VIRTUAL(CEg3_1App)
    public:
    virtual BOOL InitInstance();
    //}}AFX_VIRTUAL

// Implementation
    //{{AFX_MSG(CEg3_1App)
```

```
        afx_msg void OnAppAbout();
        // NOTE - the ClassWizard will add and remove member functions here.
        //    DO NOT EDIT what you see in these blocks of generated code !
    //}}AFX_MSG
    DECLARE_MESSAGE_MAP()
};
```

代码的第一行展示了 MFC 应用程序的强大功能,就是 CEg3_1 由 CWinApp 派生。除此之外,还有许多注释,这些注释为 ClassWizard 标定了代码的位置。

从图 4.1 可以看出,CWinApp 是由 CWinThread 派生的。CWinThread 是所有线程的基类,封装了一部分操作系统的线程功能。MFC 支持在一个应用程序中的多线程。所有的应用程序至少要有一个线程。

当用户使用菜单或工具栏按钮与应用程序交互时,应用程序将从交互对象发送消息给相应的命令目标对象。命令目标对象由 CCmdTarget 类派生,包括 CWinThread、CDocument、CDocTemplate、CWnd 和它们的派生类。CCmdTarget 是所有可以接收和响应消息对象的基类,也是 MFC 消息映射体系结构的基类。

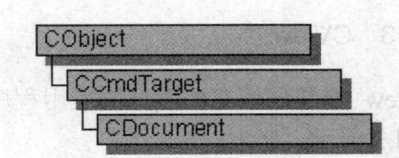

4.3.2 CDocument 类

CDocument 类实现了创建文件、打开文件、关闭文件、管理文件、修改标志等功能,而且支持串行化读写文件,但它本身并不读写文件。因此如果需要打开特定格式的文件,就必须自己编写这种文件的代码。图 4.2 显示了 CDocument 类层次关系。

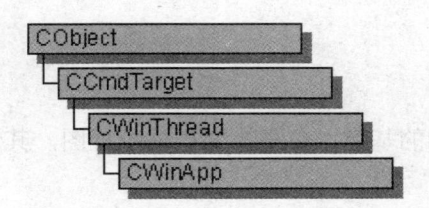

图 4.1 CWinApp 类层次关系图   图 4.2 CDocument 类层次关系

通常,文档类是应用程序打开一个新文档或一个已存在的文档时创建的对象。文档类负责将一个文档赋给它的成员变量,并允许视图类编辑这些成员变量。一个文档包括从图形文件到可编程控制的任何内容。文档类派生于 CDocument,AppWizard 自动将其命名为 CxxxDoc,Xxx 是应用程序名。

查看 CEg3_1Doc.h 头文件,可以找到应用程序 CEg3_1 的文档类 CEg3_1Doc,如下所示。

```
class CEg3_1Doc : public CDocument
{
protected: // create from serialization only
    CEg3_1Doc();
    DECLARE_DYNCREATE(CEg3_1Doc)

// Attributes
public:

// Operations
```

public:

// Overrides
    // ClassWizard generated virtual function overrides
    //{{AFX_VIRTUAL(CEg3_1Doc)
    public:
    virtual BOOL OnNewDocument();
    virtual void Serialize(CArchive& ar);
    //}}AFX_VIRTUAL

// Implementation
public:
    virtual ~CEg3_1Doc();
#ifdef _DEBUG
    virtual void AssertValid() const;
    virtual void Dump(CDumpContext& dc) const;
#endif

protected:

// Generated message map functions
protected:
    //{{AFX_MSG(CEg3_1Doc)
        // NOTE - the ClassWizard will add and remove member functions here.
        // DO NOT EDIT what you see in these blocks of generated code !
    //}}AFX_MSG
    DECLARE_MESSAGE_MAP()
};

4.3.3 CView 类

CView 类是显示文档数据的应用程序专有视图的基类，负责为文档提供视图，其层次关系如图 4.3 所示。

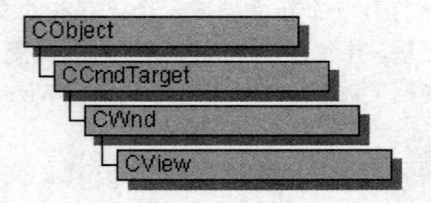

图 4.3 CView 类的层次关系

视图类负责显示、描述、操作、编辑文档类的内容。CView 中有个指针型的成员变量指向所依附的文档 CDocument，可以通过 GetDocument 获得该指针，便于对文档编辑。下面是在 CEg3_1View.h 头文件中的视图类：

class CEg3_1View : public CView
{
protected: // create from serialization only
    CEg3_1View();

```
    DECLARE_DYNCREATE(CEg3_1View)

// Attributes
public:
    CEg3_1Doc* GetDocument();

// Operations
public:

// Overrides
    // ClassWizard generated virtual function overrides
    //{{AFX_VIRTUAL(CEg3_1View)
    public:
    virtual void OnDraw(CDC* pDC);      // overridden to draw this view
    virtual BOOL PreCreateWindow(CREATESTRUCT& cs);
    protected:
    virtual BOOL OnPreparePrinting(CPrintInfo* pInfo);
    virtual void OnBeginPrinting(CDC* pDC, CPrintInfo* pInfo);
    virtual void OnEndPrinting(CDC* pDC, CPrintInfo* pInfo);
    //}}AFX_VIRTUAL

// Implementation
public:
    virtual ~CEg3_1View();
#ifdef _DEBUG
    virtual void AssertValid() const;
    virtual void Dump(CDumpContext& dc) const;
#endif

protected:

// Generated message map functions
protected:
    //{{AFX_MSG(CEg3_1View)
        // NOTE - the ClassWizard will add and remove member functions here.
        //    DO NOT EDIT what you see in these blocks of generated code!
    //}}AFX_MSG
    DECLARE_MESSAGE_MAP()
};
```

4.4 MFC 窗口类

CWnd 类及其派生类封装一个 Windows 窗口句柄 HWND。CWnd 可由其自身使用，也可用作基类来派生新类。类库提供的派生类表示各种窗口，下面是常见的 CWnd 类的派生类以及这些类的功能：

- CWnd：所有窗口的基类。可使用下面的派生类，或者直接从 CWnd 派生自己的类。
- CFrameWnd：SDI 应用程序主框架窗口的基类，也是其他框架窗口的基类。
- CMDIFrameWnd：MDI 应用程序主框架窗口的基类。
- CMDIChildWnd：MDI 应用程序文档框架窗口的基类。

- CMinFrameWnd：浮动工具栏最常见的最小框架窗口。
- COleIPFrameWnd：服务器文档在编辑时为视图提供一个框架窗口。

4.5 MFC 异常类

MFC 类库提供了一个基于 CException 类的异常处理机制，可以从 CException 派生出各种异常类，用来处理程序运行中产生的各种异常。CException 类有很多派生类，分别用于各种场合。

下面是一些 CException 派生类的介绍。

4.5.1 CMemoryException（Out-of-memory exception，内存不足异常）

内存溢出时就会引发 CMemoryException。尤其是当 new 操作符分配内存失败时，这个异常就会产生。因为 MFC 用 new 操作符分配内存，所以任何 MFC 内存分配函数都会产生这个异常。

4.5.2 CNotSupportedException（Request for an unsupported operation，系统不支持的操作）

MFC 执行几个不被支持的函数，当用户企图调用这些函数时，就会产生 CNotSupportedException 异常。所以在自己的不被支持的函数中应用该类也是很方便的。用户也可以通过调用 AfxThrowUnsupportException()发出未支持异常。

通常，CNotSupportedException 异常仅在应用程序代码做一些不该做的事情时发生。

4.5.3 CArchiveException（Archive-specific exception 文件归档异常）

当序列化操作出错时，就会发出 CArchiveException 异常。CArchiveException 异常类的成员函数 m_cause 保存了指明异常发出的原因值。m_cause 值在 CArchiveException 异常类中定义成枚举型，含义如表 4.1 所示。

表 4.1　CArchiveException∷m_cause 含义说明

m_cause	说明
CArchiveException∷none	无错
CArchiveException∷generic	一个无法识别的错
CArchiveException∷readOnly	试图写一个以装入方式打开的文件
CArchiveException∷endOfFile	已到文件尾
CArchiveException∷writeOnly	试图读一个以存储方式打开的文件
CArchiveException∷badIndex	无效文件格式
CArchiveException∷badClass	把一个对象读到错误对象类型中去
CArchiveException∷badSchema	试图用不同的摘要数读对象

4.5.4 CFileException（File-specific exception，文件操作异常）

在 CFile 和 CStdioFile 类以及其他文件类中，进行文件打开、关闭、读、写、指针移动等操作过程中，如果发生错误，一般会出现一个 CFileException 异常。有关错误信息包含在

CFileException 类中。

CFileException 类也包含 m_cause 成员。它为表 4.2 中枚举型值之一。

表 4.2 CFileException∷m_cause 值

m_cause	说明
CFileException∷none	无错
CFileException∷generic	一个无法识别的错；查 m_IOsError
CFileException∷fileNotFound	文件没找到
CFileException∷badPath	所有或部分路径无效
CFileException∷tooManyOpenFiles	文件打开缓冲区满
CFileException∷accessDenied	无权访问文件
CFileException∷invalidFile	无效文件句柄
CFileException∷removeCurrentDir	不允许删除当前目录
CFileException∷directoryFull	目录项已满
CFileException∷badSeek	企图设置文件指针产生的错误
CFileException∷hardIO	硬件错误

4.5.5 CResourceException（Windows resource not found or not creatable，资源未找到）

当 Windows 系统不能找到或不能定位所要求的资源时，就会发出 CResourceException 异常。在创建调入资源对象时，如对话框模板或位图资源，或试图分配 GDI 资源时，最有可能发出异常。

CException 类的成员函数有：

- CException：创建一个 CException 对象。
- Delete：用于删除一个 CException 对象。
- GetErrorMessage：获取异常的描述信息。
- ReportError：在信息框中向用户报告错误信息。

4.6 MFC 文件类

MFC 文件类都是从 CFile 类中派生出来的，CFile 类提供了二进制磁盘文件和无缓冲的文件接口。在任何 MFC 文件类中，都可以使用 CFile 类的成员函数。

4.6.1 打开和关闭文件

通过向 CFile 的构造函数传递文件名和路径就可以打开一个文件。同时，还必须指定一个打开标志位。也可以不使用参数来构造一个空的 CFile 对象，然后调用 CFile∷Open()打开文件。

当处理完文件时，就应该调用 CFile∷Close()关闭它。如果不调用 Close()，那么在 CFile 对象撤销时会自动被调用。需要注意的是，删除 CFile 对象不会删除实际的文件。

4.6.2 文件的读写

可以用 CFile::Read() 或 CFile::Write() 读、写指定的字节数。它们都从文件当前位置开始，当文件第一次被打开时，就处于文件头位置。

为了调整当前位置，可以用 SeekToBegin() 或 SeekToEnd() 或更一般的 CFile::Seek() 函数，Seek() 允许用户指定一个相对于第二个参数的偏移量。偏移量可以为负，以允许从后往前寻找；或者为正，以允许从前往后寻找。

4.6.3 CStdioFile 类

CStdioFile 类提供了对二进制文本文件和流式带缓冲文件的支持。为了支持流式缓冲文件，MFC 提供了 CStdioFile 类，它既能以二进制也能以文本形式处理文件。文本模式对回车符、换行符进行了专门处理，而二进制模式不进行处理。

对于 CStdioFile，也可以用 CStdioFile::ReadLine() 或 CStdioFile::WriteLine() 成员函数一次读写一行。

4.6.4 CMemFile 类

CMemFile 类提供了基于内存而不是磁盘的文件类。它用于创建内存文件。当创建时，文件被打开，所以不需要调用 Open()。

Detch() 可以有效地关闭内存文件，返回指向数据缓冲区的指针，这样应用程序就可以工作了。

默认情况下，CMemFile 类使用运行库中的 Malloc()、Realloc()、MemCpy()、Free() 函数。

4.6.5 CArchive 类

CArchive 类用来存储二进制数据流，被广泛地应用于对象的序列化，通常由 MFC 框架创建。

当创建一个 CArchive 对象时，必须传递一个指向 CFile 对象的指针以及为档案（archive）指定一种模式，模式是 CArchive::load 或是 CArchive::store。每一个 CArchive 必须与一个 CFile 相联系，所以必须先创建 CFile。此外，CArchive 类还支持许多专门用于序列化处理的操作。

4.6.6 CSocketFile 类

CSocketFile 类提供了基于 Windows 套接字类 CSocket 的文件类。MFC 的 CSocket 类由 CAsyncSocket 派生而来，为 WinSock API 提供了一个更高级别的接口，使用 CSocketFile 和 CArchive 类可以简化关于套接字数据的输入和输出。在处理 Windows 消息的同时，CSocket 类也处理阻塞调用。

创建一个 CSocketFile，只要调用其构造函数，然后再向已连接的 CSocket 传递一个指针。例：

```
CSocket mySocket;
CSocketFile * pMyFile;
mySocket.Create();
mySocket.Connet("MyServerHost",5150);
pMyFile=new CSocketFile(&mySocket,TRUE);
```

4.7 绘图和打印类

MFC 提供了与 Windows 的绘制工具相等价的绘图工具类。绘图工具类封装了 Windows 的绘图工具，MFC 利用这些工具可以在设备环境中进行绘图。

4.7.1 设备环境类

CDC 类封装了 Windows API 中用来画图的函数，称为"设备环境（DeviceContext）"或设备上下文。设备环境是内存中的一个对象，包含用来绘制的设备的所有特征。这些特征包括设备的最大尺寸和发生作用的方式，设备可以是屏幕或打印机。有 4 个类是从 CDC 类派生的，并提供了额外功能。

- 客户设备环境类 CClientDC：用来方便地创建和破坏一个设备环境，CClientDC 通常在堆栈中创建。它的构造函数通过调用 CDC∷GetDC() 来为窗口的客户区创建一个设备环境。当例程返回时，CClientDC 的析构函数通过调用 CDC:ReleaseDC() 销毁该设备。这样的操作既不麻烦也不复杂，更不会因忘记释放设备环境而导致资源泄漏。
- 窗口设备环境类 CWindowDC：用来维护窗口的非客户区，与 CClientDC 维护客户区类似。
- 绘图设备环境类 CPaintDC：在被构造以获得设备环境时调用 CWnd∷BeginPaint()。在这种情况下，设备环境只允许在已被无效化的窗口客户区绘图，而不能在整个客户区绘图。析构时，CPaintDC 类调用 CWnd∷EndPaint() 函数。
- 元文件设备环境类 CMetaFileDC：用来创建一个 Microsoft 元文件，元文件是一个磁盘文件，它包含绘制一幅图形时所必需的全部绘图行为和模型。可以通过打开一个元文件设备环境创建一个元文件，然后用画图工具对它进行绘制，就当它是一个屏幕或打印机设备一样。产生的文件可以在未来的某个时刻被再次读进，以创建其他设备环境。

4.7.2 图形对象类

设备环境不足以包含绘图功能所需的所有绘图特征，除了设备环境外，Windows 还有其他一些图形对象用来存储绘图特征。这些附加的功能包括从画线的宽度和颜色到画文本时所用的字体。图形对象类封装了所有 6 个图形对象。

表 4.3 列出了相关的 MFC 类，它封装图形对象以及存储在对象中的绘图特征。

表 4.3　图形对象类和它们封装的句柄

MFC 类	图形对象句柄	图形对象目的
CBitmap	HBITMAP	内存中的位图
CBrush	HBRUSH	画刷特性——填充某个图形时所使用的颜色和模式
CFont	HFONT	字体特性——写文本时所使用的字体
CPalette	HPALETTE	调色板颜色
CPen	HPEN	画笔特性——画轮廓时所使用的线的粗细
CRgn	HRGN	区域特性——包括定义它的点

绘图工具类具体包含以下的类：
- CGdiObject：GDI 绘图工具的基类。
- CBrush：封装了 GDI 画刷，可作为设备环境的当前画刷，用来填充被绘制对象的内部区域。
- CPen：封装了 GDI 画笔，可作为设备环境的当前画笔，用来填充被绘制对象的边线。
- CFont：封装了 GDI 字体，可作为设备环境的当前字体来选择。
- CBitmap：封装了 GDI 位图，提供了一个位图处理接口。
- CPalette：封装了 GDI 调色板，可作为应用和颜色输出设备（如显示器）之间的接口来使用。
- CRgn：用来显示并处理用户界面，如改变一个矩形对象的大小或进行移动操作。

4.8 ODBC 类

MFC 类库中 ODBC 数据库类主要有三个，即 CDatabase 类、CRecordset 类和 CRecordView 类，分别完成不同的功能。这些数据库类中含有大量的成员函数，为用户提供大量的功能来操作数据库。以这三个类为基类可以派生出自己所需的数据库类，派生出的数据库类能继承这三个类的属性和成员函数，因而也能继承这三个类中所有操作数据库的功能，以方便地操作自己的数据库类。

4.8.1 CDatabase 类

CDatabase 类封装的是数据库。CDatabase 对象表示和一个数据源的连接，用户可以通过它在数据源上操作。它包含在 afxdb.h 头文件中。一个数据源是通过一些数据库管理系统（DBMS）管理的指定的数据实例。每个操作都用类的成员函数来完成，主要的类成员函数有：
- Open 和 OpenEx：将 CDatabase 对象与一个 ODBC 数据源相连。
- Close：将 CDatabase 对象与 ODBC 数据源的连接断开。
- GetDatabaseName：返回 CDatabase 对象与数据源相连的 ODBC 连接字符串。
- ExecuteSQL：执行不返回记录集的任意 SQL 语句，如 UPDATE。

使用 CDatabase，构造一个 CDatabase 对象，并调用它的 OpenEx 成员函数打开一个连接。当构造一个在这个连接的数据源上操作的 CRecordset 对象后，把指向用户 CDatabase 对象的指针传递给记录集的构造函数。当完成该连接使用后，调用 Close 成员函数，并撤销该 CDatabase 对象。Close 关闭 CDatabase 对象与 ODBC 数据源的连接。

4.8.2 CRecordset 类

CRecordset 类封装了一个对某数据库查询和操作的记录集。CRecordset 类是 MFC ODBC 数据库中操作最多的类，它包含对记录集进行打开和关闭、对记录集进行增删和修改、改变当前记录位置以及获取当前数据库信息等许多操作。程序员一般要继承这个类，生成自己的 CRecordset 类。

CRecordset 对象代表从一个数据源中选出的一系列记录，称为"记录集"，该记录集可以来自于一个表格、一个查询以及一个访问单个或多个表格的存储程序。记录集可以连接同一个数据源中的不同表格，但不能来自不同的数据源。要使用任何一种记录集，应用程序都必须从 CRecordset 类中派生一个应用程序专用的记录集类。记录集对象让用户访问所有选中的记录。

用户可以使用 CRecordset 成员函数来滚动选中的多个记录，例如，MoveNext 和 MovePrev。同时，ClassWizard 帮助声明这些记录集类的数据成员。用户通过滚动记录来更新它，使它成为当前记录，并改变这些数据成员的值。

要使用应用程序自己的 CRecordset 派生类，需要先打开一个数据库，构造一个记录集对象，并向构造函数指出此 CDatabase 的对象指针。对记录集进行操作和获取信息的函数主要有：

- Open：根据指定的条件和顺序打开记录集。
- Close：关闭查询记录集，撤销查询。
- IsBOF：测试游标是否滚动到记录集第一条记录之前。
- IsEOF：测试游标是否滚动到记录集最后一条记录之后。
- IsDeleted：测试当前记录是否被删除。
- GetRecordCount：返回该记录集中的行数（即记录数）。

对记录进行修改和增删的函数主要有：

- AddNew：创建一个空行以及存储缓冲区，将其中各列设置为所希望的值以后，调用 Update 函数可完成添加记录的操作。
- Delete：删除当前行。
- Edit：把当前记录调入缓冲区供修改，修改后调用 Update 函数可更新此行记录值。
- Update：将缓冲区中的值存储到数据库记录中。

改变当前记录位置的函数主要有：

- MoveFirst：光标移动到第一个记录。
- MoveLast：光标移动到最后一个记录。
- MovePrev：光标向前移动一个记录。
- MoveNext：光标向后移动一个记录。
- Move：光标向前或向后移动到距当前位置指定距离的位置。

4.8.3 CRecordView 类

CRecordView 类记载用户在记录集中的位置，以便记录可以更新用户界面。记录视图类 CRecordView 是 CFormView 的派生类，提供显示及编辑记录集合中当前记录的用户界面元素。CRecordView 对象是在控制中显示数据库记录的视图类，这是一种直接连接到一个 CRecordset 对象上的格式视图类。该视图类从一个对话模板资源创建，并将 CRecordset 对象的字段显示在对话模板的控件中，利用对话框数据交换函数（Dialog Data Exchange，DDX）进行数据交换，实现对数据库记录各字段的操作。其主要函数有：

OnMove：在记录集合中当前记录发生变化时，相应地更新记录视图中的数据。

创建应用程序自己的记录视图的最常用方法是利用 AppWizard。AppWizard 创建记录视图类及其相关联的记录集类，作为基本起始程序的一部分。

习题四

一、填空题

1. 大多数 MFC 类是从三个基类派生的，它们是：_____、_____ 和 _____。

2. 每一个应用程序有且仅有一个应用对象，这个对象由_____派生。

3. _____类封装了 Windows API 中用来画图的函数。

4. MFC 类库中 ODBC 数据库类主要有三个，其中_____封装的是数据库，_____封装了一个对某数据库查询和操作的记录集，_____记载用户在记录集中的位置，以便记录可以更新用户界面。

二、问答题

1. MFC 的基本类有哪些？
2. CObject 类提供哪些基本服务？
3. 简述 MFC 应用程序框架结构类的主要功能及其主要组成对象。

三、上机题

1. 创建一个简单的单文档应用程序，分析在应用框架中所使用的 MFC 类。
2. 创建一个基于对话框的项目，分析在应用框架中所使用的 MFC 类。

第 5 章 菜单、工具栏与状态栏

Windows 提供了多种资源，用以改进应用程序的外观及用户操作界面。在 Visual C++中提供了一个资源编辑器——App Studio，可以对资源进行可视化的编辑。这些资源包括加速键（Accelerator）、对话框（Dialog）、图标（Icon）、菜单（Menu）、字符串表（String Table）、工具栏（Toolbar）以及版本（Version）资源。其中，在 Windows 应用程序中，毫无疑问菜单是用户接口的重要组成部分。菜单为所有的 Windows 应用程序提供了一致的接口方式，是 Windows 中最重要的资源之一。此外，菜单允许用户以一种逻辑的、容易寻找的方式来安排命令，它使用户的编程操作更加方便。

本章介绍菜单的生成过程以及对工具栏和状态栏的修改。从编辑一个菜单的可视化外观开始，然后为菜单添加消息处理函数，使得菜单有相应的执行功能；还介绍如何为菜单项设置加速键。

5.1 编辑菜单资源

Windows 中的菜单由顶层的水平列表项以及分别与各项相连的下拉式菜单所组成。当用户选择了顶层某个列表项时，就会弹出与其相连的菜单，即子菜单。弹出式的子菜单由多个菜单项组成，可以对多个菜单项进行分组，把相关的菜单项作为一组，组与组之间以分隔线隔开。菜单项一般可分成三种情况：一种只是菜单项名称，这种菜单项直接导致完成某种功能；另一种是菜单项名称后还有省略号，表示选择它将弹出一个对话框，用户需要在对话框中做进一步工作；还有一种就是菜单项名称后有一个右箭头，这表示选中它后又会弹出一个菜单，这样就可以有多层弹出式菜单。

对于顶层的菜单，只要同时按下 Alt 键和某个带有下划线的字符键，就会激活该菜单，弹出子菜单。当子菜单弹出后，只要按下其中的某个带下划线的字符键，或者按下为其添加的键盘加速捷，即可选择该菜单项。

5.1.1 系统生成的菜单

当用 AppWizard 自动生成一个应用程序框架时，应用程序中已经被加入了多种资源。在工作区中选中 ResourceView 标签，展开应用程序的 Resources 项，可以发现有多种资源。如果选择 Insert | Resource 菜单项，则在弹出的 Insert Resource 对话框中可以加入应用程序的资源，有加速键、位图、光标、对话框、HTML、图标、菜单、字符串表、工具栏及版本等。

如果在 AppWizard 的 Step 1 对话框中选择创建的是基于单文档 SDI 或基于多文档 MDI 的应用程序，则在应用程序的资源项中将自动包含菜单资源。

1. SDI 应用程序中自动生成的菜单

在创建的 SDI 应用程序中，只生成一个菜单，其资源 ID 为 IDR_MAINFRAME，这是整个应用程序共用的菜单。如图 5.1 所示是在单文档应用程序 Eg3_1 中由系统自动生成的菜单。

2. MDI 应用程序中自动生成的菜单

在创建的 MDI 应用程序中，生成了两个菜单，其资源 ID 分别为 IDR_MAINFRAME 和 IDR_工程名 TYPE，当应用程序未打开时显示第一个菜单，当程序有打开的文档时则显示后一个菜单。图 5.2 和图 5.3 分别显示了在多文档应用程序 Eg3_2 中的两种菜单资源。

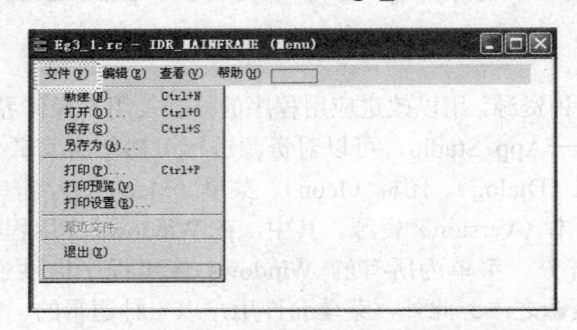

图 5.1　单文档应用程序中系统生成的菜单

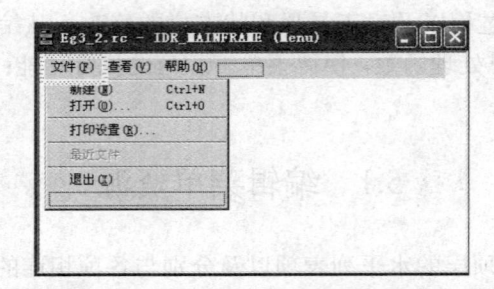

图 5.2　多文档应用程序中的菜单资源 IDR_MAINFRAME

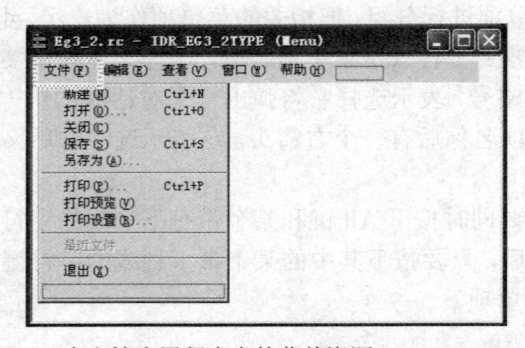

图 5.3　多文档应用程序中的菜单资源 IDR_Eg3_2TYPE

可以看到，在默认状态下，IDR_MAINFRAME 只包含"文件""查看"和"帮助"菜单，而 IDR_Eg3_2TYPE 包含了"文件""编辑""查看""窗口"和"帮助"菜单。

如果所创建的应用程序是基于对话框的（Dialog based），工程并不包含菜单资源，但可以为对话框插入菜单资源。具体的操作方法在后面的章节中介绍。

5.1.2　菜单的编辑

菜单编辑器的作用是直接利用一个菜单条来创建和编辑菜单，其具体功能有：
- 创建标准的菜单和命令。
- 移动菜单和命令。

- 编辑菜单项属性。

下面是进行菜单编辑的一个实例，工程名为 Eg5_1。

1. 运行 AppWizard 创建单文档工程 Eg5_1

从 Visual C++ 6.0 工作平台的 File 菜单中选择 New 菜单项，用 AppWizard 创建名为 Eg5_1 的单文档工程，最后的 New Project Information 对话框如图 5.4 所示。

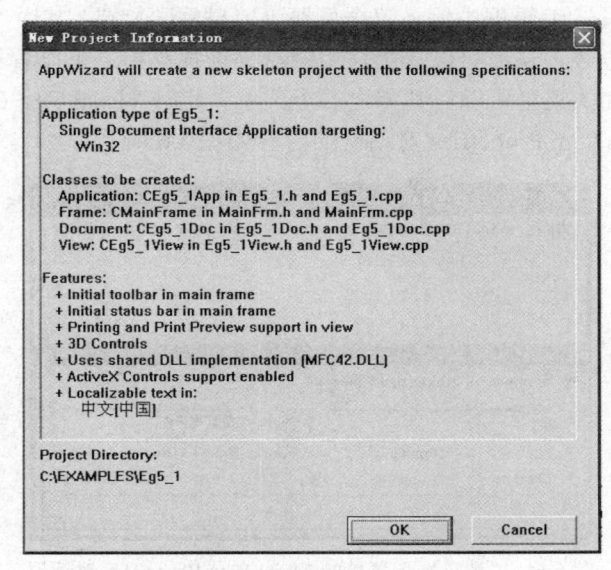

图 5.4 新建的 Eg5_1 工程信息

2. 添加菜单资源

（1）在工作区中单击 ResourceView 标签，展开 Eg5_1 resources 项，再展开 Menu 项，在 IDR_MAINFRAME 上双击，则自动启动 App Studio 的菜单资源编辑器，在客户区中弹出一个用于编辑菜单的窗口，如图 5.5 所示。

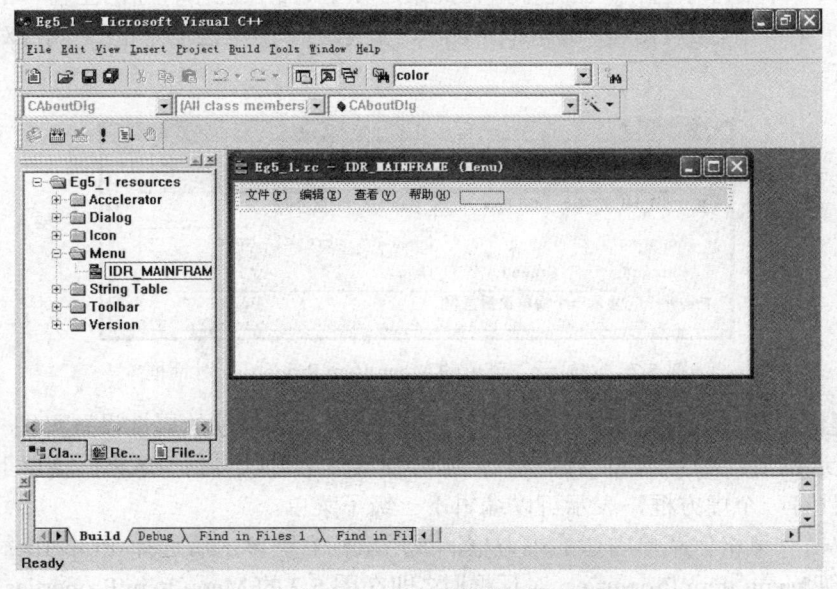

图 5.5 客户区中打开的菜单资源编辑器窗口

（2）在图中可以看到客户区的菜单资源编辑器窗口。顶层的菜单最右侧有一个虚方框，表示要新建的菜单项，可以通过鼠标的拖动来更改新建菜单项的位置。现在把鼠标放在这个方框上，向左拖动，将其插入到"查看"和"帮助"两个菜单项的中间。

（3）在虚方框上单击鼠标右键，在弹出的快捷菜单中选择 Properties 菜单项或者在方框上双击将弹出 Menu Item Properties 对话框。利用此对话框，可以指定菜单项的一些属性。在 General 选项卡的 Caption 编辑框中输入菜单标题"消息框(&M)"，其中"&"字符的作用就是使其后的字符加上下划线，从而可以让用户用键盘来选择菜单。可以看见 Pop-up 复选框是默认选中的，这表明新加的菜单可以有其弹出的子菜单。此时 Visual C++ 6.0 集成环境下的资源编辑器窗口以及 Menu Item Properties 对话框的内容如图 5.6 所示。

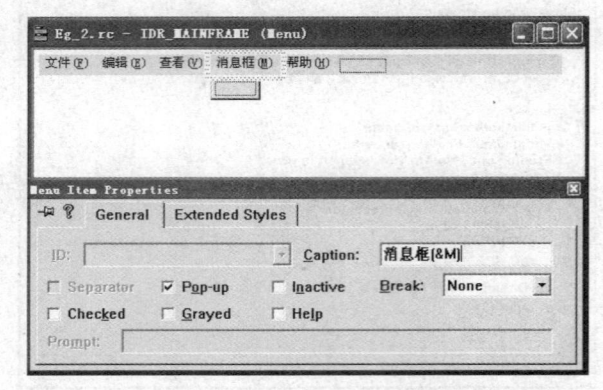

图 5.6 "消息框"菜单的 Menu Item Properties 对话框

（4）在输入完"消息框"菜单的属性设置以后，可以看到在"消息框"菜单下也有一个虚方框，表示可以新建子菜单项。双击鼠标左键，或者在方框上单击鼠标右键选择 Properties 菜单项。弹出 Menu Item Properties 对话框，可以对子菜单的属性进行设置。在 ID 编辑框中输入：ID_MESSAGE_DISPLAY，在 Caption 编辑框中输入"显示(&D)"。还可以根据需要在 Prompt 编辑框中输入一串提示字符串，当光标落在此菜单项上时，在应用程序的主窗口的状态栏中就会显示出提示字符串。在 Prompt 编辑框中输入"显示一个简单的消息框"。属性对话框的内容如图 5.7 所示。

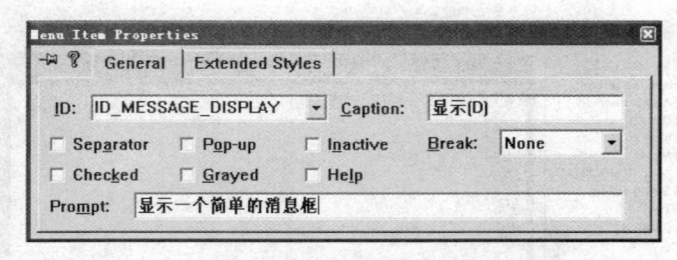

图 5.7 "显示"菜单的 Menu Item Properties 对话框

（5）类似步骤（4）可以加入子菜单"风格(&S)"，菜单项的属性设置见图 5.8。当选中了 Pop-up 复选框后，ID 编辑框变为灰色，同时在菜单上可以看到"风格"菜单上有一个向右的三角，并且有一个虚方框，表示可以编辑下一级子菜单。

（6）双击"风格"菜单右边的虚方框，或用鼠标右键单击后选择 Properties 选项（可以在第一次出现 Menu Item Properties 对话框时，即在图 5.7 的 Menu Item Properties 对话框中单击左上角的"图钉"状按钮,就可以保持 Menu Item Properties 对话框可见,在 Menu Item Properties 对话框中的设置如图 5.9 所示。

图 5.8 "风格"菜单项的 Menu Item Properties 对话框

图 5.9 "OKCANCEL 风格"菜单项的 Menu Item Properties 对话框

设置 ID 为 ID_MESSAGE_STYLE_OKCANCEL,Caption 框中输入"OKCANCEL 风格&1",在 Prompt 编辑框中输入"显示一个含有确定和取消两个按钮的消息框"。

(7)类似地加入菜单"YESNO 风格"。设置 ID 为 ID_MESSAGE_STYLE_YESNO,Caption 框中输入"YESNO 风格&2"。Prompt 编辑框中输入"显示一个含有 Yes 和 No 两个按钮的消息框",如图 5.10 所示。

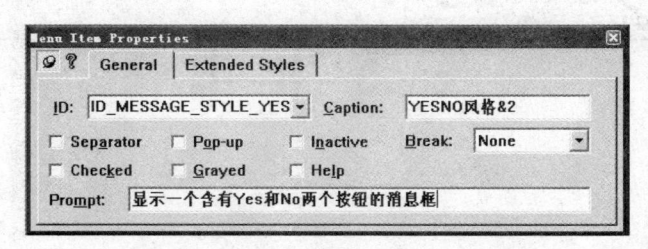

图 5.10 "YESNO 风格"菜单项的 Menu Item Properties 对话框

(8)为了使菜单美观大方,有时需要在菜单中加入分隔条。加入分隔条的方法很简单,双击"风格"菜单下的虚线方框,激活 Menu Item Properties 对话框,在对话框中选中 Separator 复选框,如图 5.11 所示。然后回车,此时编辑区中的"风格"菜单下插入了一个分隔条。

(9)在分隔条下设置"改变标题"菜单,在 Caption 框中输入"改变标题(&C)",ID 设置为 ID_MESSAGE_CHANGE。Prompt 框中输入"改变消息框的标题",如图 5.12 所示。

(10)现在可以将资源文件存盘,前面所定义的资源都被保存在工程的资源文件(Eg5_1.rc 文件)中,其中的资源 ID 定义在 Resource.h 文件中,可以关闭属性对话框和菜单编辑器窗口。

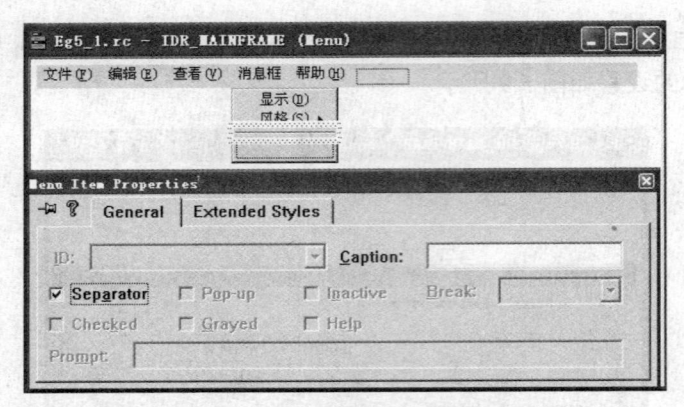

图 5.11 加分隔条时的属性对话框设置

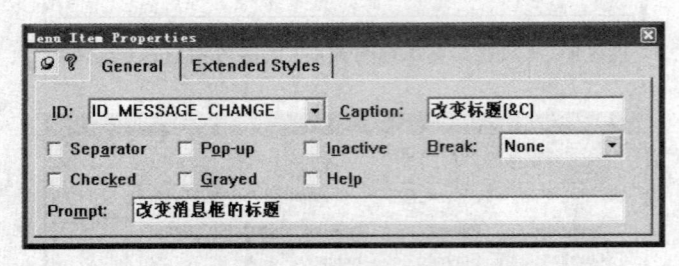

图 5.12 添加"改变标题"菜单项对话框

(11) 选择 Build | Build Eg5_1.exe（或按 F7 键），编译并链接应用程序。编译、链接的结果在输出窗口中显示。

(12) 选择 Execute Eg5_1.exe 执行程序后，结果如图 5.13 所示。单击"消息框"，可以看到只有"风格"菜单项是黑色的，单击"风格"菜单，可以看到"OKCANCEL 风格""YESNO 风格"两个子菜单项，但都是灰色的。

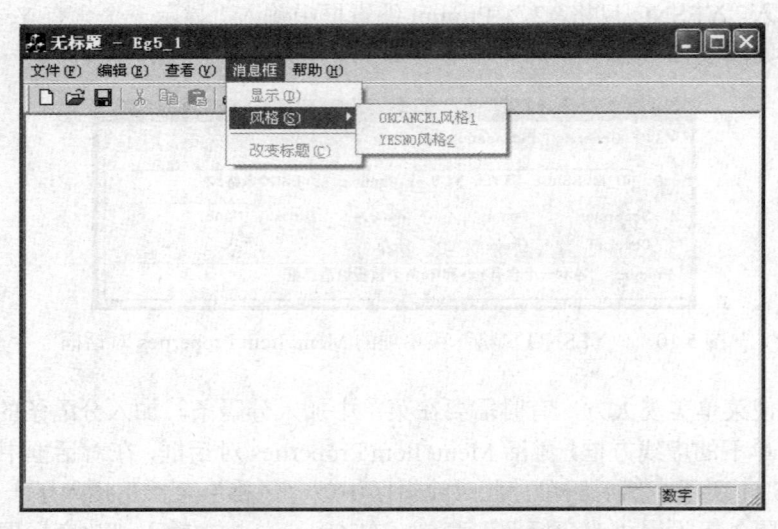

图 5.13 Eg5_1.exe 程序运行结果

这样整个菜单的可视化外观设计就完成了，如果想让菜单项都允许使用，并实现一定的功能，还必须用 ClassWizard 添加消息映射函数。

5.2 使用 ClassWizard 添加消息处理函数

在本节的内容中，将利用 ClassWizard 为 Eg5_1 应用程序在视图类中添加响应每个菜单项的命令消息处理函数。

5.2.1 为应用程序添加消息处理函数

具体的操作步骤如下：

（1）确定打开了 Eg5_1 工作空间 Eg5_1.dsw。选择 View | ClassWizard 菜单项，弹出 MFC ClassWizard 对话框，如图 5.14 所示，在 Class name 下拉式列表中选择视图类 CEg5_1View，在 Object IDs 列表框中选择 ID_MESSAGE_DISPLAY，在 Messages 列表框中的 COMMAND 上双击，或者在其上单击，然后单击 Add Function 按钮，在弹出的 Add Member Function 对话框中直接单击 OK 按钮，使用其默认的函数名 OnMessageDisplay，返回 MFC ClassWizard 对话框，可以看见在 Member functions 列表框中新添加了一个函数，如图 5.14 所示。此时可以单击 Edit Code 按钮，或在 Member functions 列表框中双击新添加的函数，退出 ClassWizard 转入到文本编辑，为该函数添加执行代码。

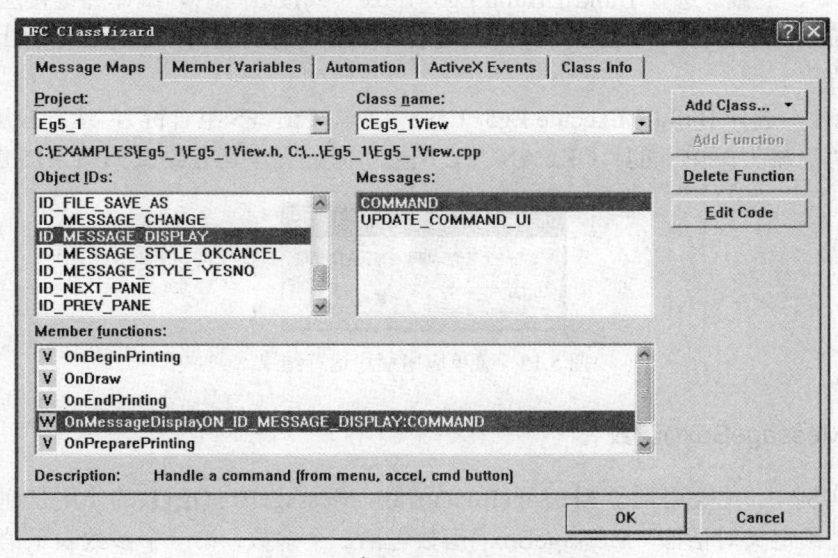

图 5.14 添加消息响应函数的对话框

（2）此时在客户区中打开了 Eg5_1View.cpp 文件，且光标定位在 OnMessageDisplay 函数体中。由于只是为了说明菜单命令的处理，所以这里只调用了一个消息框函数 MessageBox()。添加代码如下：

```
void CEg5_1View::OnMessageDisplay()
{
    // TODO: Add your command handler code here
    MessageBox("这是一个简单的对话框");
}
```

（3）重复上述步骤，分别为 ID_MESSAGE_STYLE_OKCANCEL、ID_MESSAGE_STYLE_YESNO 和 ID_MESSAGE_CHANGE 添加消息响应函数。程序代码如下：

```cpp
void CEg5_1View∷OnMessageStyleOkcancel()
{
    // TODO: Add your command handler code here
    MessageBox("这是一个有确定和取消按钮的对话框",
               "OKCANCEL 对话框",MB_OKCANCEL);
}


void CEg5_1View∷OnMessageChange()
{
    // TODO: Add your command handler code here
    MessageBox("这个对话框的标题已经改变了",
               "新对话框");
}

void CEg5_1View∷OnMessageStyleYesno()
{
    // TODO: Add your command handler code here
    MessageBox("这是一个有 Yes 和 No 按钮的消息框",
               "YESNO 消息框",MB_YESNO);
}
```

（4）编译、链接。选择 Build｜Build Eg5_1.exe（或按 F7 键），编译并链接应用程序。编译、链接的结果在输出窗口中显示，如果有错误，则根据提示改正，直到正确为止，这样就生成了可执行程序。

（5）运行。选择 Build｜Execute Eg5_1.exe（或按 Ctrl+F5 组合键），运行应用程序。

当选择"风格"菜单下的"OKCANCEL 风格"时，程序运行结果如图 5.15 所示。

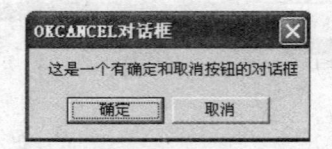

图 5.15　菜单应用程序运行结果

5.2.2　MessageBox()函数

在这个实例中，主要用到了 MessageBox()函数。MessageBox()函数的作用是弹出一个消息框，它是一个预定义对话框。MessageBox()函数包括三个参数：第一个参数表示消息框要显示的文本；第二个参数代表消息框的标题；第三个参数代表显示风格。MB_OKCANCEL 是指消息框中有"确定"和"取消"两个命令按钮，MB_YESNO 是指消息框中有"是（Y）"和"否（N）"两个命令按钮。还可以是 MB_OK 风格，则消息框中只有一个"确定"按钮。

5.3　加入键盘加速键

5.3.1　键盘加速键的含义

键盘加速键应用程序定义了键盘上的某一个键或两至三个键的组合，给用户提供一种选择菜单项和执行某些任务的快速方法。

键盘加速键可以和菜单项关联，也可以定义某些菜单上没有提供的命令。

通常键盘加速键与某些重要或者常用的菜单项相关联，可让用户不必选择菜单而快速激活相应的命令，这类似某些应用程序定义的"热键"功能。例如 Visual C++中 Edit | Copy 菜单项对应 Ctrl+C 加速键（一般 Windows 应用程序对这种很通用的菜单项定义的加速键都相同，以保持一致性），此外如 Build 菜单项对应 F7 键，Execute 菜单项对应 Ctrl+F5 组合键等。

如果某键盘加速键与某个菜单项关联，则它们的 ID 相同，而当该菜单项被禁止时，相应的加速键也变为无效。

5.3.2 添加键盘加速键

现在来为 Eg5_1.exe 应用程序中的菜单项添加对应的键盘加速键。

（1）在工作区中选择 Resource View 标签，展开 Menu 项，双击 IDR_MAINFRAME，修改菜单项的属性如图 5.16 所示。

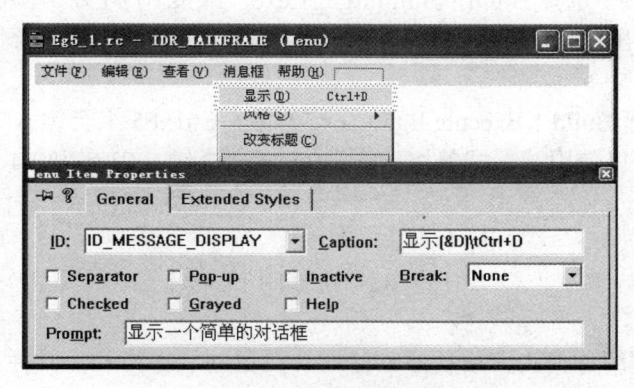

图 5.16　修改菜单项的属性

（2）类似步骤 1 可以对其他菜单项进行如下设置：

"OKCANCEL 风格"菜单项的 Caption 设置为"OKCANCEL 风格&1\tF2"。

"YESNO 风格"菜单项的 Caption 设置为"YESNO 风格&2\tF3"。

"改变标题"菜单项的 Caption 设置为"改变标题&C\tF4"。

（3）在工作区中单击 Resource View 标签，展开 Accelerator 项，在 IDR_MAINFRAME 上双击，启动加速键资源编辑器，客户区中打开一个用于编辑加速键的窗口，如图 5.17 所示。

图 5.17　客户区中打开的加速键编辑窗口

(4)在最后的虚框上双击，或者单击右键并在弹出的快捷菜单中选择 New Accelerator 菜单项，弹出如图 5.18 所示的加速键属性（Accel Properties）对话框。

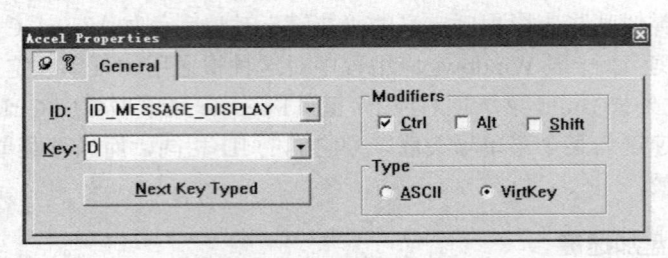

图 5.18 加速键属性对话框

在编辑菜单项"风格"的两个子菜单和菜单项"改变标题"的加速键时，在 Key 组合框中分别输入"VK_F2""VK_F3"和"VK_F4"。同时要将 Modifies 组中默认选中的 Ctrl 复选框取消。

(5)编译、链接。选择 Build | Build Eg5_1.exe（或按 F7 键），编译并链接应用程序。编译、链接的结果在输出窗口中显示，如果有错误，则根据提示改正，直到正确为止，这样就重新生成了可执行程序。

(6)运行。选择 Build | Execute Eg5_1.exe（或按 Ctrl+F5 组合键），运行应用程序。现在所定义的加速键就可以使用了。试着按下 Ctrl+D 键、F2 键、F3 键和 F4 键分别执行相应的菜单项。

5.4 工具栏和状态栏

在这一节中，介绍如何为应用程序创建适合自己的状态栏和工具栏：如何在工具栏中添加自己的图形按钮以及如何控制它们的外形、如何禁止状态栏显示正常的菜单提示和键盘状态指示，使得可以将状态栏另作它用。

5.4.1 工具栏

在使用应用程序的过程中，某些命令项的使用频率特别高，若每次都要打开用户菜单来选择这些命令项有些费事。对于这些常用的菜单选项，可以将它们以图形化命令按钮的方式，排列在工具栏中，以免除经常开启菜单的不便，简化使用程序。

工具栏提供一个既漂亮又快捷的命令选择界面，它已渐渐成为应用程序的基本配件。虽然菜单可提供大量的命令选择，但需要经过打开用户子菜单才能执行命令，缺乏时效性；而加速键方式，虽然能弥补菜单的不足，但由于同样的加速键组合，在不同的应用程序中所执行的命令并不相同，容易造成混淆而导致操作错误，同时用户必须记忆加速键，因此，对用户而言，并不是非常实用。

工具栏提供了另一种选择，它可以弥补菜单和加速键的缺陷，在使用上非常便捷，而且以图形代替文字说明，赋予程序更亲切的用户界面。当然，这些命令按钮会占用窗口的可用空间，因此，也不宜在工具栏中设计太多的命令按钮。

5.4.2 用 MFC 创建工具栏

使用 MFC 建立工具栏的基本步骤如下：

（1）先使用 Visual C++ 6.0 工作平台中的资源编辑器打开资源，打开 Toolbar 中工具栏的位图资源，然后根据自己的需要建立和修改工具栏。

在工具栏内，所有按钮的图形都存储于同一个位图内，被存储在应用的 RES 子目录下名为 TOOLBAR 的 BMP 类型文件中，它在 RC 文件中是通过 IDR_MAINFRAME 来标识的，可以利用 App Studio 对工具栏位图进行编辑。

每个按钮都有一个（也只有一个）相对的图形，而且是一个接一个地排列在位图资源内。每个按钮图形大小也都相同，其图形宽度的默认值为 16 像素点，高度默认值为 15 像素点，而在工具栏中的命令按钮大小默认值为 23×22 点。应用框架为每一个按钮都提供了一个边框，并且可以通过对按钮的边框及位图颜色的修改来反映当前按钮的状态。

在工作区的 Resource View 标签中，定位到 ToolBar 条目下的具体工具栏资源，通过菜单 View | Properties 打开该工具栏资源的属性对话框，可以查看有关信息，如图 5.19 所示。

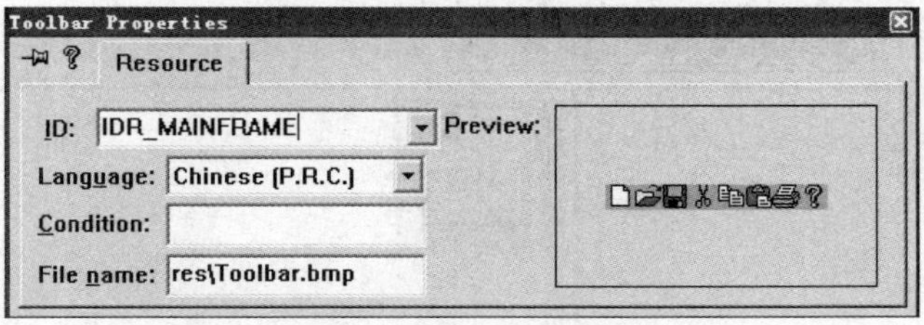

图 5.19 工具栏资源属性

（2）在程序中建立一个 CToolBar 对象。

在框架窗口类中说明工具栏对象，说明如下：
```
//修改主框架 MainFrm.h 文件，增加工具栏对象数据成员说明
classCMainFrm: public    CMDIFrameWnd
    {
        …
        protected:
        CToolBar m_wndToolVar; //工具栏对象
        …
    }
```
（3）调用 CToolBar 类的 Create()成员函数，建立窗口的工具栏，该函数同时会将工具栏子窗口与 CToolBar 对象连接在一起。

（4）调用 CToolBar 类的 LoadBitmap()成员函数，装入工具栏命令按钮组的图形位图资源。

（5）调用 CToolBar 类的 SetButtons()成员函数，设定工具栏中的命令按钮风格，并赋予每个命令按钮在位图资源中的图形。

以上三个步骤，必须在 OnCreate()函数中完成，这是因为框架窗口建立时会调用 OnCreate()函数来设定框架窗口的初值，之后才会显示框架窗口，所以必须在此函数下，完成设定工具栏的初值状态的设定操作。

5.4.3 创建一个实际的工具栏

了解了工具栏的工作原理后，下面来编写一个具体的例子。在实例工程文件 Eg5_2 中，将在标准应用框架中"打印"按钮前增加两个专用按钮，用来控制在视窗中进行绘图。同时创建一个"绘图"菜单，包含两个菜单项："圆"和"矩形"。

1. 创建工程

操作步骤如下:

(1)通过菜单 File | New 打开 New 对话框,在 Projects 标签中选择 MFC AppWizard(exe),在 Project name 项中输入 Eg5_2,在 Location 项中输入 "C:\EXAMPLES\Eg5_2"。

(2)单击 OK 按钮,弹出 MFC AppWizard_Step 1 对话框,选中 Single document 单选按钮。

(3)单击 Finish 按钮,在接着弹出的 New Project Information 对话框中单击 OK 按钮,这样,创建了一个单文档应用程序。

2. 添加工具栏上新建按钮的位图资源

创建好工程以后,可以编辑按钮的位图资源,操作步骤如下:

(1)双击工作区中 ResourceView 标签上的 Eg5_2 resources | Toolbar | IDR_MAINFRAME,打开工具栏的位图资源,如图 5.20 所示。

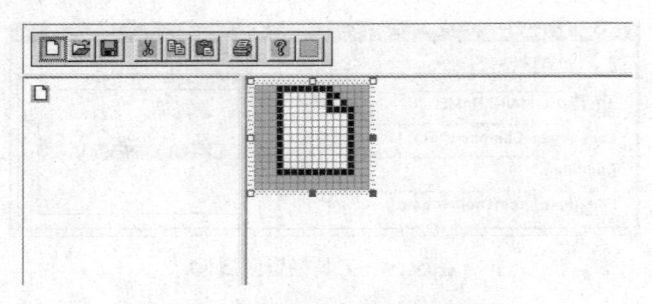

图 5.20 工具栏的位图资源编辑

在位图资源上添加一个新的按钮。

(2)单击工具栏窗口中最后一个空白按钮,将其选中。如果对当前空白按钮进行了修改,则会在工具栏预览窗口中自动添加一个新的空白按钮。

(3)在工具栏预览窗口中拖动按钮至"打印"按钮的前面。

(4)利用集成开发环境中的 Graphics 工具栏和 Colors 工具栏在按钮位图放大窗口中对按钮位图进行修改。在这个实例中,可以选择 Ellipse 来绘制圆形。

(5)重复步骤(4),选择 Graphics 工具栏中的 Rectangle 绘制矩形。完成后的效果如图 5.21 所示。

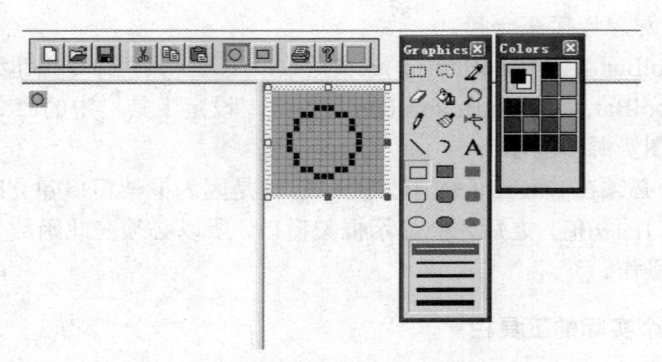

图 5.21 Graphics 工具栏和 Colors 工具栏

(6)可以将鼠标放在某个按钮上,在工具栏预览窗口中水平拖动一小段距离(约按钮大小的 2/3),使这个按钮与其他按钮之间插入一个间隔。

如果想删除某个工具栏预览窗口中的按钮，可以将按钮直接拖出窗口。

（7）分别双击两个按钮，在属性对话框中分别设置两个按钮的属性，如表 5.1 所示。

表 5.1 工具栏中新建按钮的属性设置

标识号（ID）	位图	说明文字（Prompt）
ID_DRAW_CIRCLE	○	画一个圆
ID_DRAW_RECT	□	画一个矩形

设置按钮的属性时，在提示框中给出这个按钮的提示，即"画一个圆""画一个矩形"。可以将其分别修改为"画一个圆\n 画圆""画一个矩形\n 画矩形"。这样做意味着当用户将鼠标光标放在工具栏上的圆形按钮上方时，"画一个圆"将出现在状态栏中。而"画圆"则出现在工具提示中。

对于工具栏中的按钮命令，一般有相应的菜单与之对应。在实现过程中，可以将菜单命令的标识号与工具栏中相应按钮的标识号设置为相同，使它们共用同一个消息响应函数，执行同一段代码。

3. 创建菜单资源

下面再来为工具栏创建所对应的菜单资源，操作步骤如下：

（1）双击工作区中 ResourceView 标签上的 Eg5_2 resources | Menu | IDR_MAINFRAME，打开菜单资源。

（2）在菜单中添加"画图（&D）"菜单，修改后运行效果如图 5.22 所示，具体设置如表 5.2 所示。

在创建菜单资源时，将两个菜单项的标识号设置为与工具栏中相应按钮的标识号相同，它们的说明文字也自动设置为一样了。

图 5.22 "画图"菜单

表 5.2 "画图"菜单资源中的属性设置

标识号（ID）	菜单标题（Caption）
ID_DRAW_CIRCLE	圆（&C）
ID_DRAW_RECT	矩形（&R）

4. 添加成员变量

选中工作区中 ClassView 标签上的 Eg5_2 classes | Eg5_2 View，单击右键，通过快捷菜单项 Add Member Variable 为 Eg5_2 View 类添加下面的成员变量：

```
…
public:
    int m_y;            //图形中心的 y 坐标
    int m_x;            //图形中心的 x 坐标
    int m_Shape;        //设置图形的形状       0：圆  1：矩形
…
```

在视图类的构造函数中，对上面新添加的变量初始化。定位到函数 CEg5_2 View()，在其中添加下面的变量：

```
CEg5_2View∷CEg5_2View()
{
    // TODO: add construction code here
```

```
    m_Shape=0;          //圆
    m_x=0;              //x 的坐标为 0
    m_y=0;              //y 的坐标为 0
}
```

5. 添加程序代码

定位到函数 CEg5_2View::OnDraw，添加代码，在视图中显示图形：

```
void CEg5_2View::OnDraw(CDC* pDC)
{
    CEg5_2Doc* pDoc = GetDocument();
    ASSERT_VALID(pDoc);
    // TODO: add draw code for native data here

    RECT rect;

    if(m_Shape==0)                          //圆
    {
        rect.left=m_x-50;                   //设置圆的大小
        rect.right=m_x+50;
        rect.top=m_y-50;
        rect.bottom=m_y+50;
        pDC->Ellipse(&rect);
    }
    else                                    //矩形
    {                                       //设置矩形的大小
        rect.left=m_x-50;
        rect.right=m_x+50;
        rect.top=m_y-30;
        rect.bottom=m_y+30;
        pDC->Rectangle (&rect);
    }
}
```

6. 添加响应函数

通过添加工具栏按钮和相应菜单的响应函数来改变绘图时的属性设置。

打开 MFC ClassWizard 对话框，在 Message Maps 标签中，添加 CEg5_2 View 类的消息响应函数，如表 5.3 所示。

表 5.3 工具栏按钮和相应的响应函数

标识号 Object IDs	消息 Messages	成员函数 Member Funtions
ID_DRAW_CIRCLE	COMMAND	OnDrawCircle
ID_DRAW_CIRCLE	UPDATE_COMMAND_UI	OnUpdateDrawCircle
ID_DRAW_RECT	COMMAND	OnDrawRect
ID_DRAW_RECT	UPDATE_COMMAND_UI	OnUpdateDrawRect
CEg5_2View	WM_LBUTTONDOWN	OnLButtonDown

定位到表 5.3 所示的消息响应函数，在其中添加如下的代码：
void CEg5_2View::OnDrawCircle()

```
{
    // TODO: Add your command handler code here
    m_Shape=0;                    //设置为圆
}

void CEg5_2View∷OnUpdateDrawCircle(CCmdUI* pCmdUI)
{
    // TODO: Add your command update UI handler code here
    //如果为圆,则将圆按钮压下,在圆菜单前显示一个对勾号
    if(m_Shape==0)
        pCmdUI->SetCheck (1);
    else
        pCmdUI->SetCheck (0);
}

void CEg5_2View∷OnDrawRect()
{
    // TODO: Add your command handler code he
     m_Shape=1;                   //设置为矩形


}

void CEg5_2View∷OnUpdateDrawRect(CCmdUI* pCmdUI)
{
    // TODO: Add your command update UI handler code here
    //如果为矩形,则将矩形按钮压下,在矩形菜单前显示一个对勾号
    if(m_Shape==1)

        pCmdUI->SetCheck (1);
    else
        pCmdUI->SetCheck (0);
}

void CEg5_2View∷OnLButtonDown(UINT nFlags, CPoint point)
{
    // TODO: Add your message handler code here and/or call default
    //设置 x,y 坐标
    m_x=point.x;
    m_y=point.y;

    //更新视图
    Invalidate();
    CView∷OnLButtonDown(nFlags, point);
}
```

最后,编译、链接和运行程序,测试效果。可以选中不同的图形按钮,观察按钮压下和弹起的效果并在视图中单击鼠标左键。同时也可以通过菜单进行图形的设置。如图 5.23 所示,表示按下了工具栏上的矩形按钮。

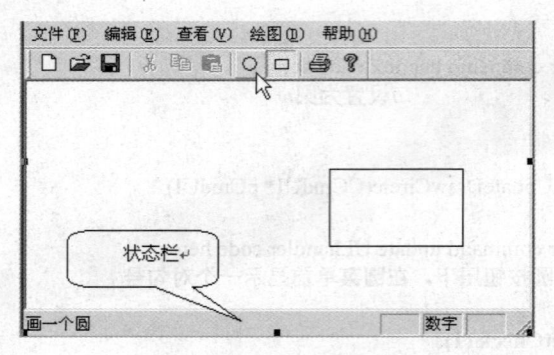

图 5.23 状态栏的信息

5.4.4 状态栏

1. 状态栏的构成

状态栏一般位于窗口最下方，用来显示应用程序目前的基本状态，例如光标目前的位置、键盘上某些按键的状态或命令项的简要说明，借助状态栏更能让用户掌握程序的状态及正确地选择命令项。利用 AppWizard 自动创建的工程文件中，一般自动添加了状态栏。

从图 5.23 中可以看到，状态栏分成两部分：左边是状态信息行，右边是状态指示器。状态信息行用来显示程序动态提供的一些字符串，如在图 5.23 中，把鼠标移动到"圆"按钮上时，在下面的状态信息栏就会显示信息"画一个圆"。状态指示器用来显示一些状态信息，默认的有三个键的状态，依次为 CapsLock 键、NumLock 键和 ScrollLock 键的状态。

定位到文件 MainFrm.cpp 中，可以看到状态栏 indicators 数组的定义：

```
static UINT indicators[] =
{
    ID_SEPARATOR,            // status line indicator
    ID_INDICATOR_CAPS,
    ID_INDICATOR_NUM,
    ID_INDICATOR_SCRL,
};
```

2. 为应用程序添加状态栏

下面来为工程 Eg5_2 的状态栏添加两个状态信息行，用来实时显示当前鼠标在视图中的位置。操作过程如下：

（1）定位到文件 MainFrm.cpp 文件，添加如下代码：

```
static UINT indicators[] =
{
    ID_SEPARATOR,            // status line indicator
    ID_SEPARATOR,            //显示 x 坐标信息
    ID_SEPARATOR,            //显示 y 坐标信息
    ID_INDICATOR_CAPS,
    ID_INDICATOR_NUM,
    ID_INDICATOR_SCRL,
};
```

（2）为状态栏添加标识号。通过菜单 View | Resource Symbols 打开 Resource Symbols 对话框，单击 New 按钮，添加名为 IDC_STATUSBAR 的标识号，数值取默认值，如图 5.24 所示。

第 5 章　菜单、工具栏与状态栏

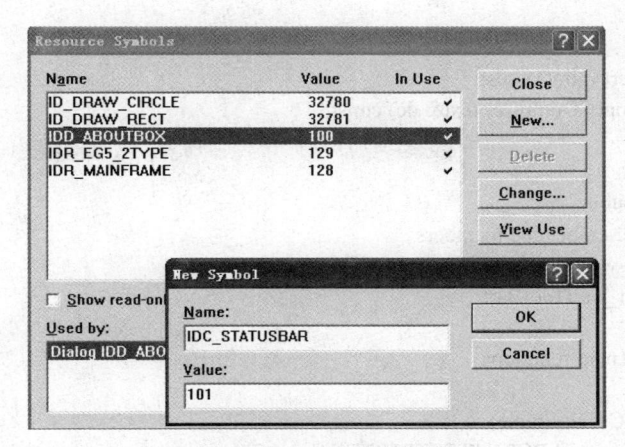

图 5.24　为状态栏添加标识号

（3）定位到函数 CMainFrame∷OnCreate，在其中添加状态栏的设置代码：
```
int CMainFrame∷OnCreate(LPCREATESTRUCT lpCreateStruct)
{
    if (CFrameWnd∷OnCreate(lpCreateStruct) == -1)
        return -1;
    ...
     if (!m_wndStatusBar.Create(this) ||
        !m_wndStatusBar.SetIndicators(indicators,
          sizeof(indicators)/sizeof(UINT)))
    {
        TRACE0("Failed to create status bar\n");
        return -1;      // fail to create
    }

    // TODO: Delete these three lines if you don't want the toolbar to
    //  be dockable
    //设置状态信息行的宽度
    //x 坐标信息窗口
     m_wndStatusBar.SetPaneInfo (1,IDC_STATUSBAR,SBPS_POPOUT,50);
    //y 坐标信息窗口
    m_wndStatusBar.SetPaneInfo (2,IDC_STATUSBAR,SBPS_POPOUT,50);

    m_wndToolBar.EnableDocking(CBRS_ALIGN_ANY);
    EnableDocking(CBRS_ALIGN_ANY);
    DockControlBar(&m_wndToolBar);

    return 0;
}
```
（4）定位到文件 MainFrm.h 中类的定义处，将成员变量 m_wndStatusBar 和 m_wndToolBar 的保护类型（protected）改为公用类型（public）：
```
class CMainFrame : public CFrameWnd
{
    ...
// Implementation
public:
    virtual ~CMainFrame();
```

```
#ifdef _DEBUG
    virtual void AssertValid() const;
    virtual void Dump(CDumpContext& dc) const;
#endif

//将 protected 改为 public
public:   // control bar embedded members
    CStatusBar    m_wndStatusBar;
    CToolBar      m_wndToolBar;

// Generated message map functions
protected:
    //{{AFX_MSG(CMainFrame)
    afx_msg int OnCreate(LPCREATESTRUCT lpCreateStruct);
    //}}AFX_MSG
    DECLARE_MESSAGE_MAP()
};
```

（5）通过 ClassWizard 在类 CEg5_2View 中添加 WM_MOUSEMOVE 消息的响应函数（在标识号 Object IDs 项中选中 CEg5_2View），并添加代码如下：

```
void CEg5_2View∷OnMouseMove(UINT nFlags, CPoint point)
{
    // TODO: Add your message handler code here and/or call default

    char PositionString[50];
    //获取主框架指针
    CMainFrame *MFrame=(CMainFrame *)AfxGetMainWnd();
    //在状态信息行 1 中显示 X 坐标
    sprintf(PositionString,"X:%d",point.x);
    MFrame->m_wndStatusBar .SetPaneText (1,PositionString);
    //在状态信息行 2 中显示 Y 坐标
    sprintf(PositionString,"Y:%d",point.y);
    MFrame->m_wndStatusBar .SetPaneText (2,PositionString);

    CView∷OnMouseMove(nFlags, point);
}
```

（6）在文件 CEg5_2View.cpp 前部的其他包含语句（#include）后面添加包含语句：
#include "MainFrm.h"

（7）编译、链接和运行程序，状态栏的效果如图 5.25 所示。

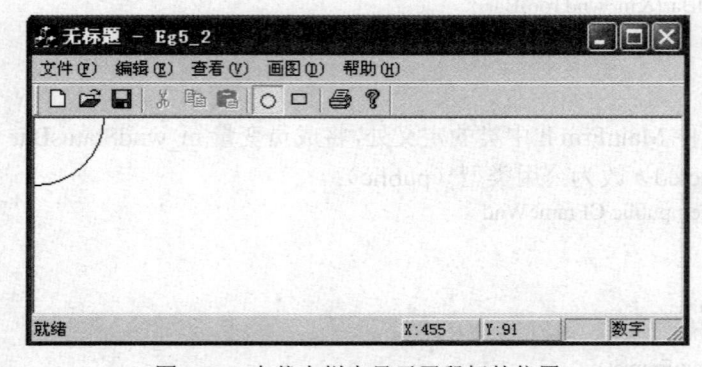

图 5.25　在状态栏中显示了鼠标的位置

习题五

一、填空题

1. 在工作区中选中_____标签,展开应用程序的_____项,可以发现应用程序所包含的多种资源。

2. 如果创建了一个 MDI 应用程序 Example,则系统自动生成了两个菜单,其资源 ID 分别为_____和_____。

3. 如果要将某个菜单项的加速键设置为 F4,则应在加速键属性对话框中的_____组合框中输入_____。

4. 在工具栏内的所有按钮的图形都存储于同一个_____内,被存在应用的 RES 子目录下的名为 TOOLBAR 的 BMP 类型文件中,它在 RC 文件中是通过_____来标识的,可以利用 App Studio 对工具栏位图进行编辑。

5. 可以利用集成开发环境中的_____工具栏和_____工具栏在按钮位图放大窗口中对按钮位图进行修改。

6. 状态栏分成两部分:左边是_____,右边是_____。其中_____用来显示一些状态信息,默认的有三个键的状态,依次为_____键、_____键和_____键的状态。

二、问答题

1. 在 Visual C++中提供了哪些可编辑资源?
2. 简述使用 MFC 建立工具栏的基本步骤。
3. 在定义菜单项时,在其标题(Caption)编辑框中输入"&"符号的含义是什么?"\t"的作用是什么?
4. 设置菜单项的属性时,在 Prompt 编辑框中输入一串字符串起什么作用?
5. 如何在菜单中加入分隔条?
6. 当用户将鼠标光标放在工具栏上的某个按钮上方时,怎样才能使得相应的提示出现在工具提示中?
7. 对于工具栏中的按钮命令,一般有相应的菜单与之对应。在实现过程中,怎样操作可以使菜单命令与工具栏中相应按钮共用同一个消息响应函数,执行同一段代码?
8. 在编辑工具栏的位图资源的时候,如何删除某个工具栏预览窗口中的按钮?如何在工具栏预览窗口中的某个按钮与其他按钮之间插入一个间隔?
9. 如何为一个类添加成员变量?请举例说明操作过程。
10. 在 5.4.4 节的第(4)步操作中,为什么要将成员变量 m_wndStatusBar 和 m_wndToolBar 的保护类型(protected)改为公用类型(public)?

三、上机题

1. 创建一个基于对话框的应用程序,在自动生成的框架中并不包含菜单资源,试着为所创建的对话框插入菜单资源。
2. 在菜单资源中添加消息响应函数。
3. 自己设计并修改工具栏和状态栏的信息。

第 6 章 对话框

在 Windows 程序中，对话框是最重要的显示信息和取得用户数据的单元，用户可以采用在编辑框输入、选择单选按钮、标记复选框等方式来输入数据。一个应用程序可以拥有几个对话框，这些对话框从用户那里接收特定类型的信息。对于每一个在屏幕上出现的对话框都需要创建对话框资源和对话框类。对话框资源用于在屏幕上绘出对话框及其上的控件。对话框类则保存对话框的值，类中的成员函数使得对话框可以在屏幕上显示出来，两者配合使用户和程序的交互更加简单。

可以使用资源编辑器创建对话框资源，向其中添加控件，调整对话框的布局，使对话框更加便于使用。使用 ClassWizard 可以帮助用户创建一个对话框类，自定义对话框一般由类派生出来，并使资源与类相联系，以管理其资源。对话框资源的控件一般与类中的成员变量一一对应。对话框的操作可以通过调用对话框类的成员函数来实现，对话框中的控件默认值或用户输入被保存在类的成员变量中。

本章主要讲述 Windows 消息映射机制以及对话框的相关知识，其中包括模式对话框、无模式对话框和通用对话框和消息对话框等，并通过一个简单的例子了解它们的使用方法。为下一章学习控件打下良好基础。

6.1 消息映射

Windows 中消息主要有以下 3 种类型：
- 标准的 Windows 消息：这类消息以 WM_ 为前缀，例如 WM_COMMAND、WM_MOVE、WM_QUIT 等。
- 命令消息：命令消息以 WM_COMMAND 为消息名。在消息中含有命令的标志符 ID，以区分具体的命令，由菜单、工具栏等命令接口对象产生。
- 控件通知消息：控件通知消息也是以 WM_COMMAND 为消息名。是由编辑框、列表框等子窗口发送给父窗口的通知消息。在消息中包含控件通知码，用来区分具体控件的通知消息。

消息映射是利用 MFC 编写的 Windows 程序的一部分。利用它就不用编写 WinMain()函数给 WinProc，而只要写一个消息处理的函数，在类中增加消息映射，相当于声明了"我将要处理这类消息"，程序框架就会将消息发送给用户。消息映射机制就是指一个消息及其处理函数的一一对应表以及分析处理这张表的应用框架内部的一些程序代码。

不同种类消息的映射方法不同。在以上三种消息中，标准的 Windows 消息映射是相当简单的，可直接通过类向导完成不同消息的映射处理。

对于标准的 Windows 消息，在 CWnd 类中已经预定义了默认的处理函数。这些函数以 On 开头，以它响应的 Windows WM_消息名后半部分作为函数名的后半部分，例如 OnClose() 函数对应处理的是 WM_CLOSE 消息，OnSize()函数对应处理的是 WM_SIZE 消息。在这些预定义的标准 Windows 消息处理函数中，有些没有参数，有些则带参数；有些有返回类型（如 int 等），有些则没有（返回类型为 void）。

对于控件通知消息和命令消息，一般没有默认的消息处理函数，其函数名理论上可以随意，但最好遵守一些约定，如以 On 开头。当用 ClassWizard 加入这两种消息处理函数时，它会提供一个建议的函数名。控件通知消息和命令消息的处理函数既没有参数，也没有返回值。

消息映射包括了两部分：
- 一部分存在于头文件中。在类的定义中加上一行宏调用：

DECLARE_MESSAGE_MAP()
通常这行语句写在类定义的最后。
- 另一部分存在于类的实现文件（.cpp 文件）中。在文件中加上消息映射表：

BEGIN_MESSAGE_MAP（类名，父类名）
　　……
　　消息映射入口项
　　……
END_MESSAGE_MAP()

如第 5 章所述，可用 ClassWizard 来自动产生消息映射，对于一些常用的命令，应用框架还可以预先定义消息处理函数。有些消息处理函数的功能已经完善，用户可以直接使用，而有些只提供了不完整的功能，需要用户根据自己的实际需要补充。

6.2　定义对话框

对话框大致可以分为以下两种：
- 模态对话框

模态对话框弹出后，独占了系统资源，用户只有在关闭模态对话框后，才可以继续执行应用程序其他部分的代码。模态对话框一般要求用户做出某种选择。
- 非模态对话框

非模态对话框弹出后，程序可以在不关闭对话框的情况下继续执行，在转入到应用程序其他部分的代码时可以不需要用户做出响应。非模态对话框一般用来显示信息，或者实时地进行一些设置。

模态对话框和非模态对话框在创建资源时是一致的，只是在显示对话框之前调用的函数不一样。模态对话框调用的是 DoModal 函数，而非模态对话框调用的是 Create 函数。

一般对话框的创建与使用流程可以大体分为以下步骤：
（1）创建对话框资源。
（2）创建与对话框资源相关的对话框类的派生类。
（3）创建有关控件的消息响应。
（4）创建与控件相关联的变量。
（5）在程序中创建对话框类派生类的对象。
（6）调用 DoModal 或 Create 函数显示对话框。

下面就按照上面的步骤创建一个对话框实例。

（1）可以使用 AppWizard 创建一个基于对话框类型的程序 Eg6_1，图 6.1 显示了 AppWizard 的第一步，注意程序选择了 "Dialog based"。

（2）然后单击 Finish 按钮接受所有的默认设置，其中省略了中间的几步，简化了创建的过程。

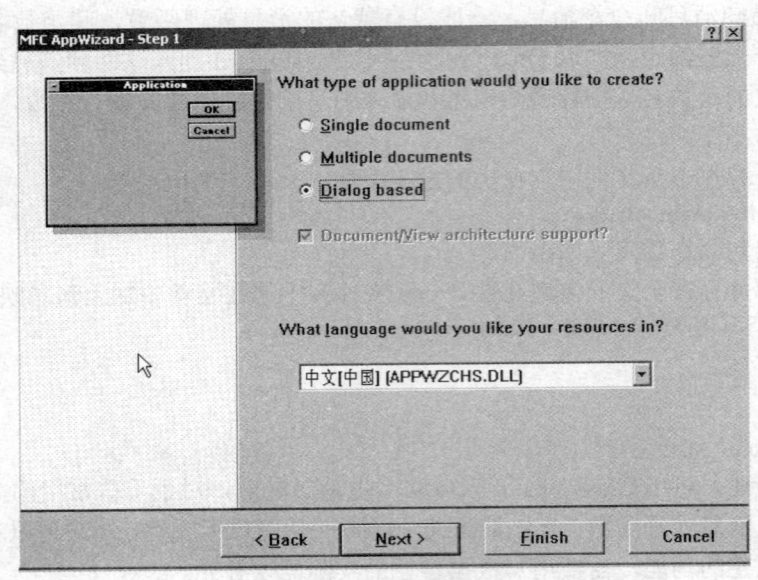

图 6.1 用 AppWizard 创建 Eg6_1 程序

AppWizard 创建新项目完成后，在工作区单击 ResourceView 标签来修改程序的资源，双击资源文件夹中的 Dialog，然后双击 IDD_EG6_1_DIALOG 项，系统将打开资源编辑器显示对话框资源以供修改，编辑器中的对话框是 MFC 标准的对话框模板，其形式如图 6.2 所示。

图 6.2 MFC 提供的标准对话框模板

这个标准对话框模板中使用了两种控件，即两个按钮和一个静态文本。关于控件的知识将在第 7 章讲述。这里并不需要控件，所以可以将其删除，选中控件按 Delete 键。

（3）可以设置对话框的属性，右键单击整个对话框的背景，选择 Properties 项，在弹出的如图 6.3 所示的对话框中将 ID 修改为"IDD_EG6_1_DIALOG"，标题修改为"对话框示例"。

可以看到 Menu 是空的，下一节将为对话框增加菜单。

（4）当对话框资源添加完成以后，选择 View | ClassWizard，打开 ClassWizard。发现已

经有一个类 CEg6_1Dlg 与新的对话框相联系。这是因为刚建立的是基于对话框类型的工程,向导已经添加了对话框类,如图 6.4 所示。

图 6.3　Dialog Properties 对话框

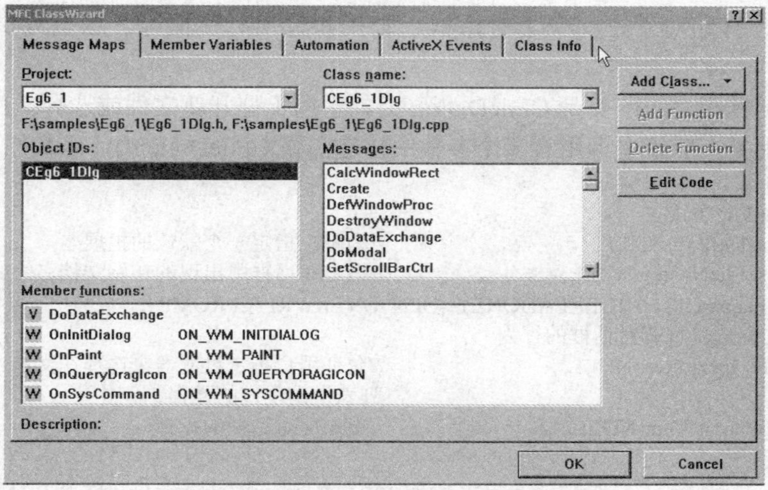

图 6.4　MFC ClassWizard 对话框

（5）如果没有与对话框资源相对应的对话框类,可以使用 ClassWizard 创建一个新类,如图 6.5 所示,填入类名,单击 OK 按钮就创建了一个新类。

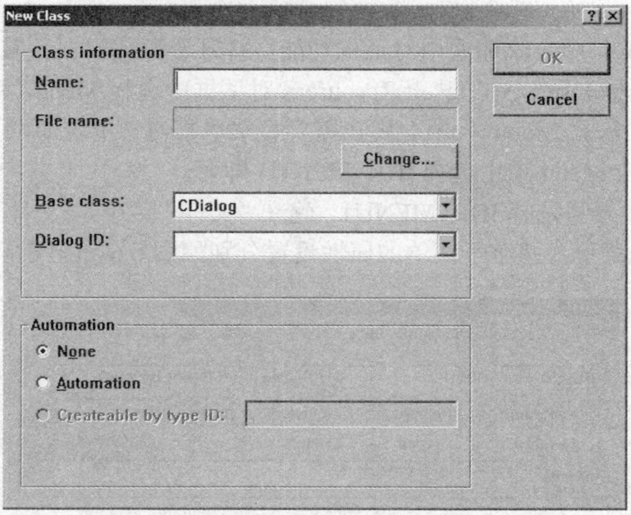

图 6.5　New Class 对话框

6.3 通用对话框

6.3.1 通用对话框

Windows 操作系统提供了通用对话框，MFC 也提供了相应的类，用来操作这些通用对话框。这个类就是 CCommonDialog 类，它从 CDialog 类中派生，用户可以像使用其他对话框一样使用通用对话框。如实例 Eg5_1 的单文档应用程序中，已经提供了一些默认的菜单项，例如打开文件、另存为、打印等，这就用到了系统提供的通用对话框。通用对话框包括文件对话框、打印对话框、颜色对话框、查找和替换对话框等。这里只讲述最常用的文件对话框。

与文件对话框相对应的类是 CFileDialog 类。它用于打开新文件或选择文件以及另存为操作等。为了使用类，应该先调用有多个参数的构造函数 CFileDialog()，函数原型如下：

```
CfileDialog(
BOOL b OpenFileDialog,
LPCTSTR lpszDefExt=NULL,                //为用户指定一个默认的扩展名
LPCTSTR lpszFileName= NULL,             //指定对话框中出现的初始文档名
DWORD dwFlags=OFN_HIDEREADONLY | OFN_OVERWRITEPROMPT,
//设置不同的标志来规范对话框的行为
      LPCTSTR lpszFilter=NULL,          //允许用户指定过滤器来选择在文档
                                          列表中出现过的文档
      CWnd*pParentWnd=NULL              //指向父对话框的指针
);
```

函数的第一个参数是一个标志位，当它是 TRUE 时，则创建文件"打开"对话框，是 FALSE 时则创建"另存为"对话框。其他几个参数作为了解即可。

在构造了 CFileDialog 对象之后，可以调用函数 DoModal()显示对话框。

6.3.2 应用实例

下面在工程 Eg6_1 中，添加通用对话框功能，打开资源编辑器，右键单击背景部分，在弹出的快捷菜单中选择 Insert，在 Insert Resources 对话框中选择 Menu，单击 New 按钮，可以发现资源编辑器里面多了 Menu 一项。现在需要将菜单与对话框资源联系起来，打开 Dialog Properties 对话框，在 Menu 项中选择 IDR_MENU1 即可。

（1）在资源编辑器里选择 IDR_MENU1，建立"文件"菜单，"文件"菜单下包括"打开"和"另存为"两个子菜单，两个子菜单的属性设置分别如图 6.6 和图 6.7 所示。

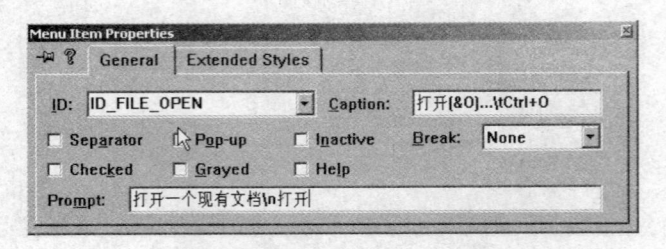

图 6.6 "打开"菜单项的 Menu Item Properties 对话框

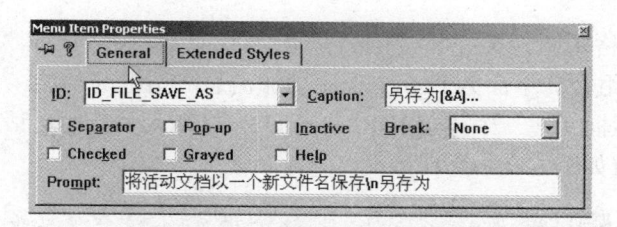

图 6.7 "另存为"菜单项的 Menu Item Properties 对话框

（2）为子菜单添加消息响应函数。为"打开"子菜单添加消息响应函数如下：
void CEg6_1Dlg::OnFileOpen()
{
    CFileDialog dlg(true);   //构造文件通用对话框对象
    dlg.DoModal();   //打开文件对话框
}

（3）运行程序，选择"打开"子菜单，运行结果如图 6.8 所示。

（4）为"另存为"子菜单添加消息响应函数如下：
void CEg6_1Dlg::OnFileSaveAs()
{
    CFileDialog dlg(FALSE);   //构造文件通用对话框对象
    dlg.DoModal();   //另存为文件对话框
}

（5）运行程序，选择"另存为"子菜单，运行结果如图 6.9 所示。

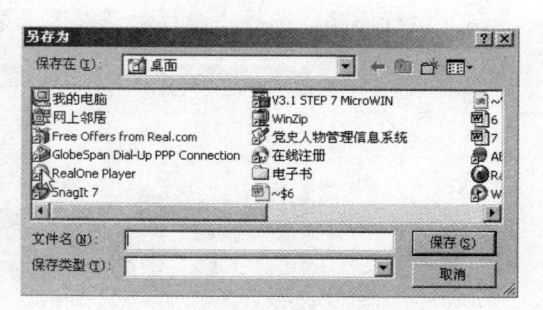

图 6.8　"打开"通用对话框　　　　　　图 6.9　"另存为"通用对话框

6.4　消息对话框

消息对话框是最常用、最简单的对话框，一般将通过调用函数 MessageBox 弹出的对话框称为消息对话框，该对话框主要包括信息内容、对话框标题、图标和按钮等。通常利用消息对话框向用户显示一些选择、警告和错误等类型的信息，也可以在程序的调试过程中显示一些变量的数值。

MessageBox 函数原型为：
int MessageBox (
HWND hWnd,   //父级窗口的句柄
LPCTSTR lpText,   //指向信息字符串地址的指针
LPCTSTR lpCaptain,   //指向消息对话框标题字符串地址指针
UINT uType   //消息对话框的风格
);

消息对话框的风格由图标类型和按钮类型组成，可以使用按位或"｜"或者加号运算符来实现图标和按钮的组合。下面为 Eg6_1 程序增加消息对话框的功能。

（1）首先为对话框新增一个菜单 IDR_MENU2，标题为"其他对话框"，子菜单为"消息对话框"，其属性设置如图 6.10 所示。

图 6.10 "消息对话框"的 Menu Item Properties 对话框

（2）然后利用 ClassWizard 为"消息对话框"菜单添加相应的消息响应函数，函数名为 OnMenu1()，其代码如下：

```
void CEg6_1Dlg::OnMenu1()
{
    // TODO: Add your command handler code here
    MessageBox("未保存文件，要退出吗?","警告", MB_ICONWARNING+MB_YESNO+
        MB_DEFBUTTON2);
}
```

（3）运行程序，选择"消息对话框"子菜单，运行结果如图 6.11 所示。

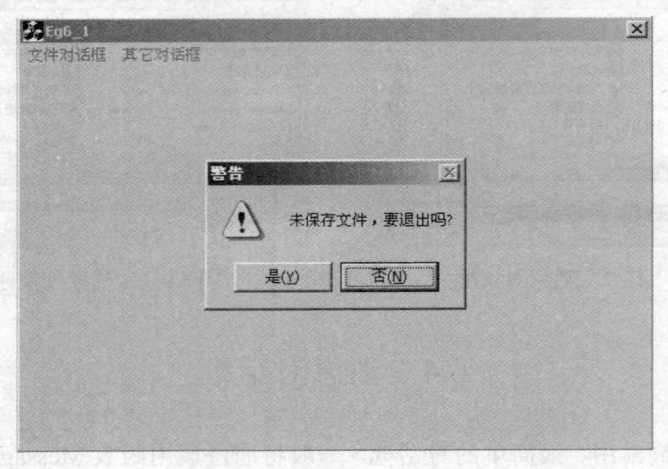

图 6.11 消息对话框

6.5 属性页对话框

属性页对话框将多个对话框集中起来，通过标签或按钮来激活各个页面，主要分为一般属性页对话框和向导对话框两类。在一般属性页对话框中，页面的切换通过单击不同的标签实现，在向导对话框中，页面的选择通过单击"上一页"、"下一页"等按钮实现。本节主要讲述一般属性页对话框。

与属性页对话框相关的类主要包括 CPropertySheet 类和 CPropertyPage 类，一个属性页对话框可以包括一个 CPropertySheet 类、其派生类的对象、多个 CPropertyPage 类或其派生类的对象。

CPropertySheet 类是 CWnd 的一个派生类,其对象作为属性页对话框的窗口框架出现,主要实现管理各个属性页面的作用,虽然 CPropertySheet 类不是 CDialog 类的派生类,但是使用该类时和 CDialog 类非常相似。可以用 DoModal 函数实现一个模态属性页对话框,用 Create 函数实现一个非模态属性页对话框,在属性页对话框进行数据交换和在普通对话框进行数据交换类似,只是成员变量通常作为 CPropertySheet 类或其派生类的成员变量。

CPropertyPage 类是 CDialog 类的一个派生类。

介绍一下 CPropertySheet 类的重要成员函数:

Void AddPage(CpropertyPage *pPage);

该函数用于向属性框中增加属性页。按照调用顺序从左至右地显示属性页,在调用该函数后实际上并没有为该页创建相应的窗口,只有当属性页对话框被激活时才为该属性页创建窗口。

int DoModal();

显示一个模态属性页,对于一般属性页,返回值为 IDOK、IDCANCEL 或者 0。

为 Eg6_1 程序增加消息对话框的功能,操作步骤如下:

(1) 首先为菜单 "其他对话框" 增加子菜单 "属性页对话框",如图 6.12 所示。

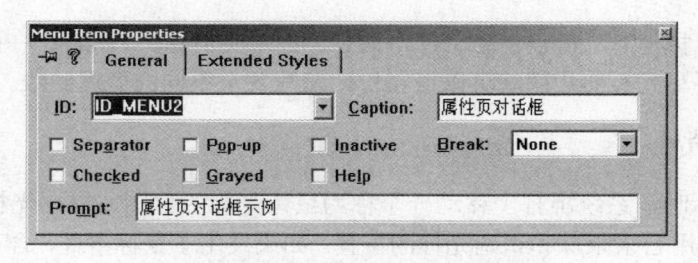

图 6.12 Menu Item Properties 对话框

(2) 打开资源面板,选择 Dialog 条目,单击右键,在弹出的菜单中选择 Insert Dialog,新建两个对话框资源。

(3) 将新建的对话框标题改为 "第一页" 和 "第二页"。

(4) 为新建的对话框资源添加相对应的类,类名分别为 Dlg、Dlg1。

(5) 然后利用 ClassWizard 为 "属性页对话框" 菜单添加消息响应函数,函数名为 OnMenu2(),添加代码如下:

```
void CEg6_1Dlg::OnMenu2()
{
    // TODO: Add your command handler code here
    CPropertySheet  m_sheet("属性页对话框");
    CDlg1 page2;
    CDlg page1;
    m_sheet.AddPage(&page1);
    m_sheet.AddPage(&page2);
    m_sheet.DoModal();
}
```

(6) 运行程序,选择 "属性页对话框" 子菜单,运行结果如图 6.13 所示。

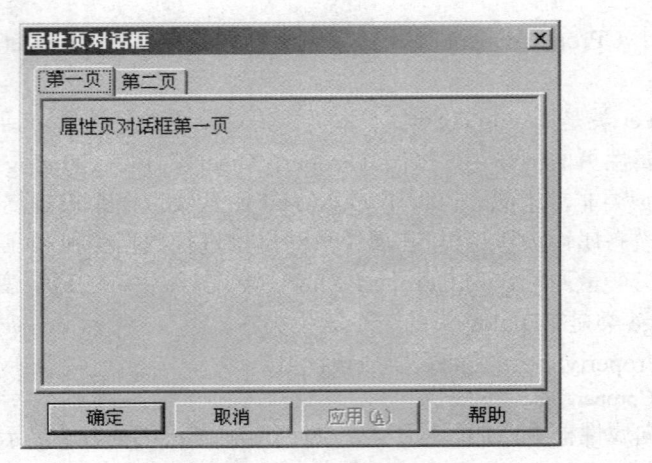

图 6.13　属性页对话框

6.6　鼠标和键盘消息

消息可分为鼠标消息、键盘消息、窗口消息、自定义消息。Visual C++把消息机制有效地封装起来，不需要写冗长的代码就可以很轻松地编写各个不同的处理函数。

6.6.1　鼠标消息

用户移动鼠标时，系统屏幕上移动一个称为鼠标光标的位图。鼠标光标含有一个叫做热点的像素点，系统用它来跟踪和识别光标的位置。如果发生了鼠标事件，含有热点的窗口通常会接收有关事件的鼠标消息。

- 捕捉鼠标

系统通常在发生鼠标事件时，向含有光标热点的窗口传递消息，应用程序可以使用函数 SetCapture 来改变这种特性，把鼠标消息发往指定的窗口。在应用程序调用函数 ReleaseCapture 或指定另一个捕捉窗口之前，或者是在用户单击另一个线程创建的窗口之前，这个窗口将接收所有鼠标消息。

- 鼠标消息类型

只要用户移动、按下或释放鼠标，鼠标将会产生一个输入事件。Windows 系统把鼠标事件转换为消息，再把它们传递到线程消息队列中。消息分为两组：客户区消息和非客户区消息。

如果鼠标事件发生在窗口的客户区中，窗口就会接收到一个客户区鼠标消息：用户在客户区中移动鼠标时，系统就向窗口传递一条 WM_MOUSEMOVE 消息。当光标在客户区中显示用户按下或释放鼠标消息时，则发送如表 6.1 所示的鼠标消息。

如果鼠标事件不是发生在客户区，窗口就会接收到一条非客户消息，窗口的非客户区包括边框、菜单栏、滚动条、系统菜单、最小化和最大化按钮。

Windows 系统产生的非客户区消息主要应用于它本身，例如，Windows 系统用非客户区消息在光标热点处于窗口边框上时，把光标改变成上箭头。窗口必须把非客户区鼠标消息传给函数 DefWindowProc，以便使用 Windows 系统的内部鼠标接口。

表 6.1 鼠标消息

消息	含义
WM_LBUTTONDOWN	鼠标左键被按下
WM_LBUTTONUP	鼠标左键被释放
WM_LBUTTONDBCLICK	鼠标左键被双击
WM_MBUTTONUP	鼠标中键被释放
WM_MBUTTONDOWN	鼠标中键被按下
WM_MBUTTONDBCLICK	鼠标中键被双击
WM_RBUTTONDOWN	鼠标右键被按下
WM_RBUTTONBCLICK	鼠标右键被双击
WM_RBUTTONUP	鼠标右键被释放

- 鼠标消息的建立

要对鼠标操作进行处理，可在 Eg6_1 程序中完成如下操作：

（1）单击 File | ClassWizard，打开 MFC ClassWizard 对话框，准备生成鼠标消息处理函数。

（2）选中 Message Maps 选项卡中 Object IDs 项中的条目 Eg6_1Dlg，在 Messages 里面选择 WM_RBUTTONDOWN，如图 6.14 所示。

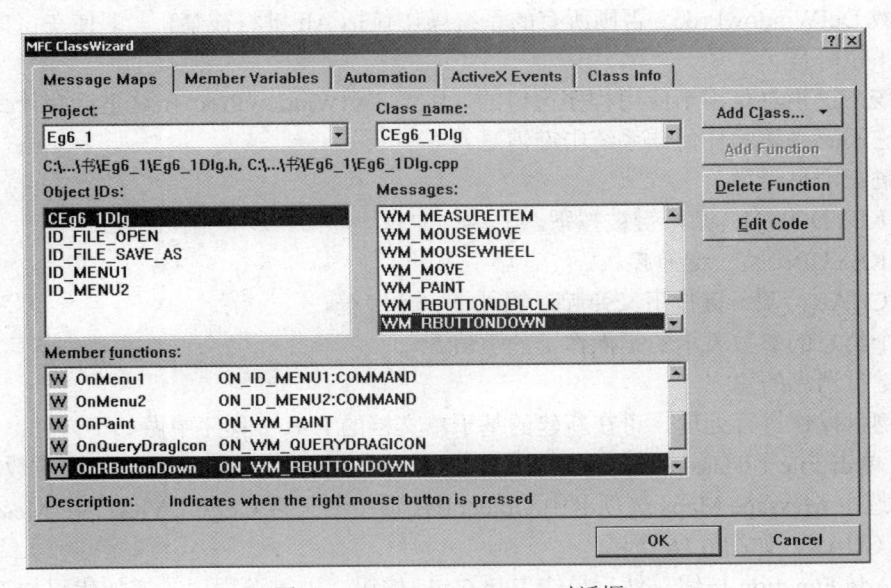

图 6.14 MFC ClassWizard 对话框

（3）单击 Add Function 按钮，然后单击 Edit Code 按钮，进入源程序，增加以后的代码如下：

```
void CEg6_1Dlg::OnRButtonDown(UINT nFlags, CPoint point)
{
    // TODO: Add your message handler code here and/or call default
    MessageBox("右键被按下");
    CDialog::OnRButtonDown(nFlags, point);
}
```

（4）运行程序，当用户单击鼠标右键时就会产生一个消息框，提示鼠标右键被按下，如图 6.15 所示。

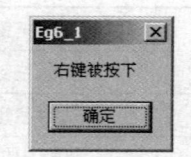

图 6.15 鼠标右键被按下

6.6.2 键盘消息

按下一个键就会产生一条 WM_KEYDOWN 或 WM_SYSKEYDOWN 消息，并将被放到与有关键盘输入的窗口相应的线程消息队列中，释放一个键则会产生一条 WM_KEYUP 或 WM_SYSKEYUP 消息，同样也会被放到队列中。

- 系统和非系统击键

Windows 系统对系统击键和非系统击键有一个划分，系统击键将产生系统击键消息 WM_SYSKEYDOWN 和 WM_SYSKEYUP，非系统击键将产生 WM_KEYDOWN 和 WM_KEYUP 消息。

如果窗口过程必须处理系统击键消息，那么就必须确保在处理了这条消息后，还要把它传递给函数 DefWindowProc。否则所有的系统操作包括 Alt 键将被禁止，即使在窗口有键盘焦点的情况下也一样。

非系统击键消息是用于应用程序窗口的，函数 DefWindowProc 在这里没有什么用，窗口过程丢弃它不感兴趣的任何非系统击键消息。

- 键盘消息类型

WM_KEYDOWN：某一键被按下。

WM_KEYUP：某一键弹起。

WM_CHAR：某一键按下又弹起，输入了一个字符。

每一个消息的参数表示的是操作键的键值。

- 键盘消息的建立

要对键盘操作进行处理，可在新建的基于单文档的 Eg6_2 程序中做如下操作：

（1）单击 File | ClassWizard，打开 MFC 对话框，准备生成键盘消息处理函数。

（2）选中 Message Maps 选项卡中 Object IDs 项中的条目 CEg6_2View，在 Messages 里面选择 WM_CHAR，如图 6.16 所示。

单击 Add Function 按钮，然后单击 Edit Code 按钮，进入源程序，增加代码如下：

```
void CEg6_2View::OnChar(UINT nChar, UINT nRepCnt, UINT nFlags)
{
    // TODO: Add your message handler code here and/or call default
    CDialog::OnChar(nChar, nRepCnt, nFlags);
    if(nChar=='a')
    MessageBox("Input a char 'a'");
    else
    MessageBox(" Don't input a char 'a'");
}
```

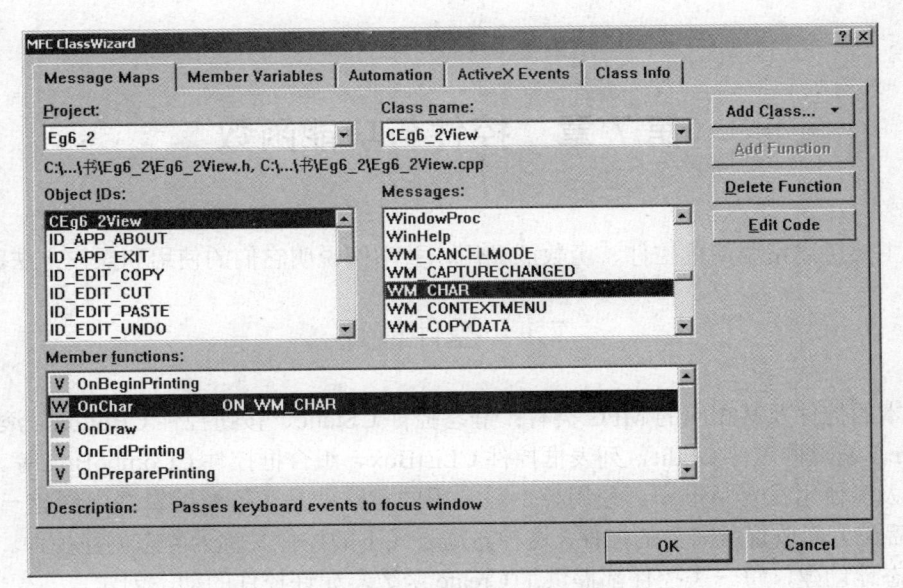

图 6.16　MFC ClassWizard 对话框

运行程序，输入字母 a 和别的字母时，就会分别出现如图 6.17 和图 6.18 所示的两种结果。

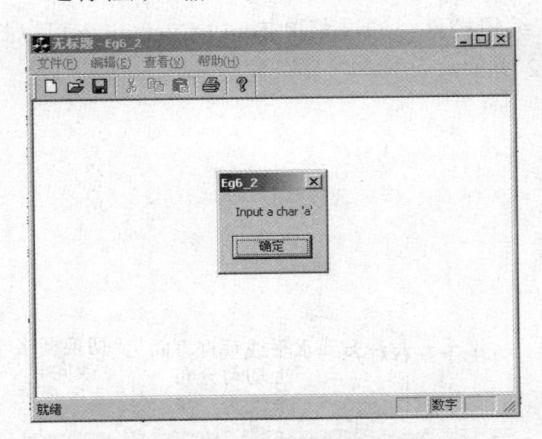

图 6.17　按下 a 键时弹出对话框　　　　图 6.18　按下不是 a 键时弹出对话框

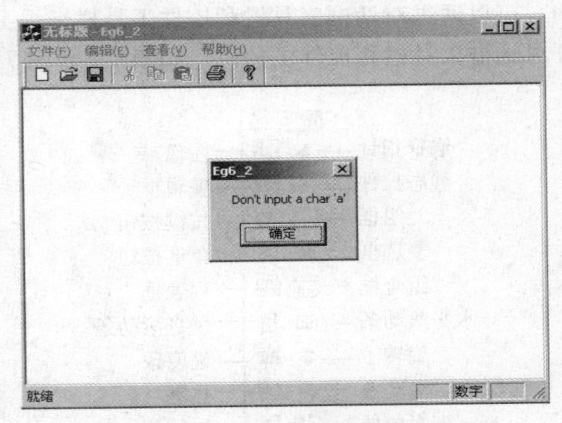

习题六

一、问答题

1. 简述 Windows 的消息映射机制及其消息分类。
2. 简述对话框资源和对话框类的联系与区别。

二、上机练习题

1. 创建一个基于对话框的项目。
2. 在创建的对话框中添加菜单，通过菜单可以弹出属性页对话框。

第 7 章 控件与功能函数

本章主要讲述常用简单控件、函数的调用，并举例说明它们的使用和操作方法。

7.1 控件概述

最基本的控件及其相应的 MFC 类有：静态控件 CStatic、按钮控件 CButton、滚动条控件 CScrollBar、编辑框控件 CEdit、列表框控件 CListBox、组合框控件 CComboBox 等。

控件大多使用在对话框中。使用控件最常用的方法就是在资源编辑器中创建一个对话框资源，然后在上面放置所需要的控件，这种布局方式下的控件又称为静态创建控件。当然控件也可以动态地创建，每一类控件都提供了 Create 函数，允许控件的动态创建。

7.1.1 控件的手工编辑

可以通过对话框工具栏和控件工具栏来手工编辑控件。通过菜单 Tool | Customize 可以打开对话框工具栏和控件工具栏，如图 7.1 和图 7.2 所示。

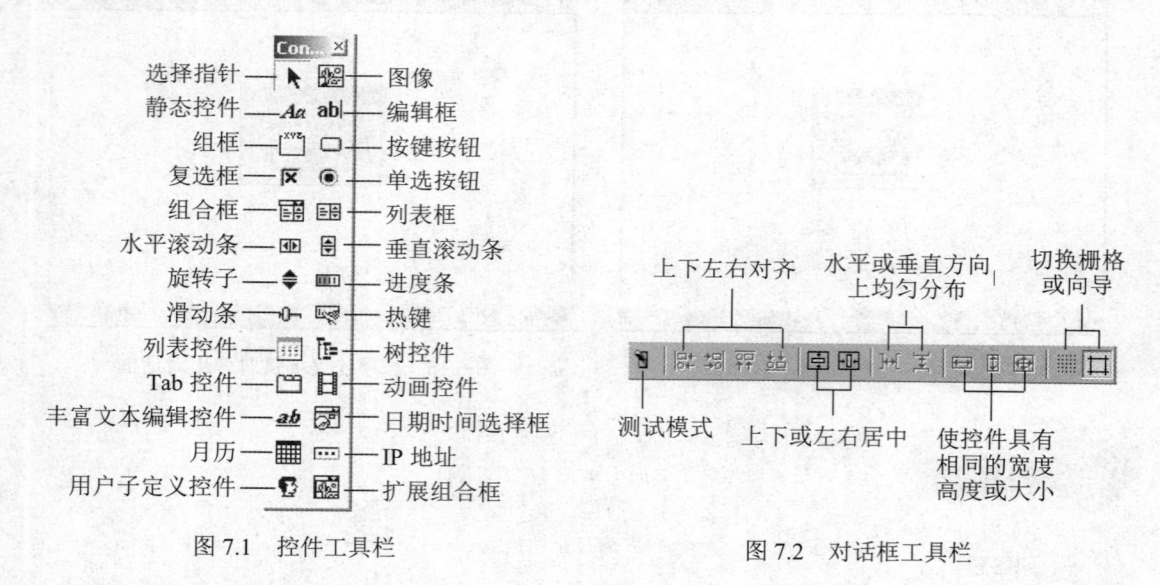

图 7.1 控件工具栏

图 7.2 对话框工具栏

7.1.2 控件的操作和使用

每种控件都是一个窗口，相关的 MFC 类都派生自 CWnd 类，所以具有 CWnd 类的所有属性，同样也具有类似的操作方法。下面列举了三种控件的操作方法：
- 使用 GetDlgItem() 函数来获得与控件相关联的 CWnd 对象的指针，然后通过该指针调用成员函数来实现同样的功能。例如可以利用成员函数 GetDlgItemText() 和 SetDlgItemText() 来改变与控件相关的文本。

- 利用各种控件类的成员函数来控制各种控件。
- 对控件生成一个相应的成员变量。该变量可以是值（Value），用来取控件的值常用在 Edit、Radio、Check 等控件上，也可以是控制（Control）。这种方式相当于取得了控件自身的句柄，可以对控件进行所有控件类和基类的操作。

对于静态创建的控件，编程时大多采用第三种方法来操作控件，而对于动态创建的控件，只能用前两种方法来操纵。

对控件的操作和使用一般按以下步骤进行：
（1）在对话框资源中添加控件。通过属性对话框可以对控件的风格进行设置。
（2）通过定义与控件相关的控件类的对象控制或相应的数值变量来进行操作。
（3）通过定义控件的消息响应函数，生成对话框类的成员函数。
（4）在消息响应函数中添加适当的代码。

7.1.3 用于常用控件的通知

每个常用控件都为它的控件类型定义了一组对应的通知代码。除了这些代码外，还有一组代码是所有控件共有的。这些通知代码均将一个指针传递给一个 NMHDR 结构。表 7.1 列举了这些通知代码。

表 7.1 常用控件的通知消息

通知消息	含义
NM_CLICK	当用户鼠标左键单击控件时发送
NM_DBCLICK	当用户鼠标左键双击控件时发送
NM_KILLFOCUS	当控件失去输入焦点时发送
NM_OUTOMEMORY	当没有足够的内存无法完成操作时发送
NM_RCLICK	当用户鼠标右键单击控件时发送
NM_RDBCLICK	当用户鼠标右键双击控件时发送
NM_RETURN	当用户按键并且控件拥有输入焦点时发送
NM_SETFOCUS	当控件获得输入焦点时发送

7.2 静态控件

静态控件在 MFC 中使用 CStatic 表示，静态文本控件的功能比较简单，可用于显示字符串、图标、位图。

建立一个基于对话框类型的程序，打开对话框资源。在控件工具栏上选择静态控件，用鼠标拖放到对话框上，然后在静态控件上单击右键，可得到属性对话框，通过属性对话框可以设置该控件的标题、风格等。

7.3 按钮控件

按钮窗口（控件）在 MFC 中使用 CButton 表示，CButton 包含了三种样式的按钮：按键按钮 Push Button、复选框 Check Box、单选按钮 Radio Box。所以在利用 CButton 对象生成按钮窗口时需要指明按钮的风格。

单选按钮用来表示一系列的互斥选项,这些选项往往被分成若干个组。

组框也是一种按钮控件,它常常用来在视觉上将控件(典型的情况是一系列单选按钮和复选框)进行分组,从而使对话框的各个控件看起来比较有条理。

复选框和单选按钮很相像,不同之处在于在同一组控件中通常使用复选框来代表多重选择,即选项不是互斥的。

7.3.1 按钮控件的样式

按钮控件的样式可以在 Properties 对话框的 Styles 选项卡中进行设置,如图 7.3 至图 7.6 所示。

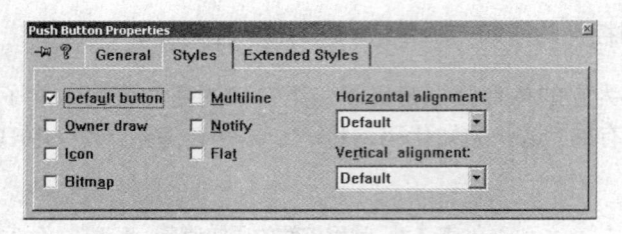

图 7.3 按键按钮控件的 Properties 对话框

图 7.4 组框控件的 Properties 对话框

图 7.5 单选按钮控件的 Properties 对话框

图 7.6 复选框控件的 Properties 对话框

7.3.2 类 CButton

CButton 类提供了按钮控制功能。应用程序可以从对话框模板创建按钮控件，也可以用代码直接创建，如表 7.2 所示。

表 7.2　CButton 类常用成员函数

函数（方法）	说明
Create()	构造一个对象
GetCheck()	返回按钮控件的选中状态
SetCheck()	改变按钮控件的选中状态
GetButtonStyle()	返回按钮控件风格信息
SetButtonStyle()	改变按钮控件风格信息

7.3.3 按钮控件消息

按钮控件消息如表 7.3 所示。

表 7.3　按钮控件的常用消息

通知消息	产生条件
BN_CLICKED	单击按钮
BN_DOUBLECLICKED	双击按钮

7.4　编辑框控件

编辑框控件在 MFC 中使用 CEdit 表示。编辑框控件是用来接收用户输入最常用的一个控件。编辑框就是一个矩形控制窗口，一般在对话框中出现，以允许用户从键盘输入并编辑文字。当编辑框成为输入焦点时，将显示一个插入符，然后用户就可以利用键盘和鼠标进行输入文本、移动插入点、选择移动删除文本等操作。编辑框可以是单行或多行的，多行编辑框可以有滚动条。编辑框属于 Edit 窗口类，可以给其父窗口发送通知消息。

7.4.1 编辑框控件的样式

编辑框控件的 Styles 选项卡如图 7.7 所示。

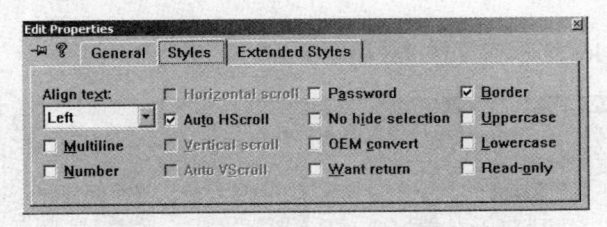

图 7.7　编辑框控件的 Properties 对话框

7.4.2 CEdit 类所有成员函数

CEdit 类所有成员函数如表 7.4 所示。

表 7.4 CEdit 类常用成员函数

函数	说明
GetSel()	得到用户选择的字符范围
SetSel()	设置当前选择的文本范围
Copy()	可将选中的文本送入剪贴板
Clear()	删除选中的文本
Paste()	将剪贴板中内容插入到当前输入框中的光标位置
Cut()	相当于 Copy 和 Clear 结合使用

可以利用 CWnd 对象的成员函数 SetWindowText/GetWindowText 设置/得到当前显示的文本。通过 GetLimitText/SetLimitText 可以得到/设置在输入框中输入的字符数量。

7.4.3 编辑框控件消息

编辑框控件消息如表 7.5 所示。

表 7.5 编辑框控件消息

通知消息	产生条件
EN_CHANGE	编辑框中文字更新
EN_ERRSPACE	编辑框无法分配内存
EN_KILLFOCUS	编辑框失去输入焦点
EN_SETFOCUS	编辑框得到输入焦点
EN_HSCROLL	用户单击编辑框水平滚动条
EN_VSCROLL	用户单击编辑框垂直滚动条

7.5 列表框控件

ListBox 窗口用来列出一系列可供用户选择的项，这些项一般以字符串的形式给出。MFC 类 CListBox 封装了标准列表框控件，其成员函数提供了对标准列表框的绝大多数操作。

7.5.1 列表框控件样式

列表框控件的 Styles 选项卡如图 7.8 所示。

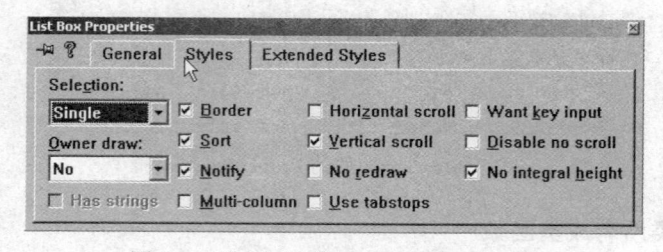

图 7.8 列表框控件的 Properties 对话框

7.5.2 CListBox 类常用成员函数

CListBox 类常用成员函数如表 7.6 所示。

表 7.6 CListBox 类常用成员函数

函数	说明
Create()	构造一个对象
AddString()	向列表框中增加字符串
DeleteString()	在列表框中删除字符串
InsertString()	将行插入到指定位置
GetCount()	得到当前列表框中行的数量
ResetContent()	删除列表框中所有行
GetText()	拷贝列表框到缓冲区

7.5.3 列表框控件消息

列表框控件消息如表 7.7 所示。

表 7.7 列表框控件消息

通知消息	产生条件
LBN_DBLCLK	鼠标双击
LBN_ERRSPACE	列表框无法分配内存
LBN_KILLFOCUS	列表框失去输入焦点
LBN_SETFOCUS	列表框得到输入焦点
LBN_SELCHANGE	选择的行发生改变

7.6 组合框控件

组合窗口由一个输入框和一个列表框组成。它可以看作是一个编辑框或静态文本框与一个列表框的组合，组合框的名字也是由此而来。

7.6.1 组合框控件样式

组合框控件的 Styles 选项卡如图 7.9 所示。

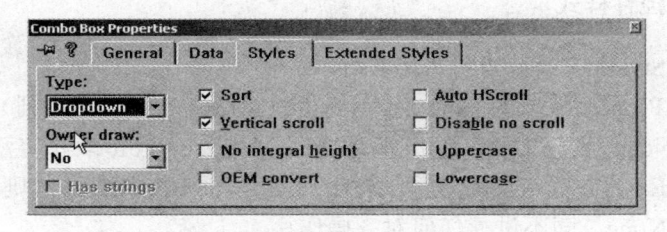

图 7.9 组合框控件的 Properties 对话框

由于组合框内包含了列表框,所以列表框的功能都能够使用。

7.6.2 CComboBox 类常用成员函数

CComboBox 类常用成员函数如表 7.8 所示。

表 7.8 CComboBox 类常用成员函数

函数	说明
AddString()	向组合框中增加字符串
DeleteString()	在组合框中删除字符串
InsertString()	将行插入到指定位置
GetCount()	得到当前组合框中行的数量
ResetContent()	删除组合框中所有行
GetEditSel()	得到输入框中被选中的字符位置
SetEditSel()	设置输入框中被选中的字符位置
GetLBText()	从组合框的列表框获取字符串

7.6.3 组合框控件消息

组合框控件消息如表 7.9 所示。

表 7.9 组合框控件消息

通知消息	产生条件
CBN_DBLCLK	鼠标双击
CBN_DROPDOWN	列表框被弹出
CBN_KILLFOCUS	列表框失去输入焦点
CBN_SETFOCUS	列表框得到输入焦点
CBN_SELCHANGE	选择的行发生改变
CBN_EDITUPDATE	输入框中内容被更新

7.7 滚动条控件

滚动条分为水平滚动条和垂直滚动条两种,通常使用滚动条来进行定位之类的操作。

7.7.1 滚动条控件样式

滚动条控件的 Styles 选项卡如图 7.10 所示。

滚动条控件的 Properties 对话框的 Styles 选项卡内只有 Align(排列)一个属性设置,该属性有三个选项:None、Top/Left、Bottom/Right。其中 Top/Left 表示将滚动条的左上边与由函数 CreateWindowEx 的参数定义的矩形的左上边对齐,而 Bottom/Right 则表示与右下边对齐,该属性的默认值为 None,即不进行任何对齐操作。

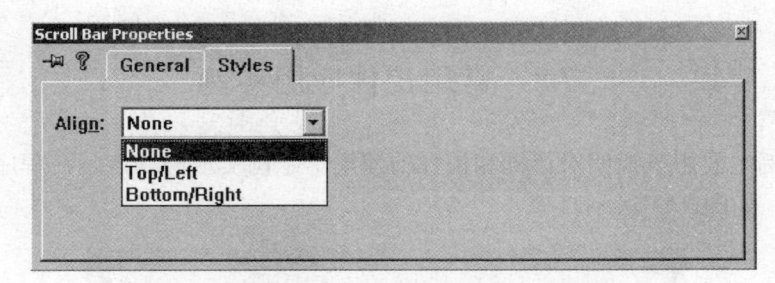

图 7.10　滚动条控件的 Properties 对话框

7.7.2 CScrollBar 类

CScrollBar 类如表 7.10 所示。

表 7.10　CScrollBar 类常用成员函数

函数	说明
CScrollBar()	构造一个对象
Create()	创建一个滚动条，并将它与对象相联
GetScrollPos()	获得滚动条的当前位置
SetScrollPos()	设置滚动条的当前位置
SetScrollRange()	获得给定滚动条的当前最大和最小位置
GetScrollRange()	设置给定滚动条的当前最大和最小位置
ShowScrollBar()	显示或隐藏滚动条
EnableScrollBar()	允许或禁止滚动条上的一个或两个箭头
SetScrollInfo()	设置关于滚动条的信息
GetScrollInfo()	获得滚动条的信息

7.7.3 滚动条控件消息

当对滚动条操作后，所在的对话框会接收到 WM_HSCROLL 消息和 WM_VSCROLL 消息。在这两个消息的响应函数中可以判断是哪一个滚动条发生了变化，然后进行相应的操作。

CWnd 类中定义了处理该消息的成员函数 OnHScroll 和 OnVScroll。OnHScroll 成员函数的原型如下：

afx_msg void OnHScroll(UINT nSBCode,UINT nPos,CScrollBar *pScrollBar);

第一个参数指定如下之一的滚动条代码，这些代码代表用户对滚动条操作的请求：

```
SB_LEFT              向左滚动较远的距离
SB_RIGHT             向右滚动较远的距离
SB_ENDSCROLL         结束滚动
SB_LINELEFT          向左滚动
SB_LINERIGHT         向右滚动
SB_PAGELEFT          向左滚动一页
SB_PAGERIGHT         向右滚动一页
SB_THUMBPOSITION     滚动到绝对位置，当前位置由 nPos 参数指定
SB_THUMBTRACK        拖动滚动条到绝对位置，当前位置由 nPos 参数指定
```

消息 WM_VSCROLL 的处理函数 OnVScroll 与 OnHScroll 类似。

7.8 常用控件应用实例

本节的示例主要用来说明对话框和控件的使用。示例实现的功能是在程序主界面出现一个用户调查表，如图 7.11 所示。

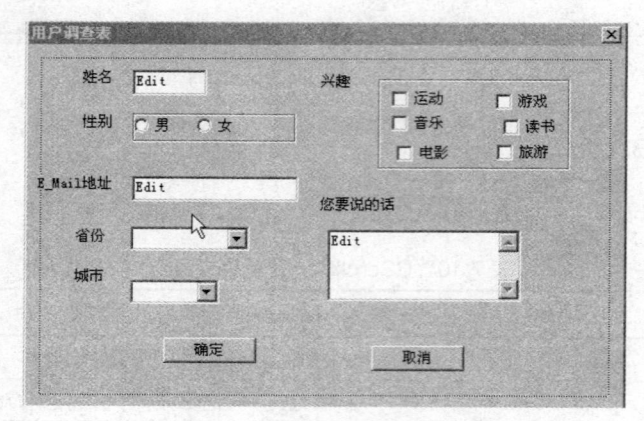

图 7.11 "用户调查表"对话框

首先创建工程：

（1）在 VC++集成开发环境中，通过菜单 File | New，弹出 New 对话框。

（2）在 Projects 选项卡中选择 MFC App Wizard（exe），在 Project name 中输入 Eg7_1，Location 读者可以自己选择。

（3）单击 OK 按钮，在弹出的 MFC App Wizard Step-1 对话框中选择程序框架为单文档框架，即选中 Single Document。

（4）单击 OK 按钮，在弹出的 New Project Information 对话框中单击 OK 按钮后等待创建完相应的工程。

下面按照第 6 章对话框创建与使用的顺序来完成这个例子。

7.8.1 创建对话框资源

在工程中添加对话框的模板资源，具体过程如下：

（1）在工作区中选中 Resourse View 标签展开 Eg7_1Resourse | Dialog 条目，可以查看当前工程中的对话框资源。选择 Dialog 条目，单击鼠标右键，弹出快捷菜单，选择 Insert Dialog 菜单命令。这时条目下将会增加一个标识号为 IDD_DIALOG1 的条目，同时在客户区显示出该对话框资源。

（2）将鼠标移动到对话框资源上，单击鼠标右键，在弹出的快捷菜单中选择 Properties 菜单命令，弹出如图 7.12 所示的对话框。

将对话框的标题设置为"用户调查表"，标识号不变。

（3）删除对话框资源本来就有的静态控件，利用鼠标将按钮 OK 和 CANCEL 移动到对话框的底部，将按钮的标题分别改为"确定"和"取消"，如图 7.13 所示。

（4）在工具栏中的静态控件上单击鼠标左键，然后在对话框资源中按下鼠标左键拖动，出现一个矩形框，松开鼠标左键，则在对话框资源中出现一个静态控件，将该静态控件的标题改为"姓名",标识号改为 IDC_STATIC_NAME,如图 7.14 所示。

图 7.12 对话框的 Properties 对话框

图 7.13 "确定"按钮的 Properties 对话框

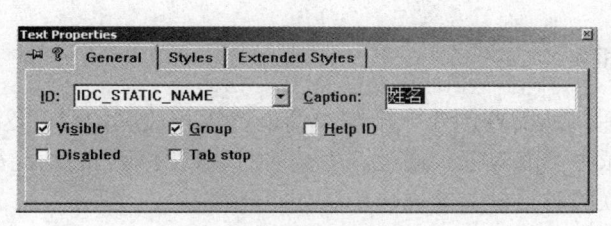

图 7.14 "姓名"静态控件的 Properties 对话框

按照上面的方法在对话框资源中加入其他的控件,这些控件的类型、标题和标识号如表 7.11 所示。

表 7.11 对话框资源中各控件属性

控件类型	资源 ID	标题	其他属性
按钮控件	IDOK	确定	默认属性
	IDCANCEL	取消	
静态控件	IDC_STATIC_NAME	姓名	默认属性
	IDC_STATIC_SEX	性别	
	IDC_STATIC_EMAIL	E-Mail 地址	
	IDC_STATIC_PROVINCE	省份	
	IDC_STATIC_CITY	城市	
	IDC_STATIC_HOBBY	兴趣	
	IDC_STATIC_EDIT	您要说的话	
编辑框控件	IDC_EDIT_NAME		默认属性
	IDC_EDIT_EMAIL		
	IDC_EDIT_EDIT		Multiline 属性为 true Verticalscoll 属性为 true

续表

控件类型	资源 ID	标题	其他属性
组合框控件	IDC_COMBO1		DATA 属性为湖南，河南
	IDC_COMBO2		
组框	IDC_STATIC1		Group 属性为 true，即选中 Group
	IDC_STATIC2		
单选按钮	IDC_RADIO1	男	
	IDC_RADIO2	女	
复选框	IDC_CHECK1	运动	Group 属性为 false，不选中 Group
	IDC_CHECK2	游戏	
	IDC_CHECK3	音乐	
	IDC_CHECK4	读书	
	IDC_CHECK5	电影	
	IDC_CHECK6	旅游	

7.8.2 生成对话框类

资源创建完毕以后，还需要创建一个与对话框资源相关联的类，这个类需要从对话框类派生，然后定义一个派生类的对象，通过派生类的对象使对话框的功能得以实现。

创建与控件相关联的对话框类的操作步骤如下：

（1）在对话框资源上单击右键，在弹出的快捷菜单中选择 Class Wizard，在 MFC ClassWizard 对话框弹出以后紧接着弹出 Adding a Class 对话框。在打开对话框的过程中，如果系统监测到有新建的对话框资源、菜单资源等，并且该资源没有与之相关联的类，就会弹出对话框，询问是否创建新的类，如图 7.15 所示。

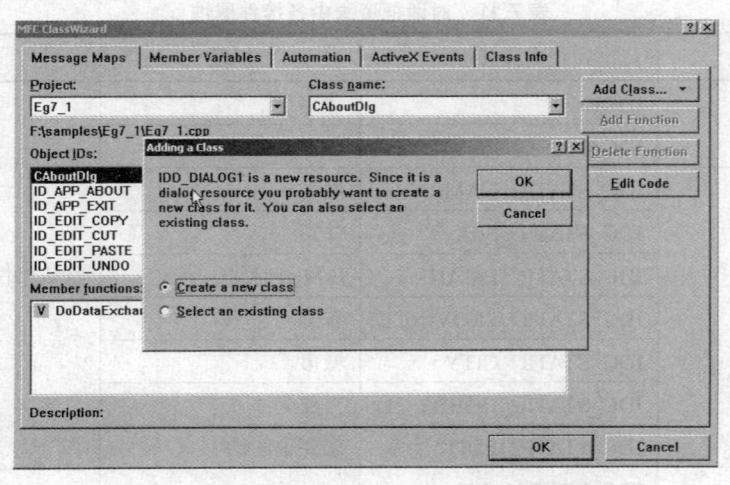

图 7.15 MFC Class Wizard 和 Adding a Class 对话框

（2）在 Adding a Class 对话框中确认默认选择 Create a new class，单击 OK 按钮弹出 New Class 对话框，在 Name 编辑框中输入新建类的名称 CEg7-1Dialog，其他设置取默认值，如图 7.16 所示。

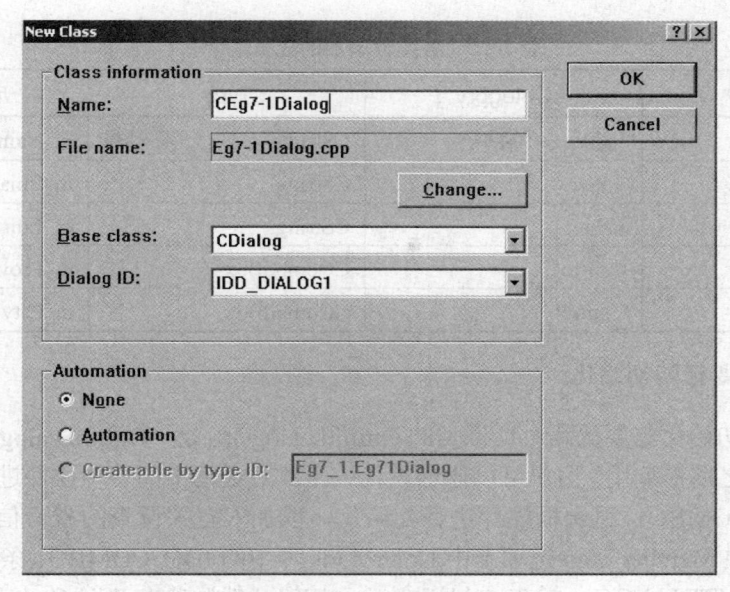

图 7.16 New Class 对话框

（3）单击 OK 按钮后显示出 MFC Class Wizard 对话框。

7.8.3 为控件建立相关联的成员变量

（1）在 MFC ClassWizard 对话框中默认的 Projects 和 Class name 项分别为 Eg7-1 和 CEg7-1Dialog。

（2）选中 MemberVariables 选项卡中 Control IDs 项中的 IDC_EDIT_NAME 条目，单击 Add Member Variable 按钮，将弹出 Add Member Variable 对话框。

在对话框中添加成员变量 m_Name，与编辑框控件 IDC_EDIT_NAME 相关联，设置 Variable type 为 CString，Category 为 Value。

（3）单击 OK 按钮，添加变量完成，如图 7.17 所示。

图 7.17 Add Member Variable 对话框

按照上述方法为其他控件添加相关联的变量，如表 7.12 所示。

表 7.12 各控件增加的成员变量

资源 ID	Category	Type	成员变量名
IDC_EDIT_NAME	Value	CString	m_Name
IDC_EDIT_EMAIL	Value	CString	m_Email
IDC_EDIT_EDIT	Value	CString	m_Edit
IDC_COMBO1	Control	CComboBox	m_Province
IDC_COMBO1	Control	CComboBox	m_City

7.8.4 成员变量的初始化

成员变量的初始化需要重载对话框类的 OnInitDialog()函数。OnInitDialog 是一个虚函数，它在对话框显示之前被调用，用户可以通过重载该函数对话框中的各种控件进行初始化。这里需要再对 IDC_COMBO1 组合框控件进行初始化，以加入有关调查的省份信息。打开 MFC ClassWizard，选中 Member Map 选项卡中 Control Ids 项中的 IDC_COMBO1 条目，在 Messages 里面选择 WM_INITDIALOG，单击 Add Function 按钮，然后单击 Edit Code 按钮，进入源程序，编辑 OnInitDialog 函数。增加以后的代码如下：

```
BOOL CInvest：：OnInitDialog()
{
    CDialog：：OnInitDialog();
    // TODO: Add extra initialization here
    m_Province.AddString("湖南");
    m_Province.AddString("河南");
    return TRUE;   // return TRUE unless you set the focus to a control
}
```

7.8.5 建立消息映射与响应函数

需要在用户选择了省份以后更新有关城市的信息，这就需要在组合框中增加消息响应函数，功能是当用户打开第二个组合框的下拉式列表框时及时更新相关省份的城市信息。

打开 MFC ClassWizard，选中 Member Map 选项卡中 Control IDs 项中的 IDC_COMBO2 条目，在 Messages 里面选择 CBN_DROPDOWN，单击 Add Function 按钮，接受系统默认的函数名，然后单击 Edit Code 按钮，进入源程序，编辑函数如下：

```
void CEg7_1Dlg：：OnDropdownCombo2()
{
    // TODO: Add your control notification handler code here
    CString m_1;
    m_Province.GetWindowText(m_1);
    if(m_1=="河南")
    {
        m_City.ResetContent();
        m_City.AddString("郑州");
        m_City.AddString("洛阳");
    }
    if(m_1=="湖南")
    {
        m_City.ResetContent();
```

```
    m_City.AddString("长沙");
    m_City.AddString("岳阳");
    }
}
```

通过 CWnd 类的成员函数 GetWindowText()来得到组合框的内容,然后判断所得到的省份信息,根据所得到的省份信息确定所要显示的城市信息。

7.8.6 函数建立与调用

为 CEg7_1Dlg 类加入成员函数。在 Workspace 打开 ClassView,选中要加入函数的类 CEg7_1Dlg,单击鼠标右键,在弹出的快捷菜单中选择 Add Member Function,如图 7.18 所示。

接着会弹出如图 7.19 所示的对话框。在 Function Type(函数类型)中填入 CString,表示函数类型是字符串对象;在 Function Declaration(函数声明)中填入 GetRadio,表示该函数用来获得单选按钮的信息。

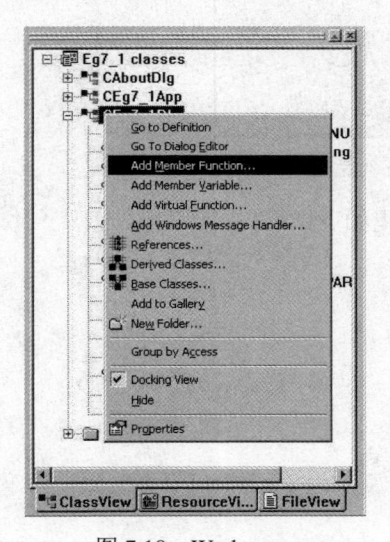

图 7.18 Workspace   图 7.19 Add Member Function 对话框

然后在 CEg7_1Dlg.cpp 文件中找到 GetRadio 函数,添加函数代码如下:
```
CString CEg7_1Dlg::GetRadio()
{
    CString Radiotext;
    UINT m_6=GetCheckedRadioButton(IDC_RADIO1,IDC_RADIO2);
    if(m_6==IDC_RADIO1)
    {
        Radiotext="男";
    }
    else
    {
        Radiotext="女";
    }
    return(Radiotext);
}
```

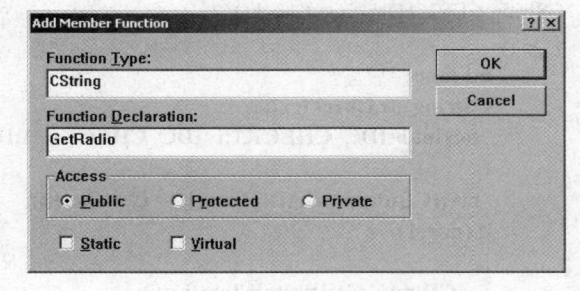

CWnd 的成员函数 GetCheckedRadioButton()返回指定组中的第一个被选中的单选按钮的 ID，如果没有按钮选中则返回 0。

该成员函数的原型：

int GetCheckedRadioButton(int nIDFirstButton,int nIDLastButton);

第一个参数是 nIDFirstButton，即同一组中的第一个单选按钮的 ID，第二个参数 nIDLastButton 是同一组中最后一个单选按钮的 ID。

同样为 CEg7_1Dlg 类加入另一个成员函数 GetCheck()以获得复选框的信息。在 FunctionType（函数类型）中填入 CString，表示函数类型是字符串对象；在 Function Declaration（函数声明）中填入 GetCheck，如图 7.20 所示。

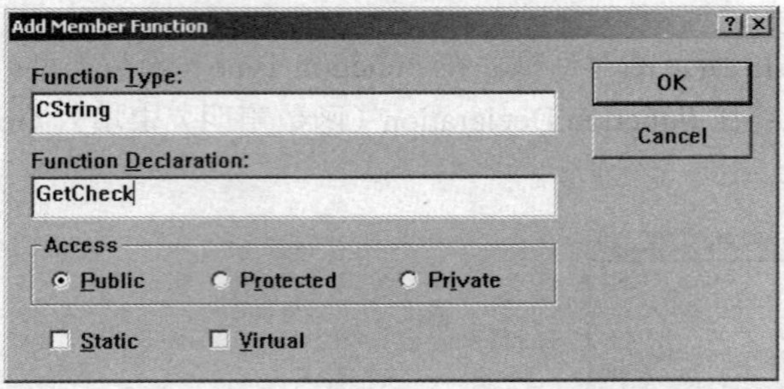

图 7.20 Add Member Function 对话框

在 CEg7_1Dlg.cpp 文件中找到该函数，添加函数代码如下：

```
CString CEg7_1Dlg::GetCheck()
{
    int m=0;
    CString str,Checktext;
    for(int i=IDC_CHECK1;i<IDC_CHECK6+1;i++)
    {
        m=((CButton*)GetDlgItem(i))->GetCheck();
        if (m==1)
        {
            CWnd::GetDlgItemText(i,str);
            str+=";";
            Checktext+=str;
        }
    }
    return(Checktext);
}
```

CButton 类的成员函数 GetDlgItem()得到指向各个复选框控件的指针。

CButton 类的成员函数 GetCheck()用来返回复选框是否被选中，选中则返回 1。

CWnd::GetDlgItemText()用来获得所选中的复选框的标题。

本例将在 OnOK()函数中调用这两个成员函数。打开对话框资源，双击"确定"按钮，接受系统默认的函数名，重载 OnOK()函数。

```
void CMy21Dlg::OnOK()
{
    // TODO: Add extra validation here
    CString m_1,m_2,m_3,str;
```

```
    m_3=GetRadio();          //调用成员函数以得到单选按钮的信息
    str=GetCheck();          //调用成员函数以得到复选框中的信息
}
```

7.8.7 重载其他函数

现在需要把调查到的信息显示在对话框内，这就需要把对话框的所有控件都隐藏起来，然后把调查的结果通过一个静态控件的标题显示在对话框内。

对于静态控件，可以通过设置它们的标题为空来达到隐藏它们的目的，也可以使用 CWnd 类函数 SetDlgItemText() 来实现。

对于其他的编辑框、组合框、单选按钮可以使用 CWnd::ShowWindow() 来隐藏它们。

在对话框中新增一个静态控件 IDC_STATIC，为它增加一个成员变量 m_Display Catogery 为 Control。

然后通过 SetWindowText 来改变该静态控件的标题就可以达到显示调查结果的目的。

当用户单击"确定"按钮以后，调查的结果将显示在对话框内。可以再加入一些小的功能，即显示出调查结果后，单击"确定"按钮会隐藏，单击"取消"按钮将退出。

```
((CButton*)GetDlgItem(IDOK))->ShowWindow(FALSE);
SetDlgItemText(IDCANCEL,"退出 ");
```

重载以后的 OnOK() 函数源代码如下：

```
void CMy21Dlg::OnOK()
{
    // TODO: Add extra validation here
    UpdateData(TRUE);        //将对话框控件中的内容传给其成员变量
    CString m_1,m_2,m_3,str;
    m_3=GetRadio();
    str=GetCheck();
    m_Province.GetWindowText(m_1);
    m_City.GetWindowText(m_2);
    SetDlgItemText(IDC_STATIC_NAME," ");
     SetDlgItemText(IDC_STATIC_EMAIL," ");
    SetDlgItemText(IDC_STATIC_EDIT," ");
    SetDlgItemText(IDC_STATIC_SEX," ");
    SetDlgItemText(IDC_STATIC_HOBBY," ");
    SetDlgItemText(IDC_STATIC_PROVINCE," ");
    SetDlgItemText(IDC_STATIC_CITY," ");
    m_Display.SetWindowText(m_Name+","+m_3+","+m_1+m_2+"人也。\n 您的兴趣有:"
        +str+"\n"+"您的地址:"+m_Email+"\n"+"您要说的话:"+m_Edit);
    m_Display.ShowWindow(TRUE);
    m_City.ShowWindow(FALSE);
    m_Province.ShowWindow(FALSE);
    ((CEdit*)GetDlgItem(IDC_EDIT_NAME))->ShowWindow(FALSE);
    ((CEdit*)GetDlgItem(IDC_EDIT_EMAIL))->ShowWindow(FALSE);
    ((CEdit*)GetDlgItem(IDC_EDIT_EDIT))->ShowWindow(FALSE);
    GetDlgItem(IDC_STATIC1)->ShowWindow(FALSE);
    GetDlgItem(IDC_STATIC2)->ShowWindow(FALSE);
    ((CButton*)GetDlgItem(IDC_RADIO1))->ShowWindow(FALSE);
    ((CButton*)GetDlgItem(IDC_RADIO2))->ShowWindow(FALSE);
    for(int j=IDC_CHECK1;j<IDC_CHECK6+1;j++)
    {
```

```
((CButton*)GetDlgItem(j))->ShowWindow(FALSE);
}
((CButton*)GetDlgItem(IDOK))->ShowWindow(FALSE);
SetDlgItemText(IDCANCEL,"退出  ");
}
```

7.8.8 运行程序

运行程序测试一下，运行结果如图 7.21 和图 7.22 所示。

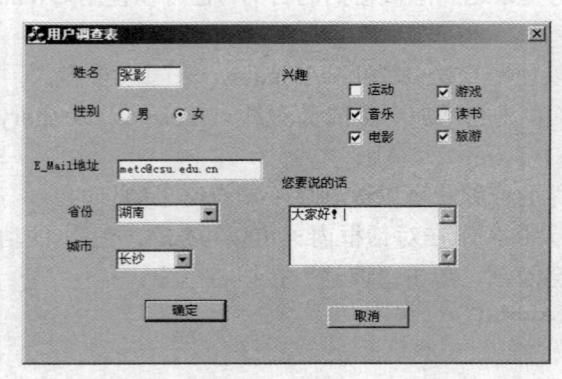

图 7.21 "用户调查表"对话框

图 7.22 调查结果

习题七

一、问答题

1. 为什么要指定应用程序窗口中控件的切换顺序？
2. 为什么要给编辑框或静态文本等控件指定唯一的 ID？

二、上机练习题

1. 创建一个基于对话框的项目。
2. 在创建的对话框上添加两个编辑框，在第一个编辑框中输入的数据将在第二个编辑框中显示出来。

第 8 章 高级控件

本章简述几种高级控件的使用方法,并对树形控件、列表控件、进度条控件、滑尺控件、旋转按钮控件和标签控件结合案例进行详尽的叙述。

8.1 高级控件简介

在上一章已学习了一些最基本的控件,本章讲述一些高级控件。从 Windows NT 3.51 版开始,Windows 提供了一些先进的 Win32 控件。这些新控件弥补了传统控件的某些不足之处,并使 Windows 的界面丰富多彩且更加友好。MFC 的新控件类封装了这些控件,新控件及其对应的控件类如表 8.1 所示。

表 8.1 新的 Win32 控件及其控件类

控件名	功能	对应的控件类
动画(Animate)	可播放 AVI 文件	CAnimateCtrl
热键(Hot Key)	使用户能选择热键组合	CHotKeyCtrl
列表视图(List View)	能够以列表、小图标、大图标或报告格式显示数据	CListCtrl
进度条(Progress Bar)	用于指示进度	CProgressCtrl
滑尺(Slider)	用户可以移动滑尺来在某一范围中进行选择	CSliderCtrl
旋转按钮	有一对箭头按钮,用来调节某一值的大小	CSpinButtonCtrl
标签(Tab)	用来作为标签使用	CTabCtrl
树形视图(Tree View)	以树状结构显示数据	CTreeCtrl

8.2 动画控件

Windows 支持一种动画控件(animate control),动画控件可以播放 AVI 格式的动画片(AVI Clip),动画片可以来自一个 AVI 文件,也可以来自资源中。动画控件可以用来显示无声的动画。如果视频剪辑文件中带有声音,则不能使用动画控件来显示。

8.2.1 动画控件的样式

动画控件的样式可以在 Properties 对话框的 Styles 选项卡进行设置,如图 8.1 所示。

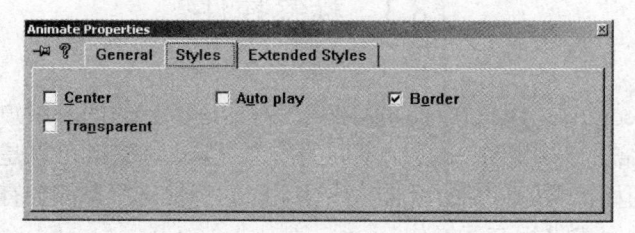

图 8.1 动画控件的 Properties 对话框

8.2.2 CAnimateCtrl 类

MFC 的 CAnimateCtrl 类封装了动画控件，CAnimateCtrl 类的主要成员函数包括：

- BOOL Open(LPCTSTR lpszFileName)

Open 函数从 AVI 文件或资源中打开动画片，如果参数 lpszFileName 或 nID 为 NULL，则系统将关闭以前打开的动画片。若成功则函数返回 TRUE。

- BOOL Play(UINT nFrom,UINT nTo,UINT nRep)

该函数用来播放动画片。参数 nFrom 指定了播放的开始帧的索引，索引值必须小于 65536，若为 0 则从头开始播放。nTo 指定了结束帧的索引，它的值必须小于 65536，若为-1 则表示播放到动画片的末尾。nRep 是播放的重复次数，若为-1 则无限重复播放。若成功则函数返回 TRUE。

- BOOL Seek(UINT nTo)

该函数用来静态地显示动画片的某一帧。参数 nTo 是帧的索引，其值必须小于 65536，若为 0 则显示第一帧，若为-1 则显示最后一帧。若成功则函数返回 TRUE。

- BOOL Stop()

停止动画片的播放。若成功则函数返回 TRUE。

- BOOL Close()

关闭并从内存中清除动画片。若成功则函数返回 TRUE。

一般来说，应该把动画片放在资源里，而不是单独的 AVI 文件中。

导入动画文件资源的步骤如下：

（1）在程序的资源视图中单击鼠标右键，并在弹出的快捷菜单中选择 Import...命令。

（2）在文件选择对话框中选择.avi 文件，单击 Import 按钮退出。

（3）单击 Import 按钮退出后，会出现一个 Custom Resource Type 对话框。若是第一次向资源中加入 AVI 文件，那么应该在 Resource type 编辑框中为动画片类资源起一个名字（如 AVI），若以前已创建过 AVI 型资源，则可以直接在列表框中选择 AVI 型。单击 OK 按钮后，.avi 文件就被加入到资源中。

创建动画控件的方法与创建普通控件相比并没有什么不同，可以用 Class Wizard 把动画控件和 CAnimateCtrl 对象联系起来。动画控件的使用很简单，下面的这段代码打开并不断重复播放一个资源动画，它们通常是位于 OnInitDialog 函数中：

m_AnimateCtrl.Open(IDR_AVI1)
m_AnimateCtrl.Play(0,-1,-1);

动画控件只能播放一些简单的、颜色数较少的 AVI 动画。

8.3 标签控件

标签控件（tab control）用来在一个窗口（如对话框中）的同一用户区域控制多组显示信息或控制信息，由顶部的一组标签来控制不同的信息提示，标签既可以是文本说明也可以是一个代表文本含义的图标，或是两者的组合。针对不同的标签选择，都会有一组提示信息或控制信息与之相对应，供用户进行交互操作。

8.3.1 标签控件的样式

标签控件的样式可以在 Properties 对话框的 Styles 选项卡进行设置，如图 8.2 所示。

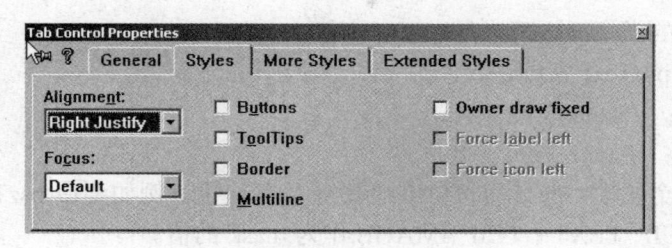

图 8.2 标签控件的 Properties 对话框

8.3.2 类 CTabCtrl

标签控件在 MFC 中只存在一种封装形式，即控件类 CTabCtrl，如表 8.2 所示。

表 8.2 类 CTabCtrl 的成员函数

函数（方法）	说明
Create()	构造一个对象
GetCurSel	检测当前被选中的标签
SetCurSel	将一个标签设置为选中状态
GetItem	获得标签的部分或全部属性
SetItem	设置标签的部分或全部属性
InsertItem	在标签控件中插入一个标签
DeleteItem	删除一个标签
DeleteAllItems	从标签控件中删除所有项目

8.3.3 标签控件的操作方法

下面重点介绍为标签控件添加项目的方法。

● CTabCtrl 类有一个成员函数 InsertItem，它的原型是：
BOOL InsertItem(int nItem,TC_ITEM*pTabCtrlItem);

其中第一个参数是加入项目的序号，此序号将在调用 CTabCtrl 的另一个成员函数 GetCurSel()时作为返回值。与 GetCurSel()对应的就是 SetCurSel(int nItem)，SetCurSel 函数可改变标签控件当前选定的项目，其中 nItem 就是该项目的序号。

● InsertItem 的关键在于第二个参数 PTabCtrlItem，是一个指向 TC_ITEM 结构的指针。TC_ITEM 结构的定义如下：
typedef struct_TC_ITEM
{
　　UINT mask; //标签控件的类型
　　UINT lnReserved1; //VC 保留，勿用
　　UINT lnReserved2; //VC 保留，勿用
　　LPSTR pszText; //标签控件的项目文字
　　int cchTextMax; // pszText 的长度

int iImage; //标签控件的图形序号
　　LPARAM lParam; //用于交换的数据
}TC_ITEM;

- mask

指定标签控件的类型。它可以是以下三个值：
TCIF_TEXT：pszText 成员有效。
TCIF_IMAGE：iImage 成员有效。
TCIF_PARAM：iParam 成员有效。
如果要使用多个属性，应该用按位或运算符"|"连接。例如要使 pszText 和 iImage 成员同时有效，则用 TCIF_TEXT | TCIF_IMAGE 作为 mask 的值。

- pszText

标签控件的项目文字，可直接赋予字符串值。此时标签控件的类型必须为 TCIF_TEXT。
在编程中，真正经常使用的只有 mask、pszText、iImage 三个成员变量。

8.3.4　应用实例

下面开始建立一个 CTabCtrl 对话框的工程 Eg8_1，步骤如下：
（1）新建基于对话框的工程 Eg8_1。
（2）在对话框资源上面添加标签控件和两个静态控件，两个静态控件 ID 资源号分别为 IDC_STATIC1 和 IDC_STATIC2，其中标题对应为"这是第一个标签""这是第二个标签"，标签控件的资源号为 IDC_TAB1。
（3）为标签控件添加成员变量 m_Ctrl，类型为 CTabCtrl。
（4）重载对话框类的 OnInitDialog()函数。
在初始化函数里面添加两个标签，把默认标签设为第一个。重载以后的函数如下：

```
BOOL CEg8_1Dlg：：OnInitDialog()
{CDialog：：OnInitDialog();
……
    TC_ITEM tcItem;//添加标签
    tcItem.mask=TCIF_TEXT;
    tcItem.pszText="标签 1";
    m_Ctrl.InsertItem(0,&tcItem);
    tcItem.pszText="标签 2";
    m_Ctrl.InsertItem(1,&tcItem);
    m_Ctrl.SetCurSel(0);
……
}
```

（5）添加响应函数。当标签切换时，标签控件会自动向对话框窗口发送 TCN_SELCHANGE 通知消息，这时需要根据所选择的标签索引号对选项卡的显示和隐藏进行切换控制，应完善 OnSelchangeTab1()函数如下：

```
void CEg8_1Dlg：：OnSelchangeTab1(NMHDR* pNMHDR, LRESULT* pResult)
{
// TODO: Add your control notification handler code here
int i=m_Ctrl.GetCurSel();//所选标签号
if(i==1)
    {
        GetDlgItem(IDC_STATIC2)->ShowWindow(TRUE);
```

```
            GetDlgItem(IDC_STATIC1)->ShowWindow(SW_HIDE);
    }
else
    {
            GetDlgItem(IDC_STATIC1)->ShowWindow(SW_SHOW);
            GetDlgItem(IDC_STATIC2)->ShowWindow(SW_HIDE);
    }
}
```
（6）运行程序，结果如图 8.3 所示。

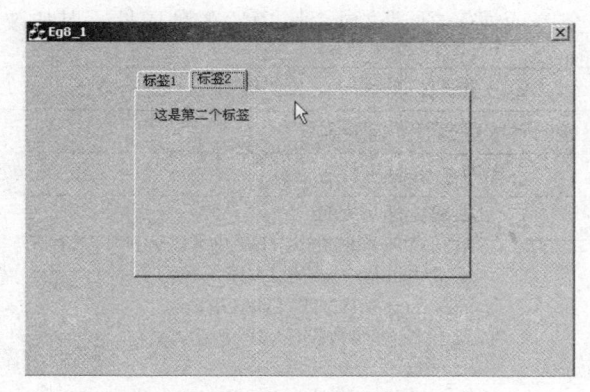

图 8.3 标签控件程序运行结果

8.4 列表控件

列表控件以列表条的形式显示数据信息，一般可以用来显示数据的子集，如数据库中表里的数据，或者用来显示一些分散的对象等。

8.4.1 列表控件的样式

列表控件的样式可以在 Properties 对话框的 Styles 选项卡进行设置，如图 8.4 所示。

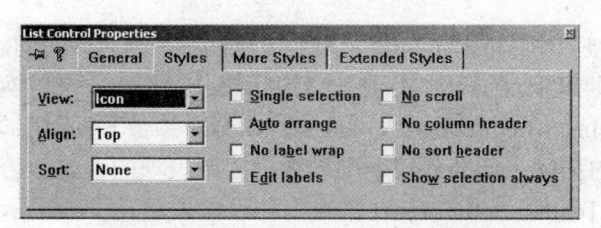

图 8.4 列表控件的 Properties 对话框

8.4.2 CListCtrl 类

在介绍如何使用列表控件以前，先介绍一下与该控件有关的一些数据类型：
- LV_COLUMN 结构。

该结构仅用于报告式列表视图，用来描述表项的某一列。要想向表项中插入新的一列，需要用到该结构，其定义为：
```
typedef struct _LV_COLUMN
```

```
{
    UINT mask;              //屏蔽位的组合（见下面括号），表明哪些成员是有效的
    int fmt;                //该列的表头和子项的标题显示格式(LVCF_FMT)
    int cx;                 //以像素为单位的列的宽度(LVCF_FMT)
    LPTSTR pszText;         //指向存放列表头标题正文的缓冲区(LVCF_TEXT)
    int cchTextMax;         //标题正文缓冲区的长度(LVCF_TEXT)
    int iSubItem;           //说明该列的索引(LVCF_SUBITEM)
} LV_COLUMN;
```

- LV_ITEM 结构。

该结构用来描述一个表项或子项，它包含了项的各种属性，其定义为：

```
typedef struct _LV_ITEM {
    UINT mask;              //屏蔽位的组合，表明哪些成员是有效的
    int iItem;              //从 0 开始编号的表项索引（行索引）
    int iSubItem;           //从 1 开始编号的子项索引（列索引）
    UINT state;             //项的状态(LVIF_STATE)
    UINT stateMask;         //项的状态屏蔽
    LPTSTR pszText;         //指向存放项的正文的缓冲区(LVIF_TEXT)
    int cchTextMax;         //正文缓冲区的长度(LVIF_TEXT)
    int iImage;             //图标的索引(LVIF_IMAGE)
    LPARAM lParam;          //32 位的附加数据(LVIF_PARAM)
} LV_ITEM;
```

其中 lParam 成员可用来存储与项相关的数据，这在有些情况下是很有用的。state 和 stateMask 的值用来说明要获取或设置哪些状态。

CListCtrl 类提供了大量的成员函数。在这里，结合实际应用来介绍一些常用的函数：

- 列的插入和删除。

在初始化列表视图时，先要调用 InsertColumn 插入各列，该函数的声明为 int InsertColumn (int nCol,const LV_COLUMN* pColumn)。

其中参数 nCol 是新列的索引，参数 pColumn 指向一个 LV_COLUMN 结构，函数根据该结构来创建新的列。若插入成功，函数返回新列的索引，否则返回-1。要删除某列，应调用 DeleteColumn 函数，其声明为 BOOL DeleteColumn(int nCol)。

- 表项的插入。

要插入新的表项，应调用 InsertItem。如果要显示图标，则应该先创建一个 CImageList 对象并使该对象包含用作显示图标的位图序列，然后调用 SetImageList 来为列表视图设置位图序列。

函数的声明为 int InsertItem(const LV_ITEM* pItem)，参数 pItem 指向一个 LV_ITEM 结构，该结构提供了对表项的描述。若插入成功则函数返回新表项的索引，否则返回-1。

- 调用 GetItemText 和 SetItemText 来查询和设置表项及子项显示的正文。

SetItemText 的一个重要用途是对子项进行初始化。函数的声明为：

int GetItemText(int nItem,int nSubItem,LPTSTR lpszText,int nLen)const;
CString GetItemText(int nItem,int nSubItem)const;
BOOL SetItemText(int nItem,int nSubItem,LPTSTR lpszText);

其中参数 nItem 是表项的索引（行索引），nSubItem 是子项的索引（列索引），若 nSubItem 为 0 则说明函数是针对表项的。参数 lpszText 指向正文缓冲区，参数 nLen 说明了缓冲区的大小。第二个版本的 GetItemText 返回一个含有项的正文的 CString 对象。

8.4.3 应用实例

下面开始建立一个 CListCtrl 对话框的工程 Eg8_2,步骤如下:

(1)建立一个基于对话框的程序,打开对话框资源。将对话框的标题设为"列表控件"。将 CListCtrl 拖到视图窗口中,调整位置、大小,并定义其对象标识为 IDC_LIST。

(2)改变列表控件的属性,选中 View | Report 选项,如图 8.5 所示。

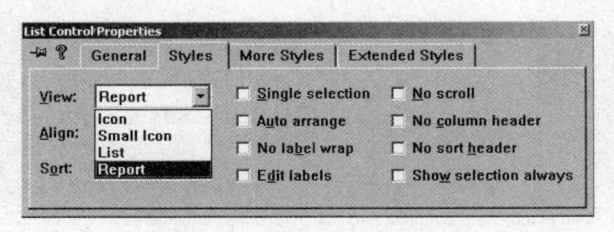

图 8.5 列表控件 IDC_LIST 的 Properties 对话框

(3)在 MFC ClassWizard 中建立列表控件 IDC_LIST 的成员变量为 m_List,以后程序中对该控件的控制通过此成员变量来实现。

(4)重载对话框类的初始化函数 OnInitDialog()。

```
BOOL CMy83Dlg::OnInitDialog()
{CDialog::OnInitDialog();
……
//初始化列表视图
LV_COLUMN lvc;
LV_ITEM lvi;
char  *display2[3][3]={"1","01","75","2","02","84 ","3","03 ","67 "};
char  *display[3]={"姓名","学号","分数"};
char  *display1[3]={"张三","李四","王麻子"};
lvc.mask=LVCF_FMT|LVCF_TEXT|LVCF_SUBITEM|LVCF_WIDTH;
lvc.fmt=LVCFMT_LEFT;
lvc.cx=111;
for(int i=0;i<3;i++) //插入各列
{
lvc.iSubItem=i;
lvc.pszText=display[i];
m_List.InsertColumn(i,&lvc);
}
lvi.mask=LVIF_TEXT;
lvi.iSubItem=0;
for( i=0;i<3;i++) //插入表项
{
lvi.pszText=display1[i];
lvi.iItem=i;
m_List.InsertItem(&lvi);
for(int j=1;j<3;j++)
{
m_List.SetItemText(i,j,display2[i][j]);
}
    return TRUE;   // return TRUE   unless you set the focus to a control
}
```

（5）运行程序，结果如图 8.6 所示。

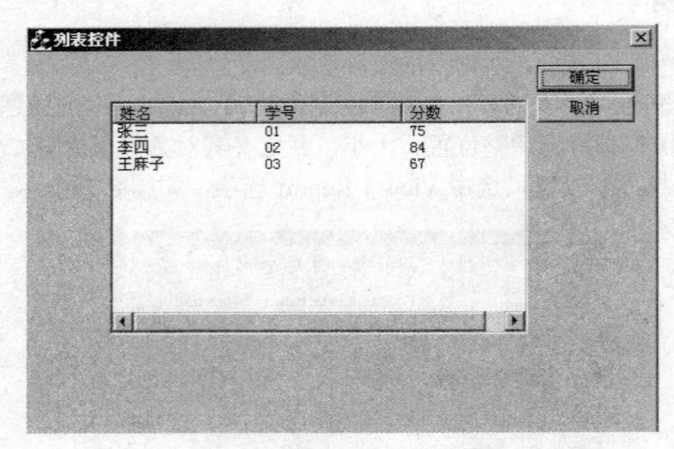

图 8.6　列表控件程序运行结果

8.5　树形控件

树形控件是一种可以分级显示项目列表的窗口，其所含项目以相互关联的方式显示在控件中，通过单击位于某个层次的项目节点可以展开下一层次中从属于该节点的所有项目。树形控件非常适合于管理那些层次较多且相互间隶属关系较为清晰的项目元素。在 MFC 中，由 CTreeCtrl 类提供了对树形控件的功能支持。

8.5.1　树形控件的样式

树形控件的样式可以在 Properties 对话框的 Styles 选项卡进行设置，如图 8.7 所示。

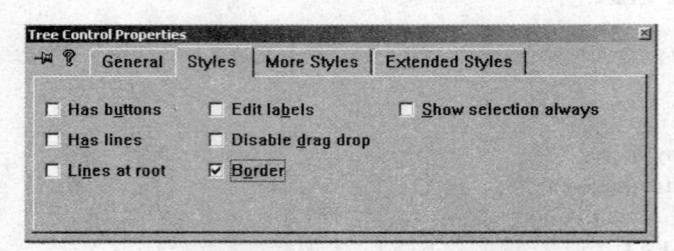

图 8.7　树形控件的 Properties 对话框

8.5.2　CTreeCtrl 类

MFC 提供的树形视图控件 CTreeCtrl 类用于封装树形视图控件，它只是一个很"瘦"的包装器。它应用在对话框中或视图窗体中，同其他控件一样，可直接拖放到窗口中，改变其位置、大小和一些基本属性。

树形控件中的任何一个项目均可以拥有一个子项目列表，此列表可以随时处于展开或缩起状态。当处于展开状态时，对应的子项目将以缩进方式显示在父项目下；当处于缩起状态时，子项目将不显示。当用户双击父项目时，相应的子项目列表将自动在展开与缩起状态间切换。在子项目列表状态发生改变时和状态改变完成后树形控件将分别发出 TVN_ITEMEXPANDING 和 TVN_ITEMEXPANDED 通知消息。关于其他通知消息及其具体含义可参见表 8.3。

表 8.3 树形控件的通知消息

通知消息	消息说明
TVN_BEGINDRAG	开始拖曳操作
TVN_BEGINLABELEDIT	开始编辑标签
TVN_BEGINRDRAG	开始鼠标右键拖曳操作
TVN_DELETEITEM	删除一个指定的项目
TVN_ENDLABELEDIT	结束编辑标签
TVN_GETDISPINFO	获取一个项目的显示信息
TVN_ITEMEXPANDED	子项目列表被展开或收起
TVN_ITEMEXPANDING	子项目列表正将展开或收起
TVN_KEYDOWN	键盘事件
TVN_SELCHANGED	项目的选择发生改变
TVN_SELCHANGING	项目的选择将要发生改变
TVN_SETDISPINFO	通知更新一个项目的信息

在介绍如何使用树形控件以前，有必要先介绍一下与该控件有关的一些数据类型：
- HTREEITEM 型句柄。

Windows 用 HTREEITEM 型句柄来代表树控件的一项，程序通过 HTREEITEM 句柄来区分和访问树形控件的各个项。
- TV_ITEM 结构。

该结构用来描述一个表项，它包含了表项的各种属性，其定义如下：
```
typedef struct _TV_ITEM
{
UINT   mask;
//包含一些屏蔽位的组合，用来表明结构的哪些成员是有效的
HTREEITEM hItem;            //表项的句柄(TVIF_HANDLE)
UINT state;                 //表项的状态(TVIF_STATE)
UINT stateMask;             //状态的屏蔽组合(TVIF_STATE)
LPSTR pszText;              //表项的标题正文(TVIF_TEXT)
int cchTextMax;             //正文缓冲区的大小(TVIF_TEXT)
int iImage;                 //表项的图像索引(TVIF_IMAGE)
int iSelectedImage;         //选中的项的图像索引(TVIF_SELECTEDIMAGE)
int cChildren;
//表明项是否有子项(TVIF_CHILDREN)，为 1 则有，为 0 则没有
LPARAM lParam;              //一个 32 位的附加数据(TVIF_PARAM)
} TV_ITEM, FAR *LPTV_ITEM;
```
- TV_INSERTSTRUCT 结构。

在向树形视图中插入新项时要用到该结构，其定义如下：
```
typedef struct _TV_INSERTSTRUCT {
HTREEITEM hParent;          //父项的句柄
HTREEITEM hInsertAfter;     //说明应插入到同层中哪一项的后面
```

TV_ITEM item;
} TV_INSERTSTRUCT;

如果 hParent 的值为 TVI_ROOT 或 NULL，那么新项将被插入到树形视图的最高层。hInsertAfter 的值可以是 TVI_FIRST、TVI_LAST 或 TVI_SORT，其含义分别是将新项插入到同一层中的开头、最后或排序插入。

8.5.3 应用实例

下面开始建立一个 CTreeCtrl 对话框的工程 Eg8_3，步骤如下：

（1）建立一个基于对话框的程序，打开对话框资源。将对话框的标题设为"树形控件"。将 CTreeCtrl 拖到视图窗口中，调整位置、大小，并定义其对象标识为 IDC_TREE。

（2）改变其属性，选中 Has buttons、Has lines 复选框，这样使用树形控件就如同 Windows 资源管理器中一样了。

（3）定义一个从 CTreelCtrl 继承的类 CNewTree，在 MFC ClassWizard 中建立新定义类的成员变量为 m_Tree，以后程序中对该控件的控制通过此成员变量来实现。这么做是为了以后方便对其添加其他用户自定义的功能。

（4）重载对话框类的初始化函数 OnInitDialog()。

```
BOOL CMy83Dlg::OnInitDialog()
{
CDialog::OnInitDialog();
……
TV_INSERTSTRUCT hInsert;
HTREEITEM hItem1;
hInsert.item.mask=TVIF_TEXT;
char   *diplay[3][3]={"第一层第一个","第一层第二个","第一层第三个","第二层第一个","第二层第二个","第二层第三个","第三层第一个","第三层第二个","第三层第三个"};
char   *diplay[3]={"第一层","第二层","第三层"};
for(int j=0;j<3;j++)
{
hInsert.hParent=NULL; //指定该项位于最高层
hInsert.hInsertAfter=TVI_LAST;
hInsert.item.pszText=diplay1[j];
hItem1=m_Tree.InsertItem(&hInsert);
for(int i=0;i<3;i++)
{
hInsert.hParent=hItem1; //指定该项为子项
hInsert.hInsertAfter=TVI_SORT;
hInsert.item.pszText=diplay[j][i];
m_Tree.InsertItem(&hInsert);
}
}
    return TRUE;   // return TRUE  unless you set the focus to a control
}
```

（5）运行程序，可看到结果如图 8.8 所示。

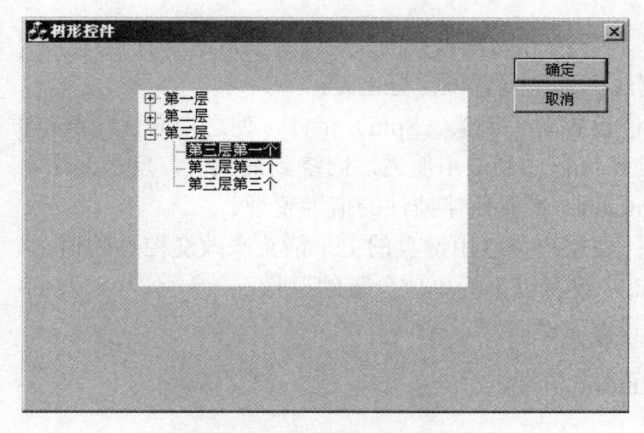

图 8.8　树形控件程序运行结果

8.6　旋转按钮控件

上下控件是 Windows 中最常用的控件之一。它只不过是一对箭头，用户可单击它来增加或减少控件的设定值。通常，紧靠着上下控件有一个编辑控件，称为伙伴编辑控件或伙伴控件，用于显示用户输出的值。

旋转按钮控件（spin button control）又称为上下控件（up down control），其主要功能是利用一对标有相反方向箭头的小按钮，通过单击来在一定范围内改变当前的数值。旋转按钮控件的当前值通常显示在一个称为伙伴窗口（buddy window）的控件中，可以是一个编辑框等。

旋转按钮也可以不在伙伴窗口的任何一侧。如果位于伙伴窗口的一侧，应适当减少伙伴窗口的宽度以容纳旋转按钮。

8.6.1　旋转按钮控件的样式

旋转按钮控件的样式可以在 Properties 对话框的 Styles 选项卡进行设置，如图 8.9 所示。

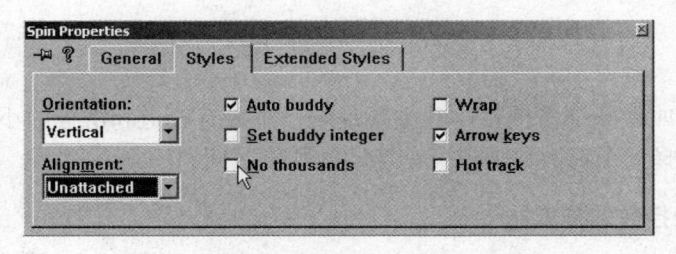

图 8.9　旋转按钮控件的 Properties 对话框

下面介绍与之有关的一些选项：

Alignment 中选项的功能：
- Right：使上下控件放置在伙伴控件的右边。
- Left：使上下控件放置在伙伴控件的左边。
- Unattached：使上下控件放置与伙伴控件互不相连。

Orientation 中选项的功能：
- Vertical：设置控件为水平方向。

- Horizontal：设置控件为垂直方向。

在对话框的右侧还有几个复选框，分别是：
- Auto buddy：设置上下箭头（Spin）指针，使之指向伙伴编辑框。
- Wrap：使控件值在达到最小值之后回绕到最大值，反之亦然。
- Set buddy integer：设置伙伴控件的值为整型。
- Arrow keys：使用户可以用键盘的上下箭头来改变控件的值。
- No thousands：没有以千为单位分隔的逗号。
- Hot track：设置热键跟踪。

8.6.2 CSpinButtonCtrl 类

旋转按钮控件在 MFC 类库中被封装在 CSpinButtonCtrl 类，其操作主要是获取和设置旋转按钮的变化范围、当前数值、伙伴窗口，伙伴窗口显示当前数据的数值是十进制还是十六进制和用户按住按钮时数值变化速度的加速度等，表 8.4 列出其成员函数。

表 8.4　CSpinButtonCtrl 类的成员函数

函数（方法）	说明
Create()	建立旋转按钮控件对象并绑定对象
SetBase()	设置基数
GetBase()	取得基数
SetBuddy()	设置伙伴窗口
GetBuddy()	取得伙伴窗口
SetPos()	设置当前位置
GetPos()	取得当前位置
SetRange()	设置上限下限值
GetRange()	取得上限下限值

8.7　滑动条控件

滑动条控件又叫做轨道条控件，其主要是用一个带有轨道和滑标的小窗口以及窗口上的刻度，来让用户选择一个离散数据或一个连续的数值区间。

8.7.1　滑动条控件的样式

滑动条控件的样式可以在 Properties 对话框的 Styles 选项卡进行设置，如图 8.10 所示。

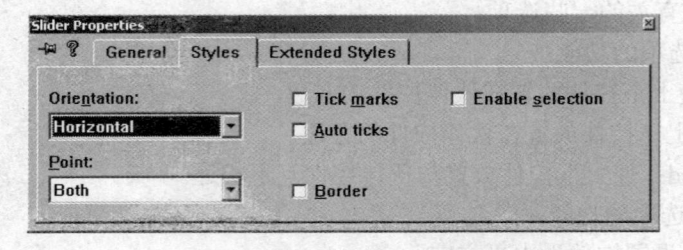

图 8.10　滑动条控件的 Properties 对话框

8.7.2 CSliderCtrl 类

滑动条控件在 MFC 类库中被封装为 CSliderCtrl 控件，其主要操作是设置刻度范围、绘制刻度标记、设置选择范围和当前滑标位置等。当用户进行交互操作时，滑动条控件将向其父窗口发送消息 WM_HSCROLL，所以在应用程序中应重载父窗口的 OnHScroll()成员函数，获取系统发送的通知代码、滑标位置和指向 CSliderCtrl 对象的指针等。由于考虑到和水平卷动杆共用同一个成员函数，OnHScroll()函数参数表中的指针变量被定义为 CScrollBar *类型，由于实际上消息是由滑动条产生的，所以在程序中必须把这个指针变量强制转换为 CSliderCtrl *类型，表 8.5 列出其成员函数。

表 8.5 CSliderCtrl 类的成员函数

函数（方法）	说明
Create()	建立滑动条控件对象并绑定对象
GetLineSize()	取得滑动条大小
SetLineSize()	设置滑动条大小
GetRangeMax()	取得滑动条最大位置
GetRangeMin()	取得滑动条最小位置
GetRange()	取得滑动条范围
SetRangeMin()	设置滑块最小位置
SetRangeMax()	设置滑块最大位置
SetRange()	设置滑动条范围
GetSelection()	取得滑块当前位置
SetSelection()	设置滑块当前位置
GetPos()	取得滑动条当前位置
SetPos()	设置滑动条当前位置
ClearSel()	清除滑动条当前选择
VerifyPos()	验证滑动条当前位置是否在最大最小位置之间
ClearTics()	清除当前刻度标志

8.8 进度条控件

进度条控件（progress control）主要用来显示在进行数据读写、文件拷贝和磁盘格式等操作时的工作进度提示情况，如安装程序等，伴随工作进度的进展，进度条的矩形区域从左到右利用当前活动窗口标题条的颜色来不断填充。

8.8.1 进度条控件的样式

进度条控件的样式可以在 Properties 对话框的 Styles 选项卡进行设置，如图 8.11 所示。

8.8.2 CProgressCtrl 类

进度条控件在 MFC 类库中的封装类为 CProgressCtrl，通常仅作为输出类控件，所以其操作主要是设置进度条的范围和当前位置,并不断地更新当前位置。进度条的范围用来表示整个操作过程的时间长度,当前位置表示完成任务的当前时刻。

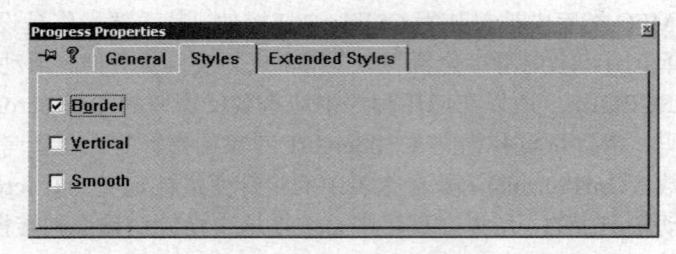

图 8.11 进度条控件的 Properties 对话框

SetRange()函数用来设置范围,初始范围为 0~100。
SetPos()函数用来设置当前位置,初始值为 0。
SetStep()函数用来设置步长,初始步长为 10。
StepIt()函数用来按照当前步长更新位置。
OffsetPos()函数用来直接将当前位置移动一段距离。如果范围或位置发生变化,那么进度条将自动重绘进度区域来及时反映当前工作的进展情况。

表 8.6 列出了其成员函数。

表 8.6 类 CProgressCtrl 的成员函数

函数(方法)	说明
Create()	建立进度条控件对象并绑定对象
SetRange	设置进度条最大最小控制范围
OffsetPos	设置进度条当前位置偏移值
SetPos	设置进度条当前位置
SetStep	设置进度条控制增量值
StepIt	使进度条控件移动并重绘进度条

下面通过实例来了解一下旋转按钮控件、进度条控件和滑动条控件的使用方法。

(1)建立一个基于对话框的工程 Eg8_4,打开对话框资源。将对话框的标题设为"控件实例"。

(2)在对话框资源中添加如表 8.7 所示的控件,滑动条控件 IDC_SLIDER 的 Properties 对话框如图 8.12 所示。

表 8.7 程序 Eg8_4 的对话框资源中各控件的属性

控件类型	资源 ID	标题	其他属性
按钮控件	IDOK	开始	默认属性
	IDCANCEL	关闭	默认属性
	IDRESET	重置	默认属性
静态控件	IDC_STATIC1	文件数目	默认属性
	IDC_STATIC2	传输速度	默认属性
	IDC_STATIC3	传输完成	不选 visable 属性

续表

控件类型	资源 ID	标题	其他属性
编辑框控件	IDC_EDIT		
旋转按钮控件	IDC_SPIN		选中 Set buddy integer 属性
进度条控件	IDC_PROGRESS		默认属性
滑动条控件	IDC_SLIDER		

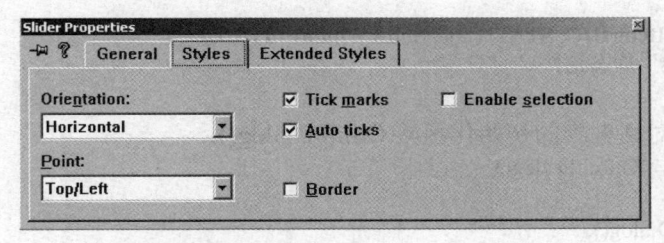

图 8.12 滑动条控件 IDC_SLIDER 的 Properties 对话框

（3）为以上控件建立对应的成员变量，如表 8.8 所示。

表 8.8 各控件所增加的变量

资源 ID	Catogory	Type	成员变量名
IDC_EDIT	Control	CEdit	m_Edit
IDC_SPIN	Control	CSpinButtonCtrl	m_Spin
IDC_PROGRESS	Control	CProgessCtrl	m_Progess
IDC_SLIDER	Control	CSliderCtrl	m_Slider

（4）添加消息响应函数。

为"重置"按钮添加单击消息响应函数，此函数的作用是初始化各种控件，在对话框的初始化函数中也将调用此函数。

```
void CEg8_4Dlg::OnReset()
{
(CStatic*)GetDlgItem(IDC_STATIC3)->ShowWindow(FALSE);//隐藏"传输完成"静态控件
m_Spin.SetRange(1,100);              //设置旋转按钮范围
m_Spin.SetPos(1);                    //设置旋转按钮位置
m_Spin.SetBuddy(&m_Edit);            //绑定旋转按钮控件和编辑框控件
m_Slider.SetRange(1,5,TRUE);         //设置滑动条范围
m_Slider.SetPos(1);                  //设置滑动条位置
m_Progress.SetRange(0,10000);        //设置进度条范围
m_Progress.SetPos(0);                //设置进度条位置
}
```

为"开始"按钮添加单击消息响应函数，此函数的作用是控制进度条。

```
void CEg8_4Dlg::OnOK()
{
    // TODO: Add extra validation here
int   m,n;
m=m_Slider.GetPos();                 //取得滑动条当前位置值
n=m_Spin.GetPos();                   //取得旋转按钮当前位置值
int i=int(100*m/n);
```

```
m_Progress.SetStep(i);           //设置进度条的步长
int pos;
pos=m_Progress.GetPos();         //取得进度条当前位置值
while(pos<10000)
{
m_Progress.StepIt();
pos=m_Progress.GetPos();
::Sleep(1);
}
(CStatic*)GetDlgItem(IDC_STATIC3)->ShowWindow(TRUE);
//显示"传输完成"静态控件
}
```

接下来，重载对话框类的初始化函数 OnInitDialog()：

```
BOOL CMy83Dlg::OnInitDialog()
{
CDialog::OnInitDialog();
……
CEg8_4Dlg::OnReset(),
return TRUE;    // return TRUE  unless you set the focus to a control
}
```

（5）运行程序，结果如图 8.13 所示。

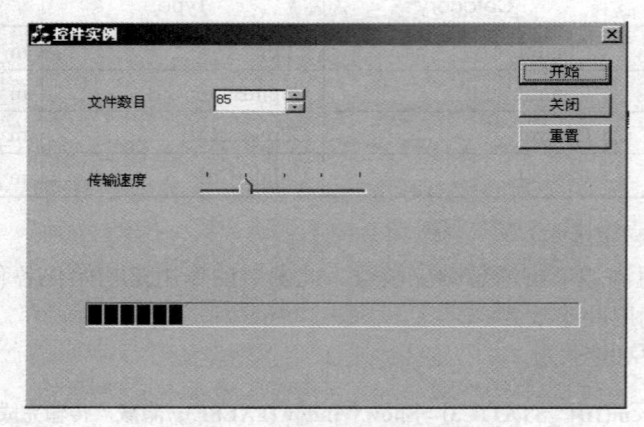

图 8.13 控件实例程序运行结果

习题八

一、问答题

1．简述标签控件的操作方法及其主要数据结构。

2．与树形控件相关的数据结构有哪些？

二、上机练习题

1．结合本章第 2 节所学内容做一个动画控件的例子。

2．结合本章第 3 节所学内容做一个标签控件的例子。

第 9 章　绘图与打印

在应用程序中经常需要在窗口中显示一些图形数据，因此，图形功能在所有的 Windows 程序中具有重要的地位。而由于 Windows 是一个与设备无关的操作系统，不允许直接访问硬件，如果用户想将文本和图形绘制到显示器或其他某个设备，必须通过"设备环境"这个抽象层与硬件进行通信。即 Windows 应用程序必须利用设备环境（Device Context，DC），才能完成在某一设备中的图形绘制工作。

本章介绍有关使用 MFC 进行绘图和打印的知识。首先讲述设备环境类，得到 CDC 对象，这是控制设备的基础，接着对 GDI 对象进行处理，然后就可以使用 CDC 类提供的丰富的函数进行绘图操作。本章结合实例，讲解如何在应用框架中实现基本的线、形状的绘制。

此外，本章还简要讲述坐标和坐标映射方式的一些知识，最后介绍打印和打印预览的基本概念和实现原理。

9.1　设备环境类

设备环境是把应用程序与设备驱动器相联的一种数据结构，它保存一个窗口绘制表面的属性，这些属性包含了当前选择的画笔、画刷、字体等信息。MFC 提供了设备环境类，它们能使 DC 的处理更容易。

Windows 图形设备接口功能被封装在两个 MFC 类中：设备环境类 CDC 和图形设备接口对象类 GDI（Graphics Device Interface）。CDC 类封装了图形设备环境及大部分绘图函数，而 GDI 类封装了画笔、画刷、位图或字体等 GDI 对象。

设备环境实际上相当于一个画布，所有的绘图操作都在上面进行。真正的绘图操作已封装在 CDC 类中，GDI 类则实际代表了一个画图工具。

Win32 API 提供了 4 种设备环境：
- 显示器环境：支持图形在视频显示器上运行。
- 信息环境：用于检索设备环境。
- 内存环境：支持在位图上进行图形操作。
- 打印机环境：支持在打印机或绘图仪上进行图形操作。

9.1.1　设备环境类 CDC

MFC 中所有的设备环境都是从基类 CDC 派生出来的。CDC 类封装了 Windows 设备环境的主要功能。它包含了很多与配置和管理设备环境有关的函数，是一个规模庞大的类，大概有 180 个成员函数。

当构造一个 CDC 对象时，并没有自动构造 CDC 设备环境。必须通过调用函数 CreateDC() 来构造一个设备环境，或者把 CDC 对象与前面建立的设备环境联系起来。CDC 类的成员函数 CreateDC 中的参数分别用来指定设备、设备驱动程序和与设备联系的端口。

一个CDC对象有两个指示GDI设备环境句柄的成员变量：m_hDC 和 m_hAttribDC。m_hDC

是 CDC 对象的输出设备环境，创建输出所调用的大多数 CDC GDI 均进入这个 DC 成员。m_hAttribDC 是 CDC 对象的属性设备环境，需要从 CDC 对象获取信息，对 CDC GDI 所作的大多数调用均进入这个 DC 成员。应用框架利用这两种 DC 实现 CMetaFileDC 对象，它从物理设备读取属性后发送到图元文件中。应用框架实现打印预览也是类似的情况。

在 AppWizard 或 ClassWizard 创建的程序或类中，已经自动加入了创建 DC 所需的代码。在文档/视图结构的程序中，典型的 OnDraw 函数如下：

```
void CEg_1View∷OnDraw(CDC* pDC)
{
    CDocument* pDoc = GetDocument();
    ASSERT_VALID(pDoc);
    // TODO: add draw code for native data here
}
```

OnDraw 函数中使用的 DC 是 MFC 框架在调用 OnDraw 之前创建的。

在构造一个 CDC 对象以后，使用完要及时删除它，因为 Windows 限制了可用设备环境的数目（同时只能有 5 个），并且，若不删除它在程序退出前会丢失一部分内存。最简单的方法是在栈中构造对象，由析构函数在函数返回时自动触发：

```
void CEgView∷OnRButtonUp(UINT nFlags, CPoint point)
{
    CRect rect;
    CClientDC dc(this);        //在栈中构造 dc
    dc.GetClipBox(rect);
    //dc 自动释放
}
```

另一种方法是当通过调用 CWnd 的 GetDC 成员获取设备环境的指针时，必须注意要通过调用 ReleaseDC 函数来释放设备环境：

```
void CEgView∷OnRButtonUp(UINT nFlags, CPoint point)
{
    CRect rect;
    CDC *pDC=GetDC();          //获取一个指向 dc 的指针
    pDC->GetClipBox(rect);
    ReleaseDC(pDC);            //必须调用 ReleaseDC 删除此对象
}
```

9.1.2 其他设备环境类

CDC 提供了几种派生类供特定的场合使用：

- CPaintDC

CPaintDC 对象封装了 Windows 的通用方法：调用 BeginPaint 函数，并在设备描述表中绘画，然后调用 EndPaint 函数。CPaintDC 在构造函数中为用户调用了 BeginPaint，在析构函数中调用了 EndPaint。这个单一化的过程完成了创建 CDC 对象、绘画、撤销 CDC 对象等。在应用框架中，这个过程大部分是自动执行的。

CPaintDC 主要针对 WM_PAINT 消息，用在 OnPaint()函数中。如在下面的 OnPaint()函数中，创建了一个 CPaintDC 对象。

```
void CMyView∷OnPaint()
{
    CPaintDC dc(this);
```

```
    OnPrepareDC(&dc);
    dc.TextOut(0,0,"for the display, not for the printer");
    OnDraw(&dc);
}
```

当一个准备好的 CPaintDC（通过 OnPrepareDC）被传递给 OnDraw 函数时，就可以简单地在里面绘画。在 OnDraw 函数返回时，该 CPaintDC 被撤销并释放设备环境给 Windows。

- CClientDC

CClientDC 对象封装了窗口客户区的设备环境。在 CClientDC 的构造函数中调用了 Windows 的 GetDC 函数，在析构函数中调用了 ReleaseDC 函数。

CView 对象总是和某个单独的主框架窗口的"子窗口"相关联，通常该子窗口还具有工具条、状态条和滚动条，作为视图的用户区域，它当然并不包括主窗口用户区域的其他部分。如果窗口含有工具条，那么点(0,0)就是指工具条下边界最左边的点。

下面通过实例 Eg9_1 实现在客户区内画一条对角线。

（1）创建一个单文档应用程序 Eg9_1。

（2）选择 View | ClassWizard，在 MFC ClassWizard 对话框中确定 Class name 和 Object IDs 都选择了 CEg9_1View，然后在 Messages 框中选择 WM_LBUTTONDOWN，双击该选项则添加鼠标左键消息响应函数 OnLButtonDown。

（3）在函数体中输入：

```
void CEg9_1View∷OnLButtonDown(UINT nFlags, CPoint point)
{
// TODO: Add your message handler code here and/or call default
    //建立一个 CClientDC
    CClientDC dc(this);
    //在建立的 DC 上画线
    CRect rect;
    GetClientRect(&rect);
    dc.MoveTo (0,0);
    //可以修改为 dc.MoveTo(rect.left,rect.top);
    dc.LineTo (rect.right,rect.bottom);

    CView∷OnLButtonDown(nFlags, point);
}
```

（4）展开 Eg9_1 Resource | String Table，双击 String Table，修改 IDR_MAINFRAME 对应的字符串属性对话框，如图 9.1 所示。

图 9.1　修改实例 Eg9_1 的标题

（5）编译、链接、运行。在应用窗口中单击鼠标，结果如图 9.2 所示。

- CWindowDC

CWindowDC 对象封装了代表整个窗口的设备环境，包括框架和客户区。该类在构造函数中调用 Windows 的 GetWindowsDC 函数，在析构函数中调用 Windows 的 ReleaseDC 函数。

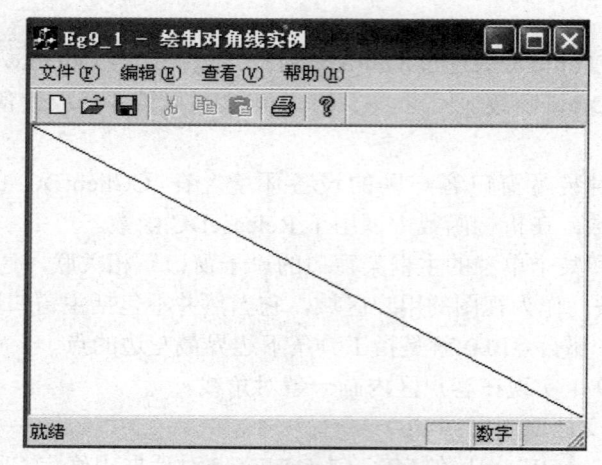

图 9.2　绘制对角线的实例

如果创建的是 CWindowDC 对象，那么点(0,0)指的就是整个屏幕的左上角，也就允许用户在显示器的任何地方绘图，虽然这种机制非常有用，但同时也是比较危险的。通过调用 CWnd 的成员函数 GetWindowRect，用户可以得到屏幕坐标下的整个窗口的外边框矩形。

- CMetaFileDC

CMetaFileDC 对象封装了在一个 Windows 图元文件中绘画的设备环境。与在 OnDraw 中传递的 CPaintDC 相对应，用户必须自己调用 OnPrepareDC 函数。Windows 元文件中包含一组应用程序，可响应创建一个所需图像或文本的图形设备接口（GDI）命令。

要实现一个 Windows 元文件，首先创建一个 CMetaFileDC 对象；激活 CMetaFileDC 构造函数，然后调用 Create 成员函数创建一个 Windows 元文件设备环境，并将它连接到此 CMetaFileDC 对象上。

接着向此 CMetaFileDC 对象发送一组应用程序需要用来响应的 CDC 的 GDI 命令。只有那些创建输出的 GDI（例如 MoveTo 和 LineTo）才可以使用。

当应用程序向元文件发送了所需要的命令之后，调用 Close 成员函数，该函数关闭元文件设备描述表，并返回一个元文件句柄。然后释放这个 CMetaFileDC 对象。当不再需要这个元文件时，用 Windows 的 DeleteMetaFile 函数将它从内存中删除。

9.2　GDI 对象

MFC 将 Windows 中的 GDI 转化为 C++形式的类。CGdiObject 类是基类，提供了许多派生类管理，如位图、区域、画刷、画笔、调色板和字体等。不必直接创建 CGdiObject 对象就可以从派生类中创建一个对象。

MFC 的 GDI 类与 Windows 句柄类型之间有如表 9.1 所示的对应关系。

类库中的每一个 GDI 对象都有相对应的构造函数。必须使用相应的构造函数来建立。例如，对 CPen 类，使用 CreatePen。

表 9.1 GDI 对象与 Windows 句柄类型

GDI 类	Windows 句柄类型
CPen	HPEN
CBrush	HBRUSH
CFont	HFONT
CBitmap	HBITMAP
CPalette	HPALETTE
CRgn	HRGN

在 DC 中使用 GDI 对象的步骤是：

（1）定义 GDI 对象。如：
CPen myPen(PS_DOT, 5, RGB(0,0,0));
或：
CPen myPen1;   //先构造
if(myPen1.CreatePen(PS_DOT,5,RGB(0,0,0)))   //后进行初始化
                //可以开始使用
else
                //构造不成功

（2）选入 GDI 对象。在 DC 中已有系统默认的 GDI 对象，在将用户自行创建的 GDI 对象选入 DC 中时一定要保管好原有的 GDI 对象。如果不重新选入 GDI 对象，使用的就是系统默认对象。

选入 GDI 对象可以使用 SelectObject()函数来完成。此函数对各种 GDI 对象都有重载。如：
CPen * SelectObject(CPen * pPen);

在选入当前的 CPen 对象时返回指向原有 CPen 对象的指针。在完成绘图后需要使用此指针恢复原有对象。如：
CPen * pOldPen=SelectObject(myPen);
//进行绘图
SelectObject(pOldPen);

（3）删除 GDI 对象。如果要重复使用一个 GDI 对象，可以在每次使用时将其选入。但在最终完成后，一定要确保此对象被删除。在离开有效范围时，框架创建的 GDI 对象会被自动删除。

在使用 GDI 时，如果在一个函数体内或没有进入 Windows 消息循环之前，可以放心使用。使用 GetSafeHdc 将其转化为 Windows 句柄也是可行的。因为 Windows 句柄是唯一可以长期存在的 GDI 标识。使用 FromHandle()函数可以得到对象的指针。

如果不再使用某一对象，可以调用 CGdiObject::DeleteObject 成员函数将其删除。已经选入 DC 中的对象不能删除。

9.3　坐标与坐标模式

为了得到图形的正确形状和方向，必须掌握有关坐标系设置，或称为映射（mapping）的知识。大多数图形操作所基于的坐标都是逻辑坐标，逻辑坐标通过所谓的"坐标映射"转换到设备坐标。在屏幕、打印机等这样一类光栅设备中，设备坐标代表像素坐标。左上角坐标值为

(0,0)，水平方向的坐标值从左到右递增，垂直方向的坐标值从上到下递增。

坐标映射定义了逻辑坐标到物理坐标之间的一个线性映射关系，水平和垂直方向的映射方式可以互不相同。Windows 定义了一系列的坐标映射方式，映射方式决定了绘图函数中所采用的坐标系，包括坐标的取向和单位等信息。这些映射方式可以通过成员函数 SetMapMode 设置。

CDC 的设置映射模式的成员函数是：
virtual int SetMapMode(int nMapMode);
它返回当前的映射模式。可以用 GetMapMode() 得到当前映射模式。

9.3.1 固定映射模式

在表 9.2 中列出了几种固定的映射模式。

表 9.2 固定映射模式

映射模式	逻辑单位（比例因子）	X 轴方向	Y 轴方向
MM_LOENGLISH	0.01 英寸	向右	向上
MM_HIENGLISH	0.001 英寸	向右	向上
MM_LOMETRIC	0.1 毫米	向右	向上
MM_HIMETRIC	0.01 毫米	向右	向上
MM_TEXT	1 设备像素	向右	向下
MM_TWIPS	1twip（1/20 点，1/1440 英寸）	向右	向上

从表 9.2 中可以看到，在 MM_TEXT 映射方式下，x 值向右方向递增，y 值向下方向递增，并且可以通过调用 CDC 的 SetViewportOrg 来改变坐标原点。允许应用程序以设备为单位进行绘图，这一单位随设备而变化。

在其他几种映射方式下，如 MM_LOENGLISH 映射方式，x 值向右是递增的，但 y 值向下是递减的，也可以改变坐标原点。最后一种映射方式 MM_TWIPS，常用于打印机，一个 twip 单位相当于 1/20 个点（一个点近似于 1/72 英寸）。例如，如果指定了 MM_TWIPS 映射单位，那么对于 12 点大小的字模来说，字符的高度为 12×20，即 240 个 twips。

9.3.2 可变映射模式

上面的映射方式下，不能改变它们的比例因子。除了这些固定比例的映射模式，Windows 还提供两种可变比例因子的映射模式，分别是 MM_ISOTROPIC 和 MM_ANISOTROPIC。

在 MM_ISOTROPIC 映射模式下，将逻辑单位转换成有相等比例轴的特定单位，纵横比为 1:1。换句话说，无论比例因子如何变化，画出的图形不会改变自己的形状。例如，虽然比例因子发生变化，圆总是圆。

在 MM_ANISOTROPIC 映射方式下，纵横方向的比例因子可以单独地变化，图形的形状也可以发生变化，圆可以被拉扁为椭圆。

下面是几个与设置映射模式相关的函数：
- SetWindowExt() 是用来设置窗口区域的函数。其原型为：
virtual CSize SetWindowExt(int cx,int cy);

该函数使用两个整型量 cx 和 cy 来定义窗口的范围。这是针对逻辑坐标系的,并不改变实际窗口的外观或尺寸,而仅仅对逻辑单位和设备像素的对应关系进行了修改。
- SetViewportExt()是设置视口的函数。视口是接收输出的区域,可以认为是设备的输出窗口。其原型为:

virtual CSize SetViewportExt(int cx,int cy);

该函数同样使用两个整型变量 cx 和 cy 来定义窗口的范围。必须在调用 SetViewportExt()函数之前调用 SetWindowExt()函数。
- SetViewportOrg()是用来定义视口原点的函数。其原型是:

virtual CPoint SetViewportOrg(int x,int y);

下面的 OnDraw 函数绘制了一个椭圆:

```
void CMyView：：OnDraw(CDC* pDC)
{
    CEg9_0Doc* pDoc = GetDocument();
    ASSERT_VALID(pDoc);
    // TODO: add draw code for native data here
    CRect rect;                                    //申请一个 CRect 对象
    GetClientRect(rect);                           //使用 CWnd 函数得到客户区尺寸
    pDC->SetMapMode (MM_ANISOTROPIC);              //设置映射方式
    pDC->SetWindowExt (100,100);                   //设置窗口尺寸
              //设置视口尺寸为客户区尺寸,注意,将 Y 轴进行了反向
    pDC->SetViewportExt (rect.right,-rect.bottom);
    //设置视图原点为客户区中点
    pDC->SetViewportOrg (rect.right/2,rect.bottom/2);
    pDC->Ellipse (CRect(-50,-50,50,50));           //绘制椭圆
}
```

9.3.3 坐标转换

当设置好了设备环境的映射方式(包括坐标原点和比例因子)时,对大多数 CDC 成员函数而言,就可以使用逻辑坐标作为其参数。但是,从 WM_MOUSEMOVE 消息所获得的鼠标光标的坐标值却是设备坐标,还有一些 MFC 库函数,如类 CRect 的成员函数,也只接受设备坐标。

CDC 提供了一些函数帮助用户进行坐标的转换,见表 9.3。

表 9.3 坐标转换函数

函数名称	函数功能
DPtoHIMETRIC	将设备坐标值转换为 HIMETRIC 坐标值
LPtoHIMETRIC	将逻辑坐标值转换为 HIMETRIC 坐标值
DPtoLP	将设备坐标值转换为逻辑坐标值
LPtoDP	将逻辑坐标值转换为设备坐标值
HIMETRICtoDP	将 HIMETRIC 坐标值转换为设备坐标值
HIMETRICtoLP	将 HIMETRIC 坐标值转换为逻辑坐标值

9.4 常用绘图函数

绘图函数接受逻辑坐标作为参数,默认值采用 MM_TEXT 映射。

9.4.1 常用位置类

GDI 中封装了一些类，形成 C++风格的位置操作，与 C 语言的 API 中的 POINT、SIZE 和 RECT 结构相对应。MFC 提供了函数进行对象操作，同时，程序中可以互换使用。由于这些类是由结构派生的，所以数据结构相同，可以直接访问。

- CPoint 类：CPoint 类由 POINT 派生，包括数据项 x 和 y。在类中重载了各种运算符，包括==、!=、+=、-=、+和-等，运算结果可以是 CPoint 类或 POINT 结构。也可以使用 Offset()在 CPoint 中加减 x 和 y 的值。
- CSize 类：CSize 类由 SIZE 派生。其中的数据包括 cx 和 cy。它也重载了各种运算符，但没有 Offset()。

由于数据结构类型相同，使用 CPoint 完全可以实现 CSize 的功能。但是，两者并不可以完全混用，有些操作则要求特定的类。同时为了程序的清晰易读，最好分别采用 CPoint 或 CSize。

- CRect 类：CRect 类来自 RECT 结构，使用了 top、left、bottom、right 成员定义一个矩形。在 CRect 类中有很多函数和操作符。例如 PtInRect()函数可以判断点是否在矩形区域内部；NormalizeRect()函数可以重新排布角点值使矩形的高度和宽度为正，使不同映射模式之间的转换可以正确进行。

9.4.2 简单图形函数

1. 画点

SetPixel()：试图用指定的颜色画一个像素，返回绘制时使用的实际颜色。

SetPixelV()：与上面的基本相同，但不用返回绘制时使用的实际颜色，因而速度更快。

2. 画线

GetCurrentPosition()：获得当前笔停留的位置，这个函数返回逻辑坐标值。

MoveTo()：开始画线、弧和多边形时，把光标移动到一个初始位置。

LineTo()：画一条从初始位置到另一个点的直线。

Arc()：画一段椭圆弧但不移动当前位置。

ArcTo()：画一段弧，并更新初始位置。

AngleArc()：画一条线，然后画一段弧，并更新初始位置。

PolyDraw()：画一系列线段和贝塞尔样条。

Polyline()：画一系列线段，折线。

PolyPolyLine()：画多个系列线条。

有关弧线的函数还有 GetArcDirection()和 SetArcDirection()。以及用于画贝塞尔曲线的函数 PolyBezier()和 PolyBezierTo()。

3. 画形状

Rectangle()：画一个矩形区域。

RoundRect()：画一个圆角矩形。

Polygon()：画一个多边形，GetPolyFillMode 和 SetPolyFillMode 成员函数可设置多边形的填充模式。

PolyPolygon()：创建一个或多个多边形。

Ellipse()：画一个椭圆。
Pie()：画一个饼图。
Draw3dRect()：画一个三维矩形。
DrawEdge()：画一个矩形的边缘。
DrawFrameControl()：画一个框架控件。

这一组函数通常结合使用画笔和画刷。如 Rectangle()对一个矩形区域进行操作，首先使用当前选入的画笔勾勒出图形的边框，再使用当前选入的画刷填充此区域。函数 FillRect()用给定的画刷给矩形填充颜色。

4. 形状填充和翻转

FillRect()：填充一个矩形。
InvertRect()：反转一个矩形的颜色。
FrameRect()：画一个矩形的边框。
FillSolidRect()：用某单色填充一个矩形。
ExtFloodFill()：用当前画刷填充一个区域，提供比 FloodFill()成员函数更多的灵活性。
FillRgn()：填充一个区域。
FrameRgn()：画一个特定区域的边框。
InvertRgn()：反转一个区域的颜色。

5. 绘制文本

TextOut()：在一个指定的位置输出一个字符串。
ExtTextOut()：在一个矩形区域里输出一个字符串。
TabbedTextOut()：基于用该函数传输的一个表，在指定位置输出一串字符串，并将字符串中的任何制表符转换为空格。
DrawText()：在指定的矩形区域里绘制文本，但比 TextOut()有更多的选项，如把文本居中和显示多行文本。

6. 绘制位图和图标

一个位图或图标只是大量像素的颜色阵列。通常有一个标题，用来指示在一行中有多少像素点，以便一个画图例程知道什么时候开始下一行。通常，位图绘制例程只是把像素阵列拷贝到视频内存中。图标具有透明色这一附加的能力，换句话说，当一个图标被绘制在屏幕上时，它的每一点的颜色都可被屏幕上原有的颜色代替。

DrawIcon()：在指定的位置画一个图标。
BitBlt()：从指定的设备环境中拷贝一个位图，通常是从磁盘中装入或在内存中创建。
StretchBlt()：与 BitBlt()基本相同，但它试图伸展或压缩一个位图以适应目标。
PatBlt()：创建一个位模式。

9.5 绘图实例

在这一节里，将创建绘图实例 Eg9_2。这个程序将允许用户，通过选择各种各样的画图工具，如线、矩形及椭圆等方便地创建新的图形图像。这些工具也将出现在应用程序的工具栏中。下面是操作步骤：

（1）使用 AppWizard 创建一个单文档（SDI）应用程序 Eg9_2。

（2）在工作区中选择 ClassView 标签，展开 Eg9_2 classes | CEg9_2View。右键单击 CEg9_2View，在弹出的快键菜单中选择 Add Member Variable，为视图类添加如下成员变量，并选择所添加的变量为保护的（protected），如表 9.4 所示。

表 9.4　为视图类添加的成员变量

Variable Type（变量类型）	Variable Name（变量名）
CPoint	m_ptStart
CPoint	m_ptEnd
CPoint	m_ptOld
BOOL	m_bDrawFlag
BOOL	m_bLineFlag
BOOL	m_bRectFlag
BOOL	m_bEllipseFlag
BOOL	m_bFillFlag

也可以直接在 Eg9_2View.h 文件中的构造函数段输入如下代码：

```
class CEg9_2View : public CView
{ …
protected:
    CPoint m_ptStart;          //用于定义开始的点坐标
    CPoint m_ptEnd;            //用于定义结束的点坐标
    CPoint m_ptOld;            //用于保存点的坐标
    BOOL m_bDrawFlag;          //是否手工绘制图形
    BOOL m_bLineFlag;          //是否画线
    BOOL m_bFillFlag;          //是否填充图形
    BOOL m_bRectFlag;          //是否画一个矩形
    BOOL m_bEllipseFlag;       //是否画椭圆
    …
}
```

（3）在构造函数中添加新的对象方法 SetFlagsFalse()，将所有的标志设置为 False。因为每一次只允许选择一个新的画图工具。在工作区中选择 ClassView 标签，右键单击 CEg9_2View，在弹出的快键菜单中选择 Add Member Function，弹出如图 9.3 所示的对话框，在对话框中输入方法的名称及类型。

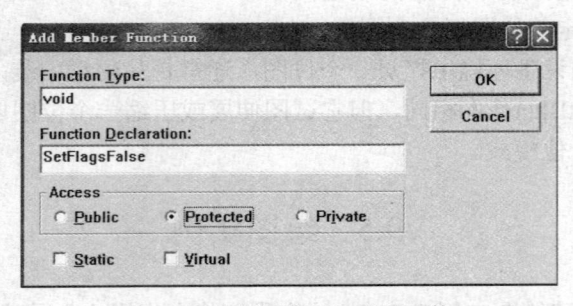

图 9.3　为视图类添加成员函数

单击 OK 按钮，在 Eg9_2View.cpp 文件的新方法中添加如下代码：

```
void CEg9_2View∷SetFlagsFalse()
{
```

```
        m_bDrawFlag=false;
        m_bLineFlag=false;
        m_bEllipseFlag=false;
        m_bRectFlag=false;
        m_bFillFlag=false;
}
```
可以在视图类的构造函数中调用这个新对象方法：
```
CEg9_2View∷CEg9_2View()
{
        // TODO: add construction code here
        SetFlagsFalse();
}
```
这样，当程序开始启动时就可以先关闭所有的画图工具。

（4）创建菜单资源。在工作区中单击 ResourceView 标签，展开 Eg9_2 resources，再展开 Menu 项，在 IDR_MAINFRAME 项上双击左键，打开菜单资源编辑器。在顶层菜单中加入"绘图（&D）"。然后在其子菜单中加入菜单项"手工绘图""线""矩形""椭圆"和"填充"，设置如表 9.5 所示。

表 9.5 菜单项的属性设置

菜单项	ID	Caption	Prompt
手工绘图	ID_DRAW_HAND	手工绘图（&H）	手工绘制图形\n 手工绘图
线	ID_DRAW_LINE	线（&L）	绘制一条直线\n 线
矩形	ID_DRAW_RECT	矩形（&R）	绘制一个矩形\n 矩形
椭圆	ID_DRAW_ELLIPSE	椭圆（&E）	绘制一个椭圆\n 椭圆
填充	ID_DRAW_FILL	填充（&F）	以填充色填充一个封闭区域\n 填充

创建好的菜单如图 9.4 所示。

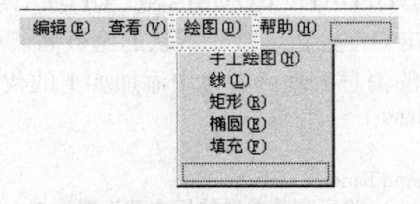

图 9.4 为 Eg9_2 添加的菜单资源

（5）添加工具栏按钮。在工作区中单击 ResourceView 标签，展开 Eg9_2 resources，再展开 Toolbar 项，在 IDR_MAINFRAME 项上双击左键，打开工具栏资源编辑器。添加 5 个新的按钮到工具栏的尾部，将它们拖到工具栏的适当位置，使它们成为一组。新工具栏如图 9.5 所示。

在"手工绘图"按钮中，图片是用抓图软件从 Windows 的画图应用程序中剪切下来后，再选择 Edit | Paste 命令将图片粘贴到按钮上去的。

最后，通过双击按钮并在打开的 Properties 对话框的 ID 框中查找正确的菜单项 ID，将这些新的按钮和它们所代表的菜单项连接起来。例如在 ID 编辑框中选择或输入了 ID_DRAW_HAND，按回车键后可以看到在 Prompt 编辑框中自动出现了在定制"手工绘图"菜单项时在 Prompt 编辑框中输入的内容，这样就使工具栏按钮与菜单项一一对应了。

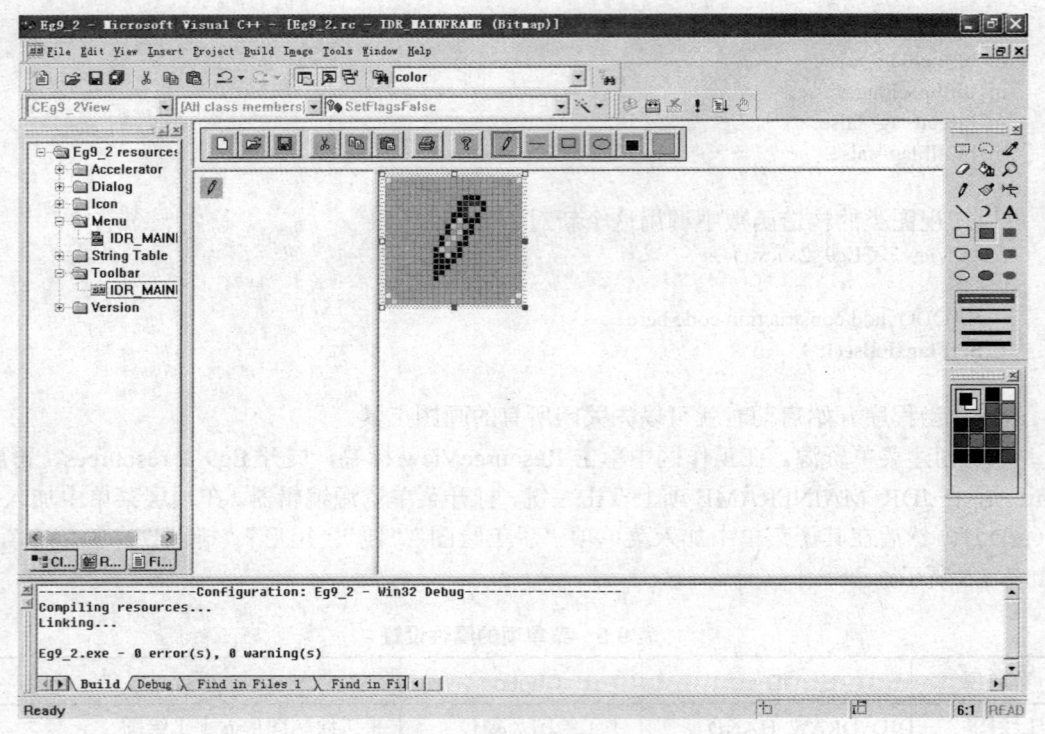

图 9.5 设计工具栏按钮

（6）使用 ClassWizard 添加消息响应函数。注意添加在视图类中（在 Class name 中选择 CEg9_2View），5 个菜单项的 ID 值分别为：ID_DRAW_HAND、ID_DRAW_LINE、ID_DRAW_RECT、ID_DRAW_ELLIPSE 和 ID_DRAW_FILL。

在 Messages 列表框中的 COMMAND 项上双击鼠标左键，在弹出的 Add Member Function 对话框中单击 OK 按钮，接受默认的函数名。

在 Messages 列表框中的 UPDATE_COMMAND_UI 项上双击鼠标左键，在弹出的 Add Member Function 对话框中单击 OK 按钮，接受默认的函数名。

在 ClassWizard 自动生成的消息处理函数体中添加如下的代码：

```
void CEg9_2View∷OnDrawHand()
{
    // TODO: Add your command handler code here
    SetFlagsFalse();           //将所有菜单项的标志都设置为 False
    m_bDrawFlag=true;          //选中了"手工绘图"菜单，将 m_bDrawFlag 设置为 True
}

void CEg9_2View∷OnUpdateDrawHand(CCmdUI* pCmdUI)
{
    // TODO: Add your command update UI handler code here
    //如果当前菜单为手工绘图，则"手工绘图"菜单前加"√"标记
    pCmdUI->SetCheck (m_bDrawFlag);
}

void CEg9_2View∷OnDrawLine()
{
    // TODO: Add your command handler code here
```

```cpp
        SetFlagsFalse();            //将所有菜单项的标志都设置为 False
        m_bLineFlag=true;           //选中了画线菜单,将 m_bLineFlag 设置为 True
}

void CEg9_2View：：OnUpdateDrawLine(CCmdUI* pCmdUI)
{
        // TODO: Add your command update UI handler code here
        //如果当前菜单为"线",则"线"菜单前加"√"标记
        pCmdUI->SetCheck (m_bLineFlag);
}

void CEg9_2View：：OnDrawRect()
{
        // TODO: Add your command handler code here
        SetFlagsFalse();            //将所有菜单项的标志都设置为 False
        m_bRectFlag=true;           //选中了画矩形菜单,将 m_bRectFlag 设置为 True
}

void CEg9_2View：：OnUpdateDrawRect(CCmdUI* pCmdUI)
{
        // TODO: Add your command update UI handler code here
        //如果当前菜单为"矩形",则"矩形"菜单前加"√"标记
        pCmdUI->SetCheck (m_bRectFlag);
}

void CEg9_2View：：OnDrawEllipse()
{
        // TODO: Add your command handler code here
        SetFlagsFalse();            //将所有菜单项的标志都设置为 False
        m_bEllipseFlag=true;        //选中了画椭圆菜单,将 m_bEllipseFlag 设置为 True
}

void CEg9_2View：：OnUpdateDrawEllipse(CCmdUI* pCmdUI)
{
        // TODO: Add your command update UI handler code here
        //如果当前菜单为"椭圆",则"椭圆"菜单前加"√"标记
        pCmdUI->SetCheck (m_bEllipseFlag);
}

void CEg9_2View：：OnDrawFill()
{
        // TODO: Add your command handler code here
         SetFlagsFalse();           //将所有菜单项的标志都设置为 False
        m_bFillFlag=true;           //选中了填充菜单,将 m_bFillFlag 设置为 True
}

void CEg9_2View：：OnUpdateDrawFill(CCmdUI* pCmdUI)
{
        // TODO: Add your command update UI handler code here
        //如果当前菜单为"填充",则"填充"菜单前加"√"标记
        pCmdUI->SetCheck (m_bFillFlag);
}
```

（7）添加鼠标按键的消息处理函数。由于是用鼠标来绘图，所以必须添加鼠标按键消息的处理函数，需要处理的消息有 3 个：WM_LBUTTONDOWN（左键按下）、WM_MOUSEMOVE（鼠标移动）和 WM_LBUTTONUP（左键松开）。

这 3 个消息处理函数的代码如下：

```
void CEg9_2View::OnLButtonDown(UINT nFlags, CPoint point)
{
    // TODO: Add your message handler code here and/or call default
    //鼠标被按下时，记录图形的起始点坐标
        m_ptStart.x=point.x;
        m_ptStart.y=point.y;
        m_ptOld.x=m_ptStart.x;     //用 m_ptOld 对象来保存先前的鼠标位置
        m_ptOld.y=m_ptStart.y;
    CView::OnLButtonDown(nFlags, point);
}
void CEg9_2View::OnLButtonUp(UINT nFlags, CPoint point)
{
    // TODO: Add your message handler code here and/or call default
     //鼠标被松开，记录图形的结束点坐标
    m_ptEnd.x=point.x;
    m_ptEnd.y=point.y;

    //CClientDC 类构造函数需要一个指针来指向当前的视图对象，
    //这里采用关键字 this 来传递该指针，this 通常用来指向当前对象。
    //通过这种方法，得到了当前视图的新设备环境 pDC。
    CClientDC *pDC=new CClientDC(this);

    if(m_bLineFlag)    //如果 m_bLineFlag 的值为 true，则画线
    {
        pDC->MoveTo (m_ptStart.x,m_ptStart.y);
        pDC->LineTo (m_ptEnd.x,m_ptEnd.y);
    }
    if(m_bRectFlag)    //如果 m_bRectFlag 的值为 true，则画矩形
    {
        //使用 CClientDC 对象方法 SelectStockObject()在设备环境中建立一个 null //brush
        //这样，当矩形覆盖在其他图标上时，后面的图形也能显示出来
        pDC->SelectStockObject (NULL_BRUSH);
        pDC->Rectangle (m_ptStart.x,m_ptStart.y,m_ptEnd.x,m_ptEnd.y);
    }
    if(m_bEllipseFlag)    //如果 m_bEllipseFlag 的值为 true，则画椭圆
    {
        pDC->SelectStockObject (NULL_BRUSH);
        pDC->Ellipse (m_ptStart.x,m_ptStart.y,m_ptEnd.x,m_ptEnd.y);
    }
    if(m_bFillFlag)    //填充
    {
        pDC->SelectStockObject (BLACK_BRUSH);
        pDC->FloodFill (m_ptStart.x,m_ptStart.y,RGB(0,0,0));
    }
    delete pDC;         //删除指针对象
    CView::OnLButtonUp(nFlags, point);
}
```

```
void CEg9_2View∷OnMouseMove(UINT nFlags, CPoint point)
{
    // TODO: Add your message handler code here and/or call default
    CClientDC * pDC=new CClientDC(this);
    if((nFlags && MK_LBUTTON)&&m_bDrawFlag)    //对手工绘图菜单的响应
    {
        pDC->MoveTo (m_ptStart.x,m_ptStart.y);
        pDC->LineTo (point.x,point.y);
        m_ptStart.x=point.x;
        m_ptStart.y=point.y;
    }
    delete pDC;
    CView∷OnMouseMove(nFlags, point);
}
```

（8）编译、链接和运行，结果如图 9.6 和图 9.7 所示。

图 9.6　"手工绘图"菜单的运行结果　　　　图 9.7　使用各种工具绘制图形

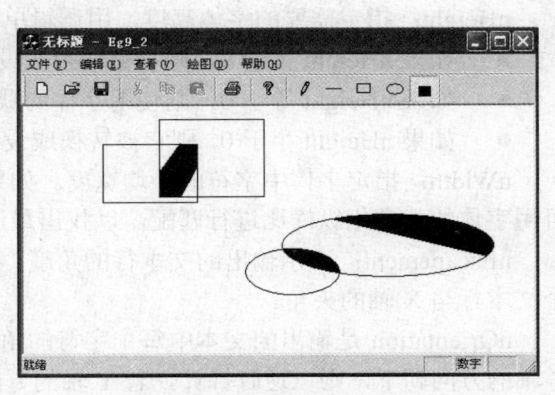

9.6　字体

　　字体是指具有设计风格的字符和符号的集合，它的 3 个主要元素有字样、风格和大小。字体也可以看成是一种绘图工具。在显示输出文本的时候，首先要确定一种字体。Windows 中提供的字体大多是 TrueType 字体，TrueType 字体吸收了点阵字体和矢量字体的优点，提供了从显示设备到打印机等输出设备的良好特性：所见即所得。在应用程序中利用这些 TrueType 字体，可以大大改善文本的输出效果。

　　在 Visual C++ 6.0 中，使用 CFont 类来操作字体。CFont 类是 CGdiObject 类的派生类，它封装了 Windows 图形设备接口（GDI）字体，并提供处理该字体的成员函数。

　　要使用字体，必须先创建字体。在 Visual C++ 6.0 中，就是先构造一个 CFont 对象，然后再调用 CFont 类的创建字体函数，如 CreateFont 或 CreateFontIndirect，从而将构造的 CFont 对象与 Windows 的某种字体相关联。需要指出的是，函数并不是真的创建一种字体，而仅是寻找匹配的 Windows 字体并与之相关联。

　　CFont 类中重要的成员函数 CreateFont 原型如下：
CFont∷CreateFont
BOOL CreateFont(
    int nHeight,   //字体高度（逻辑单位）

```
        int nWidth,                    //字体平均宽度（逻辑单位）
        int nEscapement,               //文本行角度
        int nOrientation,              //字符的角度
        int nWeight,                   //字符粗细度
        BYTE bItalic,                  //指定字体是否倾斜
        BYTE bUnderline,               //指定是否加下划线
        BYTE cStrikeOut,               //指定字体中的字符是否被划掉
        BYTE nCharSet,                 //字符集
        BYTE nOutPrecision,            //字体输出结果和要求的匹配程度
        BYTE nClipPrecision,           //如何剪裁落于剪裁区之外的字符
        BYTE nQuality,                 //字体属性匹配的精确程度
        BYTE nPitchAndFamily,          //字体间距和字体族
        LPCTSTR  lpszFacename          //字体名称
);
```

参数说明：

nHeight：指定需要的字体高度，用逻辑单位表示。字体高度可用下列方式指定：

- 如果 nHeight 大于 0，则它被转换成设备单位并且与可用字体的单位高度匹配。
- 如果 nHeight 等于 0，则使用字体的默认高度。
- 如果 nHeight 小于 0，则它被转换成设备单位，其绝对值与可用字体的字符高度匹配。

nWidth：指定字体中字符的平均宽度。如果 nWidth 参数的值为 0，则将设备的纵横比与可用字体的数字化纵横比进行匹配，以找出最近似的匹配，该匹配由两者之差的绝对值决定。

nEscapement：表示输出的文本行的角度，这个角度以 0.1 度为单位，以逆时针计，是整个文本行与 X 轴的夹角。

nOrientation 是输出的文本中每个字符的角度，也是以 0.1 度为单位的与 X 轴的夹角，若 Y 轴的方向朝下，则以逆时针计，若 Y 轴的方向朝上，则以顺时针计。

nWeight：指定字体的粗细度，可取值为 0 到 1000 的整数。常用的常量值如表 9.6 所示。

表 9.6 各种字体长度常量说明表

常量	值	常量	值
FW_DONTCARE	1	FW_SEMIBOLD	600
FW_THIN	100	FW_DEMIBOLD	600
FW_EXTRALIGHT	200	FW_BOLD	700
FW_ULTRALIGHT	200	FW_EXTRABOLD	800
FW_LIGHT	300	FW_ULTRABOLD	800
FW_NOMAL	400	FW_BLACK	900
FW_REGULAR	400	FW_HEAVY	900
FW_MEDIUM	500		

nCharSet：指定字体的字符集。可以为：ANSI_CHARSET、DEFAULT_CHARSET、SYMBOL_CHARSET、SHIFTJIS_CHARSET 或 OEM_CHARSET。

nOutPrecision：指定所要求的输出精度。输出精度定义了输出如何匹配要求的字体高度、宽度、字符方向、倾斜度和间距。这个参数值可以是下列值之一：OUT_CHARACTER_PRECIS、OUT_STRING_PRECIS、OUT_DEFAULT_PRECIS、OUT_STROKE_PRECIS、OUT_DEVICE_PRECIS、OUT_TT_PRECIS 或 OUT_RASTER_PRECIS。各种字体长度常量说明如表 9.6 所示。

nClipPrecision：指定所要求的裁减精度。裁剪精度定义如何对部分在裁剪区域外的字符进行裁剪。这个参数可以是下列值之一：CLIP_CHARACTER_PRECIS、CLIP_MASK、CLIP_DEFAULT_PRECIS、CLIP_STROKE_PRECIS、CLIP_ENCAPSULATE、CLIP_TT_ALWAYS 或 CLIP_LH_ANGLES。

nQuality：指定字体的输出质量，输出质量定义了图形设备接口（GDI）如何细致地将逻辑字体的属性与物理字体的属性进行匹配。

nPitchAndFamily：指定字体的间距和家族。可以取值为：DEFAULT_PITCH、VARIABLE_PITCH 或 FIXED_PITCH。

应用程序可为 nPitchAndFamily 参数增加 TMPF_TRUETYPE 值，用以选择一种 TrueType 字体。该参数可以是下列值之一：

- FF_DECORATIVE   新颖字体
- FF_DONTCARE   不重要或不知道
- FF_MORDERN   字体具有固定笔划宽度
- FF_ROMAN   字体具有变化的笔划宽度
- FF_SCRIPT   类似手写体的字体
- FF_SWISS   字体具有变化的笔划宽度

lpszFacename：一个指向以 NULL 结束的字符串的指针或一个 CString 对象，此字符串指定字体的字样名。字符串的长度不能超过 30 个字符。

下面使用 CreateFont()函数来创建逻辑字体：

（1）创建工程。创建一个 SDI 单文档应用程序，工程名为 Eg9_3。

（2）修改视图类的 OnDraw()函数。

在工作区中选择 Class View 标签，展开 Eg9_3 classes，再展开 CEg9_3 View 类，在 OnDraw()函数上双击，则打开 Eg9_3View.cpp 文件并将光标定位于 OnDraw()函数，添加如下代码：

```
void CEg9_3View::OnDraw(CDC* pDC)
{
    CEg9_3Doc* pDoc = GetDocument();
    ASSERT_VALID(pDoc);
    // TODO: add draw code for native data here

    CFont Font1,Font2;          //两个字体对象，函数返回时，应用框架会将其删除
    CFont * pOldFont;           //指向字体对象的指针，用以跟踪 DC 中的原字体

    Font1.CreateFont (-25,              //字体字符的逻辑高度
                0,                      //字符平均宽度取默认值
                0,                      //文本行角度为 0，水平
                0,                      //字符角度为 0，正立
                FW_NORMAL,              //正常体
                FALSE,                  //不倾斜
                FALSE,                  //不加下划线
                FALSE,                  //不加删除线
                ANSI_CHARSET,           //标准字符集
                OUT_DEFAULT_PRECIS,
                CLIP_DEFAULT_PRECIS,
                DEFAULT_QUALITY,
                DEFAULT_PITCH|FF_ROMAN,
```

```
                        "Times New Roman");        //Times New Roman 字体
    pOldFont=pDC->SelectObject(&Font1);
    pDC->TextOut (0,0,"This is Times New Roman Font!");

    Font2.CreateFont (-50,
                        0,
                        0,
                        0,
                        FW_NORMAL,
                        FALSE,
                        FALSE,
                        FALSE,
                        GB2312_CHARSET,              //中文字符集
                        OUT_STROKE_PRECIS,
                        CLIP_STROKE_PRECIS,
                        DRAFT_QUALITY,
                        VARIABLE_PITCH,
                        "宋体");                      //宋体
    pOldFont=pDC->SelectObject(&Font2);
    pDC->SetTextColor(RGB(255,0,0));    //设置字体的颜色
    pDC->TextOut (0,50,"这是宋体！");

    //将 DC 中原来的字体选入，恢复 DC 原状态
    pDC->SelectObject (pOldFont);

}
```

（3）编译、链接，然后运行程序，运行结果如图 9.8 所示。

图 9.8　字体应用程序的运行结果

9.7　画刷

画刷是 Microsoft Windows 应用程序的图形工具，它可以填充多边形、椭圆和路径。画刷分为两类：逻辑的和物理的。逻辑画刷是应用程序用来画图的理想位图。物理画刷是根据应用程序逻辑画刷的定义由设备驱动器建立的实际画刷。

当应用程序通过调用一个画刷建立函数，就得到了一个识别逻辑画刷的句柄。应用程序将这个句柄传给 SelectObject 函数，相应的显示（或打印机）设备驱动程序就创立了一个物理画刷。

逻辑画刷分为实画刷、库存画刷、阴影画刷和模式画刷。

实画刷含有 64 个相同颜色的像素。一个应用程序可以通过调用 CreateSolidBrush 函数，并指定画刷所需的颜色，建立一个实画刷。建立实画刷后，应用程序可以把它选入设备描述表，从而用它来画填充图形。

CBrush 对象封装 Windows GDI 刷子，下面是几个与 CBrush 对象一起工作的函数：
- CreateBrushIndirect()：创建具有在 LOGBRUSH 结构内指定的样式、颜色和图案的刷子，并将它连接到 CBrush 对象。
- CreateDIBPatternBrush()：创建具有由设备无关位图（DIB）指定的图案刷子，并将它连接到 CBrush 对象。
- CreateHatchBrush()：创建具有阴影线图案和颜色的刷子，并将它连接到 CBrush 对象中。
- CreateSolidBrush()：创建具有指定实线颜色的刷子，并将它连接到 CBrush 对象中。
- CreatePatternBrush()：创建具有位图指定实线颜色的刷子，并将它连接到 CBrush 对象中。

下面在应用程序 Eg9_3 的 OnDraw()函数中添加如下代码：

```
void CEg9_3View::OnDraw(CDC* pDC)
{
    CEg9_3Doc* pDoc = GetDocument();
    ASSERT_VALID(pDoc);
    // TODO: add draw code for native data here

    CClientDC dc(this);
    CBrush Brush;                                //创建画刷
    CBrush *PtrOldBrush;
    PtrOldBrush=dc.GetCurrentBrush();
    Brush.CreateSolidBrush(RGB(0,200,0));
    dc.SelectObject(&Brush);
    dc.Rectangle(10,150,400,300);                //矩形区域的大小
    dc.SelectObject(PtrOldBrush);
    Brush.DeleteObject();
    …
}
```

重新编译、链接后运行，运行结果如图 9.9 所示。

图 9.9　用画刷进行绘图

9.8 打印和打印预览

在 Windows 编程中,由于 Windows 系统的设备无关性,使得绘图在打印机上的绘制与在屏幕上的类似。同样的 GDI(图形设备接口)函数既可以用于屏幕显示,也可以用于打印,只是使用的设备环境不同而已。主要的区别在于:屏幕显示时,可以在窗口的任何可见部分绘制(即显示)文档;而打印时,则必须把文档分成若干单独的页,一次只能绘制(即打印)一页,因此必须注意打印纸张的大小。

打印预览与屏幕显示以及打印有些不同,它不是直接在某一设备上进行绘制工作,而是应用程序必须使用屏幕来模拟打印机。

MFC 通过 CView 类提供文档的打印与打印预览功能。在 AppWizard 向导的第 4 步中有打印与打印预览选项。选中此项,应用程序就已经具备了初步的打印能力。默认情况下,主框架调用 CView 中的函数处理打印过程。打印时会使用打印机的 DC 调用 CView 的 OnDraw()函数。

9.8.1 打印控制流程

在应用程序框架的 File 菜单中选择 Print 命令后,主框架使用 ID_FILE_PRINT 命令消息调用 CView 中的函数 OnFilePrint()实现打印和主打印循环。

OnFilePrint()函数首先调用 CView∷OnPreparePrinting()函数,使打印对话框出现在程序用户面前,并给它传递一个指向 CPrintInfo 结构的指针参数。OnPreparePrinting()在默认情况下调用 DoPreparePrinting()。然后准备打印设备的 DC,显示打印进展对话框(AFX_IDD_PRINTDLG)。如果是打印预览,则不显示打印对话框,只创建一个用来显示预览的 DC。

主框架调用 OnBeginPrinting()。默认时 OnBeginPrinting()什么都不做。可以重载它申请分配字体或其他 GDI 资源或做与设备相关的初始化工作。

OnFilePrint()发送打印机转移码(escape)StartDoc 给打印机。

OnFilePrint()包括面向页面的打印循环。对每一页,此函数调用虚函数 CView∷OnPrepareDC(),而后是转移码 StartPage 所对应的此页的虚函数 CView∷OnPrint()。

完成之后调用虚函数 CView∷OnEndPrinting(),关闭打印进展对话框。

打印流程如图 9.10 所示。

9.8.2 打印循环

从图 9.10 可以看到,在调用 CDC 对象的成员函数 StartDoc 后进入打印循环。应用程序框架为输送到打印机的每一页都调用一次 OnPrepareDC()和 OnPrint()函数。并给它们传递两个参数:一个指向 CDC 对象的指针和一个指向 CPrintInfo 结构的指针。在 CPrintInfo 结构中存储了有关页码的信息。CPrintInfo 的 m_nCurPage 成员指出当前页,每次调用时这一成员变量的值都不相同。应用程序框架正是通过这种方法来通知视图应该打印哪一页。

实际上,打印工作由 OnPrint()函数负责完成。OnPrint()接收两个参数:打印机的 DC 和打印信息。原型如下:

virtual void OnPrint(CDC *pDC,CPrintInfo *pInfo);

应用程序通过参数 CPrintInfo 结构和设备环境来调用 OnPrint()函数;然后,把打印机 DC 传递给 OnDraw()函数。重载 OnPrint()函数可以执行打印所特有的绘制操作,如打印页眉和脚注。调用 OnDraw() 重载函数可用来完成打印及显示共有的绘制工作。

```
          CView∷OnPreparePrinting
                    ↓
          CView∷OnBeginingPrinting
                    ↓
             CDC∷StartDoc
                    ↓
      ┌──→  CView∷OnPrepareDC
      │             ↓
   打         CDC∷StartPage
   印              ↓
   循         CView∷OnPrint
   环              ↓
      │      CDC∷EndPage
      └─────────────┘
                    ↓
             CDC∷EndDoc
                    ↓
          CView∷OnEndPrinting
```

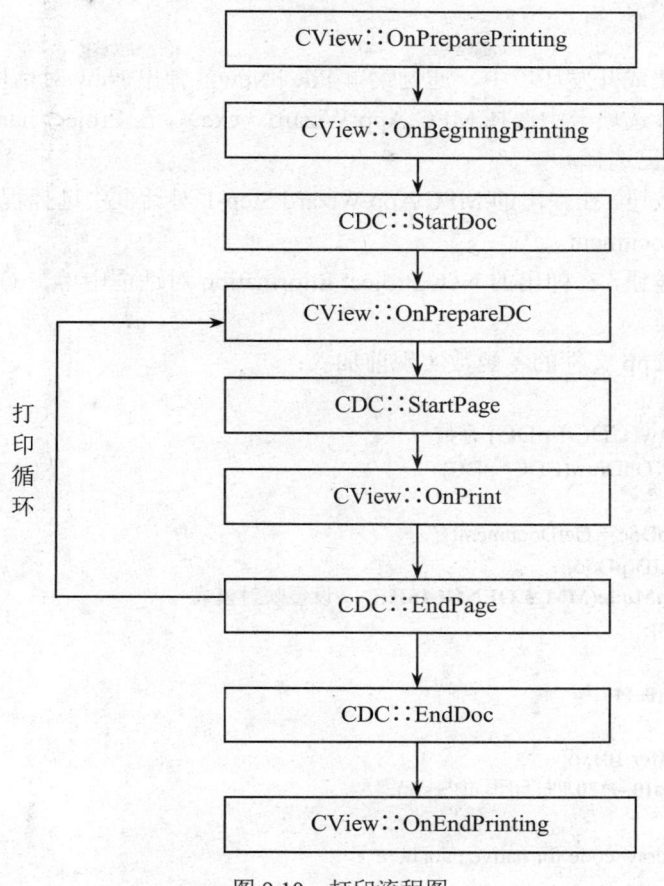

图 9.10 打印流程图

9.8.3 打印预览

MFC 类库定义了一个特殊的 CDC 继承类 CPreviewDC，使用屏幕来模拟打印机。当从"文件"菜单中选择"打印预览"命令时，应用框架就创建一个 CPreviewDC 对象。在以后的操作中，如果应用程序执行一项有关打印设备环境属性设置的操作时，应用程序的框架同时也会在显示设备环境进行同样的操作。例如应用程序将输出发送到打印机上，框架同时也将输出发送到显示器上。

当打印预览模式被启动时，应用框架调用 OnPreparePrinting() 函数。传递给它的 CPrintInfo 结构中包含了用来调整打印预览操作属性的一些成员变量，如成员变量 m_nNumPreviewPages 的值用来确定是按一页还是两页模式进行预览。

在打印时，CPrintInfo 结构的 m_nCurPage 变量把来自框架的信息传递给视图类，通知视图类打印哪一页。而在打印预览模式下，m_nCurPage 变量把信息从视图类传递到框架，以便框架决定首先预览哪一页，默认状态总是从第一页开始。

此外，打印预览与打印在文档页绘制也有所不同。在打印过程中，框架持续进行打印循环，直到设定的页面打印完成为止。而打印预览时，一次只能显示一、两页，然后应用程序进入等待状态,直到用户响应后才继续显示其他的页面。同时,在应用程序中也响应 WM_PAINT 消息,屏幕正常显示。

首先创建工程:

(1)在 VC++集成开发环境中,通过菜单 File | New,弹出 New 对话框。

(2)在 Projects 选项卡中选择 MFC App Wizard(exe),在 Project name 中输入 Eg9_4,Location 读者可以自己选择。

(3)单击 OK 按钮,在弹出的 MFC App Wizard Step-1 对话框中选择程序框架为单文档框架,即选中 Single Document。

(4)单击 OK 按钮,在弹出的 New Project Information 对话框中单击 OK 按钮后等待创建完相应的工程。

在 CEg9_4View.cpp 文件的各函数实现前加入:
int j=0;

- 重载 OnDraw(CDC* pDC)函数

```
void CEg9_4View::OnDraw(CDC* pDC)
{
    CEg9_4Doc* pDoc = GetDocument();
    ASSERT_VALID(pDoc);
    pDC->SetMapMode(MM_LOENGLISH);   //设置映射模式
    char buffer[45];
    CString str;
    for(int i=0;i<j;i++)
    {
      str=ltoa(i,buffer,10);
      pDC->TextOut(0,-i*20,"打印预览"+str);
    }
    // TODO: add draw code for native data here
}
```

- 为 WM_LBUTTONUP 消息添加消息映射,如图 9.11 所示。

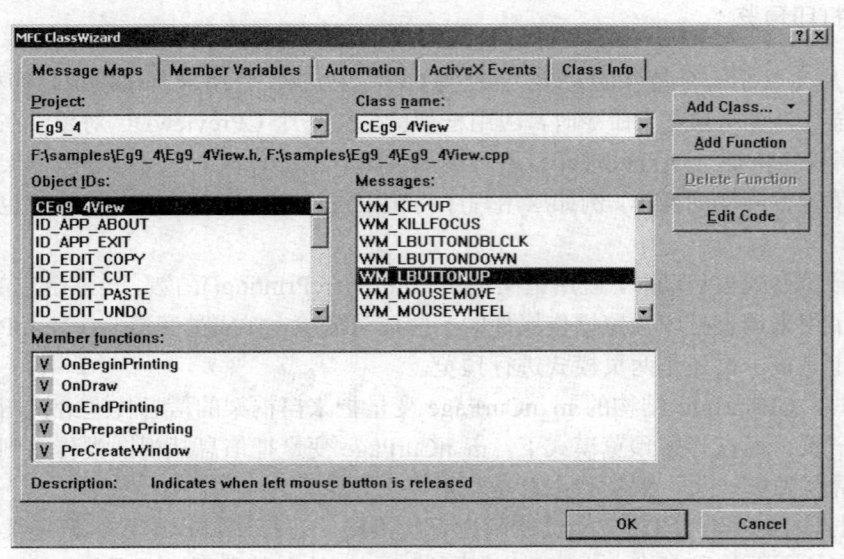

图 9.11　MFC ClassWizard 对话框

```
void CEg9_4View∷OnLButtonUp(UINT nFlags, CPoint point)
{// TODO: Add your message handler code here and/or call default
    j=j+5;
    Invalidate();
    CScrollView∷OnLButtonUp(nFlags, point);
}
```

- 实现多页打印

在 CEg9_4View.cpp 文件找到下面的函数，去掉参数中的注释符号。

```
void CEg9_4View∷OnBeginPrinting(CDC* /*pDC*/, CPrintInfo* /*pInfo*/)
void CEg9_4View∷OnBeginPrinting(CDC* pDC, CPrintInfo* pInfo)
{
    // TODO: add extra initialization before printing
    pDC->SetMapMode(MM_LOENGLISH);
        int pageh=pDC->GetDeviceCaps(VERTRES);
    int log=pDC->GetDeviceCaps(LOGPIXELSY);
    int pagenum=(int)(log*0.2*j/pageh+1);
        pInfo->SetMaxPage(pagenum);
}
```

- 设置打印原点

添加 OnPrepareDC 函数，如图 9.12 所示。

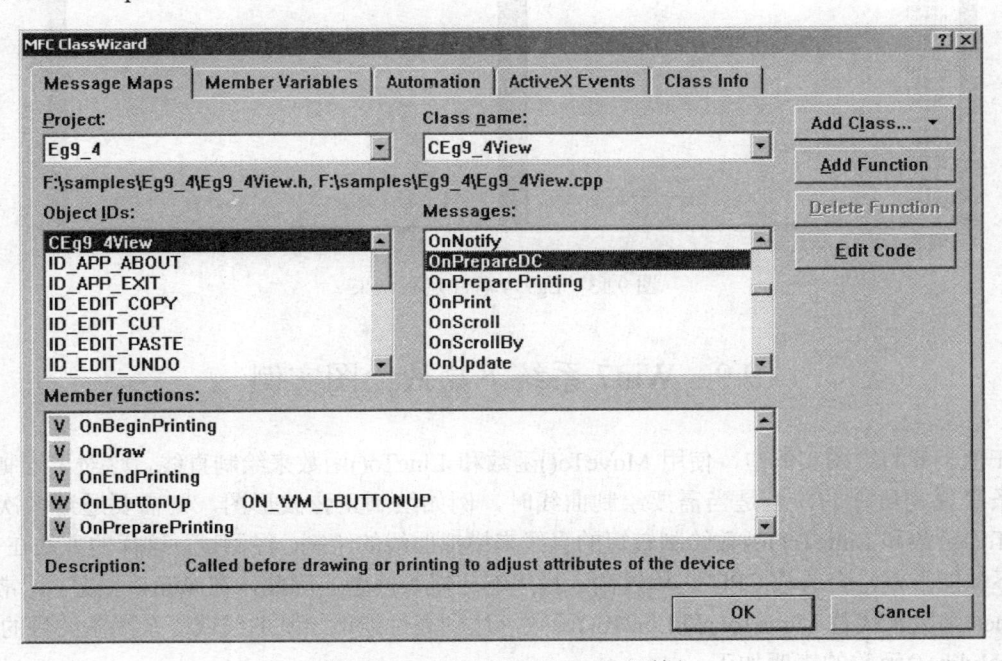

图 9.12　MFC ClassWizard 对话框

```
void CEg9_4View∷OnPrepareDC(CDC* pDC, CPrintInfo* pInfo)
{
    // TODO: Add your specialized code here and/or call the base class
    if(pDC->IsPrinting())
    {
    pDC->SetMapMode(MM_LOENGLISH);
    int pageh=pDC->GetDeviceCaps(VERTRES);
```

```
            int origin=pageh*(pInfo->m_nCurPage-1);
            CPoint point(0,-5000);
            pDC->SetViewportOrg(point);
        }
        CScrollView：：OnPrepareDC(pDC, pInfo);
}
```
运行程序，结果如图 9.13 所示。

图 9.13 Eg9_4 程序运行结果

9.9 Win7 系统下高效绘图实例

在 9.5 节的绘图实例中，使用 MoveTo()函数和 LineTo()函数来绘制直线，这对于绘制简单的线条来说是可行的，但是当需要绘制曲线时，例如绘制正弦波形图，则需要通过多次调用 MoveTo()函数和 LinteTo()函数绘制较短的直线来模拟曲线的绘制。经测试，这样的方法在 Win7 系统下性能很差，会造成 CPU 占用过高、程序响应慢等问题。因此，在 Win7 系统下，常使用 Polyline()函数来代替 MoveTo()和 LineTo()函数，达到高性能地绘制曲线或复杂线条的目的。

Polyline()函数的声明如下：
BOOL Polyline(LPPOINT lpPoints, int nCount);
其中 lpPoints 为包含一系列点的数组，nCount 为要绘制的点数。
下面是调用 Polyline()函数绘制折线的示例——绘制一条正弦曲线。
```
#include <math.h>
#define PI 3.1415926
#define SEGMENT 500
void CMainWindow::OnPaint()
```

```
{
    CPaintDC dc(this);
    CRect rect;
    GetClientRect(&rect);
    int nWidth = rect.Width();
    int nHeight = rect.Height();
    CPoint aPoint[SEGMENT];
    for (int i=0; i<SEGMENT; i++)
    {
        aPoint[i].x = (i * nWidth) / SEGMENT;
        aPoint[i].y = (int) ((nHeight / 2) * (1 - (sin((2*PI*i)/SEGMENT))));
    }
    dc.Polyline(aPoint,SEGMENT);
}
```

示例中绘制了由 500 个点组成的正弦函数曲线，首先利用三角函数的相关知识为数组赋值，即确定正弦曲线上 500 个点的横纵坐标，然后调用 Polyline()函数，传入数组作为形参，Polyline()函数内部就会使用定义的点按顺序首尾连接成线，避免了大量调用 MoveTo()函数和 LineTo()函数产生的函数调用开销，从而实现高效绘制曲线的目的。

习题九

一、填空题

1．Windows 图形设备接口功能被封装在两个 MFC 类中，它们是：_____和_____。
2．一个 CDC 对象有两个指示 GDI 设备环境句柄的成员变量：_____和_____。
3．在 MM_TEXT 映射方式下，x 值向右方向递_____，y 值向下方向递_____，并且可以通过调用 CDC 的_____来改变坐标原点。
4．逻辑画刷分为_____、_____、_____和_____。
5．MFC 通过_____类提供文档的打印与打印预览功能。
6．在 Visual C++ 6.0 中，使用_____类来操作字体，它是_____类的派生类。

二、问答题

1．什么是设备环境？
2．CDC 类封装了哪些对象？GDI 类封装了哪些对象？
3．Win32 API 提供了哪几种设备环境？
4．在使用完一个 CDC 对象以后要及时删除它，有哪几种方法进行删除？
5．坐标映射方式有哪几种，分别有什么特点？

三、上机题

1．设计一个绘图软件，要求具备绘制矩形、椭圆及直线等功能。
2．练习使用 CreateFont 函数创建自定义字体。
3．创建一个红色画刷，并用画刷绘制一个矩形。

第 10 章 访问数据库和文件读写

数据库是当前计算机应用最广泛的领域之一，几乎每一个商业部门都使用数据来记录信息。应用程序与数据库相连，将大量的数据提交给数据库管理，可以获得快速的数据访问和查询，并能在多用户、多应用程序的情况下获得较高的灵活性。

Visual C++给程序员提供了 4 种不同的访问数据库的方法，它们分别是：ODBC（Open Database Connectivity）、DAO（Data Access Objects）、OLE DB 和 ActiveX 数据对象 ADO（ActiveX Data Objects）。

本章将通过一个实例讲解如何使用 ODBC 接口访问数据库。

ODBC 是开放数据库互连的简称，它是由 Microsoft 公司于 1991 年提出的一个用于访问数据库的统一界面标准，是应用程序和数据库系统之间的中间件。它通过操作平台的驱动程序与应用程序的交互来实现对数据库的操作，避免了在应用程序中直接调用与数据库相关的操作，从而提供了数据库的独立性。

ODBC 主要由驱动程序和驱动程序管理器组成。驱动程序是一个用以支持 ODBC 函数调用的模块（在 Windows 下通常是一个 DLL），每个驱动程序对应于相应的数据库，当应用程序从基于一个数据库系统移植到另一个系统时，只需更改应用程序中由 ODBC 管理程序设定的与相应数据库系统对应的别名即可。驱动程序管理器（包含在 ODBC32.DLL 中）可链接到所有 ODBC 应用程序中，它负责管理应用程序中 ODBC 函数与 DLL 函数的绑定。

10.1 MFC 提供的数据库访问类

Visual C++的 MFC 类库中集成了许多 ODBC 类。当使用 AppWizard 创建一个数据库应用程序时，在该程序中就已经加入了许多不同的 ODBC 类，例如 CDatabase、CRecordset、CRecordView、CDBException 和 CFieldExchange，其中最重要的是 CDatabase、CRecordset、CRecordView 这三个类。这些类封装了 ODBC SDK 函数，从而使用户无需了解 SDK 函数就可以很方便地操作支持 ODBC 的数据库。

10.1.1 CDatabase 类

MFC CDatabase 类封装了应用程序与需要访问的数据库之间的连接，控制事务的提交和执行 SQL 语句的方法。主要用来与一个数据源相连。

1. OpenEx()函数

为了创建一个新的 CDatabase，并与一个数据库连接，可以建立一个新的 CDatabase 对象，且调用它的 OpenEx()成员：

virtual BOOL OpenEx(LPCTSTR lpszConnectString,DWORD dwOptions=0);

当调用 OpenEx()时，可以使用 lpszConnectString 指定一个完整的连接字符串：

"DSN=MyDataSource; UID=sa; PWD=DontTell"

这个字符串定义了要连接的数据源的名字和用来连接它的用户的 ID 和口令 PWD。另外，这个字符串可以包含额外的由 ODBC 驱动程序提供的关键字。

当 lpszConnectString 的值缺省时，调用 OpenEx()后，数据库被打开，同时可对该数据库进行写访问，但没有装入光标库。通过修改 dwOptions 的值，可以修改数据库打开方式，dwOptions 的值可为下列标志符：

  CDatabase∷openExclusive——当前不支持

  CDatabase∷openReadOnly——以只读方式打开

  CDatabase∷useCursorLib——装载 ODBC 光标库

  CDatabase∷noOdbcDiaglog——禁止显示任何连接对话框

  CDatabase∷forceOdbcDiaglog——指明 ODBC 连接对话框总是对用户打开

如果 OpenEx()成功与数据源相连，将返回 TRUE，只有用户放弃了对话框才会返回 False。

2. Open()函数

除了 OpenEx()函数，CDatabase 还提供了 Open()，它用同样的方式打开数据库，但使用不同的参数形式，调用方法如下：

```
virtual BOOL Open(LPCTSTR lpszDSN,BOOL bExclusive=FALSE,
BOOL bReadOnly=FALSE,
LPCTSTR lpszConnect="ODBC",
BOOL bUseCursorLib=TRUE);
```

其中，lpszDSN 字符串包括数据源的名字，而 lpszConnect 字符串包括 OpenEx()函数中 lpszConnectString 所具有的选项。

bExclusive、bReadOnly、bUseCursorLib 参数允许用户对 OpenEx()中传给 dwOption 参数的相同选项使用布尔值。

3. Close()函数

Close()函数用来关闭数据源的连接。不管是用 OpenEx()函数，还是用 Open()函数打开了数据库，结束时都应该调用 CDatabase∷Close()关闭对数据源的连接。

4. 用 CDatabase 执行 SQL 语句

通过调用 CDatabase∷ExecuteSQL()函数可以执行 SQL 语句，函数的调用格式如下：

```
void ExecuteSQL(LPCSTR lpszSQL);
```

函数只有一个参数，就是传给 lpszSQL 的 SQL 字符串，并对数据源执行该函数。这里要注意的是 ExecuteSQL()函数没有返回值。如果 SQL 语句失败，就会出现 CDBException 类型的异常。

5. 用 CDatabase 进行事务处理

CDatabase 类可以处理数据库连接中的事务。事务允许用户把一些 SQL 语句作为一个单独操作执行，如果在事务中一个语句出错，那么其他语句也会停止执行。

调用 CDatabase∷BeginTrans()函数可以开始使用一个 MFC ODBC 类的事务，然后就可以调用 CDatabase∷ExecuteSQL()函数来执行组成这个事务的操作，或者使用从这个 CDatabase 中派生出的 CRecordset 对象执行这些操作。

事务结束的方法有两种：如果所有操作成功，可以调用 CDatabase∷CommitTrans()函数结束事务；如果在发生一个错误的情况下想结束事务，应该调用 CDatabase∷RollBack()函数。

例：

```
try
{
    if(pDb->BeginTrans());
```

```
                        TRACE("Transaction Started\n");
            else
                        TRACE("Error in BeginTrans()\n");
            pDb->ExecuteSQL("INSERT INTO myChapters VALUES(21,'Chap.21',12) ");
            if (pDb->CommitTrans())
                        TRACE("Transaction Commited\n");
            else
                        TRACE("Error in CommitTrans()\n");
}
catch(CDBException * PEX)
{
            PEX->Report Error();
            if (pDb->RollBack())
                        TRACE("Transaction Rolled Back\n");
            else
                        TRACE("Error in RollBack()\n");
}
```

10.1.2 CRecordset 类

CRecordset 类封装了大部分操纵数据库的方法，包括浏览、修改记录，控制游标移动，排序等操作。

在开始处理一个记录集之前，需要构建一个新的 CRecordset 对象，然后调用该对象的 Open()成员以打开记录集。调用的格式如下：

```
virtual BOOL Open (UNIT nOpenType=AFX_DB_USE_DEFAULT_TYPE,
LPCTSTR lpszSQL=NULL,
DWORD dwOptions=none);
```

1. 记录集类型

CRecordset 类对象提供了从数据源中提取出的记录集。CRecordset 对象通常用于两种形式：动态行集（dynasets）和快照集（snapshots）。动态行集能与其他用户所做的更改保持同步，快照集则是数据的一个静态视图。每一种形式在记录集被打开时都提供一组记录，所不同的是，当在一个动态行集里滚动到一条记录时，由其他用户或是应用程序中的其他记录集对该记录所做的更改会相应地显示出来。

Open()函数的第一个参数指明了需要打开的记录集的类型。这个值影响取回记录集的 ODBC 光标类型，而且决定了用户的应用程序在记录集和数据库变化类型间访问的能力。nOpenType 参数可以取下列值：

- CRecordset∷dynaset——允许光标前后滚动，应用程序能发现初始返回的行的任何变化，但不反映记录集中行的顺序变化。
- CRecordset∷snapshot——允许光标向前后滚动，但不能查到其他应用程序产生的任何变化。
- CRecordset∷dynamic——允许使用动态光标，每次从记录集取回一个新行时，能看到数据值的变化，也能看到新的记录或顺序的改变。
- CRecordset∷forwardOnly——仅能向前滚动光标，不能反映数据库的任何变化。

2. 记录集内容

CRecordset∷Open()中 lpszSQL 参数定义了为记录集而取回数据的类型。lpszSQL 应被传进一个以 NULL 结尾的字符串，这个字符串包括一个 SQL SELECT 语句，或包含从一个过程中返回结果集的 call 语句。传进 lpszSQL 的字符串也可能只是表的名字，MFC 据此选择表中的所有行。

另外，也可以把 NULL 传给 lpszSQL，这时 MFC 要调用 CRecordset::GetDefaultSQL()，为记录集返回一个包含默认 SQL 字符串的字符串。

在传给 lpszSQL 的 SQL 字符串中，或从 GetDefaultSQL()返回的字符串中，可能包含 WHERE、GROUP BY、ORDER BY 附属语句，可以把各种 WHERE 附属语句放在 CRecordset 类的 m_strFilter 成员中，使得记录集更加灵活。同样，也可以把 GROUP BY、ORDER BY 附属语句放进 m_strSort 中，使得记录集更容易整理。

3. 记录集选项

CRecordset::Open()的最后一个参数允许用户指定几个不同的记录集选项。dwOption 是一个可能包含许多不同常量联合的位图。

4. 关闭记录集

当完成了对一个记录集的操作以后，应该调用 CRecordset::Close()进行关闭。调用 Close()后，如果想再次打开记录集，可以重新调用 Open()。

10.1.3 CRecordView 类

CRecordView 类提供了与 recordset 对象相连接的视图，可以建立视图中的控件与数据库数据的对应，同时支持移动游标、修改记录等操作。

正如其他对话类型一样，CRecordView 类使用一个对话模板以定义视窗的布局。在实际操作中，可以用手工操作来为 CRecordView 类派生一个新的类，但使用 ClassWizard 更加容易。

在 10.6.2 节中，将结合实例详细分析 CRecordView 类的运行机制。

10.1.4 CDBException 类

CDBException 类提供了对数据库操作的异常处理，可以获得操作异常的相关返回代码。

10.1.5 CFieldExchange 类

CFieldExchange 类提供了用户变量与数据库字段之间的数据交换，如果不需要使用自定义类型，将不用直接调用该类的函数，MFCWizard 将自动为程序员建立连接。

10.2 建立、连接数据源

数据源是应用程序与数据库系统连接的桥梁，它为 ODBC 应用程序指定运行数据库系统的服务器名称，以及用户的默认连接参数等，所以在开发 ODBC 应用程序时应首先建立数据源。ODBC 驱动程序可以建立、配置或删除数据源，并查看系统当前所安装的数据驱动程序。

10.2.1 启动 ODBC 驱动程序

从控制面板的管理工具中双击"数据源（ODBC）"图标，启动 ODBC 驱动程序，其管理器的界面如图 10.1 所示。

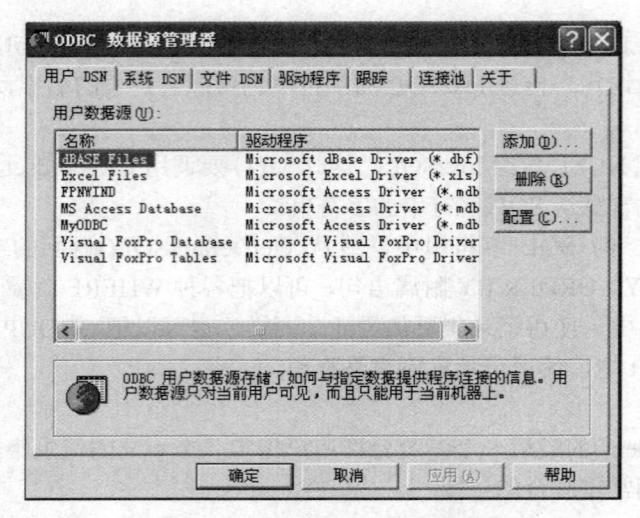

图 10.1　ODBC 数据源管理器

10.2.2　建立数据源

建立数据源，首先要了解系统是否已经安装了所要操作的数据库的驱动程序，从 ODBC 数据源管理器中选择"驱动程序"标签，如图 10.2 所示，它显示了系统目前所安装的所有数据库驱动程序。

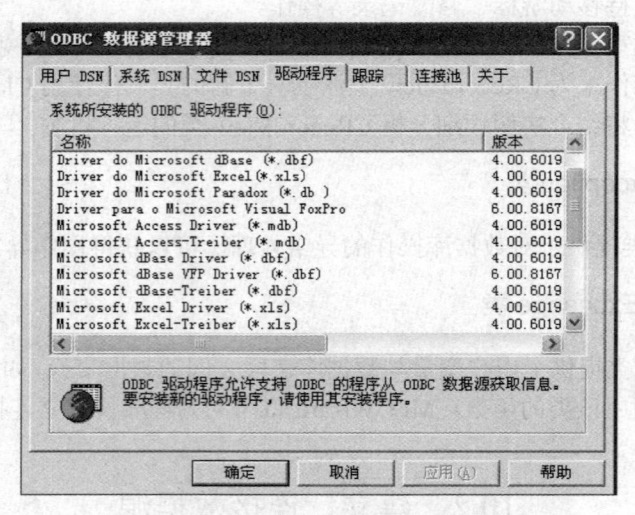

图 10.2　查看系统安装的 ODBC 驱动程序

可以按如下步骤使用数据源管理器建立数据源。

（1）在图 10.1 所示的数据源管理器中单击"添加"按钮，打开"创建新数据源"对话框，如图 10.3 所示。

（2）在所列出的驱动程序中选择正确的驱动程序以后，单击"完成"按钮，进入下一步，如图 10.4 所示。

（3）输入数据源的名字以及说明文字，单击"选择（S）"按钮，弹出如图 10.5 所示的对话框，在系统中找到所要访问的数据库。

图 10.3　创建新的数据源

图 10.4　配置数据源

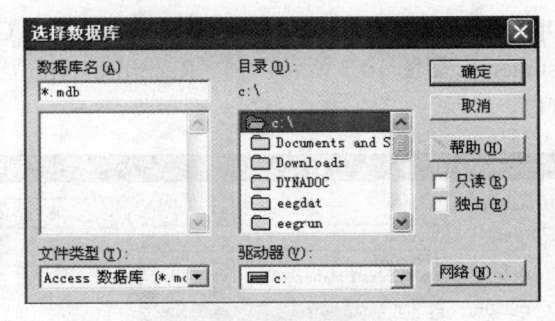

图 10.5　选择数据库

（4）单击"确定"按钮，返回到图 10.4 所示配置数据源的对话框，再单击"确定"按钮，在"用户 DSN"选项卡中可以看到相应的数据源。关闭数据源管理器。这样便建立了一个新的数据源，ODBC 应用程序可使用它来访问数据库系统。

10.3　建立访问数据库的应用程序

在创建一个数据库应用程序之前，必须先注册作为数据源并能通过 ODBC 驱动程序访问的数据库。

10.3.1 建立并连接数据库

在开始本实例之前，运用 Microsoft Access 2000 建立了数据库 student.mdb，文件存放在 C:\EXAMPLES 目录下。按照 10.2 节介绍的步骤建立和连接数据源。配置如图 10.6 所示。

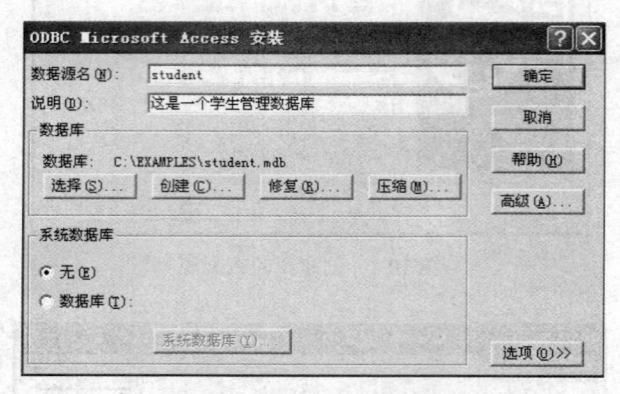

图 10.6 student.mdb 的注册

10.3.2 创建访问数据库的应用程序

下面开始创建访问数据库的应用程序。

（1）运行 AppWizard 创建单文档工程 Eg10_1。

从 Visual C++ 6.0 工作平台的 File 菜单中选择 New 菜单项，用 AppWizard 创建名为 Eg10_1 的单文档工程。在 MFC AppWizard-Step 2 of 6 中选择 Database view with file support（也可以选择 Database view without file support 选项，这两者的区别是应用程序是否支持文件操作功能），然后单击 Data Source 按钮来确定在程序中将要使用的数据源。

（2）在 Database Options 对话框中，确定使用的数据源类型为 ODBC，然后在下拉列表中选择配置过的数据源 student，如图 10.7 所示，在"Recordset type（记录集类型）"域中选择 Snapshot 或 Dynaset 都可以。

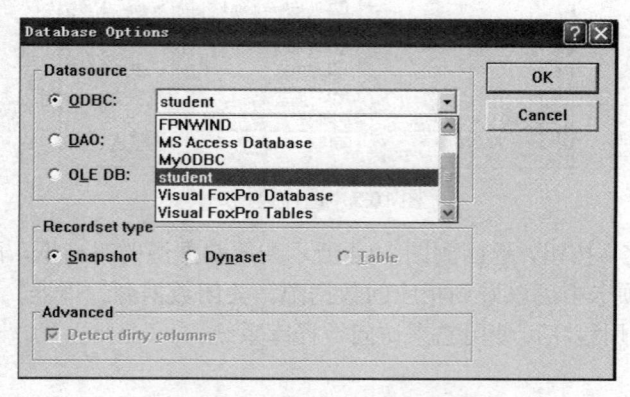

图 10.7 确定程序要使用的数据源

（3）在对话框中单击 OK 按钮，弹出 Select Database Tables 对话框，选择数据库中的表。这里选择 student 表，如图 10.8 所示，然后单击 OK 按钮返回到 MFC AppWizard-Step 2 of 6 中。

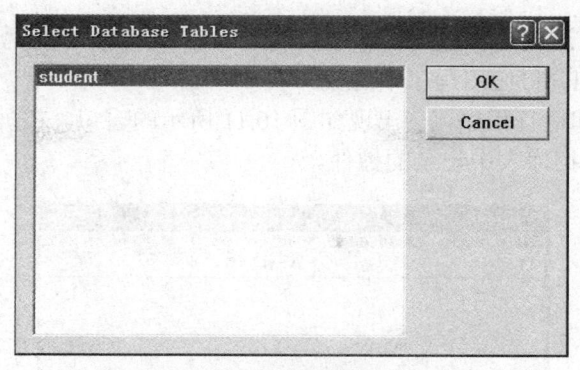

图 10.8　选择数据库中的表

（4）在 MFC AppWizard-Step 2 of 6 的 Data Source 按钮下面显示了已经选择的数据源，如图 10.9 所示。

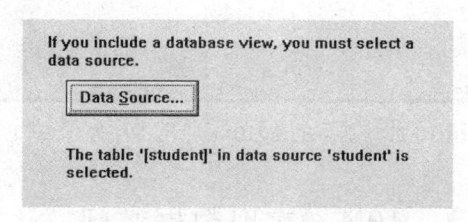

图 10.9　已经选择了 student 表作为数据源

（5）由于 AppWizard 后面的步骤都接受默认设置，所以在这一步可以直接单击 Finish 按钮创建应用程序框架 Eg10_2。如果是第一次建立访问数据库的应用程序，可以单击 Next 按钮，查看 MFC AppWizard-Step 6 of 6 中的设置，如图 10.10 所示。

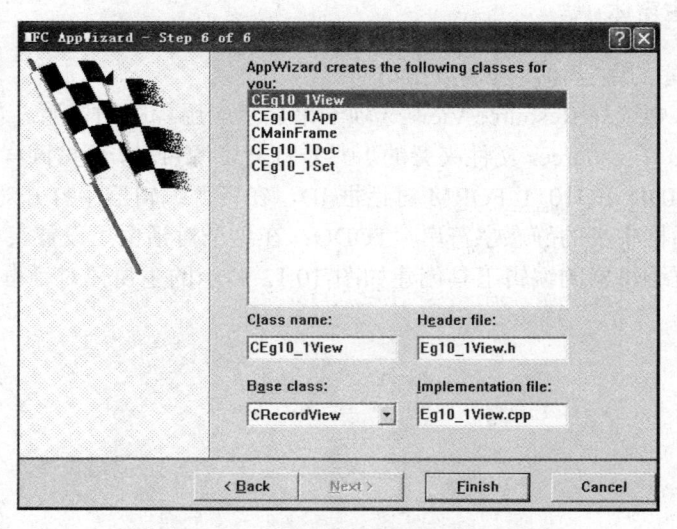

图 10.10　应用程序所包含的类及其基类

在 MFC AppWizard-Step 2 of 6 中选择了 Database view with file support，可以看到应用程序的视图类 CEg10_1View 继承于 CRecordView 类，该类继承于 CFormView 类，并在其基础上增加了对数据库功能的支持。

同时，MFC AppWizard 还为应用程序创建了一个附加的类 CEg10_1Set，并可以查看到它继承于 CRecordset 类，这就是在应用程序中要使用的记录集类。

在 10.6 节中将详细分析应用程序中的类。

（6）编译、链接和运行程序，会出现如图 10.11 所示的窗口。在屏幕上看不到任何内容，因为还没有任何显示数据库表中记录的控件。

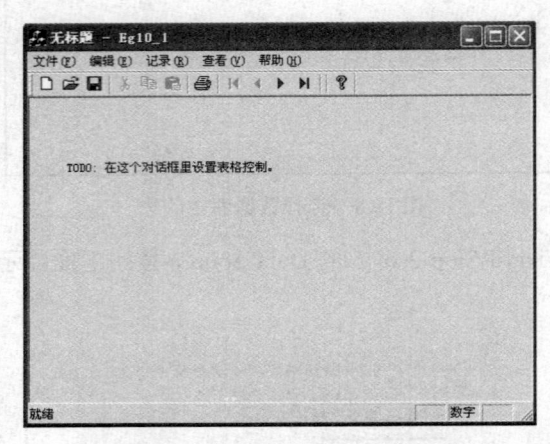

图 10.11　基本的 Eg10_1 应用程序显示窗口

10.4　实现数据访问

在创建完应用程序的外观后，可以发现其实现的功能是相当有限的，还不能对数据库表中的内容进行访问。

10.4.1　设计主窗体

下面来设计程序的主窗体，实现数据访问。

（1）在工作区中选择 Resource View 选项卡来显示应用程序的资源。

（2）单击 Eg10_1 resources 文件夹旁的"+"号打开资源目录，再按同样的方法打开 Dialog 资源文件夹，双击 IDD_EG10_1_FORM 对话框 ID，在资源编辑器中打开对话框。

（3）删除对话框中央的静态字符串"TODO：在这个对话框里设置表格控制。"。

（4）用对话框编辑器的编辑工具创建如图 10.12 所示的主窗体对话框，其中各控件的属性见表 10.1。

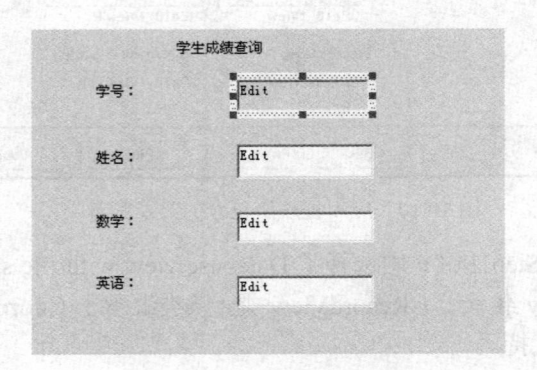

图 10.12　用于输出数据库表的对话框

表 10.1　控件的属性及设置

控件	标识号（ID）	控件标题（Caption）
静态文本框	IDC_STATIC	学生成绩查询
静态文本框	IDC_STATIC	学号：
静态文本框	IDC_STATIC	姓名：
静态文本框	IDC_STATIC	数学：
静态文本框	IDC_STATIC	英语：
编辑框	IDC_STUNO	
编辑框	IDC_NAME	
编辑框	IDC_MATHS	
编辑框	IDC_ENGLISH	

在对标识号为 IDC_STUNO 的控件设置属性时，可以在 Styles 选项卡中选中 Read-only 选项。

10.4.2　添加变量

选择 View | ClassWizard，运行 ClassWizard，单击 Member Variables 选项卡。在 Class name 下拉列表中选择 CEg10_1Set。会看到在下面的列表中 AppWizard 已经自动将数据库表中的各个字段绑定到了一个特定的变量中。可以修改各字段对应的变量名，单击 Delete Variable 按钮删除现有变量，然后按照图 10.13 所示的对应关系使用 Add Variable 按钮增加变量。

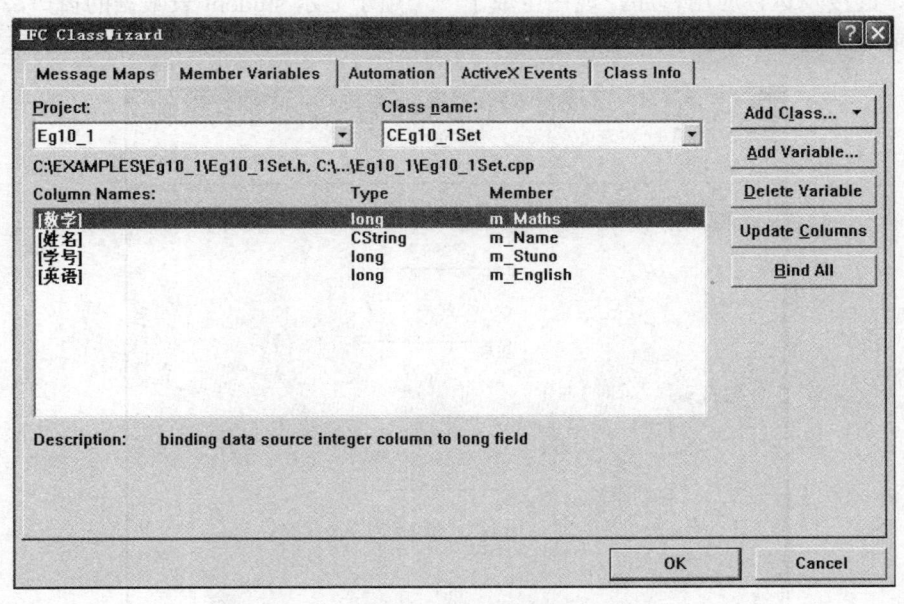

图 10.13　数据库字段与变量名的绑定

将 Member Variables 选项卡中的 Class name 换成 CEg10_1View 类，在 Control IDs 框中会显示出对话框中各个编辑框控件的 ID。双击某一个控件的 ID，会弹出 Add Member Variable 对话框，如图 10.14 所示。

单击 Member variable name 的下拉列表框，则会发现其中已经有刚才修改过的变量，选择合适的变量，单击 OK 按钮，实现控件与数据库字段的关联。

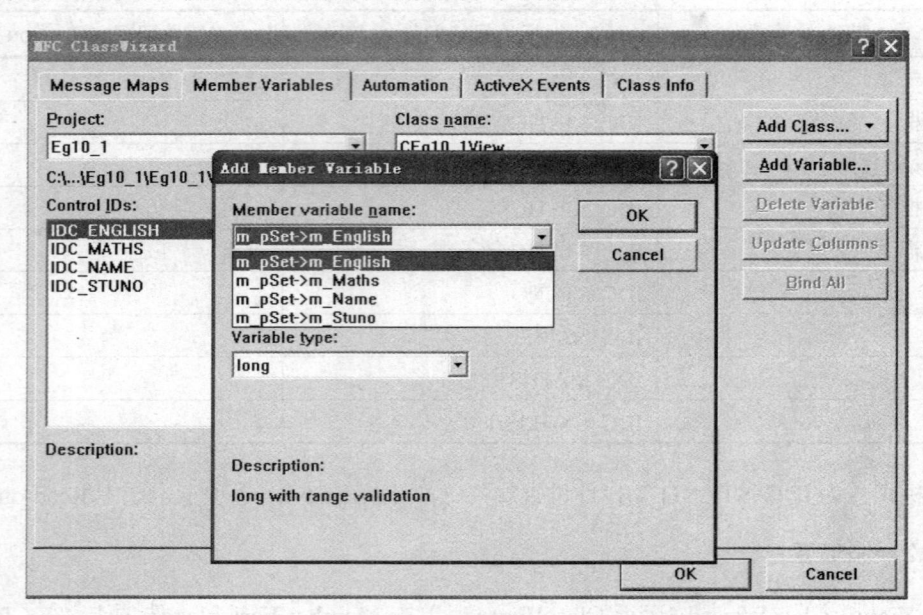

图 10.14 为各个编辑框控件添加变量

10.4.3 运行应用程序

编辑、链接及运行应用程序，现在生成了一个用于显示 student 表数据的窗口，可以显示所有的记录，如图 10.15 所示。

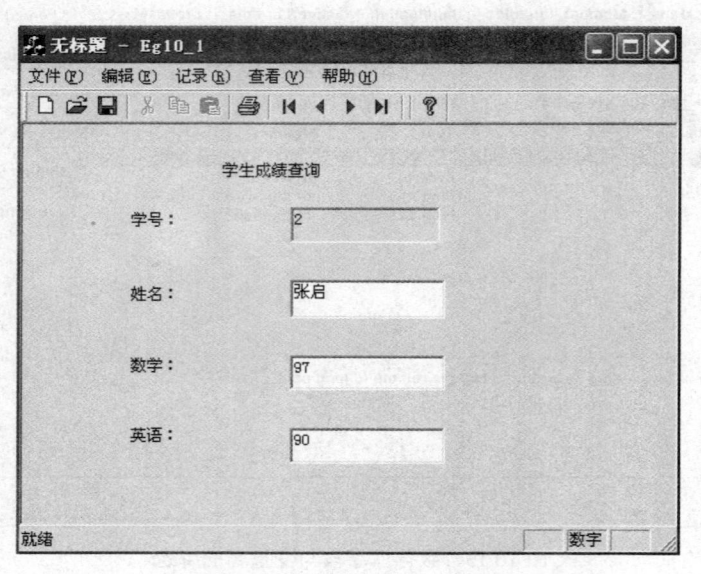

图 10.15 在窗口中显示数据

使用工具栏上的控件或者"记录"菜单中的命令，可以从表中的一条记录转移到另一条记录。在浏览过程中，如果要修改某一条记录，只需简单地改变记录中的内容即可。将记录指针移到另一条记录时，系统会自动地更新修改过的记录。

10.5 增加和删除记录

在本节中，将为应用程序 Eg10_1 添加一些对记录进行的基本操作：增加新记录、删除记录。这两个功能的实现可以借助 CRecordset 类提供的不同的成员函数，表 10.2 列出了一些与实现上述功能相关的函数。

表 10.2 记录集编辑函数

函数	功能简述
AddNew	在记录集中增加一个新记录
Delete	删除记录集中的当前记录
Edit	允许对当前的记录进行编辑
Update	把当前的修改保存到数据库中，即对数据库进行更新
Requery	返回当前的 SQL 查询，以便对记录集进行更新

这些函数都不带参数。如果要对记录中的某个字段进行操作，则要访问类的成员变量，这是因为当 AppWizard 为应用程序创建 CRecordset 继承类时，已经把记录集中记录的所有字段都作为成员变量增加到了该类中，这样，就可以使用这些变量对数据库中的数据元素进行访问和处理。

10.5.1 增加新记录

如果要在数据库中增加一条新记录，可以调用 AddNew 函数。通常要使用以下的代码序列：
//增加新记录
m_pSet.AddNew();
//把记录保存到数据库中
m_pSet.Update();
//更新记录集，可以对新记录进行浏览并允许用户对它进行编辑
m_pSet.Requery();

10.5.2 删除记录

而要实现删除当前记录时，通常要使用以下的代码序列：
//删除当前记录
m_pSet.Delete();
//移动到下一条记录
m_pSet.MoveNext();
在调用 Delete 函数删除了当前记录后，就需要浏览另外一条记录，使它变成新的当前记录。

10.5.3 编辑记录

为了允许用户对当前记录进行编辑，需要调用 Edit 函数。对当前记录编辑完毕，就需要调用 Update 函数来保存所做的修改。代码序列如下：
//允许用户编辑当前记录
m_pSet.Edit();
//执行所有的数据交换，以更新记录集中的字段

...
//保存用户对当前记录所做的修改
m_pSet.Update();

10.5.4 添加处理记录的功能

下面是具体的操作步骤：

（1）编辑菜单栏。打开上一节中创建好的应用程序Eg10_1，在工作区中选择Resource View标签，展开Eg10_1 resources，展开Menu文件夹，双击IDR_MAINFRAME，弹出菜单编辑器。按表10.3为"记录"菜单添加两个菜单项。

表10.3 "记录"菜单资源中的属性设置

标识号（ID）	菜单标题（Caption）	说明文字（prompt）
ID_RECORD_ADD	增加（&A）	增加一条新记录\n 增加
ID_RECORD_DELETE	删除（&D）	删除当前记录\n 删除

设置好的菜单如图10.16所示。

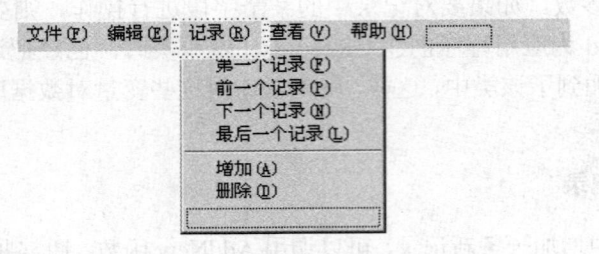

图10.16 增加两个菜单项

（2）设计工具栏按钮。在工作区中选择Resource View标签，展开Eg10_1 resources，并展开Toobar文件夹，双击IDR_MAINFRAME，弹出工具栏编辑器。添加如图10.17所示的工具栏按钮，将两个按钮的ID分别改为ID_RECORD_ADD和ID_RECORD_DELETE。

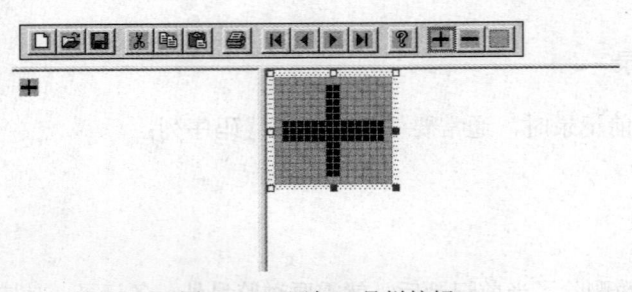

图10.17 添加工具栏按钮

（3）添加成员变量m_bAddMode和虚成员函数OnMove()。在Class View选项卡中选择CEg10_1View，单击鼠标右键，选择Add Member Variables，在弹出的对话框中输入成员变量的类型为BOOL，名称为m_bAddMode。在CEg10_1View的构造函数中增加下面的代码行：

CEg10_1View::CEg10_1View()
    : CRecordView(CEg10_1View::IDD)
{
    //{{AFX_DATA_INIT(CEg10_1View)

```
    m_pSet = NULL;
    //}}AFX_DATA_INIT
    // TODO: add construction code here
    m_bAddMode=FALSE;

}
```

与上述步骤类似，选择 Add Virtual Function，添加虚成员函数 BOOL CEg10_1View∷OnMove(UINT nIDMoveCommand)。

（4）为菜单项添加消息处理函数。

选择 View | ClassWizard，并选择 Message Maps 标签。确定 Class name 框的内容为 CEg10_1View，分别为 ID_RECORD_ADD 和 ID_RECORD_DELETE 添加消息响应函数，在 Messages 列表框中的 COMMAND 上双击鼠标左键，或者在其上单击左键，然后单击 Add Function 按钮，在弹出的 Add Member Function 对话框中直接单击 OK 按钮，使用其默认的函数名。

（5）添加两个消息成员函数及 OnMove 函数的执行代码如下：

```
void CEg10_1View∷OnRecordAdd()
{
    // TODO: Add your command handler code here
    m_pSet->AddNew();
    m_bAddMode=TRUE;
    CEdit *pCtrl=(CEdit *)GetDlgItem(IDC_STUNO);
    int result=pCtrl->SetReadOnly (FALSE);
    UpdateData(FALSE);

}

void CEg10_1View∷OnRecordDelete()
{
    // TODO: Add your command handler code here
    m_pSet->Delete();
    m_pSet->MoveNext();
    if(m_pSet->IsEOF())
    m_pSet->MoveLast();
    if(m_pSet->IsBOF())
    m_pSet->SetFieldNull(NULL);
    UpdateData(FALSE);

}

BOOL CEg10_1View∷OnMove(UINT nIDMoveCommand)
{
    // TODO: Add your specialized code here and/or call the base class
    if(m_bAddMode)
    {
        m_bAddMode=FALSE;
        UpdateData(TRUE);
        if(!m_pSet->CanUpdate())
        return FALSE;
        TRY
```

```
        {
            m_pSet->Update();
        }
        CATCH(CDBException,e)
        {
            AfxMessageBox(e->m_strError);
            return FALSE;
        }
        END_CATCH;

        m_pSet->Requery();
        UpdateData(FALSE);
        CEdit *pCtrl=(CEdit *)GetDlgItem(IDC_STUNO);
        pCtrl->SetReadOnly (TRUE);
        return TRUE;
    }

    return CRecordView::OnMove(nIDMoveCommand);
}
```

（6）编译、链接和运行。在运行应用程序时，可以看到 Eg10_1 应用程序的主窗口。通过"记录"菜单中的菜单项或者工具栏按钮可以完成增加、删除记录的操作。

10.6　程序分析

10.6.1　三个主要函数的代码分析

1. OnRecordAdd()函数分析

该函数先调用 CEg10_1Set 类的成员函数 AddNew()。成员函数 AddNew()建立一个可以填充字段内容的新记录，但这个新记录并不直接显示在屏幕上，直至视窗的 UpdateData()函数被调用以后，新的空记录才显示在屏幕上。所以，还要解决一些其他问题。

在创建一条新记录之后，需要对数据库进行更新，通过在应用程序中设置一个标志 m_bAddMode，用来确定是从数据库中删除一条记录还是向数据库增加一条新记录。

当用户输入一条新记录时，要改变"学号"字段的内容，但由于该字段被设置为只读状态，为了改变控件的只读状态，程序首先通过 GetDlgItem()函数取得控件的指针，然后调用控件的 SetReadOnly()成员函数把只读状态改为 False，最后调用 UpdateData()函数显示新的空白记录。

2. OnRecordDelete()函数分析

删除一条记录比较简单，OnRecordDelete 函数只需调用记录集的 Delete 函数。一个记录被删除以后，调用记录集的 MoveNext 函数能移到要显示的下一条记录。

有两种特殊的情况要考虑：第一，当被删除记录为数据库中的最后一条记录时，调用记录集的 IsEOF 函数来确定该记录是否在数据库的末尾，如果调用 IsEOF 返回 True，则记录集需要重新定位于数据库中的最后一条记录。而记录集的 MoveLast 函数可完成这一任务。第二，当记录集中所有的记录都被删除以后，记录的指针移到记录集的 IsBOF 函数测试记录指针是否在记录集的开头。如果该函数返回 True，则程序设置记录的字段为 NULL。

最后调用 UpdateData()函数，更新视窗的显示内容。

3. OnMove()函数分析

CRecordView 类实现了默认的移动数据操作。在 Eg10_1 应用程序中，已经提供了 4 个移动操作：移到第一个记录、移到前一个记录、移到下一个记录和移到最后一个记录。这 4 个移动操作在菜单和工具栏中都有体现。

CRecordView 类中实现了 OnMove()函数，用户可以在需要时自行实现移动操作。其函数原型为：

```
virtual BOOL OnMove(UINT nIDMoveCommand);
throw(CDBException);
```

其中的参数 nIDMoveCommand 可以有如下取值：

ID_RECORD_FIRST
ID_RECORD_LAST
ID_RECORD_NEXT
ID_RECORD_PREV

在应用程序 Eg10_1 中，对 OnMove 函数实现了重载。

在屏幕上得到新的空记录之后，向编辑控件中填充相应的数据就较为简单了。向数据库中增加一条新的记录，就必须移动一个新的记录，这一操作将强制调用视窗的 OnMove 成员函数。

在 OnMove 函数被调用后的第一件事就是检查变量 m_bAddMode 的值，以便确定是否再进行增加新记录的操作。如果 m_bAddMode 为 False，if 语句体被跳过，直接执行 CRecordView::OnMove(nIDMoveCommand)，这时程序调用基类的成员函数 OnMove，移动到下一条记录。

如果 m_bAddMode 的值为 True，则 if 语句体被执行。程序首先设置 m_bAddMode 的值为 False，接着调用 UpdateData(True) 从视窗控件中将数据传送到记录集。然后判断记录集 CanUpdate 方法确定对数据源的更新是否可行，若可行，则调用记录集 Update 成员函数将新记录保存到数据源中。

接下来调用记录集的 Requery 成员函数，更新记录集，再调用视窗的 UpdateData 成员函数将新数据传递给窗口控件。最后，将记录的"学号"字段重新设置为只读方式，需要再一次调用 GetDlgItem 和 SetReadOnly。

10.6.2 程序运行机制分析

1. CRecordView 类

CRecordView 类是一个视图类，从 CFormView 类派生而来。这个类为数据库操作提供了一些增强功能和默认操作。

在 AppWizard 生成的 Eg10_1 应用程序中，已经从 CRecordView 类派生了一个类 CEg10_1View。由于基类是 CFormView 类，所以将与一个对话框模板相连。用户在使用 ClassWizard 建立新的 CRecordView 类时，首先建立对话框模板资源，然后在建立相关的新类时选择基类为 CRecordView 类即可。

在 ClassWizard 创建的 CRecordView 类派生类中带有一个 CRecordset 类的成员变量（在 Eg10_1View.h 头文件中可以找到下面的代码）：

```
public:
    CEg10_1Set    * m_pSet;
```

m_pSet 变量用于指向与 CRecordView 类相关联的记录集。在构造函数中将变量的初始值设置为 NULL，下面是在 Eg10_1View.cpp 文件中的代码：

```cpp
CEg10_1View::CEg10_1View()
    : CRecordView(CEg10_1View::IDD)
{
    //{{AFX_DATA_INIT(CEg10_1View)
    m_pSet = NULL;
    //}}AFX_DATA_INIT
    // TODO: add construction code here
    m_bAddMode=FALSE;
}
```

在 AppWizard 生成的 Eg10_1 应用程序中，初始数据交换将在 OnInitialUpdate()函数中实现，将这个变量的值设置为文档类中的相应变量。下面是在 Eg10_1View.cpp 文件中的代码：

```cpp
void CEg10_1View::OnInitialUpdate()
{
    m_pSet = &GetDocument()->m_eg10_1Set;
    CRecordView::OnInitialUpdate();
    GetParentFrame()->RecalcLayout();
    ResizeParentToFit();
}
```

在 CRecordView 类的 OnInitialUpdate()函数中，首先调用 OnGetRecordset()获得与记录视图相关的记录集，然后作出判断，如果没有打开记录集，将调用 CRecordset 类的 Open()函数打开记录集。

ClassWizard 重载了 OnGetRecordset()函数，这段代码同样在 Eg10_1View.cpp 文件中：

```cpp
CRecordset* CEg10_1View::OnGetRecordset()
{
    return m_pSet;
}
```

2. 对话框数据交换 DDX

CRecordView 类支持略加修改的对话框数据交换机制的版本，可以在视图控件与视图类有关的 CRecordset 的列数据成员变量之间移动。

执行机制是通过执行 DoDataExchange()中特殊的 DDX_Field 函数来完成。可以用 ClassWizard 很简单地创建。在创建实例 Eg10_1 的过程中，选择了视图类 ClassWizard 的 Member Variable 标签，并为每一个控件增加了变量。这时，在 DoDataExchange()函数中会自动加入合适的代码，下面是在 E10_1View.cpp 文件中 DoDataExchange()函数的具体实现：

```cpp
void CEg10_1View::DoDataExchange(CDataExchange* pDX)
{
    CRecordView::DoDataExchange(pDX);
    //{{AFX_DATA_MAP(CEg10_1View)
    DDX_FieldText(pDX, IDC_ENGLISH, m_pSet->m_English, m_pSet);
    DDX_FieldText(pDX, IDC_MATHS, m_pSet->m_Maths, m_pSet);
    DDX_FieldText(pDX, IDC_NAME, m_pSet->m_Name, m_pSet);
    DDX_FieldText(pDX, IDC_STUNO, m_pSet->m_Stuno, m_pSet);
    //}}AFX_DATA_MAP
}
```

3. CRecordset 类

CRecordset 类封闭了对数据源中的数据记录的处理。为了与数据源的数据相匹配，用户需要从 CRecordset 中派生类，而不能直接使用 CRecordset 类。在 Eg10_1 程序中，AppWizard 已经为用户生成了一个 CRecordset 类的派生类 CEg10_1Set。

MFC 使用记录字段交换（Record Field eXchange，RFX）机制进行 CRecordset 类的派生类中的成员变量与数据源记录的交互。在 AppWizard 生成的 CEg10_1Set 类的定义中包含了如下语句（在 Eg10_1Set.h 头文件中）：

```
// Field/Param Data
//{{AFX_FIELD(CEg10_1Set, CRecordset)
    long    m_Maths;
    CString m_Name;
    long    m_Stuno;
    long    m_English;
//}}AFX_FIELD
```

使用 AFX_FIELD 宏标识了 CEg10_1Set 类的成员变量。在 CEg10_1Set 类的构造函数中为这些参数进行了初始化，函数中用 AFX_FIELD_INIT 宏标识了对数据进行初始化的语句：

```
CEg10_1Set::CEg10_1Set(CDatabase* pdb)
    : CRecordset(pdb)
{
    //{{AFX_FIELD_INIT(CEg10_1Set)
    m_Maths = 0;
    m_Name = _T("");
    m_Stuno = 0;
    m_English = 0;
    m_nFields = 4;
    //}}AFX_FIELD_INIT
    m_nDefaultType = snapshot;
}
```

在处理数据库中的记录集之前，需要为 CRecordset 对象打开记录集。在 Eg10_1 程序中，AppWizard 重载了 GetDefaultSQL()函数：

```
CString CEg10_1Set::GetDefaultSQL()
{
    return _T("[student]");
}
```

此外，ClassWizard 还重载了 DoFieldExchange()函数用于数据的交换：

```
void CEg10_1Set::DoFieldExchange(CFieldExchange* pFX)
{
    //{{AFX_FIELD_MAP(CEg10_1Set)
    pFX->SetFieldType(CFieldExchange::outputColumn);
    RFX_Long(pFX, _T("[数学]"), m_Maths);
    RFX_Text(pFX, _T("[姓名]"), m_Name);
    RFX_Long(pFX, _T("[学号]"), m_Stuno);
    RFX_Long(pFX, _T("[英语]"), m_English);
    //}}AFX_FIELD_MAP
}
```

其中，AFX_FIELD_MAP 宏标识数据交换的语句。函数接收一个 CFieldExchange 对象的指针作参数，在数据交换的开始使用 CFieldExchange 类的 SetFieldType 函数设置字段类型，然后使用 RFX_宏进行数据交换。RFX 函数接收三个参数：CFieldExchange 对象的指针、字段的名称和 CRecordset 类的成员变量。

4. 记录字段交换（RFX）

通过使用 RFX，MFC 框架可以在数据库和 CRecordset 变量之间来回移动数据。对于 CRecordset 类，交换是通过执行 DoFieldExchange()函数来建立的，大量的执行将使用一组由 MFC 提供用来定义 RFX 的宏完成。MFC 为不同的数据类型提供了不同的 RFX_宏。表 10.4 列出了可用的 RFX_宏和它们用到的成员变量的数据类型。

表 10.4 RFX_宏

RFX_宏	成员变量类型
RFX_Binary()	CByteArray
RFX_Bool()	BOOL
RFX_Byte()	int
RFX_Date()	CTime
RFX_Double()	double
RFX_Int()	int
RFX_Long()	long
RFX_LongBinary()	CLongBinary
RFX_Single()	float
RFX_Text()	CString

10.7 文件的读写

在编写应用程序时，可以使用标准的 C 或 C++语言中的文件操作函数。对于简单的数据格式一般采用文件的读写形式。

10.7.1 int fopen(string filename, string mode)函数

用来打开本地或者远端的文件。若参数 filename 为"http://......"， 则函数利用 HTTP 1.0 协议与服务器连接，文件指针则指到服务器返回文件的起始处。此外，函数可以用来打开本地的文件，文件的指针则指向打开的文件。若打开文件失败，则返回 False。

字符串参数 mode 可以是下列的情形之一：

- r：打开文件方式为只读，文件指针指到开始处。
- r+：打开文件方式为可读写，文件指针指到开始处。
- w：打开文件方式为写入，文件指针指到开始处，并将原文件的长度设为 0。若文件不存在，则建立新文件。
- w+：打开文件方式为可读写，文件指针指到开始处，并将原文件的长度设为 0。若文件不存在，则建立新文件。
- a：打开文件方式为写入，文件指针指到文件最后。若文件不存在，则建立新文件。
- a+：打开文件方式为可读写，文件指针指到文件最后。若文件不存在，则建立新文件。
- b：若操作的文件是二进制文件而非文本文件，则可以用此参数。

在操作二进制文件时如果没有指定 b 标记，可能会碰到一些奇怪的问题，包括坏掉的图片文件以及关于 \r\n 字符的奇怪问题。

为移植性考虑，一般在用 fopen() 打开文件时总是使用 b 标记。

例：fp=fopen("d:\\aa.txt", "r");

它表示：要打开 D 盘根目录下 aa.txt 文件来读数据。fopen()函数带回指向 aa.txt 文件的指针并赋给 fp，这样 fp 就和 aa.txt 相联系了，或者说，fp 指向 aa.txt 文件了。可以看出，在打开一个文件时，通知给编译系统以下三个信息：

- 需要打开的文件名，也就是准备访问的文件的名字。
- 使用文件的方式（读还是写等）。
- 让哪一个指针变量指向被打开的文件。

10.7.2　int fseek(int fp, int offset, [, int whence])函数

移动文件指针。函数将文件 fp 的指针移到新位置，新位置是从文件头开始以字节数度量，以 whence 指定的位置加上 offset。成功则返回 0，失败则返回-1 值。

例：
fseek(fp,100L,0);   //将位置指针移到离文件头 100 个字节处。
fseek(fp,50L,1);   //将位置指针移到离当前位置 50 个字节处。
fseek(fp,-10L,2);   //将位置指针从文件末尾处向后退 10 个字节。

10.7.3　int rewind(int fp)函数

重置文档的读写位置指针。函数重置文件的读写位置指针到文件的开头处，发生错误则返回 0。文件 fp 必须是有效且用 fopen() 打开的文件。

例：有一个磁盘文件，第一次将它的内容显示在屏幕上，第二次把它复制到文件上。
FILE *fp1,*fp2;
fp1 = fopen("file1.c","r");
fp2 = fopen("file2.c","w");
while(!feof(fp1)) putchar(getc(fp1));
rewind(fp1);
while(!feof(p1)) putc(getc(fp1),fp2);
fclose(fp1);
fclose(fp2);

10.7.4　fread 函数和 fwrite 函数

用来读写一个数据块，一般用于二进制文件的输入和输出。
fread(buffer,size,count,fp);
fwrite(buffer,size,count,fp);

函数中各参数含义如下：

- buffer：是一个指针，对 fread 来说，它是读入数据的存放地址。对 fwrite 来说，是要输出数据的地址。
- size：要读写的字节数。
- count：要读写多少个 size 字节的数据项。
- fp：文件型指针。

例 1：把一个实数写到磁盘文件中去：

```
f=35.678;
fread (&f,sizeof(f), 1,fp);
```

例 2：设有结构体：
```
struct student_type
{ char name[10];
  int num;
  int age;
  char addr[40];
} stud[40];
```
有 40 个学生的数据，按上面的结构存入磁盘文件中，
```
for(i=0;i<40;i++)
    fread(&stud[i],sizeof(struct student_type), 1, fp);
```

这些函数可以实现文件的创建和读写，但如果编写的应用程序需要完成更为复杂的任务时，就需要使用 Windows 提供的一系列访问和管理磁盘文件的函数。在 Visual C++中运行库中包含这些更低层次的文件操作函数。

10.7.5 序列化

序列化（Serialize）是指对象可以被延续，即当应用程序退出时它们可以被存盘，而当应用程序启动时它们又可以被恢复，对象的这种存盘和恢复处理过程就称为"序列化"。

在 MFC 库中，不能利用序列化来代替数据库管理系统，与文档相关的所有对象只能在某个单独的磁盘文件中进行顺序读和写，并不支持对象在磁盘中的随机存取。

MFC 使用 CArchive 类对象作为执行序列化对象和存储介质之间的中继。在 MFC AppWizard 自动生成程序框架时，如果在 MFC AppWizard-Step 1 of 6 对话框中选择了 Document/View architecture support，将会在自动生成的程序中支持 CDocument 派生类的成员函数 Serialize 的操作，文件的序列化操作都是在 CDocument 派生类的成员函数 Serialize 中完成的。其结构如下：
```
void CEg2_1Doc∷Serialize(CArchive& ar)
{
    if (ar.IsStoring())
    {
        // TODO: add storing code here
    }
    else
    {
        // TODO: add loading code here
    }
}
```

在这个成员函数中，可以使用 CArchive 对象完成具体的操作。参数中传递进来的 CArchive 引用对象是由 MFC 程序框架根据用户输入需要执行序列化操作时创建的，它已经包含了所需要的文件的信息，使用它可以对各种 CArchive 类支持的数据格式读写、调用其他 CObject 派生类对象的序列化函数等。

使用>>和<<操作符可以将 CObject 及派生类的 CRuntimeClass 信息写入或读出。<<操作符将数据或对象写入到 CArchive 相关联的文件中，>>操作符从文件信息中读出数据。

此外，CArchive 提供了许多灵活、方便的序列化操作函数，这其中有：
- Read、Write：读写指定字节数的缓冲区内容。

- ReadString、WriteString：读写一行文本。
- ReadObject、WriteObject：调用一个对象的 Serialize 函数来读或写。
- ReadClass、WriteClass：读写一个 CRuntimeClass 指明类对象。
- SerializeClass：根据 CArchive 读写状态直接读写。

10.7.6　CFile 类

CFile 类是 MFC 最基本的文件操作类，可以和 CArchive 一起完成序列化操作，也能够直接用于对文件的存取，通过派生类还支持对文本文件和内存文件的操作。

CFile 类封装了 CFile()构造函数。

在构造函数中，对于已经创建好的 CFile 对象，调用 Open 成员函数来打开文件，函数原型为：
virtual BOOL Open(LPCTSTR lpszFileName,UINT nOpenFlags,
CFileException * pError=NULL);

参数 lpszFileName 指定文件名，nOpenFlags 是文件打开标志，pError 指向一个 CFileException 对象，用于处理错误操作引起的文件异常。函数的返回值表明文件打开成功与否。

在完成对文件的读写之后，要关闭文件，调用 Close 函数：
virtual void Close();

如果是使用 new 运算符创建的 CFile 对象，则要使用 delete 运算符删除它。

为了控制文件读写的位置，CFile 类提供了文件指针，指向当前文件的读写位置，在文件刚被打开时，指针指向文件起始处。下面是与文件位置相关的操作函数：
virtual LONG Seek(LONG lOff,UINT nFrom);
void SeekToBegin();
DWORD SeekToEnd();

参数 lOff 是指从 nFrom 位置开始处的字节偏移量，nFrom 是文件定位方式，可以是 CFile::begin、CFile::current 和 CFile::end 中的一个。SeekToBegin 和 SeekToEnd 函数将文件指针直接移到开始和结尾处。它们的返回值是从文件开始处到当前位置的字节偏移量。

GetPosition 成员函数用于获取当前文件指针位置：
virtual DWORD GetPosition()const;

GetLength 成员函数用于获取文件的长度：
virtual DWORD GetLength()const;

文件指针定位好了以后，可以使用读写函数对文件进行操作。

读函数的原型为：
virtual UINT Read(void *lpBuf,UINT nCount);

参数 lpBuf 是接收数据缓冲区的指针，nCount 是要读取的字节数。函数的返回值为实际读取的字节数。

写函数的原型为：
virtual void Write(const void *lpBuf,UINT nCount);

习题十

一、填空题

1．CRecordSet 类对象提供了从数据源中提取出的记录集。CRecordSet 对象通常用于两种形式：

_____和_____。

2. _____类封装了应用程序与需要访问的数据库之间的连接，控制事务的提交和执行 SQL 语句的方法；而_____类则封装了大部分操纵数据库的方法，包括浏览、修改记录，控制游标移动，排序等操作。

3. 为了控制文件读写的位置，CFile 类提供了_____，指向当前文件的读写位置。

4. 使用_____和_____操作符可以将 CObject 及派生类的 CRuntimeClass 信息写入或读出。

二、问答题

1．数据库应用程序一般用来处理哪一类问题？
2．主流的数据库技术有哪些？各有什么特点？
3．简述使用驱动程序管理器建立数据源的步骤。
4．什么是文件的序列化？

三、上机题

设计一个自己的通讯录，实现更多的细节（增加、删除人员信息条目）。

第 11 章 MFC 的进程和线程

多线程编程是一项比较高级的编程技术，多线程应用程序的主要优势就是可以用尽量少的时间对用户的要求做出响应。多线程并不代表代码会运行得更快，准确地说，它仅仅意味着应用程序可以更好地利用系统资源。从而能建立一个非常灵活的应用程序，它能随时接收用户输入，并得到满意的结果。

本章介绍进程和线程编程的方法，重点讲述 MFC 中多线程的实现和同步技术。

11.1 Win32 的进程和线程概念

首先有必要了解一下进程和线程的概念。

11.1.1 进程的概念

进程的定义是为执行程序指令的线程而保留的一系列资源的集合。

进程是一个可执行的程序，由私有虚拟地址空间、代码、数据和其他操作系统资源（如进程创建的文件、管道、同步对象等）组成。进程是一些所有权的集合，一个进程拥有内存、CPU 运行时间等一系列资源，为线程的运行提供一个环境，每个进程都有它自己的地址空间和动态分配的内存，以及线程、文件和其他一些模块。

进程的状态有三种：
- 运行：正在使用 CPU。
- 就绪：当前能够运行但由于系统正在运行其他进程而需要等待。
- 阻塞：由于不能得到需要的除 CPU 以外的资源，当前进程不能运行，需要等待。

进程包括以下几个部分：
- 一个可执行指令的集合。
- 一个私有的虚拟地址空间。
- 系统资源包括信号量通信端口文件等。
- 至少一个线程执行进程 ID 号。

11.1.2 线程的概念

一个应用程序可以有一个或多个进程，一个进程可以有一个或多个线程，其中一个是主线程。线程是操作系统分时调度分配 CPU 时间的基本实体。一个线程可以执行程序的任意部分的代码，即使这部分代码被另一个线程并发地执行；一个进程的所有线程共享它的虚拟地址空间、全局变量和操作系统资源。

一个线程包括以下几个部分：
- 表示处理器状态的寄存器。
- 两个堆栈，一个在线程处于核心模式下使用，另一个在线程处于用户模式下使用。
- 一个由子系统运行时间库和动态链接库使用的私有存储区域。

- 一个线程 ID 号。

之所以有线程这个概念，是因为以线程而不是进程为调度对象效率更高。

由于创建新进程必须加载代码，而线程要执行的代码已经被映射到进程的地址空间，所以创建、执行线程的速度比进程更快。

一个进程的所有线程共享进程的地址空间和全局变量，所以简化了线程之间的通信。进程和线程是核心的操作系统资源，同时每个线程拥有执行该线程所特有的资源。

假设操作系统现在有两个进程。进程 A 拥有两个线程 A1、A2，进程 B 拥有两个线程 B1、B2。它们按照某种算法排成线程是操作系统分时调度分配 CPU 时间的基本实体。按时间片轮转线程调度算法，假设各个线程的优先级相同，系统正在运行线程 A1，等运行的时间到达时间片时，即线程 A1 的时间片已经用完，这时 A1 被挂起，线程 A2 开始运行，以此类推，等所有的 4 个线程都运行一次以后，最先开始运行的线程 A1 重新开始运行，循环一直进行下去，直到某个线程完成而退出运行线程的队列。

11.2 进程编程

因为 MFC 没有提供类处理进程，所以直接使用了 Win32 API 函数。

11.2.1 进程的创建

Windows 系统是以对象的方式来管理进程的，它由 Win32 子系统来创建和维护，并且可以由此进程的句柄来进行管理。可以在一个进程的线程中通过调用 CreateProcess 函数来创建一个进程，这个新建的进程拥有自己的私有地址空间和自己的线程，并且可以和源进程共享资源（如句柄和变量），但是这两个进程不存在紧密的父子关系，即使源进程已经终止，这个进程仍然可以继续进行。

调用 CreateProcess 函数创建新的进程，运行指定的程序。

CreateProcess 的原型如下：
BOOL CreateProcess(
LPCTSTR lpApplicationName,
LPTSTR lpCommandLine,
LPSECURITY_ATTRIBUTES lpProcessAttributes,
LPSECURITY_ATTRIBUTES lpThreadAttributes,
BOOL bInheritHandles,
DWORD dwCreationFlags,
LPVOID lpEnvironment,
LPCTSTR lpCurrentDirectory,
LPSTARTUPINFO lpStartupInfo,
LPPROCESS_INFORMATION lpProcessInformation   );

其中：
- lpApplicationName 指向包含了要运行模块名字的字符串。它是一个以 NULL 结尾的字符串指针，所指的是待执行的可执行文件的名称，这个参数可以是 NULL，这时可执行文件的名称必须是 lpCommandLine 参数的第一个标记。
- lpCommandLine 是一个以 NULL 结尾的字符串指针，通常用来存放命令行参数。

注意：lpCommandLine 和 lpApplicationName 不允许同时为空。

- lpProcessAttributes 描述进程的安全性属性，Windows NT 下有用。
- lpThreadAttributes 描述进程初始线程（主线程）的安全性属性，Windows NT 下有用。对于 Windows 95 这个参数被忽略。

它们都是指向 SECURITY_ATTRIBUTES 结构的指针。结构定义如下：

```
typedef struct _SECURITY_ATTRIBUTES
{
    DWORD nLength;
    LPVOID lpSecurityDscriptor;
    BOOL bInheritHandle;
}SECURITY_ATTRIBUTES;
```

第一个参数指定该结构的大小，主要用于版本更新。

第二个参数是真正的安全描述符，如果是 NULL 则被赋予默认的安全描述符。

第三个参数决定函数调用成功后返回的句柄是否可以被子进程和线程所继承，bInHeritHandles 表示子进程（被创建的进程）是否可以继承父进程的句柄。可以继承的句柄有线程句柄、有名或无名管道、互斥对象、事件、信号量、映像文件、普通文件和通信端口等；还有一些句柄不能被继承，如内存句柄、DLL 实例句柄、GDI 句柄、URER 句柄等。子进程继承的句柄通过命令行方式或者进程间通信（IPC）方式由父进程传递给它。

- dwCreationFlags 表示创建进程的优先级类别和进程的类型。创建进程的类型分控制台进程、调试进程等；优先级类别用来控制进程的优先级，分为 Idle、Normal、High、Real_time 四个类别。
- lpEnviroment 指向环境变量块，环境变量可以被子进程继承。若为 NULL 则这个新进程将使用和创建它的进程同样的环境块。
- lpCurrentDirectory 指向表示当前目录的字符串，当前目录可以继承。这个参数告诉系统被创建的进程的工作目录和驱动器。
- lpStartupInfo 指向 StartupInfo 结构，控制进程的主窗口的出现方式。
- lpProcessInformation 指向 PROCESS_INFORMATION 结构，用来存储返回的进程信息。若进程创建成功的话，返回一个进程信息结构类型的指针。进程信息结构如下：

```
typedef struct _PROCESS_INFORMATION {
HANDLE hProcess;
HANDLE hThread;
DWORD dwProcessId;
DWORD dwThreadId;
}PROCESS_INFORMATION;
```

进程信息结构包括进程句柄、主线程句柄、进程 ID、主线程 ID。在返回值中系统会把新进程的 ID 和主线程的 ID 分别赋予此结构中的成员 dwProcessId 和 dwThreadId。

11.2.2 进程的管理和终止

取得当前进程的句柄和 ID 需要以下两个函数：

HANDLE GetCurrentProcess(void)
DWORD GetCurrentProcessId(void)

函数 GetCurrentProcess()返回一个指向当前进程的句柄，但这是一个伪句柄，即仅仅只能打开此进程的对象，增加此对象的引用计数。这个伪句柄只能在当前进程中使用，而不能在其他进程中利用此句柄对这个进程进行操作。

如果要在别的进程中对当前进程进行管理，则必须传给这个进程当前进程的真正句柄。通过函数 DuplicateHandle 来把伪句柄变成真正的句柄。

BOOL DuplicateHandle(HANDLE hSourceProcessHandle, HANDLE hSourceHandle,
HANDLE hTargetProcessHandle,LPHANDLE lpTargetHandle,
DWORD dwDesiredAccess,BOOL bInheritHandle,DWORD dwOptions);

这个函数用来从一个与别的进程相关的对象句柄中生成一个新的与当前进程相关的句柄，其中参数 hSourceHandle 为已有对象的句柄，hSourceProcessHandle 为与当前进程相关的句柄，hTargetProcessHandle 为要得到的新的句柄进程的句柄，lpTargetHandle 为新的真正句柄的指针，用来得到真正的句柄。

如果 dwOptions 为 DUPLICATE_SAME_CLASS，则参数 dwDesiredAccess 将被忽略，参数 bInheritHandle 用来决定这个新的句柄是否可以被继承。

当取得一个伪句柄时，并不增加对象的计数，而当通过调用函数 DuplicateHandle 由一个伪句柄得到一个真正的句柄时，会增加对象的计数。所以用完这个句柄后，必须调用函数 CloseHandle 来释放这个句柄，否则可能导致这个对象一直不能被释放。

11.2.3 取得和设置进程的优先级

进程一共有 4 个不同的优先级，可以为每个进程设置一个优先级。这 4 个优先级类别分别为：空闲，普通，高，实时，对应的标志分别为：

空闲：IDLE_PRIORITY_CLASS
普通：NORMAL_PRIORITY_CLASS
高：   HIGH_PRIORITY_CLASS
实时：REALTIME_PRIORITY_CLASS

一般进程的优先级默认为普通级，除非这个进程的父进程的优先级为空闲。设置进程的优先级是非常重要的，对于高优先级的进程，其线程将占用几乎所有的 CPU 时间，而对于一个空闲优先级的进程，其进程只有在 CPU 空闲时才开始执行。

取得一个进程的优先级的函数如下：
DWORD GetPriorityClass(HANDLE hProcess);
其中，参数 hProcess 是要取得优先级的进程的句柄。
设置一个进程的优先级的函数如下：
BOOL SetPriorityClass(HANDLE hProcess,
DWORD dwPriorityClass);
参数 hProcess 是要取得优先级的进程的句柄，参数 dwPriorityClass 就是要设置的优先级。

11.2.4 进程的终止

终止一个进程有两种方法：最常用的方法是调用函数 ExitProcess()结束进程，另一种方法是调用函数 TerminateProcess 终止进程。

在当前进程中的一个线程调用函数 ExitProcess 就会结束当前进程。
VOID ExitProcess（UNIT uExitCode）;
这个函数用来结束当前进程，参数用来存放此进程的退出码。这是最正常的结束进程的方法，是进程自己结束自己。但这个函数只能用来结束当前进程，而不能用来终止其他进程。

当需要在当前进程中结束其他进程时，就需要用到另一种方法，即调用 TerminateProcess

函数，其函数原型为：
VOID TerminateProcess (UNIT uExitCode);
它与函数 ExitProcess 的区别在于：
- 函数 ExitProcess 只能结束当前进程，而函数 TerminateProcess 可以结束当前进程，也可以结束别的进程。
- 调用函数 ExitProcess 结束进程时，会执行一些例行的操作。首先它会结束这个进程中所有线程的执行，关闭所有此进程打开的对象的句柄，使该进程对象变成有信号地唤醒所有等待此事件的线程，最后线程的终止状态由 STILL_ACTIVE 变为相应的退出码。
- 当一个进程终止即调用函数 TerminateProcess 时，系统将收回它为这个进程所分配的所有资源，使它们从内存中撤销。但是这个进程所创建的对象不一定释放，因为对象的释放是以这个对象的引用计数减为 0 为标准的，也就是说只有当一个对象的引用计数变为 0 时，系统会自动释放这个对象。

进程在以下情况下终止：
- 调用 ExitProcess 结束进程。
- 进程的主线程返回，隐含地调用 ExitProcess 导致进程结束。
- 进程的最后一个线程终止。
- 调用 TerminateProcess 终止进程。

当要结束一个 GDI 进程时，发送 WM_QUIT 消息给主窗口，当然也可以从它的任一线程调用 ExitProcess。

11.2.5 判断一个进程是否终止

当一个进程终止或结束时就不能利用这个进程的句柄再对该进程进行操作，这就需要判断一个进程是否终止，或者要看一个进程是否正常的退出，也需要查看这个进程的返回码。

可以利用函数 GetExitCodeProcess 来判断一个进程是否终止，如果终止，则取得这个进程的返回码，否则返回标志 STILL_ACTIVE。
BOOL GetExitCodeProcess(HANDLE hProcess,LPDWORD lpExitCode);
参数 hProcess 是进程的句柄，参数 lpExitCode 用来存放返回值，即进程的退出码。如果进程还没有终止，则函数将返回 STILL_ACTIVE。

11.3 Win32 中关于多线程的几个函数

表 11.1 中列出了 Win32 中关于多线程的几个函数。

表 11.1 与多线程有关的 API 函数

函数	说明
CreateThread	创建一个新线程
CreatRemoteThread	在另一个进程中创建一个新线程
ExitThread	正常地结束一个线程的执行
TerminateThread	终止一个线程的执行

函数	说明
GetExitCodeThread	得到另一个线程的退出码
GetThreadPriority	得到线程的优先级
SetThreadPriority	设置一个线程的优先级
SuspendThread	挂起一个线程
ResumeThread	重启一个线程
CloseHand	关闭一个线程的句柄

11.3.1 线程的创建

使用 CreateThread 函数创建线程，CreateThread 的原型如下：
```
HANDLE CreateThread(
LPSECURITY_ATTRIBUTES lpThreadAttributes,
DWORD dwStackSize,
LPTHREAD_START_ROUTINE lpStartAddress,
LPVOID lpParameter,
DWORD dwCreationFlags, // creation flags
LPDWORD lpThreadId
);
```
其中：
- lpThreadAttributes 表示创建线程的安全属性，Windows NT 下有用。
- dwStackSize 指定分配给此线程的初始堆栈大小，如果为 0 则为系统默认堆栈大小。
- lpStartAddress 指定线程开始运行的地址。该参数指向线程创建以后要执行的函数，称为线程函数，指针值为线程的初始地址。
- lpParameter 表示传递给线程函数的 32 位参数。
- dwCreationFlages 表示是否创建后挂起线程（取值 CREATE_SUSPEND），挂起后调用 ResumeThread 继续执行。若该值为 0，则新线程将立即执行。
- lpThreadId 用来存放返回的线程 ID。

线程函数必须按如下格式声明：
```
DWORD WINAPI ThreadProc(LPVOID lpParameter);
```
其中参数 lpParameter 是函数 CreateThread 传给线程函数的参数。函数返回值为函数是否正常结束的标志。

句柄和标识 ID 号的区别在于句柄对线程对象有完全的访问权。句柄可以被子进程继承。线程句柄在被关闭之前一直是有效的，即使在句柄所代表的线程已经被终止时，所以必须调用函数 CloseHandle()来关闭句柄。而线程的标识 ID 是系统分配给线程的唯一标识。该 ID 号从线程被创建时起作用，到线程结束完成使命，无需显式清除。

11.3.2 CreatRemoteThread 函数

该函数在其他进程的虚拟地址空间创建线程。其声明如下：
```
HANDLE CreatRemoteThread (
HANDLE hProcess;
LPSECURITY_ATTRIBUTES lpThreadAttributes,
```

```
DWORD dwStackSize,
LPTHREAD_START_ROUTINE lpStartAddress,
LPVOID lpParameter,
DWORD dwCreationFlags, // creation flags
LPDWORD lpThreadId
);
```
第一个参数为此线程所属进程的句柄，其他参数和 CreateThread 函数的参数相同。

11.3.3 SuspendThread 和 ResumeThread 函数

SuspendThread()的作用为暂停一个线程，ResumeThread()的作用为重启一个线程。它们都带有一个 HANDLE 型的参数，参数值为要暂停或重启线程的句柄。
```
SuspendThread(HANDLE hThread);
ResumeThread(HANDLE hThread);
```

11.3.4 ExitThread 和 TerminateThread 函数

终止一个线程有两种方法：最常用的方法是调用函数 ExitThread()结束线程；另一种方法是调用函数 TerminateThread 终止线程。

在当前进程中的一个线程调用函数 ExitProcess 就会结束当前线程：
```
VOID ExitThread(DWORD dwExitCode);
```
这个函数用来结束当前线程，其中参数用来存放此线程的退出码。这是最正常的结束线程的方法。
```
BOOL TerminateThread(
HANDLE hThread,        //线程句柄
DWORD dwExitCode       //线程退出码
);
```
该函数用来终止一个线程的执行。参数 hThread 指定要终止的线程的句柄，参数 dwExitCode 保存线程的退出码。

该函数是一个相当危险的函数，当调用该函数时，被终止的线程立即结束运行。线程没有机会执行用户模式的代码，不能释放初始化时分配的堆栈。所以除非很清楚线程的行为，否则不要用它来结束线程的运行。

11.3.5 取得一个线程的优先级的函数

获得一个线程的优先级的函数：
```
int GetThreadPriority (HANDLE hThread);
```
参数 hThread 是要取得优先级的线程的句柄。
设置一个线程的优先级的函数：
```
BOOL SetThreadPriority (HANDLE hThread, int nPriority);
```
参数 hThread 是要取得优先级线程的句柄，参数 nPriority 就是要设置的优先级。
线程的优先级别：
进程的每个优先级包含了 5 个线程的优先级水平。在进程的优先级类确定之后，可以改变线程的优先级水平。用 SetPriorityClass 设置进程优先级类，用 SetThreadPriority 设置线程优先级水平。

Normal 级的线程可以被除了 Idle 级以外的任意线程抢占。

11.4 MFC 中多线程的实现

在 Win32 API 的基础之上,MFC 提供了处理线程的类和函数。MFC 对多线程进行一种简单的封装,其中每个线程都是从 CWinThread 类继承而来的。每一个应用程序的执行都有一个主线程,主线程也是从 CWinThread 类继承而来的。可以利用 CWinThread 对象创建应用程序执行的其他线程。处理线程的类是 CWinThread,它的成员变量 m_hThread 和 m_hThreadID 是对应的 Win32 线程句柄和线程 ID。MFC 多线程编程中经常用到 AfxBeginThread、AfxEndThread 等几个全局函数。

MFC 明确区分两种线程:用户界面线程(User interface thread)和工作者线程(Worker thread)。用户界面线程一般用于处理用户输入并对用户产生的事件和消息作出应答。工作者线程用于完成不要求用户输入的任务,如实时数据采集、计算等。

Win32 API 并不区分线程类型,它只需要知道线程的开始地址以便开始执行线程。MFC 为用户界面线程特别地提供消息泵来处理用户界面的事件。CWinApp 对象是用户界面线程对象的一个例子,它从类 CWinThread 派生并处理用户产生的事件和消息。

11.4.1 与多线程编程相关的全局函数

1. AfxBeginThread

用户界面线程和工作者线程都是由 AfxBeginThread 创建的。现在,考察该函数:MFC 提供了两个重载版的 AfxBeginThread,一个用于用户界面线程,另一个用于工作者线程,分别有如下的原型和过程。

用户界面线程的 AfxBeginThread 的原型如下:

```
CWinThread* AFXAPI AfxBeginThread(
    CRuntimeClass* pThreadClass,
    int nPriority,
    UINT nStackSize,
    DWORD dwCreateFlags,
    LPSECURITY_ATTRIBUTES lpSecurityAttrs
)
```

其中:

参数 1 是从 CWinThread 派生的 RUNTIME_CLASS 类。
参数 2 指定线程优先级,如果为 0,则与创建该线程的线程相同。
参数 3 指定线程的堆栈大小,如果为 0,则与创建该线程的线程相同。
参数 4 是一个创建标识,如果是 CREATE_SUSPENDED,则在悬挂状态创建线程,在线程创建后线程挂起,否则线程在创建后开始线程的执行。
参数 5 表示线程的安全属性,如前所述。

工作者线程的 AfxBeginThread 的原型如下:

```
CWinThread* AFXAPI AfxBeginThread(
    AFX_THREADPROC pfnThreadProc,
    LPVOID pParam,
    int nPriority,
    UINT nStackSize,
    DWORD dwCreateFlags,
```

LPSECURITY_ATTRIBUTES lpSecurityAttrs
)

其中：

参数 1 指定控制函数的地址。

参数 2 指定传递给控制函数的参数。

参数 3、4、5、6 分别指定线程的优先级、堆栈大小、创建标识、安全属性，含义同用户界面线程。

在创建一个新的线程时，不必直接创建线程对象，因为线程对象是由全局函数 AfxBeginThread()自动产生的。只要定义一个 CWinThread 类指针，然后调用全局函数来产生一个新的线程对象，并调用线程类的 API 函数 CreateThread()来具体创建线程，最后将新的线程对象的指针返回即可。应该将其保存在 CWinThread 成员变量中，以便能够进一步控制线程。

2. CWinThread * AFXAPI AfxGetThread()

该全局函数用来获取线程对象。

3. VOID AFXAPI AfxEndThread（UNIT nExitCode,BOOL bDelete =TRUE）

该函数用来结束线程的执行。

4. VOID AFXAPI AfxInitThread()

初始化进程函数。

5. VOID AFXAPI AfxTermThread（HINSTANCE hInstTerm=NULL）

终止线程执行函数。

11.4.2 CWinThread 类

CWinThread 类封装了上节讲的 API 函数，并且增加了新的函数和属性。其类的具体声明在 afxwin.h 中。

```
class CWinThread : public CCmdTarget
{
    DECLARE_DYNAMIC(CWinThread)

public:
    // Constructors
    CWinThread();
    BOOL CreateThread(DWORD dwCreateFlags = 0, UINT nStackSize = 0,
        LPSECURITY_ATTRIBUTES lpSecurityAttrs = NULL);

    // Attributes
    CWnd* m_pMainWnd;           // main window (usually same AfxGetApp()->m_pMainWnd)
    CWnd* m_pActiveWnd;         // active main window (may not be m_pMainWnd)
    BOOL m_bAutoDelete;         // enables 'delete this' after thread termination

    // only valid while running
    HANDLE m_hThread;           // this thread's HANDLE
    operator HANDLE() const;
    DWORD m_nThreadID;          // this thread's ID

    int GetThreadPriority();
    BOOL SetThreadPriority(int nPriority);
```

```cpp
// Operations
    DWORD SuspendThread();
    DWORD ResumeThread();
    BOOL PostThreadMessage(UINT message, WPARAM wParam, LPARAM lParam);

// Overridables
    // thread initialization
    virtual BOOL InitInstance();

    // running and idle processing
    virtual int Run();
    virtual BOOL PreTranslateMessage(MSG* pMsg);
    virtual BOOL PumpMessage();         // low level message pump
    virtual BOOL OnIdle(LONG lCount); // return TRUE if more idle processing
    virtual BOOL IsIdleMessage(MSG* pMsg);    // checks for special messages

    // thread termination
    virtual int ExitInstance(); // default will 'delete this'

    // Advanced: exception handling
    virtual LRESULT ProcessWndProcException(CException* e, const MSG* pMsg);

    // Advanced: handling messages sent to message filter hook
    virtual BOOL ProcessMessageFilter(int code, LPMSG lpMsg);

    // Advanced: virtual access to m_pMainWnd
    virtual CWnd* GetMainWnd();

// Implementation
public:
    virtual ~CWinThread();
#ifdef _DEBUG
    virtual void AssertValid() const;
    virtual void Dump(CDumpContext& dc) const;
    int m_nDisablePumpCount; // Diagnostic trap to detect illegal re-entrancy
#endif
    void CommonConstruct();
    virtual void Delete();
        // 'delete this' only if m_bAutoDelete == TRUE

    // message pump for Run
    MSG m_msgCur;                           // current message

public:
    // constructor used by implementation of AfxBeginThread
    CWinThread(AFX_THREADPROC pfnThreadProc, LPVOID pParam);

    // valid after construction
    LPVOID m_pThreadParams; // generic parameters passed to starting function
    AFX_THREADPROC m_pfnThreadProc;

    // set after OLE is initialized
    void (AFXAPI* m_lpfnOleTermOrFreeLib)(BOOL, BOOL);
    COleMessageFilter* m_pMessageFilter;
```

```
protected:
    CPoint m_ptCursorLast;          // last mouse position
    UINT m_nMsgLast;                // last mouse message
    BOOL DispatchThreadMessageEx(MSG* msg);   // helper
    void DispatchThreadMessage(MSG* msg);     // obsolete
};
```

通过设置属性 m_AutoDelete，可决定在运行结束后线程对象是否自动删除，它的访问类型是公有的可以直接进行设置。一般情况下，线程对象的生命周期和线程周期一致。

CWinThread 类的方法中包含 PreTranslateMessage()和 PostThreadMessage()等函数，供实现用户界面线程的消息机制使用。

11.4.3 工作者线程的创建

工作者线程经常用来完成一些后台工作，如计算、打印等，这样用户就不必因为计算机在从事繁杂耗时的工作而等待。

要创建工作线程，程序员不必从 CWinThread 派生新的线程类，只需要提供一个控制函数，由线程启动后执行该函数。然后，使用 AfxBeginThread 创建 MFC 线程对象和 Win32 线程对象。如果创建线程时没有指定 CREATE_SUSPENDED（创建后挂起），则创建的新线程开始执行需要向 AfxBeginThread()函数提供线程函数的起始地址和传给线程函数的参数。

可以对线程的优先级、线程的堆栈大小、线程创建时的状态进行设置。如果需要对线程的属性进行精细的设置，则在创建的时候将其初始状态设为 CREATE_SUSPENDED，然后调用相应的函数设置线程属性，最后启动线程执行。在整个过程中任何一步出现问题，函数都会释放已分配的资源。

线程函数的格式如下：
UNIT   函数名(LPVOID pParam)

11.4.4 创建用户界面线程

用户界面线程的创建有两种方法。方法一是首先从 CWinThread 类派生一个类（需要用宏 DECLARE_DYNCREATE 和 IMPLEMENT_DYNCREATE 对该类进行声明和实现），然后调用函数 AfxBeginThread()创建 CWinThread 派生类的对象进行初始化，启动线程执行。

方法二是先通过构造函数创建类的一个对象，然后由程序员调用函数 CWinThread∷CreateThread 来启动线程。通常 CWinThread 类的对象在该线程的生存期结束时自动终止，如果程序员希望由自己来控制，则需要将 m_AutoDelete 设为 False。这样在线程终止之后，CWinThread 类对象仍然存在，此时需要手动删除 CWinThread 对象。

创建用户界面线程的起点是从 CWinThread 类派生一个定制线程类，而不是调用 AfxBeginThread()函数。定制的线程必须重载函数 InitInstance()，该函数用来执行初始化任务，在创建线程时系统将调用 InitInstance()函数最好还要重载 ExitInstance()函数，该函数是 InitInstance()函数的对应。线程对象被删除时会调用 ExitInstance()函数以便线程能够在结束之后清除自身。

以上两种方法必须或可能需要重载以下函数：

InitInstance()：执行线程的初始化操作必须重载。

ExitInstance()：在线程终止时执行清除操作，一般都重载此成员函数。

OnIdle()：执行线程指定的空闲时间处理操作，一般不重载。

PreTranslateMessage()：在调用 TranslateMessage 和 DispatchMessage 前对消息进行过滤，一般不重载。

Run()：线程的控制函数，此成员函数包含一个消息泵。

11.5　线程之间的通信

作为进程自我包含的一条执行路经，线程之间是需要进行通信的，在多线程环境下存在多个互相依赖的线程，共享的数据、算法可能被多个线程同时执行。所以在多线程环境下的多数据访问需要更细致的处理，但线程间的通信比进程间的通信相对容易一些。

线程通信一般有以下 4 种方式。

- 全局变量方式：在一个进程中共享全局变量就可以通过全局变量来进行线程间的通信。
- 参数传递方式：主线程在创建子进程的时候，可以通过传给线程函数的参数和其通信。所传递的参数是一个 32 位的指针，该指针可以指向简单的数据，也可以指向结构甚至更复杂的数据类型。通过参数的传递能在两个线程函数之间传递很复杂的数据。
- 消息传递方式：通过函数在主线程和工作线程之间传递消息，在用户界面线程和其他线程之间传递消息，消息传递是一种很重要的线程之间的通信方式。
- 线程同步方式：线程之间通信的一种重要的方法就是线程同步，将在下一节给予介绍。

11.6　线程的调度和同步

一般来说，每个进程都不知道进程中其他进程的其他线程的任何情况，除非在程序中明确它们相互可见。为在不同的时刻访问相同的资源，任何共享的这些资源都必须通过进程通信的手段进行调度。线程的调度和同步是一个复杂的问题，不正确的调度将导致进程的死锁。为防止这种情况的发生，访问共享资源的线程必须进行同步。

同步可以保证在一个时间内只有一个线程对某个资源（如操作系统资源等共享资源）有控制权。共享资源包括全局变量、公共数据成员或者句柄等。同步还可以使得有关联交互作用的代码按一定的顺序执行。

Win32 提供了一组对象用来实现多线程的同步，它们是 Critical_section（关键段）、Event（事件）、Mutex（互斥对象）、Semaphores（信号量）。MFC 封装了这几个同步对象，它们分别是：CCritical_section、CEvent、CMutex、CSemaphores。这 4 个同步类都以 CSyncObject 为父类。

这些对象有两种状态：有信号（signaled）或者无信号（not signaled）。线程通过 Win32 API 提供的同步等待函数（wait functions）来使用同步对象。一个同步对象在同步等待函数调用时被指定，调用同步函数的线程被阻塞（blocked），直到同步对象获得信号。被阻塞的线程不占用 CPU 时间。

在 MFC 中还有两个与线程同步有关的类，它们没有基类，也不继承其他任何类，这两个类是 CMultiLock 和 CSingleLock。

11.6.1 临界段对象

临界段对象通过提供所有线程必须共享的对象来控制线程。只有拥有临界段对象的线程才可以访问保护的资源（进行临界段操作）。在另一个线程可以访问该资源之前，前一个线程必须释放临界段对象，以便另一个对象可以获取对对象的访问权。用户应用程序可能会使用临界段对象来阻止两个线程同时访问共享的资源如文件等。

临界段对象一次只允许一个线程取得一个数据区进行操作。这时候可以创建临界段对象，并且使用这个临界段对象进行相应的操作以实现线程的同步。

1. 定义一个临界段对象

临界段对象的变量类型是 CRITICAL_SECTION：
CRITICAL_SECTION   对象名；
然后调用函数 InitializeCriticalSection 初始化该对象。初始化时把对象设置为 NOT_SINGALED，表示允许线程使用资源。

函数说明如下：
InitializeCriticalSection(LPCRITICAL_SECTION lpCriticalSection);

参数 lpCriticalSection 是指向 CRITICAL_SECTION 结构的指针，不应该自己去访问或者是修改这个参数。临界段对象在使用之前必须用这个函数进行初始化。

使用临界段对象一次只允许一个线程访问数据，一个线程在对数据进行操作之前，必须取得对数据的存取权。对数据进行一系列操作之后，再放弃对数据的存取权。当一个线程获得对数据的存取权后，没有取得存取权的线程将被挂起并且被调度程序设置为睡眠状态，一直等到获得存取权的线程放弃存取权释放临界段对象，才由系统唤起所有那些等待这个数据存取权的线程，并把这些线程加入到系统的线程调度队列，等待线程队列取得临界段对象，获得数据的存取权。

2. 进入和离开临界区

如果一段程序代码需要对某个资源进行同步保护，则这是一段临界段代码。在进入该关键段代码前调用 EnterCriticalSection 函数，这样，其他线程都不能执行该段代码，若它们试图执行就会被阻塞。

完成关键段的执行之后，调用 LeaveCriticalSection 函数，其他的线程就可以继续执行该段代码。如果该函数不被调用，则其他线程将无限期的等待。

VOID EnterCriticalSection(LPCRITICAL_SECTION   lpCriticalSection);
VOID LeaveCriticalSection(LPCRITICAL_SECTION   lpCriticalSection);

两个函数的参数 lpCriticalSection 是指向 CRITICAL_SECTION 结构的指针。

11.6.2 互斥对象

互斥对象的工作方式和临界段对象非常相似，其区别在于互斥量不仅保护一个进程内的共享资源，而且保护系统中进程之间的资源，它是通过互斥量提供一个互斥量名来实现进程和线程之间共享协调的。

在使用互斥量进行线程同步前，必须首先创建互斥量，可以调用 CreateMutex 函数创建互斥量，其函数说明如下：
HANDLE   CreateMutex(
    LPSECURITY_ATTRIBUTES   lpMutexAttributes,

```
    BOOL     bInitialOwner;
    LPCSTR   lpName
);
```

参数 lpMutexAttributes 是指向 SECURITY_ATTRIBUTES 结构的指针，用来决定这个被创建的互斥量对象是否可以被当前进程的子进程继承，如果为 NULL 则这个句柄不能被子进程继承。

参数 bInitialOwner 决定创建这个互斥量对象的线程是否是此互斥量对象的最初拥有者。如果为 True 则这个互斥量从创建就被当前进程所拥有，这个互斥量对象变为无信号的。一直到这个线程释放这个互斥量为止；如果为 False 则互斥量创建之后不被任何线程所拥有，一直等待一个线程获得互斥量的所有权为止。

参数 lpName 指向这个互斥量的名字。

打开互斥量的函数：

```
OpenMutex(
DWORD dwDesiredAccess,
BOOL     bInitialOwner;
LPCSTR   lpName
);
```

参数 dwDesiredAccess 只有两种标志，可以设置为 MUTEX_ALL_ACCESS，也可以设置为 SYNCHRONIZE，但是后一个标志只对 Windows 有效。

剩下的两个参数和 CreateMutex 函数的后两个参数相同。

互斥量能在多进程之间同步数据的访问。当调用 CreateMutex 函数时，它会查找系统中是否有与这个待创建的互斥量名字相同的互斥量，如果没有就创建这个互斥量，返回这个互斥量的句柄，如果相同名字的互斥量已经存在，则只返回这个互斥量的句柄。

当调用 OpenMutex 时，函数会查找现有的所有互斥量，如果有名字相同的互斥量，就创建一个当前进程特定的该互斥量的句柄,如果没有与参数 lpName 相同的互斥量则返回 NULL。

上述方法可以让多个进程得到同一个互斥量的句柄，另外可以通过另外的两种方法来得到这样的句柄。一是通过子进程继承，另一个是利用函数 DuplicateHandle 来复制句柄。

以上获得的互斥量句柄，都需要函数 CloseHandle 来关闭。

1. 获得互斥量

获得互斥量的函数如下：

```
DWORD SignalObjectAndWait(
    HANDLE    hObjectToSignal,
    HANDLE    hObjectToWaitOn,
    DWORD     dwMilliseconds,
    BOOL      bAlertable
);
```

参数 hObjectToSignal 指定要处于有信号状态的对象的句柄。该对象可以是信号量互斥和事件对象。

参数 hObjectToWaitOn 指定要等待的对象的句柄。

参数 dwMilliseconds 指定要等待的时间，单位为毫秒。如果等待超时，则函数返回，即使还未完成所需要的操作。如果参数为零，则检查对象状态和例程队列的完成情况并立即返回。

参数 bAlertable 指定系统将一个 I/O 操作完成事件放入队列或线程进行异步过程调用时，函数是否返回。

函数 SignalObjectAndWait 的作用和临界段对象函数 EnterCriticalSection 的作用大致相同。这个函数执行时,如果互斥量处于有信号状态就立即获得互斥量的所有权并返回。如果互斥量正处于无信号状态,则此线程挂起,一直到该互斥量对象变成有信号时才唤起线程,让该线程争夺这个互斥量对象的所有权。

2. 释放互斥量

当线程完成对数据的操作之后就可以释放互斥量,使这个互斥量由无信号状态变为有信号状态,以使其他线程可以取得此互斥量的存取权。调用函数 ReleaseMutex 可以释放互斥量:
BOOL ReleaseMutex(HANDLE hMutex);
参数 hMutex 是要被释放的互斥量对象的句柄。
ReleaseMutex 执行将使互斥量对象的引用计数减 1。

11.6.3 事件对象

事件对象用于给线程传递信号,指示线程中的特定操作可以开始或结束。除非线程已经收到这个事件信号,否则它将一直处于挂起状态。当事件对象进入有信号状态时,正在等待该对象的线程就可以开始执行。

事件和互斥量的区别如下:事件主要用于协调两个和多个线程之间的动作,使其协调一致,符合逻辑。一个线程等待某个事件的发生,另一个线程则在某个事件发生后产生一个信号,通知正在等待的线程,而互斥量主要是保证任一时刻只有一个线程在使用共享的资源,什么时刻运行哪个线程是随机的,是由操作系统决定的,用户没有任何决定权,所以互斥量不能使两个线程按一定顺序执行。

有信号和无信号的含义不同:对于互斥量来讲,有信号状态就是指线程正在拥有互斥量,其他线程不能获得互斥量,无信号是指没有线程拥有互斥量,其他线程可以获得互斥量,访问被互斥量保护的资源。对于事件而讲,当等待的事件发生时,事件对象处于有信号状态;相反当等待的事件没有发生时,称事件处于无信号状态。

事件分为手动事件和自动事件。手动事件是指当对象处于活动状态,即有信号状态时会一直处于这个状态,直到显式的值为无信号状态为止。而自动事件是指当事件处于有信号状态,当一个线程接收该事件后,事件立即变为无信号状态。

1. 创建和打开事件对象

在利用事件之前,必须先调用 CreateEvent 函数创建一个事件对象:
HANDLE CreateEvent (
   LPSECURITY_ATTRIBUTES　lpEventAttributes,
   BOOL　　bInitialState;
   BOOL　　bManulReset;
   LPCSTR　　lpName
);
参数 bManulReset 是一个布尔型变量,用来表示这个事件对象是手动复位事件还是自动复位事件。如果为 TRUE 则表示生成一个手动复位事件,反之则为自动复位事件。
参数 bInitialState 表示事件对象初始化为什么状态,如果为 TRUE 则初始化为有信号状态,反之则为无信号状态。
HANDLE　　OpenEvent(
   DWORD dwDesiredAccess,
   BOOL　　bInitialHandle;

```
    LPCSTR    lpName
);
```

2. 设置和重置事件对象

`BOOL SetEvent(HANDLE hEvent);`

该函数触发一个事件，即将事件置为有信号状态。

`BOOL ResetEvent (HANDLE hEvent);`

该函数将一个事件对象重置为无信号状态。

`BOOL PlusEvent(HANDLE hEvent);`

该函数用于将一个事件置为有信号状态，然后再将其复位为无信号状态。

其中，hEvent 为事件对象的句柄。

对于手动事件，当调用 SetEvent 函数将手动事件设置为有信号状态后，所有因为等待这个信号而被挂起的线程都将被唤醒，并且开始执行。在线程调用 ResetEvent 函数之前一直处于有信号状态。

对于自动事件，则事件在有一个等待线程被唤醒并继续执行之前一直处于有信号状态；当一个睡眠的线程从等待函数上被唤醒并继续执行时，系统自动将事件对象设为无信号状态。

一个事件对象的句柄可以被多个进程拥有（因为事件是内核对象），这使得事件对象可以用于进程之间的同步。

最后，使用 CloseHandle 销毁创建的事件对象。

11.6.4 信号量对象

在线程之间进行同步的原因大致有两个：一个是由于线程之间竞争共享的资源，一个是为了完成某种任务而协作。通过互斥可以实现线程之间由于竞争所需要的同步，通过事件可以实现线程之间由于协作而需要的同步。原则上讲，使用互斥量和事件可以解决所有线程之间的同步问题。而信号量很好地将互斥量和事件结合起来，同时解决了线程的竞争和协作的问题。它是对事件同步的推广——在信号量之中有一个内置的计数值，用于对资源进行计数。同时它通过内置的互斥机制保证在有多个线程试图对计数值进行修改时，在任何一个时刻只能有一个线程对计数值进行修改。

Win32 不知道哪个线程拥有信号量，它只保证信号量使用的资源计数被正确的设置。信号量有一个访问计数值，这个值是生成信号量对象时设置的初值，当线程获得这个信号量对象的访问许可，这个计数值就会减 1，如果这个计数值大于 0 则信号量是有信号的，一直到这个计数值减到 0，才会把它设置成无信号的。

1. 创建和打开信号量对象

首先在使用信号量对象，必须调用函数 CreateSemaphore 创建它。

```
HANDLE CreateSemaphore(
    LPSECURITY_ATTRIBUTES    lpSemaphoreAttributes,
    BOOL      bInitialCount
    LONG    lMaximumCount;
    LPCSTR    lpName
)
```

参数 lpSemaphoreAttributes 是指向 SECURITY_ATTRIBUTES 结构的指针，用来决定这个被创建的信号量对象是否可以被当前进程的子进程继承，如果为 NULL 则这个句柄不能被子进程继承。

参数 lMaximumCount 用来指定最大引用计数。参数用来指定引用计数时，这个参数必须大于 0。如果 bInitialCount 大于 0，则这个信号量是有信号的，可以调用函数 ReleaseSemaphore 来增大引用计数。

2. 调用函数 OpenSemaphore 来获得信号量句柄

```
HANDLE     OpenSemaphore{
    DWORD      wDesiredAccess,
    BOOL       bInitialHandle;
    LPCSTR     lpName
};
```

获得信号量对象的存取权，应该调用函数，这个函数在互斥量对象中讲述过，如果要获得多个资源的使用权，就要多次调用这个函数。

放弃信号量对象的存取权，就要调用函数 ReleaseSemaphore：

```
BOOL RealseSemaphore{
    HANDLE     hSemaphore,
    LONG       lRealseCount,
    LPLONG     lpPreviousCount,
};
```

参数 hSemaphore 是信号量对象的句柄。

参数 lRealseCount 用来表示释放的个数，即可以一次释放多个信号量的所有权。

参数 lpPreviousCount 是一个长整数的指针，用来接收这个函数释放 lRealseCount 个信号量所有权之前的该信号量对象的引用计数值。这个参数不用时可以设置为 NULL。

当这个信号量对象不再需要时，就应该调用函数 CloseHandle 来释放这个信号量对象，从内存中消除。

11.6.5 各种同步方法的比较

本章讲述了 4 种线程同步方法，它们分别是互斥量、临界段、事件和信号量，这些方法有各自的特点，用于不同的场合。下面比较一下这些方法的异同：

- 互斥量、事件和信号量都是内核对象，可用于进程之间的同步；临界段是进程内对象，只能用于线程之间的同步。虽然在一个进程内实现同步时，临界段对象和互斥量相似，但是在性能上临界段对象要优于互斥量。
- 事件和其他几个同步方法的不同在于事件的主要作用不是保护进程共享资源，而是用于等待某个事件和特定事件发生时发送信号，以协调线程之间的动作。
- 信号量和其他同步方法的区别在于它允许一个以上的线程同时访问共享资源，而其他同步方法都保证同时只能有一个线程访问共享资源。信号量的主要功能用于资源计数。

同步方法要根据应用场合、同步目的和各种同步对象各自的特点来选择，下面介绍选择同步方法的一些原则，可以根据这些原则来选择同步对象：

- 首先线程在访问共享资源之前是否要等待某个事件的发生。比如，在线程访问一个共享文件前是否要从通信端口接收信息。如果是这样，就可以用事件同步。
- 在一个应用程序中是否有多个线程可以同时访问的共享资源，如果是则选择信号量。
- 是否有多个进程使用共享资源，如果是则选择互斥量。
- 如果以上条件都不满足，则使用临界段就可以了。

此外，还有其他句柄可以用来同步线程：
- 文件句柄（FILE HANDLES）。
- 命名管道句柄（NAMED PIPE HANDLES）。
- 控制台输入缓冲区句柄（CONSOLE INPUT BUFFER HANDLES）。
- 通信设备句柄（COMMUNICTION DEVICE HANDLES）。
- 进程句柄（PROCESS HANDLES）。
- 线程句柄（THREAD HANDLES）。

例如，当一个进程或线程结束时，进程或线程句柄获得信号"等待该进程或者线程结束的线程被释放"。

11.7 应用实例

排火车的游戏大家都玩过吧？其规则是这样的：将扑克牌分成两份，每人拿一份，两人轮流出牌。如果你出的牌和前面的某张牌一样（不区分花色），则从那张一样的牌到你出的牌都被你拿走，这样轮流出牌，直到其中一人的牌出完为止。最后手上有牌的一方为胜，如图11.1所示。

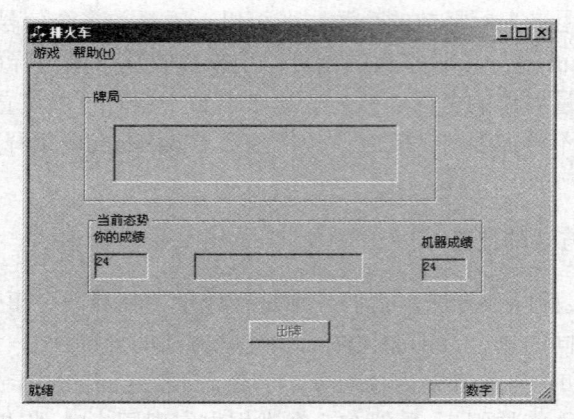

图 11.1 "排火车"游戏

在这个程序中要用到事件同步。因为人和计算机不能同时出牌。比较合理的做法是人出完牌后通知计算机，然后计算机出牌，计算机出完牌之后通知人，计算机处于等待状态。

这个例子中主要实现的是出牌和赢牌的顺序和规则，至于发牌并没有实现，计算机和人出牌的大小通过随机数产生。产生的随机数在 1～13 之间，并没有考虑实际生活中牌的分布和总数。下面就具体实现该程序。

首先创建基于对话框的工程 Eg11_1：

（1）在 VC++集成开发环境中，通过菜单 File | New，弹出 New 对话框。

（2）在 Projects 选项卡中选择 MFC App Wizard（exe），在 Project name 中输入 Eg11_1，Location 读者可以自己选择。

（3）单击 OK 按钮，在弹出的 MFC App Wizard-Step 1 of 6 对话框中选择程序框架为单文档框架，即选中 Single Document。

（4）一直接受默认选项，直到 MFC App Wizard-Step 6 of 6 对话框，把 CEg11_1View 类

的基类选择为 CFormView，如图 11.2 所示。

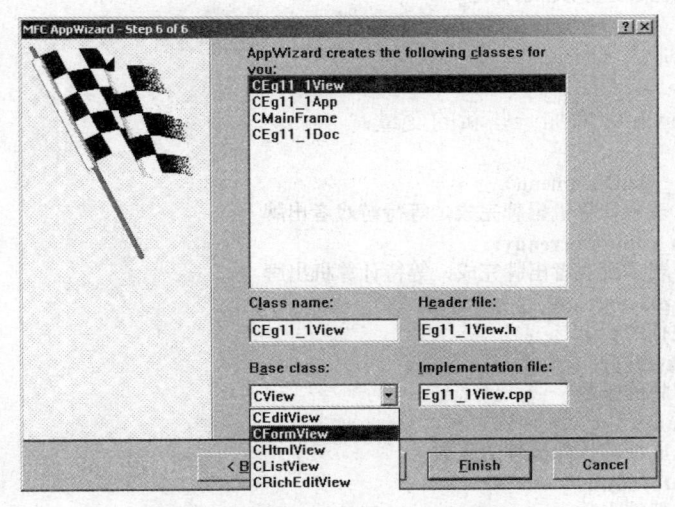

图 11.2　MFC App Wizard-Step 6 of 6

（5）单击 Finish 按钮，在弹出的 New Project Information 对话框中单击 OK 按钮后等待创建完相应的工程。

11.7.1　用户界面的设计

可以参照图 11.1 和表 11.2 来设计界面，新增菜单项属性的设置如表 11.3 所示。

表 11.2　对话框资源中各控件属性

控件类型	资源 ID	标题	其他属性
按钮控件	IDC_DISCARD	出牌	默认属性
静态控件	IDC_STATIC	你的成绩	默认属性
	IDC_STATIC	机器成绩	
静态控件	IDC_STATIC_SHOW1		选中 Client edge 属性
	IDC_STATIC_SHOW2		
	IDC_STATIC_SCORE1		
	IDC_STATIC_SCORE2		
组框	IDC_STATIC	牌局	默认属性
	IDC_STATIC	当前态势	

删除系统除"帮助"菜单以外的其他菜单，增加一个菜单项来启动和结束游戏。

表 11.3　新增菜单项属性的设置

资源 ID	标题	其他属性
取默认值	游戏	选中 Pop-up
ID_FILE_BEGIN	开始	Prompt：开始游戏
ID_FILE_END	结束	Prompt：结束游戏

11.7.2 新增成员变量及初始化

在 StdAfx.h 添加头文件：
#include<afxmt.h>
在 CEg11_1View.h 中增加一些新的变量：
public:
  CEg11_1Doc* GetDocument();
  //事件对象，表示计算机出牌完成，等待游戏者出牌
   CEvent m_computerready;
  //事件对象，表示游戏者出牌完成，等待计算机出牌
  CEvent m_playerready;
  //游戏正在进行的标志
  BOOL m_playing;
  //当前牌局中牌的张数
  int m_cardnum;
  //当前计算机成绩即计算机牌的张数
  int m_computernum;
  //当前游戏者牌的张数
  int m_playernum;
  //当前牌局
  int m_card[100];
// Operations

在构造函数中初始化事件对象和其他变量：
CEg11_1View::CEg11_1View()
  : CFormView(CEg11_1View::IDD),
   m_computerready(TRUE),
   m_playerready(FALSE)
{
  //{{AFX_DATA_INIT(CEg11_1View)
  // NOTE: the ClassWizard will add member initialization here
  //}}AFX_DATA_INIT
  // TODO: add construction code here
 m_playing=false;
 m_cardnum=0;
 m_computernum=24;
 m_playernum=24;
}

通过 ClassWizard 添加成员函数 OnInitialUpdate()，重载这个函数如下：
void CEg11_1View::OnInitialUpdate()
{
  CFormView::OnInitialUpdate();
  GetParentFrame()->RecalcLayout();
  ResizeParentToFit();

  GetDlgItem(IDC_DISCARD)->EnableWindow(FALSE);
  SetDlgItemText(IDC_STATIC_SCORE1,"24");
  SetDlgItemText(IDC_STATIC_SCORE2,"24");
}

11.7.3 创建菜单响应函数

通过 ClassWizard 为菜单 ID_FILE_BEGIN 和 ID_FILE_END 添加菜单响应函数，接受系

统默认的函数名，编辑函数代码如下：

```
void CEg11_1View∷OnFileBegin()
{
    // TODO: Add your command handler code here
    m_playing=true;
//启动计算机出牌线程和游戏者线程
    AfxBeginThread(CompThread,(void*)this);
    AfxBeginThread(PlayerThread,(void*)this);
}
void CEg11_1View∷OnFileEnd()
{
    // TODO: Add your command handler code here
    exit(0);
}
```

11.7.4 创建游戏者线程

在 CEg11_1View.h 中增加游戏者线程函数的声明，并将此函数设为友元函数，以便它能访问 CEg11_1View 类的私有数据。另外需要添加两个成员函数 play()和 showcard()。

```
public:
void play();
void showcard();
    friend   UINT   PlayerThread(LPVOID lpParameter);
```

游戏者线程如下：

```
UINT   PlayerThread(LPVOID lpParameter)
{
    CEg11_1View* pView=(CEg11_1View*)lpParameter;
    pView->play();
    return 1;
}
void CEg11_1View∷play()
{
    while(m_playing)
    {
      m_computerready.Lock();
      GetDlgItem(IDC_DISCARD)->EnableWindow(TRUE);
      SetDlgItemText(IDC_STATIC_SHOW2,"该你出牌了");
    }
}
```

为按钮"出牌"添加消息响应函数，接受系统默认的函数名，编辑代码如下：

```
void CEg11_1View∷OnDiscard()
{
    // TODO: Add your control notification handler code here
     GetDlgItem(IDC_DISCARD)->EnableWindow(FALSE);
            TCHAR buffer[10];
     BOOL bWinning=FALSE;
//产生随机数
     srand((unsigned)time(NULL)*10);
     int card=rand()%12+1;
//出牌以后改变成绩和牌局
    m_card[m_cardnum]=card;
```

```
            m_cardnum++;
        m_playernum--;
        showcard();
        SetDlgItemText(IDC_STATIC_SCORE1,ltoa(m_playernum,buffer,10));
          Sleep(1000);
    //判断是不是赢牌了并修改成绩
        for(int i=0;i<m_cardnum-1;i++)
        {
            if(card==m_card[i])
            {
              m_playernum+=m_cardnum-i;
              CString str1="你赢了";
              CString str2="张";
              ::AfxGetMainWnd()->MessageBox(str1+itoa((m_cardnum-i),buffer, 10) +str2,"排火车",
                  MB_ICONINFORMATION);
               m_cardnum=i;
               bWinning=TRUE;
              break;
            }
        }
        SetDlgItemText(IDC_STATIC_SCORE1,ltoa(m_playernum,buffer,10));
    //如果牌的张数为零则计算机赢
          if(m_playernum==0)
          {
              m_playing=FALSE;
              AfxMessageBox("对不起,你输了");
          }
    //显示修改以后的成绩
        showcard();
        Sleep(1000);
    //游戏者出牌完毕等待计算机出牌
        m_playerready.SetEvent();
        m_computerready.Unlock();
}
```

上面函数中所调用的显示牌局的函数代码如下：
```
void CEg11_1View::showcard()
{
    CString str;
    TCHAR buffer[10];
    for(int i=0;i<m_cardnum;i++)
    {
        itoa(m_card[i],buffer,10);
        str+="    ";
        str+=buffer;
    }
    SetDlgItemText(IDC_STATIC_SHOW1,str);
}
```

11.7.5 创建机器线程

在 CEg11_1View.h 中增加计算机线程函数的声明，并将此函数设为友元函数，以便它能访问 CEg11_1View 类的私有数据。

```
friend    UINT    CompThread(LPVOID lpParameter);
```
计算机线程如下：
```
UINT    CompThread(LPVOID lpParameter)
{
    CEg11_1View* pView=(CEg11_1View*)lpParameter;
    TCHAR buffer[10];
    BOOL Winning=FALSE;
    while(pView->m_playing)
    {
        Winning=FALSE;
        pView->m_playerready.Lock();
        pView->SetDlgItemText(IDC_STATIC_SHOW2,"计算机正在出牌……");

        srand((unsigned)time(NULL)*10);
        int     card=rand()%12+1;
        pView->m_card[pView->m_cardnum]=card;
        pView->m_cardnum++;
        pView->m_computernum--;
        pView->showcard();
        pView->SetDlgItemText(IDC_STATIC_SCORE2,ltoa(pView->m_computernum, buffer,10));
        Sleep(1000);

        for(int i=0;i<pView->m_cardnum-1;i++)
        {
            if(card==pView->m_card[i])
            {
                pView->m_computernum+=(pView->m_cardnum-i);
                CString str1="计算机赢了";
                CString str2="张";
                ::AfxGetMainWnd()->MessageBox(str1+itoa((pView->m_cardnum-i), buffer,10)+str2,
                    "排火车",MB_ICONINFORMATION);

                pView->m_cardnum=i;
                Winning=TRUE;
                break;
            }
        }
        pView->SetDlgItemText(IDC_STATIC_SCORE2,ltoa(pView->m_computernum, buffer,10));

        if(pView->m_computernum==0)
        {
            pView->m_playing=FALSE;
            AfxMessageBox("恭喜你,你赢了");
        }

        pView->showcard();
        Sleep(1000);

        pView->m_computerready.SetEvent();
        pView->m_playerready.Unlock();
    }
}
```

```
    return 1;
}
```
计算机线程的实现和游戏者线程很相似,因此没有加注释。

11.7.6 修改系统界面

运行程序后会发现系统中的工具栏是多余的,将它去掉。工具栏的创建在 CMainFrame.cpp 文件中的 OnCreate()函数中,此函数用于创建工具栏和状态栏。可以将有关工具栏的代码注释掉以达到去掉工具栏的效果。注意下面的黑体代码是注释掉的代码。

```
int CMainFrame::OnCreate(LPCREATESTRUCT lpCreateStruct)
{
    if (CFrameWnd::OnCreate(lpCreateStruct) == -1)
        return -1;

/*  if (!m_wndToolBar.CreateEx(this, TBSTYLE_FLAT, WS_CHILD|WS_VISIBLE| CBRS_TOP|CBRS_
    GRIPPER|CBRS_TOOLTIPS | CBRS_FLYBY | CBRS_SIZE_DYNAMIC)||
        !m_wndToolBar.LoadToolBar(IDR_MAINFRAME))
    {
        TRACE0("Failed to create toolbar\n");
        return -1;      // fail to create
    }
*/
    if (!m_wndStatusBar.Create(this) ||
        !m_wndStatusBar.SetIndicators(indicators,
          sizeof(indicators)/sizeof(UINT)))
    {
        TRACE0("Failed to create status bar\n");
        return -1;      // fail to create
    }

    // TODO: Delete these three lines if you don't want the toolbar to
    //  be dockable
/*      m_wndToolBar.EnableDocking(CBRS_ALIGN_ANY);
    EnableDocking(CBRS_ALIGN_ANY);
    DockControlBar(&m_wndToolBar);
*/
    return 0;
}
```

当使用程序窗口的最大化按钮时,可以看到其他控件并没有随之改变,最大化按钮的存在既没有必要且用了以后影响美观,可以使最大化按钮失效。通过重载 CMainFrame.cpp 文件中的 PreCreateWindow()函数可以修改一些窗口的重要信息,而这些信息放在 CREATESTRUCT 结构中,通过修改 CREATESTRUCT 结构来达到修改窗口显示效果的目的。这里使用按位与操作来关闭最大化按钮。

```
BOOL CMainFrame::PreCreateWindow(CREATESTRUCT& cs)
{
    cs.style&=~WS_MAXIMIZEBOX ;
    if( !CFrameWnd::PreCreateWindow(cs) )
    return FALSE;
    // TODO: Modify the Window class or styles here by modifying
    //  the CREATESTRUCT cs
```

```
        return TRUE;
}
```
通过修改应用程序使标题为"排火车"。重载 CEg11_1App 类的初始化函数,在显示窗口以前修改窗口的标题。
```
BOOL CEg11_1App::InitInstance()
{
    AfxEnableControlContainer();
……
    // Dispatch commands specified on the command line
    if (!ProcessShellCommand(cmdInfo))
    return FALSE;
        // The one and only window has been initialized, so show and update it.
            //修改窗口的标题
    m_pMainWnd->SetWindowText("排火车");
            //窗口的显示
    m_pMainWnd->ShowWindow(SW_SHOW);
    m_pMainWnd->UpdateWindow();
    return TRUE;
}
```

11.7.7 运行程序

运行程序享受一下游戏的乐趣,如图 11.3 所示。

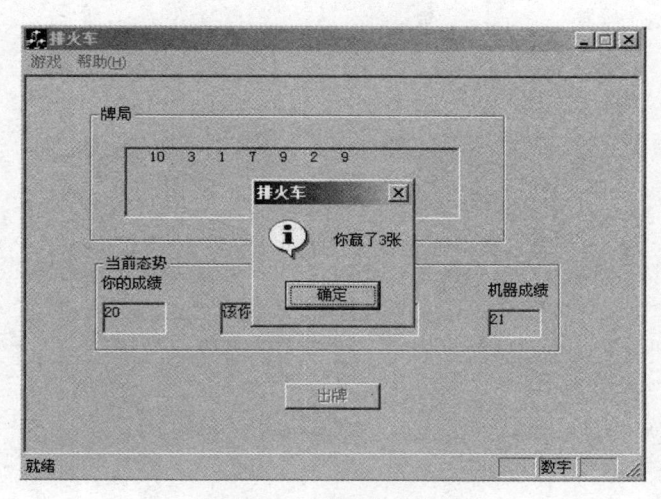

图 11.3 "排火车"游戏

习题十一

一、填空题

1. 进程的状态有三种,分别是:_____,_____和_____。
2. 线程通信一般有 4 种方式:_____,_____,_____和_____。
3. 进程一共有 4 个不同的优先级,可以为每个进程设置一个优先级。这 4 个优先级类别为:_____,

_____，_____以及_____。

4．事件分为_____和_____。

二、问答题

1．线程、进程、应用程序之间的区别与联系。
2．列举线程同步的对象，并说明在何时使用何种同步对象。
3．如何取得进程的句柄和 ID？
4．事件和互斥量的区别是什么？
5．线程同步方法有哪 4 个？它们的区别是什么？

三、上机题

1．实现多线程应用程序，产生随机数，向进程发送消息。进程在接受消息之后启动线程，弹出对话框类，显示该线程的序号。

2．线程同步：在上题的基础上，增加一个对话框类，产生随机数，在随机数符合一定条件下设置同步信号，弹出对话框。

第 12 章 串口通信程序的开发

应用程序经常要与外部设备进行通信,这种通信通常是通过一个标准的并行口和两个串行口进行的。外部设备主要是与并行口相连的打印机,与串口相连的调制解调器、鼠标以及其他与串口、并口相连的仪器设备。Windows 函数库中提供了 24 个低级函数,这些函数为程序员处理与外部设备的通信提供了基本的工具。

本章主要介绍串口通信机制和串口通信程序的基本实现,并通过实例认真剖析串口通信程序的开发方法。

12.1 串口通信的内部机制

12.1.1 Windows 串行通信的工作原理

常用的 DOS 系统主要是工作在响应中断方式。PC 机串行通信程序大多利用其 BIOS 块的 INT14H 中断,以查询串口的方式完成异步串行通信。

与 DOS 响应中断的工作方式不同,Windows 是一个事件驱动的并与设备无关的多用户操作系统。同时 Windows 禁止应用程序直接和硬件交互,程序员只能通过 Windows 提供的各类驱动程序来管理硬件。在这种情况下,Windows 系统充当了应用程序与硬件之间的中介。

Windows 系统函数包含了通信支持中断功能。系统为每个通信设备开辟了用户定义的输入/输出缓冲区(即读/写缓冲区),数据进出通信口均由系统后台来完成。应用程序只需完成对输入/输出缓冲区的操作就可以了。实际过程是每接收一个字符就产生一个低级硬件中断,Windows 系统中的串行驱动程序就取得了控制权,并将接收到的字符放入输入数据缓冲区。然后将控制权返还给正在运行的应用程序。如果输入缓冲区数据已满,串行驱动程序用当前定义的流控制机制通知发送方停止发送数据。队列中的数据按"先进先出"的次序处理。

12.1.2 串行通信的操作方式

下面介绍串行通信的几种操作方式。

1. 同步方式

同步方式中,读串口的函数试图在串口的接收缓冲区中读取规定数目的数据,直到规定数目的数据全部被读出或设定的超时时间已到时才返回。

2. 查询方式

查询方式,即一个进程中的某一线程定时地查询串口的接收缓冲区,若缓冲区中有数据,就读取数据;若缓冲区中没有数据,该线程将继续执行,因此会占用大量的 CPU 时间,它实际上是同步方式的一种派生。

3. 异步方式

异步方式中,利用 Windows 的多线程结构,可以让串口的读写操作在后台进行,而应用程序的其他部分在前台执行。

4. 事件驱动方式

若对端口数据的响应时间要求较严格,可采用事件驱动方式。事件驱动方式通过设置事件通知,当所希望的事件发生时,Windows 发出该事件已发生的通知,这与 DOS 环境下的中断方式很相似。Windows 定义了 9 种串口通信事件,较常用的有以下三种:

EV_RXCHAR:接收到一个字节,并放入输入缓冲区。

EV_TXEMPTY:输出缓冲区中的最后一个字符发送出去。

EV_RXFLAG:接收到事件字符(DCB 结构中 EvtChar 成员),放入输入缓冲区。

在用 SetCommMask() 指定了有用的事件后,应用程序可调用 WaitCommEvent() 来等待事件的发生。SetCommMask(hCom1m,0) 可使 WaitCommEvent() 中止。

5. 几种方式的比较

在一般要求情况下,查询方式是一种最直接的读串口方式。但定时查询存在一个致命弱点,即查询是定时发生的,可能发生得过早或过晚。在数据变化较快的情况下,特别是在主控计算机的串口通过扩展板扩展至多个时,需定时地对所有串口轮流查询,此时容易发生数据的丢失。虽然定时间隔越小,数据的实时性越高,但系统的资源也被占去越多。

Windows 中提出文件读写的异步方式,主要是针对文件 I/O 相对较慢的速度而进行的改进,它利用了 Windows 的多线程结构。虽然在 Windows 中没有实现任何对文件 I/O 的异步操作,但它却能对串口进行异步操作。采用异步方式,可以提高系统的整体性能,在对系统强壮性要求较高的场合,建议采用这种方式。

事件驱动方式是一种高效的串口读方式。这种方式的实时性较高,特别是对于扩展了多个串口的情况,并不要求像查询方式那样定时地对所有串口轮流查询,而是像中断方式那样,只有当设定的事件发生时,应用程序得到 Windows 操作系统发出的消息后,才进行相应处理,避免了数据丢失。在实时性要求较高的场合,建议采用这种方式。

12.1.3 单线程与多线程下的串口通信

在单线程中实现自定义的串口通信类,然后对串口进行配置。

Windows 中几个常用的串行通信操作函数如下:

CreateFile	打开串行口
CloseHandle	关闭串行口
SetupComm	设置通信缓冲区的大小
ReadFile	读串口操作
WriteFile	写串口操作
SetCommState	设置通信参数
GetCommState	获取默认通信参数
ClearCommError	清除串口错误并获取当前状态

通常可按以下 4 步实现串行通信:

(1)按协议的设置初始化并打开串行口,这样做就是通知 Windows 本应用程序需要这个串口,并封锁其他应用程序使它们不能使用此串口。

(2)配置这个串口。

(3)在串口上往返地传输数据,并在传输过程中进行校验。

（4）不需要此串口时，关闭串口。即释放串口以供其他应用程序使用。

在这 4 个步骤中，主要的程序代码集中在第（3）步。

多线程程序的编写在端口的配置和连接部分与单线程的相同，在端口配置完毕后，最重要的是根据实际情况，建立多线程之间的同步对象，如信号灯、临界区和事件等。

多线程的实现可以使得各端口独立，准确地实现串行通信，使串口通信具有更广泛的灵活性与严格性，且充分利用了 CPU 时间。但在具体的实时监控系统中如何协调多个线程，线程之间以何种方式实现同步也是多线程串行通信程序实现的难点。

12.2 串口通信的实现

12.2.1 串口的初始化

在 Win32 环境中，串口和其他通信设备都作为文件处理。串口的打开、关闭、读取、写入所用到的函数与文件操作所用到的函数相同。

串口通信程序以调用 CreateFile()函数开始，该函数的返回值是一个通信资源句柄，在随后的其他端口操作中使用。函数的描述如下：

CreateFile 函数的原型如下：

```
HANDLE CreateFile(
    LPCTSTR lpFileName,       // pointer to name of the file
    DWORD dwDesiredAccess,    // access (read-write) mode
    DWORD dwShareMode,        // share mode
    LPSECURITY_ATTRIBUTES lpSecurityAttributes, /*pointer to security descriptor */
    DWORD dwCreationDistribution,  // how to create
    DWORD dwFlagsAndAttributes,    // file attributes
    HANDLE hTemplateFile      // handle to file with attributes to copy
);
```

具体例子如下：

```
hCom1=CreateFile(
    "COM2",                          //串口号
    GENERIC_READ|GENERIC_WRITE,      //访问类型可读写
    0,                               //独占串口
    NULL,                            //无安全属性
    OPEN_EXISTING,                   //打开已存在的串口
    FILE_FLAG_OVERLAPPED,            //异步串口
    NULL                             //模块句柄为空
);
```

如果指定的资源正被别的进程使用，CreateFile 将失败。在访问通信资源的任何函数中，进程的任何线程均可使用 CreateFile 返回的标识资源句柄。当直接打开一个设备句柄时，应用程序必须使用特殊字符"\\.\"以便识别该设备。

一旦端口处于打开状态，就可以自动分配一个发送/接收缓冲区，当然也可以调用 SetComm()函数改变发送/接收缓冲区的大小。例如：

SetupComm(hCom1,1024,1024); //设置接收、发送缓冲区各 1024 字节

12.2.2 串口的配置

当用 CreateFile 函数打开一个串行通信资源句柄时,系统将根据资源最近一次被打开时的设置,来初始化和配置资源。如果设备从没有被打开过,将使用系统的默认值进行配置。

配置是通过确定端口的性能开始,端口性能在 COMMPROP 结构中返回,经确定支持系统要求的功能后,才能进行配置,以保证串口的配置成功。COMMPROP 结构提供了端口支持的设置信息,但该结构不能改变端口的设置。

而设备控制块(Device Control Block,DCB)通过用户编程,就可以实现对串口的配置。串行口和串行通信驱动程序是通过一个数据结构进行配置的,这个数据结构被称为设备控制块。DCB 结构的成员,确定了资源配置的设置。

DCB 中记录有可定义的串行口参数,设置串行口参数时必须先用 GetCommState 函数将系统默认值填入 DCB,然后才可把用户想改变的自定义值重新设定。

例子如下:
```
dcb.BaudRate=19200;              //定义 19200 的波特率
dcb.ByteSize=8;                  //定义串口的数据位数 8
dcb.Parity=NOPARITY;             //无奇偶校验
dcb.StopBits=ONESTOPBIT;         //1 位停止位
fSuccess=SetCommState(hCom1,&dcb); //设置串口
```

其中 BoundRate、ByteSize、Parity、StopBits 均为 DCB 结构的成员变量,分别表示波特率、数据位数、奇偶校验类型、停止位。fSuccess 是设置串口的返回值。

12.2.3 超时设置

如果在数据接收时突然中断,应该如何处理?这就是串口的超时设置要解决的问题了。

通信资源句柄有一套影响读写操作的相关的超时参数,当一个超时后,就能引起各种操作的结束,即使指定数目的字符尚未读写完。在读写操作中发生超时并不作为错误处理。利用超时参数可以定义两种超时:

- 间隔超时:当接收到相邻字符的时间间隔超过给定的毫秒数时,间隔超时将发生。从接收第一个字符开始计时,当接收到一个新的字符时重新开始计时。
- 总量超时:当读写花费的时间操作超过计算出的毫秒数时,总量超时将发生。计时从 I/O 操作开始后立即进行。

写操作只支持总量超时,读操作支持两种超时,可以单独使用或组合使用。

超时参数的设置可以用 COMMTIMEOUTS 结构实现。
```
typedef struct _COMMTIMEOUTS{
    DWORD   ReadIntervalTimerout;        //读区间超时
    DWORD   ReadTotalTimeoutMultiplier;  //读超时
    DWORD   ReadTotalTimeoutConstant;    //读串口总超时
    DWORD   WriteTotaltimeoutMultiplier; //写超时
    DWORD   WriteTotaltimeoutConstant;   //写串口总超时
}COMMTIMEOUTS,*LP COMMTIMEOUTS;
```

通过设置 COMMTIMEOUTS 结构,就可以完成超时设定。首先用 GetCommTimeouts(),用当前值填充 COMMTIMEOUTS 结构,改变特定的设置,再用 SetCommTimeouts()实现改变。

程序如下:
```
GetCommTimeouts(hCom1,&timeouts);    //获取 COMMTIMEOUTS 结构
```

```
timeouts.ReadIntervalTimeout=MAXDWORD;           //读区间超时设定
timeouts.ReadTotalTimeoutConstant=1000;          //读串口总超时设定为 1 秒
timeouts.WriteTotalTimeoutConstant=1000;         //写串口总超时设定为 1 秒
SetCommTimeouts(hCom1,&timeouts);                //改写 COMMTIMEOUTS 结构
```

12.2.4　串口的写操作

在串口配置成功后，下一步就可以进行读/写串口的操作了。

写串口程序相对比较简单，调用 WriteFile()函数就可以实现。函数调用的一个例子如下：

```
WriteFile(hCom1,out,length,&nToWrite,&o);
```

其中 hCom1 是串口的句柄，out 为指向存储写入数据的缓冲区，length 表示要发送的数据长度，nToWrite 为实际写入的字节数，&o 为指向一个 OVERLAPPED 结构，使数据的写操作在后台进行。

OVERLAPPED 结构如下：

```
typedef struct _OVERLAPPED{
    DWORD    Internal;
    DOWRD    InternalHigh;
    DOWRD    Offset;
    DOWRD    OffsetHigh;
    HANLDE   hEvent;
} OVERLAPPED;
```

在 OVERLAPPED 结构中，前 4 个都没有用于串口，因此在这里都要设为 0，最后一个参数 hEvent 用来指定一个手动复位事件，在异步 I/O 完成时，Windows 发送通知该事件的信号。在这里，如果没有设置 OVERLAPPED 结构的参数，在 Windows NT 或在 Windows 2000 中都可能写串口失败。程序如下：

```
o.hEvent=CreateEvent(NULL,TRUE,FALSE,NULL);//设置手动复位事件
```

在写串口后，要手动复位 OVERLAPPED 结构，程序如下：

```
ResetEvent(o.hEvent); //手动复位
```

然后，用 PurgeComm()函数清空发送缓冲区，程序如下：

```
PurgeComm(hCom1,PURGE_TXCLEAR);
```

12.2.5　串口的读操作

实现读串口的关键在于判断何时去读才能读完全部的数据。

首先用 SetCommMask()函数设置事件掩码值为 EV_CHAR，使 WaitCommEvent()函数能够接收到一个字符，并放入输入缓冲区，从而退出等待。再利用 ClearCommError()函数得到一个 COMSTAT 结构，而其中 COMSTAT 的成员变量 cbInQue 为接收缓冲区中实际的数据数。只要 WaitCommEvent()函数结束等待状态，程序就继续执行。下一步，判断输入缓冲区是否为 0，如不是就可以开始读串口的操作。

读串口使用 ReadFile()函数，一个调用的例子如下：

```
ReadFile(hCom1,input,cs.cbInQue,&nBytesRead,&o);
```

与 WriteFile()函数相同，hCom1 为串口的句柄，input 为指向将要存储读入数据的缓冲区，cs 为 COMSTAT 结构的一个变量，cs.cbInQue 为缓冲区的字节数，nBytesRead 为实际要读的字节数，第 5 个参数也指向 OVERLAPPED 结构，在读操作完成后，也要手动复位该参数（同样，读串口时也存在写串口时的问题）。

在这里还使用了几个其他的函数，下面也将介绍：
- SetCommMask(hCom1,EV_RXCHAR);

其中 hCom1 为串口的句柄，EV_RXCHAR 为设置的事件掩码值，这里的意义为接收到一个字符，就产生一个事件。如果将第 2 个参数设为 0，就使 WaitCommEvent()函数停止检测，结束等待状态。
- WaitCommEvent(hCom1,&dwEvent,NULL);

其中 hCom1 为串口的句柄，dwEvent 为返回的事件掩码值，第 3 个参数指向 OVERLAPPED 结构，同样这里未使用。该函数会等待在 SetCommMask()函数中设定的事件发生，当事件发生时，该函数就结束等待状态。
- ClearCommError(hCom1,&dwError,&cs);

其中 hCom1 为串口的句柄，dwError 为返回的包含发生错误的事件掩码值，第 3 个参数 cs 为返回的指向 COMSTAT 结构的变量，在 COMSTAT 结构中的 cbInQue 成员变量表示在输入缓冲区中的字节数。

12.2.6 关闭串口

在程序执行完，退回到 Windows 环境时，要关闭串口，以便其他程序能使用。关闭串口很简单，用下面的函数实现：

CloseHandle(hCom1);   //hCom1 为串口的句柄

12.3 串口通信程序举例

本节讲述一个具体的串口通信的实例，该实例是在工控以太网通信协议解密时所用到的一个串口通信程序，这里实现的是通信协议解密的软件部分。

该软件设计的目的是接收来自过程级和监控级两处发送的信号，也就是它们互答的通信的协议。即该软件的功能在于从串口 1 和串口 2 接收数据，从串口 1 接收过程级的数据，从串口 2 接收监控级的数据。由于监控级和过程级的通信是突发或连续的，实时性较高，为了防止任何数据的丢失，这里将采用多线程技术。

可以联系前面章节学到的控件和对话框的知识以及本章串口通信的实现步骤来实现该程序，程序结果如图 12.1 所示。

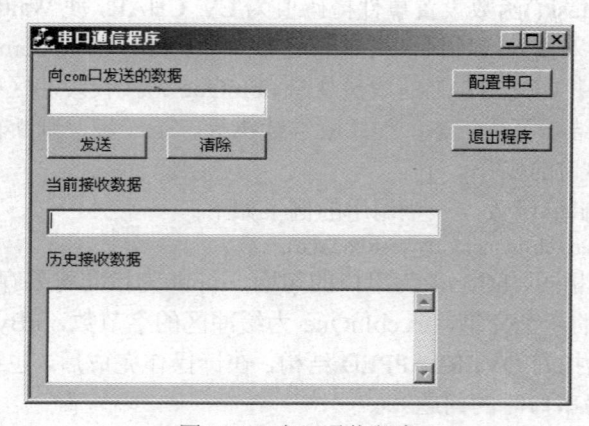

图 12.1 串口通信程序

12.3.1 建立基于对话框的程序

建立基于对话框的程序 Eg12_1，删除对话框资源默认的一个静态控件和两个按钮控件。修改对话框资源的 Properties 属性，如图 12.2 和图 12.3 所示。

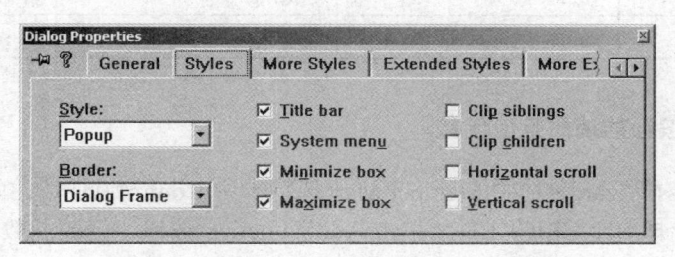

图 12.2 Properties 对话框的 Styles 选项卡

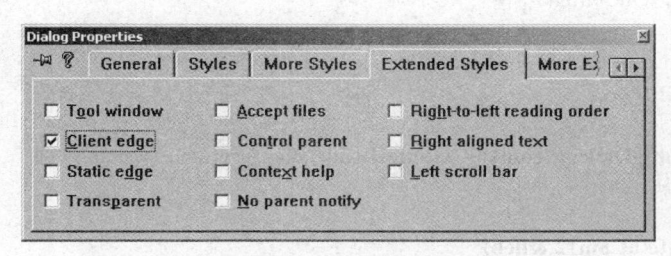

图 12.3 Properties 对话框的 Extended Styles 选项卡

12.3.2 添加控件

在对话框资源上添加如表 12.1 所示的控件。

表 12.1 对话框资源中各控件属性

控件类型	资源 ID	标题	其他属性
按钮控件	ID_BUTTON1	配置串口	默认属性
	ID_BUTTON2	发送	
	ID_BUTTON3	清除	
	ID_BUTTON4	退出程序	
静态控件	IDC_STATIC1	向 com 口发送的数据	默认属性
	IDC_STATIC2	当前接收数据	
	IDC_STATIC3	历史接收数据	
编辑框控件	IDC_EDIT1		
	IDC_EDIT2		
	IDC_EDIT3		Multiline 属性为 True，Vertical scoll 属性为 True

为控件建立相关联的成员变量，如表 12.2 所示。

表 12.2　各控件增加的成员变量

资源 ID	Catogory	Type	成员变量名
IDC_EDIT1	Value	CString	m_sendData
IDC_EDIT2	Value	CString	m_receiveData
IDC_EDIT3	Value	CString	m_receive

12.3.3　建立按钮的消息响应函数

打开 MFC Class Wizard，选中 Member Map 选项卡中 Control IDs 项中的 IDC_BUTTON1，在 Messages 里面选择 BN_CLICKED，单击 Add Function 按钮，修改函数名为 OnConfig，然后单击 Edit Code 按钮，进入源程序，编辑函数如下：

```
void CEg12_1Dlg::OnConfig()
{
    // TODO: Add your control notification handler code here
    COMMCONFIG cc;
    cc.dcb=dcb;
    if(!CommConfigDialog("com1",GetSafeHwnd(),&cc)) return;

    dcb=cc.dcb;
    SetCommState(hCom12,&dcb);
}
```

同样为按钮 IDC_BUTTON2、IDC_BUTTON3 和 IDC_BUTTON4 的 BN_CLICKED 消息建立消息响应函数 OnSend()、OnClear()和 OnQuit() 如下：

```
void CEg12_1Dlg::OnSend()
{
    // TODO: Add your control notification handler code here
    unsigned long nToWrite;
    UpdateData();
    PurgeComm(hCom12,PURGE_TXCLEAR);//清空发送缓冲区
    PurgeComm(hCom12,PURGE_RXCLEAR);//清空接收缓冲区

    WriteFile(hCom12,m_sendData,m_sendData.GetLength(),&nToWrite,&o);
                                            //写串口
    //WriteFile(hCom1,out,length,&nToWrite,&o);
    PurgeComm(hCom12,PURGE_TXCLEAR);//清空发送缓冲区

}
void CEg12_1Dlg::OnClear()
{
    // TODO: Add your control notification handler code here
    m_sendData="";
    UpdateData(FALSE);
}
void CEg12_1Dlg::OnQuit()
{
    // TODO: Add your control notification handler code here
    CloseHandle(hCom1);
    CDialog::OnCancel();
}
```

12.3.4 重载对话框类的初始化函数 OnInitDialog()

(1) 在初始化以前需要定义程序用到的结构和变量,在 Eg12_1Dlg.cpp 中的宏定义之后加入如下代码:

```
DCB dcb;                              //编程配置串口结构
HANDLE hCom1;                         //通信资源句柄
DWORD dwError,dwEvtMask,dwEvent;
BOOL fSuccess;                        //判断串口是否打开成功
CString    receiveData;
OVERLAPPED    o;
COMMPROP CommProp;                    //串口信息结构,不可更改
COMMTIMEOUTS timeouts;                //定义超时设置结构
COMSTAT cs;
char    input[1000];
HWND hWndUpdate;
int t=50;
```

(2) 把串口的初始化、配置放在对话框类的 OnInitDialog()函数中。

```
BOOL CEg12_1Dlg::OnInitDialog()
{
    CDialog::OnInitDialog();
    ..............
    // TODO: Add extra initialization here
    //打开 COM1 口
    hCom1=CreateFile("COM1",                //COM1 口
        GENERIC_READ|GENERIC_WRITE,         //访问类型可读写
        0,                                  //独占串口
        NULL,                               //无安全属性
        OPEN_EXISTING,                      //打开已存在的串口
        FILE_FLAG_OVERLAPPED,               //异步串口
        NULL);                              //模块句柄为空
    if(hCom1==INVALID_HANDLE_VALUE)         //检测打开是否成功
    {
        MessageBox("打开串口错误!");
        return 1;
    }
    SetupComm(hCom11,1024,1024);            //设置接收、发送缓冲区各 1024 字节
//定义串口
    fSuccess=GetCommState(hCom11,&dcb);     //获取 DCB 结构
    if(!fSuccess)
    {
        MessageBox("获取 DCB 结构错误!");
        return 1;
    }
    dcb.BaudRate=19200;                     //定义 19200 的波特率
    dcb.ByteSize=8;                         //定义串口的数据位数 8
    dcb.Parity=NOPARITY;                    //无奇偶校验
    dcb.StopBits=ONESTOPBIT;                //1 位停止位
    fSuccess=SetCommState(hCom11,&dcb);     //设置串口
    if(!fSuccess)                           //检测串口 DCB 结构设置是否正确
    {
```

```
            MessageBox("DCB 结构设置错误!");
            return 1;
    }
    //超时设定
        GetCommTimeouts(hCom11,&timeouts);
        timeouts.ReadIntervalTimeout=MAXDWORD;//读区间超时设定
        timeouts.ReadTotalTimeoutConstant=1000;
        timeouts.WriteTotalTimeoutConstant=1000;
        SetCommTimeouts(hCom11,&timeouts);
        OnReceive();       //启动读线程
        return TRUE;   // return TRUE   unless you set the focus to a control
    }
```

（3）启动读线程。在初始化串口后，就要启动读线程进行串口监控。因此，把启动读线程程序放在了对话框类的 OnInitDialog()函数的最后。需要在 CEg12_1Dlg.h 文件中声明自定义的函数 OnReceive()。

线程启动程序如下：
```
void CEg12_1Dlg::OnReceive()
{
    //定义一个句柄，用于读线程
    HWND hWndread=GetSafeHwnd();
    //启动读线程
    AfxBeginThread(ReadProc,hWndread,THREAD_PRIORITY_NORMAL);
}
```

在这里 ReadProc 就是读线程程序，THREAD_PRIORITY_NORMAL 表示线程等级为一般，hWndread 为传递的参数。读线程程序如下：
```
UINT ReadProc(LPVOID param)
{
    unsigned long nBytesRead;
    o.hEvent=CreateEvent(NULL,TRUE,FALSE,NULL);
    while(test)
    {
        SetCommMask(hCom11,EV_RXCHAR);        //设置通信检测事件
        if(WaitCommEvent(hCom11,&dwEvent,NULL))     //检测通信事件
        {
            ::Sleep(t);        //等待 t 毫秒，以便数据能完全接收
            //获取缓冲区字节数
            ClearCommError(hCom11,&dwError,&cs);
            if(cs.cbInQue)
            {
                if(!ReadFile(hCom1,input,cs.cbInQue,
                    &nBytesRead,&o))            //读串口
                {
                    AfxMessageBox("读串口失败!");
                    return 0;
                }
                else        //读串口成功!
                {
                    //把字符串转换为 String 型
                    receiveData=CString(input,nBytesRead);
                    //告诉主线程，数据接收完毕，可以处理数据了
```

::PostMessage(hWndUpdate,WM_USERUPDATE,0,0);
            }
            ResetEvent(o.hEvent);   //复位
        }
    }
    PurgeComm(hCom1,PURGE_RXCLEAR);   //清空输入缓冲区
}
    return 1;
}

（4）加入用户自定义消息。
- 在 CEg12_1Dlg.h 文件中定义自定义消息：WM_USERUPDATE

#define WM_USERUPDATE=WM_USER+1
- 在 CEg12_1Dlg.h 文件中声明自定义的消息处理函数 OnUserUpdate()

LONG   OnUserUpdate(WPARAM wParam,LPARAM lParam)
- 在CEg12_1Dlg.cpp文件中，使WM_USERUPDATE消息和消息处理函数OnUserUpdate()联系起来

BEGIN_MESSAGE_MAP(CEg12_1Dlg, CDialog)
    //{{AFX_MSG_MAP(CEg12_1Dlg)
    ON_WM_SYSCOMMAND()
    ON_WM_PAINT()
    ON_WM_QUERYDRAGICON()
    ON_BN_CLICKED(IDC_BUTTON1, OnConfig)
    ON_BN_CLICKED(IDC_BUTTON2, OnSend)
    ON_BN_CLICKED(IDC_BUTTON3, OnClear)
    //}}AFX_MSG_MAP
    ON_MESSAGE(WM_USERUPDATE,OnUserUpdate)
END_MESSAGE_MAP()

- 在 CEg12_1Dlg.cpp 文件中，添加消息处理函数 OnUserUpdate()的代码如下：

LONG CEg12_1Dlg::OnUserUpdate(WPARAM wParam,LPARAM lParam)
{
    //等待读线程完毕，或超出定时
    m_receiveData=receiveData;
    m_receive+=m_receiveData;
    UpdateData(FALSE);
    return 0;
}

12.3.5 程序运行结果

（1）运行程序，单击"配置串口"按钮会弹出如图 12.4 所示的对话框。
（2）可以在单台计算机测试本程序，只需把串口连接线的一端与计算机的 com 口连接，将另一端的引脚 2 和引脚 3 连接即可实现单台计算机在 com 口的自发自收。在发送数据编辑框中输入"第一次发送"，单击"发送"按钮，如图 12.5 所示。
（3）单击"清除"按钮，如图 12.6 所示。
（4）在发送数据编辑框中输入"第二次发送"，单击"发送"按钮，如图 12.7 所示。

图 12.4　配置串口对话框

图 12.5　串口通信程序运行结果

图 12.6　串口通信程序运行结果

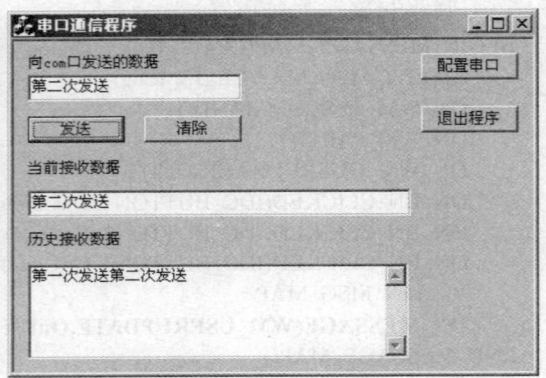

图 12.7　串口通信程序运行结果

习题十二

一、问答题

1. 简述 Windows 的串口通信机制。
2. 串口通信程序的实现有哪几个步骤？

二、上机练习题

将两台计算机的 com 口通过串行线连接起来，编程实现它们之间的通信，使它们可以随意传递信息。

第 13 章　动态链接库

动态链接库（Dynamic Link Library），简称 DLL，它是基于程序设计的一个非常重要的组成部分。在建立应用程序的可执行文件时，不必把 DLL 链接到程序中，而是运行时动态装载 DLL，装载 DLL 时 DLL 的代码被映射到进程的地址空间中，支持自动生成几种类型的 DLL，使用它们可以编写自己的 DLL。

本章主要介绍动态链接库的概念及其相关知识，并举例说明如何用 Visual C++ 6.0 建立和调用动态链接库的方法。

13.1　DLL 基础知识

13.1.1　DLL 概述

比较大的应用程序都由很多模块组成，这些模块分别完成相对独立的功能，它们彼此协作来完成整个软件系统的工作。可能存在一些模块的功能较为通用，在构造其他软件系统时仍会被使用。在构造软件系统时，如果将所有模块的源代码都静态编译到整个应用程序 EXE 文件中，会产生一些问题：一个缺点是增加了应用程序的大小，它会占用更多的磁盘空间，程序运行时也会消耗较大的内存空间，造成系统资源的浪费；另一个缺点是，在编写大的 EXE 程序时，在每次修改重建时都必须调整编译所有源代码，增加了编译过程的复杂性，也不利于阶段性的单元测试。Windows 系统平台上提供了一种完全不同的有效的编程和运行环境，可以将独立的程序模块创建为较小的 DLL（Dynamic Link Library）文件，并可对它们单独编译和测试。在运行时，只有当 EXE 程序确实要调用这些 DLL 模块的情况下，系统才会将它们装载到内存空间中。这种方式不仅减少了 EXE 文件的大小和对内存空间的需求，而且使这些 DLL 模块可以同时被多个应用程序使用。Windows 自己就将一些主要的系统功能以 DLL 模块的形式实现。

一般来说，DLL 是一种磁盘文件，以 .DLL、.DRV、.FON、.SYS 和 .EXE 为扩展名的系统文件都可以是 DLL。它由全局数据、服务函数和资源组成，在运行时被系统加载到进程的虚拟空间中，成为调用进程的一部分。如果与其他 DLL 之间没有冲突，该文件通常映射到进程虚拟空间的同一地址上。DLL 模块中包含各种导出函数，用于向外界提供服务。DLL 可以有自己的数据段，但没有自己的堆栈，使用与调用它的应用程序相同的堆栈模式；一个 DLL 在内存中只有一个实例；DLL 实现了代码封装性；DLL 的编制与具体的编程语言及编译器无关。在 Win32 环境中，每个进程都复制了自己的读/写全局变量。如果想要与其他进程共享内存，必须使用内存映射文件或者声明一个共享数据段。DLL 模块需要的堆栈内存都是从运行进程的堆栈中分配出来的。Windows 在加载 DLL 模块时将进程函数调用与 DLL 文件的导出函数相匹配。Windows 操作系统对 DLL 的操作仅仅是把 DLL 映射到需要它的进程的虚拟地址空间里去。DLL 函数中的代码所创建的任何对象（包括变量）都归调用它的线程或进程所有。

13.1.2 DLL 与 LIB 的区别

DLL 与 LIB 的相似之处是它们都是将一部分可执行代码以及数据放在库中供用户程序使用，而且在使用时，这些代码就像是用户本身程序的一部分。

LIB 文件是静态链接库文件，在其中放置了许多的函数和变量。其中一部分函数和变量是供内部使用的，在接口中不可见，即没有输出；另一部分是供接口使用的（当然内部函数也可以使用），外部可见，从而应用程序可以调用这些输出的函数和变量。

LIB 文件中保存提供给外部程序调用的输出函数和变量的详细信息，在调用这些函数和使用这些变量时，类型必须是一致的，否则在程序链接的时候将报告错误。LIB 文件的链接过程是一个工程在编译链接成可执行文件的过程中实现的。如果一个工程调用了一个 LIB 文件的一个或是几个函数，则这个工程必须链接这个 LIB 文件，而且这几个函数的代码也将成为这个工程最后编译出来的可执行程序的一部分。如果 LIB 文件中的某一个函数在多个工程中被使用且这几个工程的可执行程序同时在系统中运行，那么这几个函数的代码在系统中将有多个拷贝在运行。

在 DLL 中同样包括许多变量和函数，分为内部变量、函数和外部接口函数、变量。对于内部的函数和变量，供 DLL 自己调用，因此并不包含名称，只使用地址；对于供外部调用的函数和变量，在内部的时候也使用地址，只是在头文件中包含了输出变量和函数的名称，而且包含了这些名称所对应的地址，即将名称和地址对应起来。通过这些名称就可以查找对应变量和函数的地址（函数的地址是指函数入口点的地址）。

在 DLL 文件输出的变量和函数中，并没有指明它们的类型，如果要调用这些函数和变量，只有通过文档来说明它们的类型和参数。DLL 库文件是一个可执行的模块，有入口点函数（DllMain）；每次装入模块时先调用这个函数。它不像 LIB 文件那样，使用工具将其中的函数移走，也无法加入别的函数，除非修改源代码重新编译。

DLL 是代码重用的一个典范。一个 DLL 文件可以被多个应用程序调用，而在应用程序与 DLL 链接的时候，并不是将其中的代码和数据拷贝到调用它的工程中，而是在工程中调用 DLL 的语句，源代码仍然放在 DLL 中。在一个计算机系统中，如果有多个应用程序调用了同一个 DLL，则这个 DLL 的代码只会装入一个拷贝，而不是每一个调用它的应用程序，即进程都有一个拷贝，这样可以大大节省物理内存的空间。DLL 在数据组织上也尽量只在系统中装入一个拷贝。

13.1.3 DLL 与 EXE 的区别

DLL 和 EXE 都是 Windows 下的可执行模块，在对应的文件结构上，它们也有类似之处：具有文件头、重定位信息表、导入动态库表等，另外，DLL 作为供程序调用的服务者，文件中还包含导出的函数表和变量表。

DLL 是服务的提供者，主要用来提供输出变量和函数供别的程序调用，在 DLL 被装入的时候，以及进程中创建线程的时候，Windows 都会以不同的参数调用入口点函数，然后该函数进行某些初始化工作后返回，DLL 的执行就停止了。Windows 并不为 DLL 创建单独的进程空间，而是将其装入共享地址，然后将其映射到不同的进程供进程调用，从而达到代码共享的目的。

EXE 是 DLL 所提供服务的使用者，调用 DLL 中的输出函数和变量，每一个 EXE 在运行的时候，Windows 均为它创建单独的进程环境，包括进程地址空间，EXE 就在它的地址空间中运行，对别的进程是不透明的，因此也就无法为别的进程调用，因此在许多情况下只能使用

DLL 来实现某些功能。

13.1.4 DLL 的两种动态链接方法

1. 加载时动态链接

由编译系统完成对 DLL 的加载和应用程序结束时 DLL 卸载的编码（如还有其他程序使用该 DLL，则 Windows 对 DLL 的应用记录减 1，直到所有相关程序都结束对该 DLL 的使用时才释放它），简单实用，但不够灵活，只能满足一般要求。

隐式的调用：需要把产生动态连接库时产生的.LIB 文件加入到应用程序的工程中，想使用 DLL 中的函数时，只需说明一下。隐式调用不需要调用 LoadLibrary()和 FreeLibrary()。程序员在建立一个 DLL 文件时，链接程序会自动生成一个与之对应的 LIB 导入文件。该文件包含了每一个 DLL 导出函数的符号名和可选的标识号，但是并不含有实际的代码。LIB 文件作为 DLL 的替代文件被编译到应用程序项目中。当程序员通过静态链接方式编译生成应用程序时，应用程序中的调用函数与 LIB 文件中导出符号相匹配，这些符号或标识号进入到生成的 EXE 文件中。LIB 文件中也包含了对应的 DLL 文件名（但不是完全的路径名），链接程序将其存储在 EXE 文件内部。当应用程序运行过程中需要加载 DLL 文件时，Windows 根据这些信息发现并加载 DLL，然后通过符号名或标识号实现对 DLL 函数的动态链接。所有被应用程序调用的 DLL 文件，都会在应用程序 EXE 文件加载时被加载到内存中。可执行程序链接到一个包含 DLL 输出函数信息的输入库文件（.LIB 文件）。操作系统在加载使用可执行程序时加载 DLL。可执行程序直接通过函数名调用 DLL 的输出函数，调用方法和程序内部的其他函数是一样的。

2. 运行时动态链接

由编程者用 API 函数加载和卸载 DLL 来达到调用 DLL 的目的，使用上较复杂，但能更加有效地使用内存，是编制大型应用程序时的重要方式。

显式的调用是指在应用程序中用 LoadLibrary 或 MFC 提供的 AfxLoadLibrary，将自己所做的动态链接库调进来，动态链接库的文件名即是上面两个函数的参数，再用 GetProcAddress()获取想要引入的函数。自此，就可以像使用本应用程序自定义的函数一样来调用此引入的函数。在应用程序退出之前，应该用 FreeLibrary 或 MFC 提供的 AfxFreeLibrary 释放动态链接库。直接调用 Win32 的 LoadLibary 函数，并指定 DLL 的路径作为参数。LoadLibary 返回 HINSTANCE 参数，应用程序在调用 GetProcAddress 函数时使用这一参数。GetProcAddress 函数将符号名或标识号转换为 DLL 内部的地址。程序员可以决定 DLL 文件何时加载或不加载，显式链接在运行时决定加载哪个 DLL 文件。使用 DLL 的程序在使用之前必须加载（LoadLibrary）DLL，从而得到一个 DLL 模块的句柄，然后调用 GetProcAddress 函数得到输出函数的指针，在退出之前必须卸载 DLL（FreeLibrary）。上面三个函数的原型如下：

HINSTANCE AFXAPI　AfxLoadLibrary(LPCTSTR　lpszModuleName);

参数 lpszModuleName 给出 DLL 文件名，返回得到相应模块的句柄。

FARPROC GetProcAddress(
　　　HMODULE hModule,
　　　LPCSTR　lpProcName
);

参数 hModule 是 DLL 模块的句柄。

参数 lpProcName 指明需要用到的输出函数的函数名，前面提到的 def 文件中可以将输出函数定义成 NONAME 的，只输出一个序号，这时要得到输出函数的指针，需要用如下形式：

```
FARPROC GetProcAddress(
        HMODULE hModule,
        MAKEINTERSOURCE(MyFuncID)
);
```
MyFuncID 是输出函数的序号，MAKEINTERSOURCE 是将整数转换成要用到的字符串。
BOOL AFXAPI FreeLibrary(HINSTANCE hInstLib);
hInstLib 是前面装入的模块句柄。

13.2 DLL 入口/出口函数

Win32 DLL 与 Win16 DLL 有很大的区别，这主要是由操作系统的设计思想决定的。一方面，在 Win16 DLL 中程序入口点函数和出口点函数（LibMain 和 WEP）是分别实现的；而在 Win32 DLL 中却由同一函数 DLLMain 来实现。无论何时，当一个进程或线程载入和卸载 DLL 时，都要调用该函数。

13.2.1 DLLMain 函数

每一个 DLL 必须有一个入口点，DLLMain 是一个默认的入口函数。DLLMain 负责初始化（initialization）和结束（termination）工作，每当一个新的进程或者该进程的新的线程访问 DLL 时，或者访问 DLL 的每一个进程或者线程不再使用 DLL 或者结束时，都会调用 DLLMain。但是，使用 TerminateProcess 或 TerminateThread 结束的进程或者线程，不会调用 DLLMain。

DLLMain 的函数原型如下：
```
BOOL APIENTRY DLLMain(
  HANDLE    hModule,
  DWORD     ul_reason_for_call,
  LPVOID    lpReserved )
{
switch(ul_reason_for_call)
{
case DLL_PROCESS_ATTACH:
……
case DLL_THREAD_ATTACH:
……
case DLL_THREAD_DETACH:
……
case DLL_PROCESS_DETACH:
……
return TRUE;
}
}
```
参数 hMoudle 是动态库被调用时所传递过来的一个指向自己的句柄（实际上，它是指向_DGROUP 段的一个选择符）。

参数 ul_reason_for_call 是一个说明动态库被调原因的标志。当进程或线程装入或卸载动态链接库的时候，操作系统调用入口函数，并说明动态链接库被调用的原因。

它所有的可能值为：

DLL_PROCESS_ATTACH：进程被调用。

DLL_THREAD_ATTACH：线程被调用。
DLL_PROCESS_DETACH：进程被停止。
DLL_THREAD_DETACH：线程被停止。
参数 lpReserved：是一个被系统所保留的参数。

在 DLLMain 函数中可以对传递进来的参数的值进行判别，并根据不同的参数值对 DLL 进行必要的初始化或清理工作。举个例子来说，当有一个进程载入一个 DLL 时，系统分派给 DLL 的第二个参数为 DLL_PROCESS_ATTACH，这时可以根据这个参数初始化特定的数据。

在 Win16 环境下，所有应用程序都在同一地址空间；而在 Win32 环境下，所有应用程序都有自己的私有空间，每个进程的空间都是相互独立的，这减少了应用程序间的相互影响，但同时也增加了编程的难度。在 Win16 环境中，DLL 的全局数据对每个载入它的进程来说都是相同的；而在 Win32 环境中，情况却发生了变化，当进程在载入 DLL 时，系统自动把 DLL 地址映射到该进程的私有空间，而且也复制该 DLL 的全局数据的一份拷贝到该进程空间，也就是说每个进程所拥有的相同的 DLL 的全局数据，其值并不一定是相同的。因此，在 Win32 环境下要想在多个进程中共享数据，就必须进行必要的设置，即把这些需要共享的数据分离出来，放置在一个独立的数据段里，并把该段的属性设置为共享。

为了使用 C 运行库（C Runtime Library，CRT）的 DLL 版本（多线程），一个 DLL 应用程序必须指定_DLLMainCRTStartup 为入口函数，DLL 的初始化函数必须是 DLLMain。_DLLMainCRTStartup 完成以下任务：当进程或线程捆绑（Attach）到 DLL 时为 C 运行时间库的数据（C Runtime Data）分配空间和初始化并且构造全局 C++对象，当进程或者线程终止使用 DLL（Detach）时，清理 C 运行时间库的数据并且销毁全局 C++对象。它还调用 DLLMain 和 RawDLLMain 函数。RawDLLMain 在 DLL 应用程序动态链接到 MFC DLL 时被需要，但它是静态链接到 DLL 应用程序的。

13.2.2　MFC AppWizard 生成的 Regular DLL 入口/出口

MFC AppWizard 生成的 Regular DLL 在后面的章节会有介绍，这里只讨论它的入口/出口点问题。

每个 Regular DLL 都有 MFC AppWizard 自动生成的 CWinApp 派生类的对象，与其他 MFC 应用程序一样，它是在 CWinApp 派生类的成员函数 InitInstance 和 ExitInstance 完成初始化和终止的工作。

实际上，MFC 提供了一个基本的 DLLMain 函数，在这种 DLL 中不必自己编写 DLLMain 函数，由 MFC 提供的这个函数在装载 DLL 的时候调用 InitInstance 函数，而在 DLL 退出的时候调用 ExitInstance 函数。所需要完成的初始化和终止工作需要在这两个函数中完成。

13.3　从 DLL 中导出函数

DLL 程序和调用其输出函数的程序的关系如下。
- DLL 与进程、线程之间的关系

DLL 模块被映射到调用它的进程的虚拟地址空间。DLL 使用的内存从调用进程的虚拟地址空间分配，只能被该进程的线程所访问。DLL 的句柄可以被调用进程使用；调用进程的句柄可以被 DLL 使用。DLL 使用调用进程的栈。

- 关于共享数据段

DLL 定义的全局变量可以被调用进程访问；DLL 可以访问调用进程的全局数据。使用同一 DLL 的每一个进程都有自己的 DLL 全局变量实例。如果多个线程并发访问同一变量，则需要使用同步机制；对一个 DLL 的变量，如果希望每个使用 DLL 的线程都有自己的值，则应该使用线程局部存储（Thread Local Strorage，TLS）。在程序里加入预编译指令，或在开发环境的项目设置里达到设置数据段属性的目的。必须给这些变量赋初值，否则编译器会把没有赋初始值的变量放在一个未被初始化的数据段中。

DLL 的函数动态链接库中定义有两种函数：导出函数（export function）和内部函数（internal function）。导出函数可以被其他模块调用，内部函数在定义它们的 DLL 程序内部使用。输出函数的方法有以下 3 种。

13.3.1 使用 DEF 文件导出函数

模块定义文件（.DEF）是一个或多个用于描述 DLL 属性的模块语句组成的文本文件，每个 DEF 文件至少必须包含以下模块定义语句：

- 第一个语句必须是 LIBRARY 语句，指出 DLL 的名字。
- EXPORTS 语句列出被导出函数的名字；将要输出的函数修饰名罗列在 EXPORTS 之下，这个名字必须与定义函数的名字完全一致，如此就得到一个没有任何修饰的函数名了。
- 可以使用 DESCRIPTION 语句描述 DLL 的用途（此句可选）。
- ";"对一行进行注释（可选）。

传统的方法在模块定义文件的 EXPORT 部分指定要输入的函数或者变量。语法格式如下：

entryname[=internalname] [@ordinal[NONAME]] [DATA] [PRIVATE]

其中：entryname 是输出的函数或者数据被引用的名称。

internalname 同 entryname。

@ordinal 表示在输出表中的顺序号（index）。

NONAME 仅仅在按顺序号输出时被使用（不使用 entryname）。

DATA 表示输出的是数据项，使用 DLL 输出数据的程序必须声明该数据项为_declspec(DLLimport)。

上述各项中，只有 entryname 项是必须的，其他可以省略。对于 C 函数来说，entryname 可以等同于函数名；但是对 C++函数（成员函数、非成员函数）来说，entryname 是修饰名。可以从.map 映像文件中得到要输出函数的修饰名，或者使用 DUMPBIN /SYMBOLS 得到，然后把它们写在.def 文件的输出模块中。DUMPBIN 是 VC 提供的一个工具。如果要输出一个 C++类，则要把输出的数据和成员的修饰名都写入.def 模块定义文件。

13.3.2 使用关键字_declspec(dllexport)

使用 MFC 提供的修饰符号_declspec(DLLexport)在要输出的函数、类、数据的声明前加上_declspec(DLLexport)的修饰符，表示输出。_declspec(DLLexport)在 C 调用约定、C 编译情况下可以去掉输出函数名的下划线前缀。extern "C"使得在 C++中使用 C 编译方式成为可能。在 C++下定义 C 函数，需要加 extern "C"关键词。用 extern "C"来指明该函数使用 C 编译方式。输出的 C 函数可以从 C 代码里调用。

例如，在一个 C++文件中，有如下函数：
extern "C" {void _declspec(DLLexport) _cdecl Test(int var);}
其输出函数名为：Test

13.3.3 使用 AFX_EXT_CLASS 导出

MFC 扩展 DLL 使用 AFX_EXT_CLASS 来导出类，链接这种 DLL 的应用程序或其他 DLL 使用这个宏来导入类。

如果用于 DLL 应用程序的实现中，则表示输出；如果用于使用 DLL 的应用程序中，则表示输入。要输出整个的类，对类使用_declspec(_DLLexpot)；要输出类的成员函数，则对该函数使用_declspec(_DLLexport)。如：

class AFX_EXT_CLASS CTextDoc : public CDocument
{
…
}extern "C" AFX_EXT_API void WINAPI InitMYDLL();

当创建 DLL 时，要创建一组可执行模块（或其他 DLL）调用的函数。DLL 可以将变量、函数或 C/C++类输出到其他模块。在实际工作环境中，应该避免输出变量，因为这会删除程序代码中的一个抽象层，使它更加难以维护 DLL 代码。此外，只有当使用同一个供应商提供的编译器，对输入 C++类的模块进行编译时，才能输出 C++类。由于这个原因，也应该避免输出 C++类，除非知道可执行模块的开发人员使用的工具与 DLL 模块开发人员使用的工具相同。

13.4 DLL 中的数据和内存

13.4.1 DLL 多进程间的数据共享

DLL 被多个进程调用，它的代码从而被映射到不同的进程内存空间之中，DLL 共享数据也尽量只在系统中有一个拷贝，这是通过 COPY-ON-WRITE 技术实现的。

执行文件的内容分为好多个段，其中代码和数据放在不同的段中，段又保存在多个页面中。可执行代码载入内存是按页面为单位载入的，载入后，Windows 为进程创建地址空间，并把操作系统虚拟内存进程中的各个代码段和数据段页面映射到进程的地址空间中，当只有一个应用程序的实例进程运行的时候,进程内地址空间的页面和操作系统虚拟内存中的页面是一一对应的关系。一旦应用程序的第二个、第三个实例进程被启动，每一个实例的地址空间代码段页面仍然都映射着同样的虚拟内存页面位置，这些代码段是不会被改变的，实现了代码段的访问共享；而对于数据节采用了写入时拷贝技术，无论哪个应用程序的任何一个实例对某个数据段进行了写入操作，操作系统都会把该数据段复制一个拷贝，而把进行了写入实例地址空间的映射地址改为新复制拷贝的位置。这样没有进行写入的数据段仍然可以共享使用，而被修改的数据段就被修改它的进程实例所独占。但是这个写入时拷贝技术对共享数据段是无效的。

使用共享数据段，首先需要把欲放入数据段的数据定义在特定的数据段中，然后再说明这个数据段是共享数据段就可以了。把数据定义在特定的数据段需要把数据定义在 data_seg 宏的内部，如下所示。

#pragma data_seg("SharedSection")
// SharedSection 共享数据段的名称
//定义要放入共享数据段中的静态数据

```
long        transient=0;                    //静态数据
##pragma data_seg()
```
或者在变量定义的前方加上：
```
_declspec(allocate("SharedSection")) long    transient=0;
```
建议读者使用后面的方法，因为这样定义不仅比较直观，而且可以定义放入共享数据段的非静态数据。而前者只能定义放入共享数据段的静态数据。

说明数据段为共享数据段的方法也很简单，只需要在程序中加入如下代码：
```
#pragma comment(linker, "/SECTION: SharedSection,RWS")
```
其中，RWS 是段的属性开关，其含义是该段具有"读""写""共享"的属性，这样一旦编译程序读到这一句就知道名字为 SharedSection 的数据节是一个共享数据段。

还可以在编译链接的命令行中直接修改数据段的属性：
```
/SECTION: SharedSection,RWS
```
#pragma 的 comment 命令是一个在代码中直接修改链接选项设置的方法，这种方法比在编译链接命令行中修改链接选项设置具有不可替代的优越性，在代码移植中就不会出现遗漏链接的特定设置而造成编译链接的错误。

13.4.2 DLL 进程中多线程间的数据隔离

线程和进程是有很大区别的，不同进程的地址是完全隔离的，而线程相反，在同一个进程中存在的多个线程共享着进程的地址空间，无论是全局变量还是局部变量（一般来说，局部变量在堆栈中分配，而不同的线程具有不同的堆栈，所以局部变量不存在冲突的问题）的默认设置是为所有线程所共有的，而另一方面，线程又需要保存各自特定的数据，所以线程应该能够拥有自己的局部数据，不过，线程的局部数据对于所有线程来说也是一模一样的，这是线程共有的代码所决定的。

线程局部数据是一块单独开辟的内存区域，系统为每一个线程创建相应的索引，从而使每个线程使用相同的索引号访问该区域内不同的位置。每一个线程使用相同的索引访问各自独立的内存间隙，并把有线程数据的指针保存在间隙内，供线程存取使用。

Windows API 提供了进程中多线程数据分离的一系列 TLS（Thread Local Storage）函数，这是进程内线程隔离的解决方法，TLS 函数集共有 4 个函数：
```
DWORD TlsAlloc (VOID);
BOOL TlsFree(DWORD dwTlsIndex);
LPVOID TlsGetValue (DWORD dwTlsIndex);
BOOL TlsSetValue(DWORD dwTlsIndex,LPVOID    lpTlsValue);
```
函数 TlsAlloc 用来分配线程局部变量索引，它的返回值是后面三个函数的参数 dwTlsIndex。而函数 TlsFree 负责释放线程变量索引。所以这两个函数应该在子线程创建之前的主线程中调用。在 DLL 模块中，就是在入口点函数被参数调用时使用。

线程运行过程中，可以使用函数 TlsGetValue 和 TlsSetValue 根据线程变量的索引号存取各自的数据指针，并存取到各自的数据。

13.5 几种常用的 DLL

MFC 中的 DLLa、Non-MFC DLL，指的是不用 MFC 的类库结构，直接用 C 语言写的 DLL，其输出的函数一般用的是标准 C 接口，并能被非 MFC 的应用程序所调用。

13.5.1 Win32 DLL

VC6 支持自动生成的 Win32 DLL 和 MFC AppWizard DLL，其中自动生成的 Win32 DLL 共包括三种 DLL 工程。选择 FILE | NEW 命令，在打开的 New 对话框中选择 Projects 标签，如图 13.1 所示。

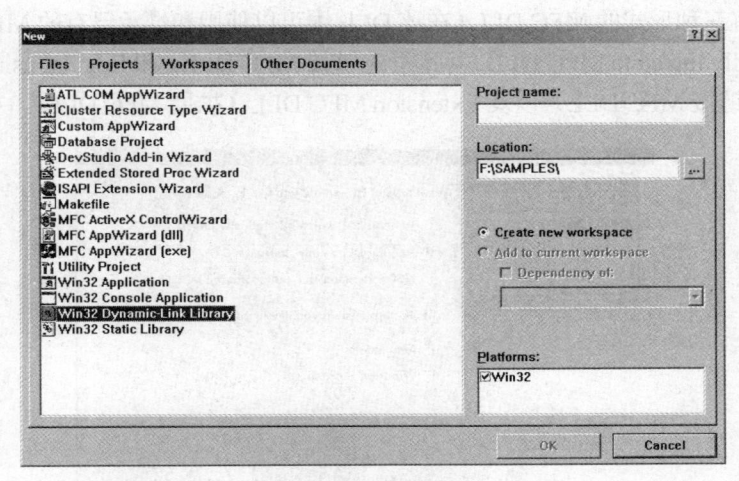

图 13.1　New 对话框

选中 Win32 Dynamic-Link Library，输入工程名，单击 OK 按钮后，弹出如图 13.2 所示的对话框，选择所要生成的 Win32 DLL 类型。

- An empty DLL project（空的 DLL 工程）

直接生成一个没有任何文件的 DLL 工程，在编译链接选项上按照 DLL 的属性进行设置，需要自己编写所有的程序，包括 def 文件（如果需要的话）。

- A simple DLL project（简单的 DLL 工程）

生成了只有入口点函数的一个主程序，没有导出和定义任何其他函数和变量，也没有 def 文件。它编译后不会产生 lib 文件，需要自己增加导出的函数和其他程序设计内容。

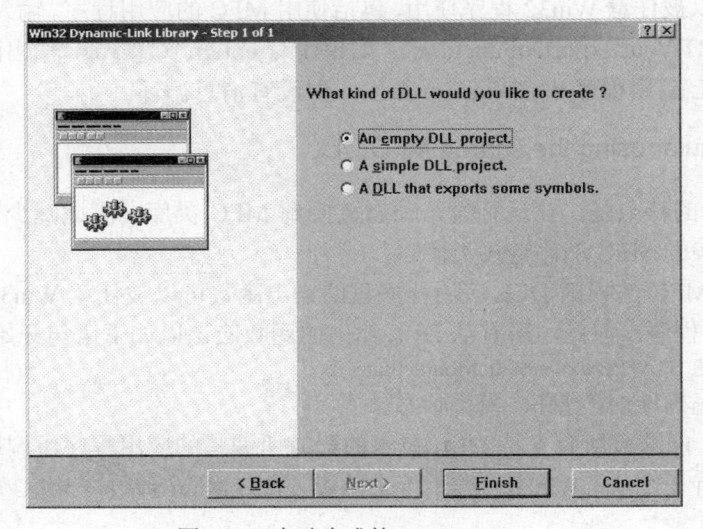

图 13.2　自动生成的 Win32　DLL

- A DLL that exports some symbols（导出了变量、函数和类的 DLL）

在这个自动生成的 DLL 中，入口点函数的框架较为完整，分别示例导出了变量、函数和一个类。

13.5.2 Regular statically linked to MFC DLL

在 VC6 中有三种形式的 MFC DLL（在该 DLL 中可以使用和继承已有的 MFC 类）可供选择，即 Regular statically linked to MFC DLL（标准静态链接 MFC DLL）和 Regular using the shared MFC DLL（标准动态链接 MFC DLL）以及 Extension MFC DLL（扩展 MFC DLL），如图 13.3 所示。

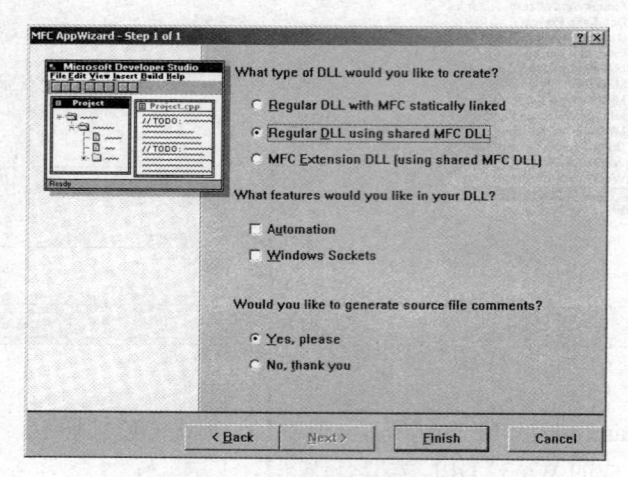

图 13.3　自动生成的 MFC DLL

第一种 DLL 的特点是，在编译时把使用的 MFC 代码加入到 DLL 中，因此，在使用该程序时不需要其他 MFC 动态链接类库的存在，但占用磁盘空间比较大。

Regular DLL 和后面将介绍的 Extension DLL 一样，是用 MFC 类库编写的。明显的特点是在源文件里有一个继承 CWinApp 的类。其又可细分成静态链接到 MFC 和动态链接到 MFC 上的。静态链接到 MFC 的动态链接库只被 VC 的专业版和企业版所支持。该类的 DLL 应用程序里的输出函数可以被任意 Win32 程序使用，包括使用 MFC 的应用程序。输入函数有如下形式：extern "C" EXPORT YourExportedFunction(); 如果没有 extern "C"修饰，输出函数仅仅能从 C++代码中调用。DLL 应用程序从 CWinApp 派生，但没有消息循环。

13.5.3 Regular using the shared MFC DLL

第二种 DLL 的特点是：在运行时，动态链接到 MFC 类库，因此减少了空间的占用，但是在运行时却依赖于 MFC 动态链接类库。

动态链接到 MFC 的规则 DLL 应用程序里的输出函数可以被任意 Win32 程序使用，包括使用 MFC 的应用程序。但是，所有从 DLL 输出的函数应该以如下语句开始：
AFX_MANAGE_STATE(AfxGetStaticModuleState())
此语句用来正确地切换 MFC 模块状态。

Regular DLL 能够被所有支持 DLL 技术的语言所编写的应用程序所调用。在这种动态链接库中，它必须有一个从 CWinApp 继承下来的类，DLLMain 函数被 MFC 所提供，不用自己显式地写出来。

13.5.4　MFC Extension DLL

第三种 DLL 的特点类似于第二种，作为 MFC 类库的扩展，只能被 MFC 程序使用。

Extension DLL 用来实现从 MFC 所继承下来的类的重新利用，就是说，用这种类型的动态链接库，可以用来输出一个从 MFC 所继承下来的类。它输出的函数仅可以被使用 MFC 且动态链接到 MFC 的应用程序使用。可以从 MFC 继承所想要的，更适于用户自己使用的类，并把它提供给应用程序。也可随意地给应用程序提供 MFC 或 MFC 继承类的对象指针。Extension DLL 使用 MFC 的动态链接版本所创建，并且它只被用 MFC 类库所编写的应用程序所调用。

Extension DLL 和 Regular DLL 不一样，它没有一个从 CWinApp 继承而来的类的对象，所以，必须为 DLLMain 函数添加初始化代码和结束代码。

以下是 Extension DLL 生成的典型的入口点函数：

```
#include "stdafx.h"
#include <afxdllx.h>
static AFX_EXTENSION_MODULE SsDLL = { NULL, NULL };
extern "C" int APIENTRY
DllMain(HINSTANCE hInstance, DWORD dwReason, LPVOID lpReserved)
{
    // Remove this if you use lpReserved
    UNREFERENCED_PARAMETER(lpReserved);
    if (dwReason == DLL_PROCESS_ATTACH)
    {
        TRACE0("SS.DLL Initializing!\n");
        //扩展 DLL 一次性初始化
        if (!AfxInitExtensionModule(SsDLL, hInstance))
            return 0;
                            //插入 DLL 到资源链中
        new CDynLinkLibrary(SsDLL);
    }
    else if (dwReason == DLL_PROCESS_DETACH)
    {
        TRACE0("SS.DLL Terminating!\n");
        //在结束之前，终止 DLL
        AfxTermExtensionModule(SsDLL);
    }
    return 1;
}
```

和 Regular DLL 相比，具有以下不同：
- 它没有一个从 CWinApp 派生的对象。
- 它必须有一个 DLLMain 函数。
- DLLMain 调用 AfxInitExtensionModule 函数，必须检查该函数的返回值，如果返回 0，DLLMain 也返回 0。
- 如果它希望输出 CRuntimeClass 类型的对象或者资源（Resources），则需要提供一个初始化函数来创建一个 CDynLinkLibrary 对象。并且，有必要把初始化函数输出。
- 使用 Extension DLL 的 MFC 应用程序必须有一个从 CWinApp 派生的类，而且，一般在 InitInstance 里调用 Extension DLL 的初始化函数。

13.6 DLL 的调用和调试

13.6.1 VC 对 DLL 的调用

系统运行一个调用 DLL 的程序时，将在以下位置查找该 DLL：
- 包含 EXE 文件的目录
- 进程的当前工作目录
- Windows 系统目录
- Windows 目录
- 列在 Path 环境变量中的一系列目录

若找不到该文件，系统将显示对话框提示并终止程序的执行，如图 13.4 所示。

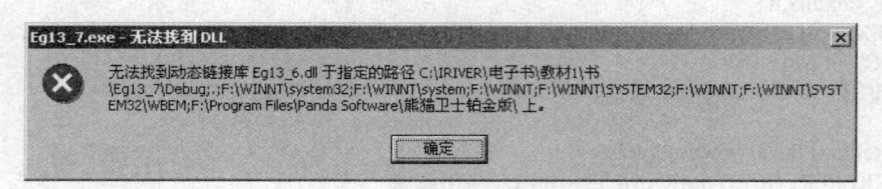

图 13.4 系统找不到 DLL 文件

所以在应用程序设计的时候要考虑到它使用的 DLL 的目录问题。

一个良好的应用程序，要考虑到本身所带的 DLL 的问题，在软件安装的时候将相关的程序和各种库文件安装在各自的目录中，当要删除时，又能将这些不需要的文件清除干净，减少系统垃圾。

13.6.2 VB 对 DLL 的调用

在 VB 中调用 Windows DLL 之前，必须在 Standard（代码）模块的 Declarations 段中加一个特殊的声明。对于一个 DLL 或 API 函数，Declare 语句是 Windows 所必需的，这一点很重要。并且在 32 位版的 VB 中动态链接库中的函数对条件是很敏感的。

使用 C 语言创建的动态链接库的方法与使用 Windows 的动态链接库的方法是相似的，必须用 Declare 语句通知 VB 将要用到的函数。大多数 DLL 所需的值是按值传递的而不是按引用传递的，其中一个例外是数组要按引用传递。对于 DLL 中的过程，Declare 语句的完整语法如下：

{Public|Private }Declare Sub name Lib"linname"{"
Alias aliasname"} {([arglist])}

对于 DLL 中的函数，其语法如下：

{Public|Private }Declare Function name Lib"linname"{"
Alias aliasname"} {([arglist])}[As type]

Lib 是一个分类记录，它通知 VB 将调用一个 DLL，参数 libname 是 DLL 的名字，在这个 DLL 中包含了所需要的过程。当要调用的过程在 DLL 中还有另外一个名字，如它可能与 VB 中的保留字相冲突而不能使用时，就要用到关键字 Alias。参数 aliasname 就是 DLL 中的这个过程的名字。

13.6.3 DLL 的调试

DLL 的调试有很多种方法，但都需要把 DLL 工程生成的后缀名为 .dll 的文件放在执行它的应用程序可以找到的目录中。这可以有很多种方法，手工也行的。

应用 VC 可以很容易地调试 DLL，只要从 DLL 工程中运行调试程序即可。当第一次调试 DLL 的时候，调试程序会跳出如图 13.5 所示的对话框。

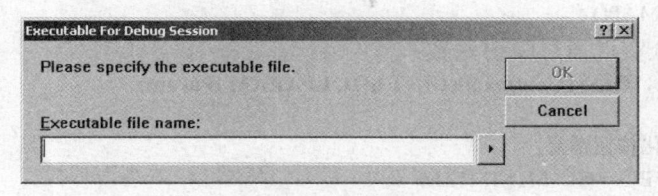

图 13.5　调试 DLL 文件

对话框要求输入客户 EXE 文件的路径。此后，每次从调试程序中运行 DLL 时，调试程序便加载 EXE。但 EXE 文件同时搜索 DLL 文件，因此必须将 DLL 文件拷贝到 EXE 文件能搜索到的目录下，当然也可以把 DLL 的文件输出路径直接设为 EXE 文件能搜索到的目录下，这样就可以不必在改变 DLL 时重新拷贝了。

13.7　DLL 例程

13.7.1　使用已有的 DLL

本例程将通过调用 DLL 来实现程序的隐藏，即不显示程序窗口，程序不显示在任务栏上，在按下 Ctrl+Alt+Del 组合键后出现的任务列表中也不显示。

首先创建工程：

（1）在 VC++集成开发环境中，通过菜单 File | New，弹出 New 对话框。

（2）在 Projects 选项卡中选择 MFC App Wizard（exe），在 Project name 中输入"Eg13_1"，Location 读者可以自己选择。

（3）单击 OK 按钮，在弹出的 MFC App Wizard Step-1 对话框中选择程序框架为单文档框架，即选中 Single Document。

（4）单击 OK 按钮，在弹出的 New Project Information 对话框中单击 OK 按钮后等待创建完相应的工程。

打开文件 MainFrm.h，在适当地方加入代码：

```
//增加类型定义，此处定义一个函数指针
typedef DWORD(CALLBACK*LPFNDLLFUNCl) (DWORD,DWORD);
public:
    HINSTANCE    hKerneLib;              //动态链接库指针
    LPFNDLLFUNCl lpfnDllFuncl;           //函数指针
```

本例程序需要响应最小化窗口的消息，因此要用到 OnSysCommand 消息。需要在头文件中声明消息响应函数如下：

```
DECLARE_MESSAGE_MAP()
    afx_msg void OnSysCommand(UINT nID, LPARAM lParam);
```

打开 MainFrm.cpp 文件加入代码，在其中的消息映射宏中添加消息映射：

```
BEGIN_MESSAGE_MAP(CMainFrame, CFrameWnd)
    //{{AFX_MSG_MAP(CMainFrame)
        // NOTE - the ClassWizard will add and remove mapping macros here.
```

```
//    DO NOT EDIT what you see in these blocks of generated code !
    ON_WM_CREATE()
    ON_WM_SYSCOMMAND()
    //}}AFX_MSG_MAP
END_MESSAGE_MAP()
```
在函数代码部分实现消息映射函数：
```
void CMainFrame::OnSysCommand(UINT nID, LPARAM lParam)
{
    //如果是最小化按钮消息
    if((nID&0xFFF0)==SC_MINIMIZE)
    {
        //先隐藏窗口，在任务栏中消失
        ShowWindow(SW_HIDE);
        UpdateWindow();
        //加载动态链接库
        hKerneLib=LoadLibrary("kernel32.dll");
        if(hKerneLib)
        {
         //取得函数 RegisterServiceProcess()地址
         lpfnDllFuncl=(LPFNDLLFUNCl)GetProcAddress(hKerneLib,"RegisterServiceProcess");
        }
         if(lpfnDllFuncl)
         {
            //把此进程注册为服务器进程，可以实现在任务管理器的应用程序栏消失
            lpfnDllFuncl(GetCurrentProcessId(),1);
            //函数第一个参数是进程 ID，第二个参数为 1 则注册为服务器进程
         }

    }
    else
    {
        CFrameWnd::OnSysCommand(nID, lParam);
    }
}
```
重载框架类的析构函数：
```
CMainFrame::~CMainFrame()
{
    if(hKerneLib)
    {
        if(lpfnDllFuncl)
         {
            lpfnDllFuncl(GetCurrentProcessId(),0);
            //第二个参数为 0 取消服务器进程
         }
        //释放动态链接库
        FreeLibrary(hKerneLib);
    }
}
```
运行程序，单击标题栏的最小化按钮，窗口隐藏了——在任务栏上找不到，打开任务管理器，在"应用程序"选项卡下也找不到了。

关闭此程序的时候需要打开任务管理器的"进程"选项卡，在其中选择 Eg13_1.exe 进程，单击"结束进程"按钮即可，如图 13.6 所示。

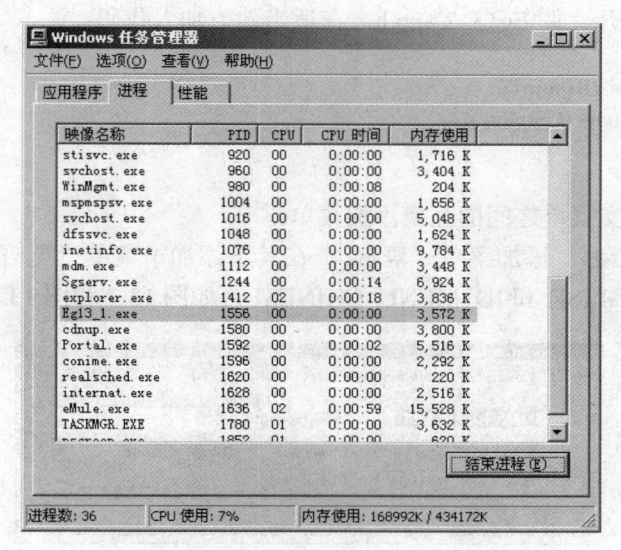

图 13.6 "任务管理器"窗口

13.7.2 资源 DLL

只用一套源代码就可以方便地支持多种文字和多个地域，那么这个软件就可以方便地被翻译成本地版本，这个过程叫做本地化（Localization）。怎样才能不修改任何源代码就使之能动态地转换到不同的地域资源呢？那就是使用 Windows 的程序特性之一——资源。把在软件中用到的可见资源放在一个资源 DLL（Dynamic Link Library，动态链接库）中，就能使本地化很容易地被实现，因为它把具体的文字组件单独提取放在一个文件中，所以，一个可执行文件就可以装载几种不同的语言文字，并且选择用子程序来装载适合的文字 DLL。创建一个 CString 对象的实例，并用该字符串的资源标识符（string ID）调用 LoadString，即可避免繁琐的字符串编码工作。

在大多数情况下，资源包含在应用程序的单元中，如果调用 AfxSetResource Handle，就可以指向另一个不同的单元，此函数的参数是 DLL 模块的句柄，该函数的功能是从调用该函数起，应用程序使用到的资源将从参数中指定的模块中读取，直到再次调用该函数为止。从 DLL 资源中采集软件所需资源，通过替换掉不同语种的 DLL 资源，程序便可以使用一套完全不同的资源（如 String 字符串、Dialogue 对话框、Bmp 位图、Menu 菜单等）。

本例程将建立两个 DLL 文件以实现自己的双语菜单。

首先创建工程 Eg13_2：

（1）在 VC++集成开发环境中，通过菜单 File | New，弹出 New 对话框。

（2）在 Projects 选项卡中选择 MFC App Wizard（exe），在 Project name 中输入 Eg13_2，Location 读者可以自己选择。

（3）单击 OK 按钮，在弹出的 MFC App Wizard Step-1 对话框中选择程序框架为单文档框架，即选中 Single Document。

（4）单击 Finish 按钮，在弹出的 New Project Information 对话框中单击 OK 按钮后等待创

建完相应的工程。

本程序要动态地装入包含所有资源的 DLL，所以必须保存 DLL 的 Handle（句柄），在后面会释放 Handle，打开文件 Eg13_2App.h，在适当地方加入代码：

```
public:
    HINSTANCE    hInstResource;
    void    SetLanguage(CString );
    bool    chinese;
    bool    english;
```

下面为实现中英文菜单之间的互换添加菜单。

（1）打开菜单资源，添加菜单"语言"，在其下添加子菜单"英语""汉语"。其中菜单 ID 为 ID_MENU_ENGLISH 和 ID_MENU_CHINESE，如图 13.7 和图 13.8 所示。

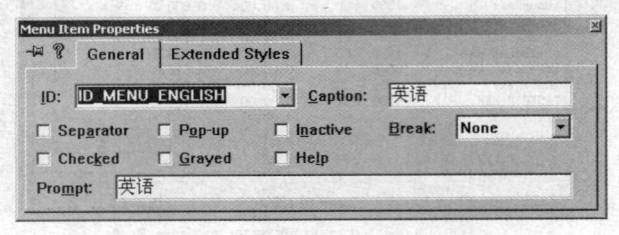

图 13.7　Menu Item Properties 对话框

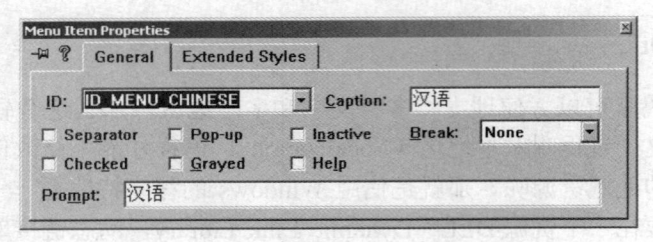

图 13.8　Menu Item Properties 对话框

（2）为菜单 ID_MENU_CHINESE 添加消息映射，如图 13.9 所示。

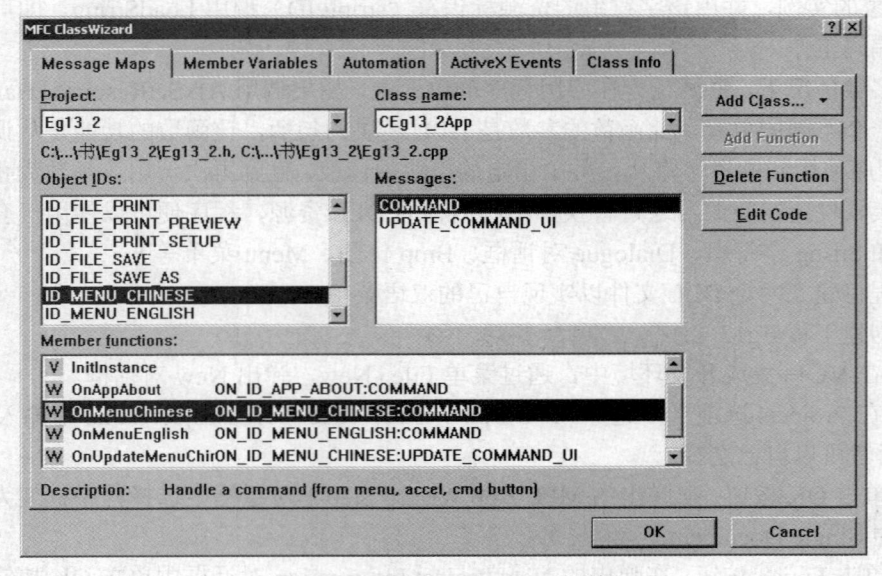

图 13.9　MFC ClassWizard 对话框

（3）接受默认的函数名，编辑函数代码如下：
```cpp
void CEg13_2App::OnMenuChinese()
{
    // TODO: Add your command handler code here
        SetLanguage("Chinese");
        chinese=false;
        english=true;
}
```
（4）同样为菜单 ID_MENU_ENGLISH 添加消息映射，接受默认的函数名，函数代码如下：
```cpp
void CEg13_2App::OnMenuEnglish()
{
    // TODO: Add your command handler code here
    SetLanguage("English");
    english=false;
    chinese=true;
}
```
（5）在 CEg13_2App.cpp 中加入如下函数：
```cpp
void CEg13_2App::SetLanguage(CString language )
{
    HINSTANCE hInstance=NULL;
    if(!strcmp(language,"Chinese"))
    {
    hInstance=AfxLoadLibrary("Eg13_5.dll");
    }
    else
    {
        hInstance=AfxLoadLibrary("Eg13_4.dll");
    }
    if(hInstance!=NULL)
    AfxSetResourceHandle(hInstance);
    HMENU    hMenu;
    hMenu=::LoadMenu(hInstance,MAKEINTRESOURCE(IDR_MAINFRAME));
     SetMenu(m_pMainWnd->GetSafeHwnd(),hMenu);
     m_pMainWnd->DrawMenuBar();
    if(hInstResource!=NULL)
    AfxFreeLibrary(hInstResource);
}
```
（6）添加应用程序退出函数，在其中实现 DLL 模块的释放，如图 13.10 所示。
编辑函数代码如下：
```cpp
int CEg13_2App::ExitInstance()
{   // TODO: Add your specialized code here and/or call the base class
    if(hInstResource!=NULL)
    AfxFreeLibrary(hInstResource);
    return CWinApp::ExitInstance();
}
```
（7）为菜单添加更新函数，如图 13.11 所示。
（8）接受默认的函数名，添加函数代码如下：
```cpp
void CEg13_2App::OnUpdateMenuChinese(CCmdUI* pCmdUI)
{
    // TODO: Add your command update UI handler code here
```

```
        pCmdUI->Enable(chinese);
}
void CEg13_2App::OnUpdateMenuEnglish(CCmdUI* pCmdUI)
{
        // TODO: Add your command update UI handler code here
        pCmdUI->Enable(english);
}
```

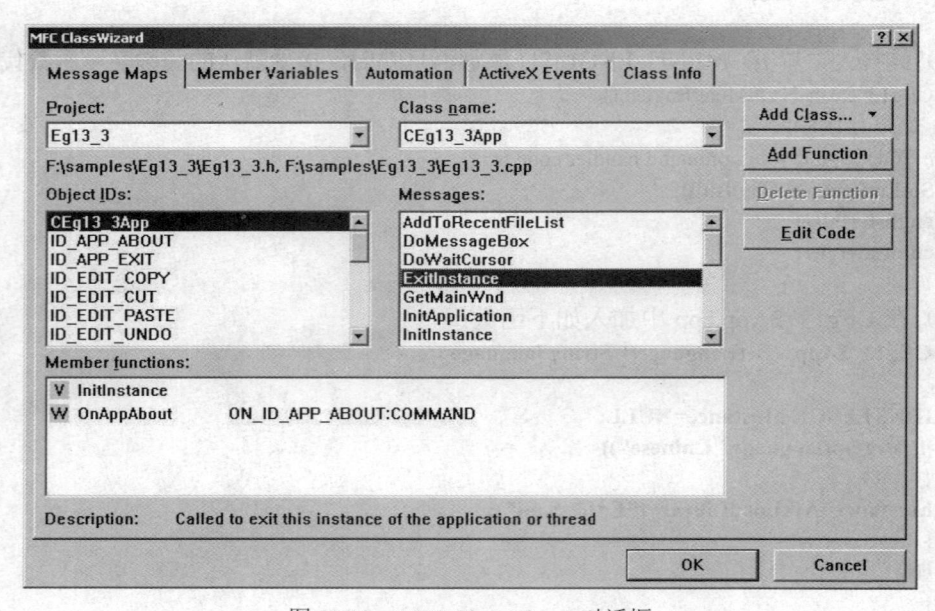

图 13.10 MFC ClassWizard 对话框

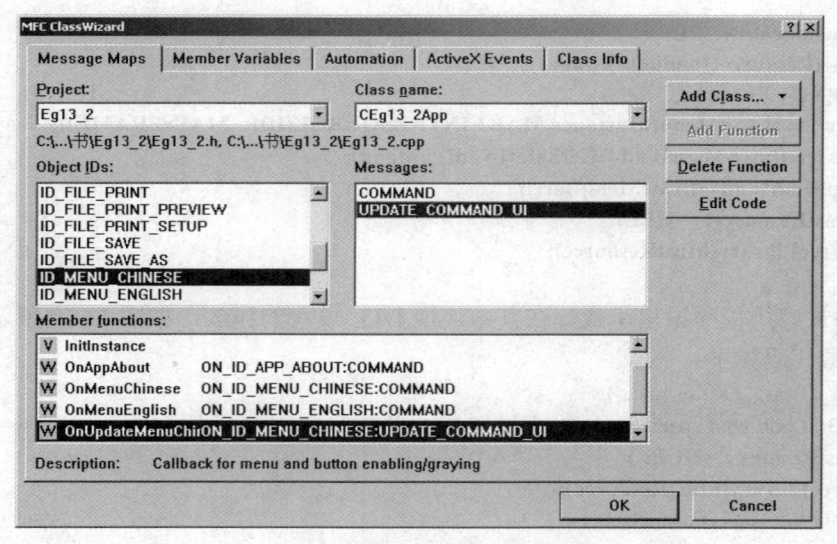

图 13.11 MFC ClassWizard 对话框

下面建立英文菜单 DLL。英文菜单资源可以通过系统资源获得，首先建立一个英文单文档应用程序 Eg13_3，英文菜单资源将通过它获得。

建立 Eg13_3 工程：

（1）在 VC++集成开发环境中，通过菜单 File | New，弹出 New 对话框。
（2）在 Projects 选项卡中选择 MFC App Wizard（exe），在 Project name 中输入 Eg13_3，Location 读者可以自己选择。
（3）单击 OK 按钮，在弹出的 MFC App Wizard Step-1 对话框中选择程序框架为单文档框架，即选中 Single Document，另外需要选中英语为资源使用的语言，如图 13.12 所示。

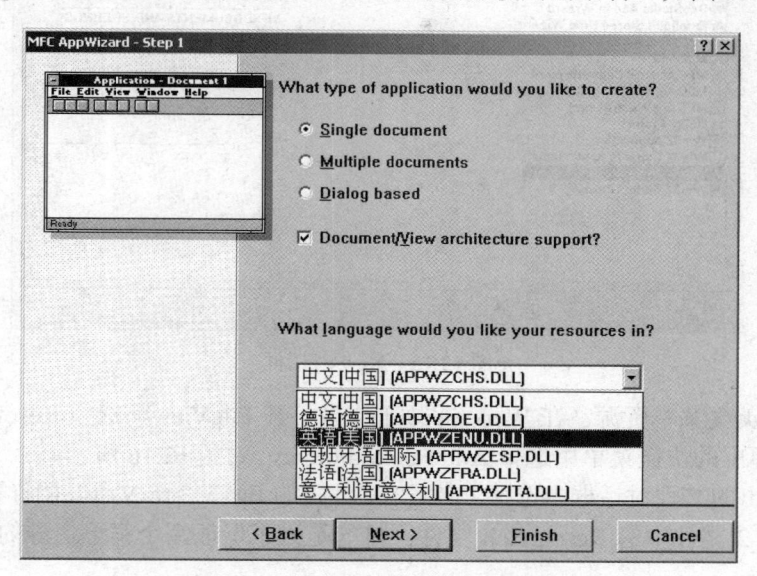

图 13.12　MFC AppWizard 的第一步

（4）单击 Finish 按钮，在弹出的 New Project Information 对话框中单击 OK 按钮后等待创建完相应的工程。

打开菜单资源，添加英文菜单 Language，在其下添加子菜单 English、Chinese，如图 13.13 和图 13.14 所示。

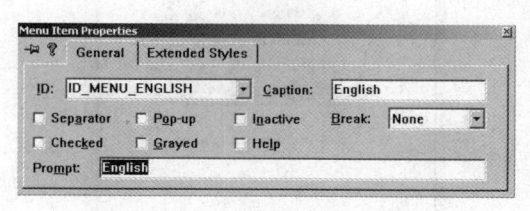

图 13.13　Menu Item Properties 对话框

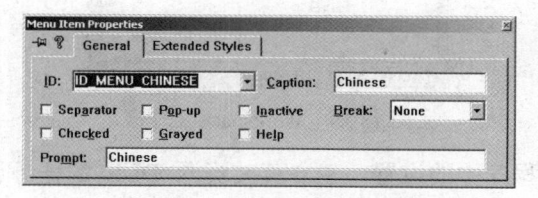

图 13.14　Menu Item Properties 对话框

下面建立英文 DLL 资源 Eg13_4 文件。
（1）在 VC++集成开发环境中，通过菜单 File | New，弹出 New 对话框。在 Projects 选项卡中选择 Win32 Dynamic-Link Library，在 Project name 中输入 Eg13_4，Location 读者可以自

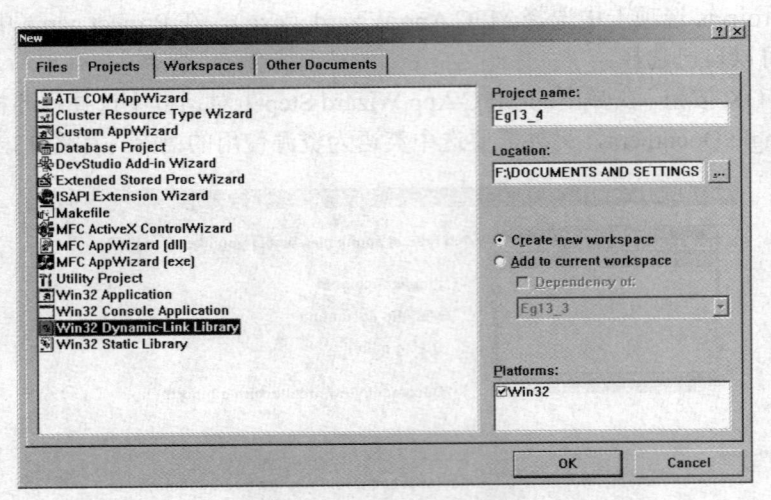

已选择，如图 13.15 所示。

图 13.15 New 对话框

（2）加入英文菜单资源。在 Workspace 工作区打开 FileView，选中 Resource Files，单击鼠标右键，在弹出的快捷菜单中选择 Add File to Folder，如图 13.16 所示。

（3）在弹出的文件对话框中选择 Eg13_3 文件中的 Eg13_3.rc 文件。同样在头文件的文件夹中加入 Eg13_2 文件中的 Resource.h 文件。目的是为了保证两个菜单资源的 ID 号的标识符和它的值都一样。

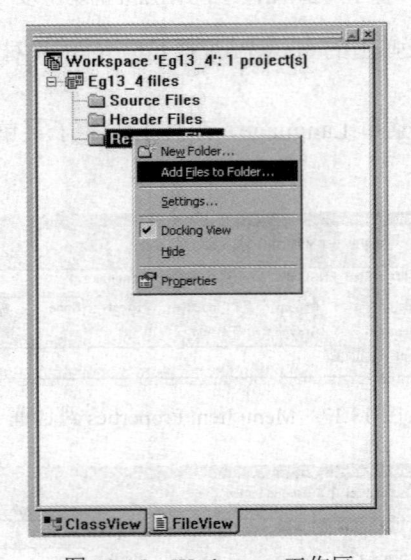

图 13.16 Workspace 工作区

（4）修改链接目标程序中的设置。建立英文资源 DLL 的任务已经基本完成，还需修改 DLL 程序在 Link 前的设置。选择 Workspace 选项卡，选择 Project | Settings 选项，在窗口中选择 Link 标签，改变一些 Link 设置，在输出的文件名前加入 Eg13_2 文件所在的路径，目的是使 DLL 文件输出在 Eg13_2 文件的 Debug 目录中。在 Project Options 中加入 \NOENTRY，它的功能是告诉链接器，这是一个含有唯一资源的 DLL，不包括入口点。图 13.17 和图 13.18 显示

了修改过的 Link 选项卡，注意必须把/NOENTRY 选项加进公用项编译控件中。

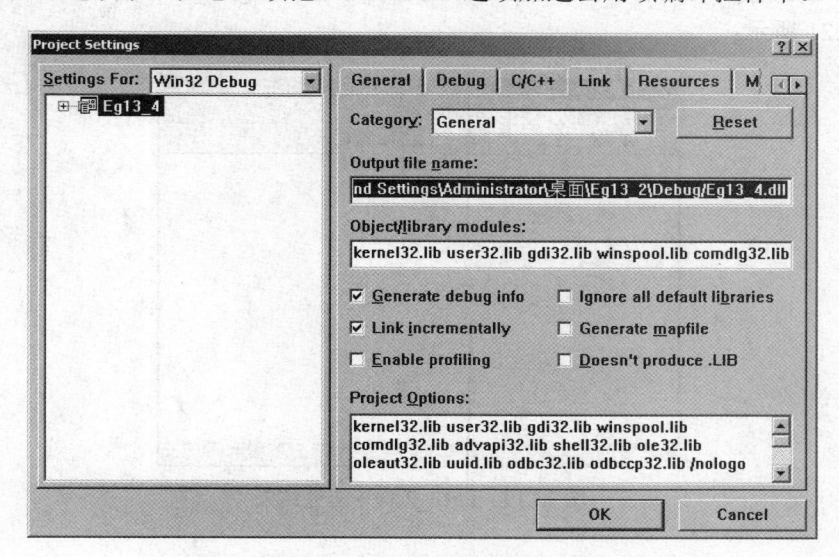

图 13.17　Project Settings 对话框

按照建立英文菜单资源 DLL 的方法建立中文菜单资源 DLL，中文菜单资源从 Eg13_2 中获得，其中包括将 Eg13_2 文件中的 Eg13_3.rc 文件和 Resource.h 文件导入、编译器选项的设置。注意程序能否正确运行的关键在于两个菜单资源的 ID 号的标识符及其值是否都一样。

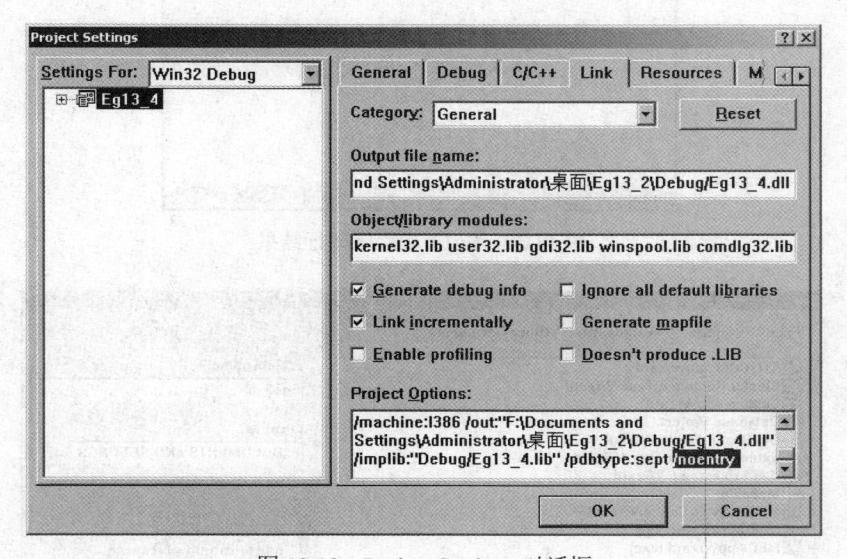

图 13.18　Project Settings 对话框

运行程序，可以利用菜单在中英文菜单之间实现切换，结果如图 13.19 和图 13.20 所示。

13.7.3　使用自己的 DLL

本例程将建立一个导出函数 DLL，并建立应用程序调用这个 DLL 中的函数。首先建立 DLL 模块。在 VC++集成开发环境中，通过菜单 File | New，弹出 New 对话框。在 Projects 选

项卡中选择 MFC App Wizard（dll），在 Project name 中输入 Eg13_6，Location 读者可以自己选择，如图 13.21 所示。

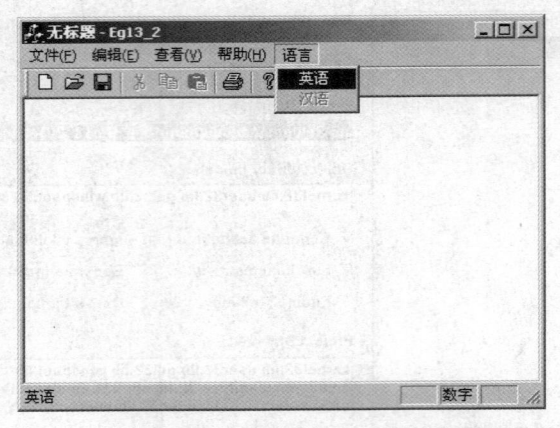

图 13.19　Eg13_2 程序运行结果

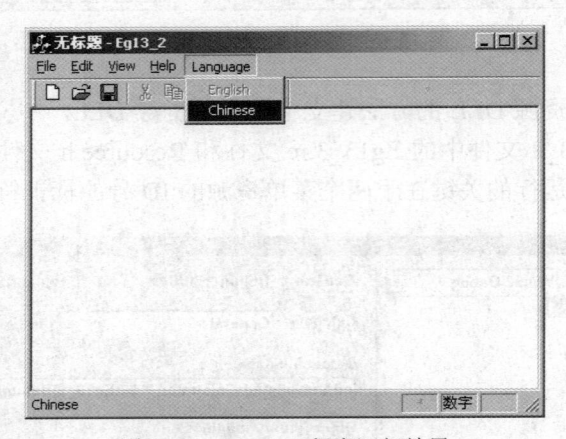

图 13.20　Eg13_2 程序运行结果

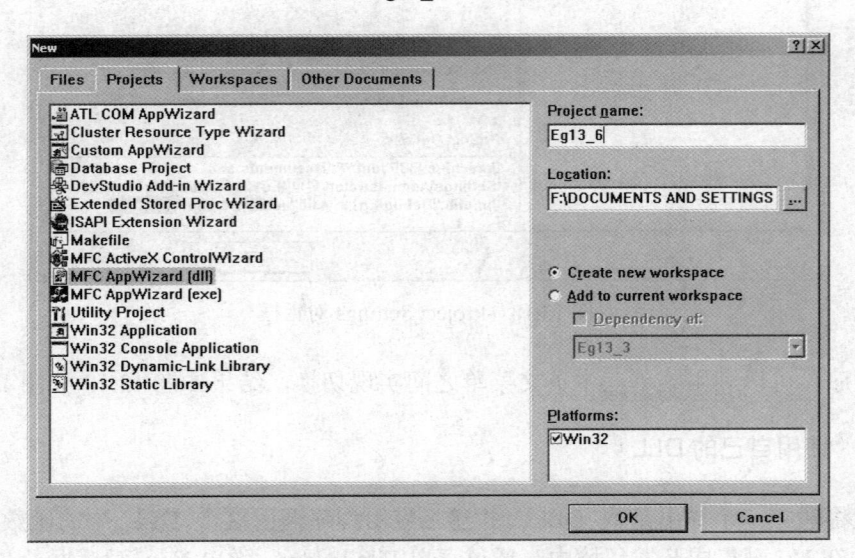

图 13.21　New 对话框

第 13 章 动态链接库

在接下来的对话框中选择 MFC Extension DLL，其他选择默认，如图 13.22 所示。

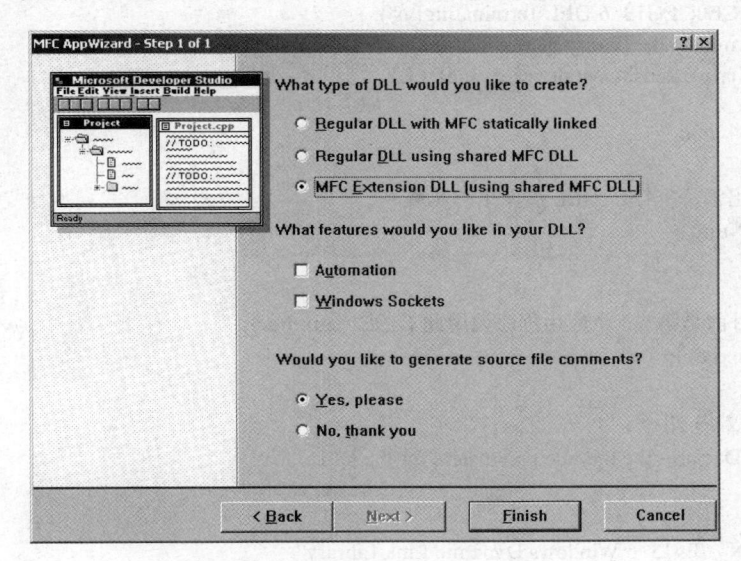

图 13.22 MFC AppWizard-Step 1 of 1

Eg13_6.cpp 文件如下：
```cpp
// Eg13_6.cpp : Defines the initialization routines for the DLL.
#include "stdafx.h"
#include <afxdllx.h>
#ifdef _DEBUG
#define new DEBUG_NEW
#undef THIS_FILE
static char THIS_FILE[] = __FILE__;
#endif
//建立数据段
#pragma data_seg("SharedSection")
//定义数据
        long number=0;
#pragma data_seg()
static AFX_EXTENSION_MODULE Eg13_6DLL = { NULL, NULL };
extern "C" int APIENTRY
DllMain(HINSTANCE hInstance, DWORD dwReason, LPVOID lpReserved)
{
    // Remove this if you use lpReserved
    UNREFERENCED_PARAMETER(lpReserved);

    if (dwReason == DLL_PROCESS_ATTACH)
    {
        TRACE0("EG13_6.DLL Initializing!\n");
        if (!AfxInitExtensionModule(Eg13_6DLL, hInstance))
            return 0;
//每调用一次 DLL，number 就加 1，此变量用来记录 DLL 被调用的次数
        number++;
        new CDynLinkLibrary(Eg13_6DLL);
    }
    else if (dwReason == DLL_PROCESS_DETACH)
```

```
        {
            TRACE0("EG13_6.DLL Terminating!\n");
            // Terminate the library before destructors are called
            AfxTermExtensionModule(Eg13_6DLL);
        }
        return 1;    // ok
}
//此函数会弹出消息框提示 DLL 被调用的次数
void InstanceNum()
{
CString str;
str.Format("目前是第%d 个应用程序调用此 DLL!",number);
AfxMessageBox(str);
}
```

Eg13_6.def 文件如下：

```
; Eg13_6.def : Declares the module parameters for the DLL.

LIBRARY          "Eg13_6"
DESCRIPTION      'Eg13_6 Windows Dynamic Link Library'
SECTIONS
    SharedSection SHARED
EXPORTS
    ; Explicit exports can go here
    InstanceNum @1
```

下面建立调用此 DLL 的应用程序，新建多文档应用程序 Eg13_7。由于使用的是隐式链接的方式，所以需要加入 DLL 文件对应的 LIB 文件。打开菜单 Project | Add to Project | Files，弹出如图 13.23 所示的对话框。

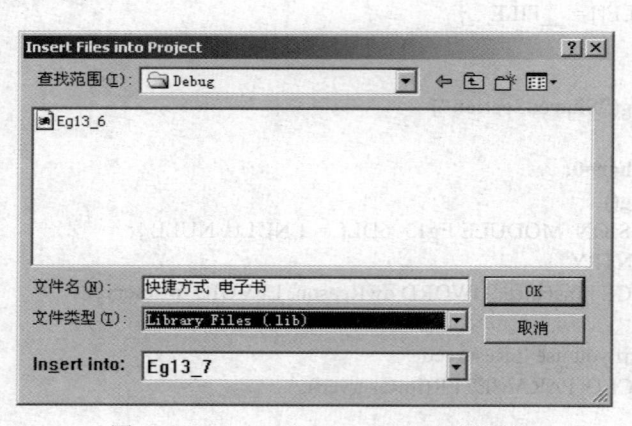

图 13.23 Insert Files into Project 对话框

找到 Eg13_6 文件所在目录下的 Debug 文件，在文件类型中选择 Library Files，可以看到 LIB 文件，选中它，单击 OK 按钮即可。

打开 Eg13_7.cpp 文件，在开头处添加：

extern _declspec(dllimport)   void InstanceNum();

在 InitInstance()函数的适当地方添加：

BOOL CEg13_7App∷InitInstance()
{

```
AfxEnableControlContainer();
    ……
if (!ProcessShellCommand(cmdInfo))
    return FALSE;
```
InstanceNum();
```
// The main window has been initialized, so show and update it.
pMainFrame->ShowWindow(m_nCmdShow);
    ……
}
```

运行程序，打开应用程序会弹出如图 13.24 所示的消息框，不关闭第一个应用程序，再次打开应用程序，会弹出如图 13.25 所示的对话框。

图 13.24　Eg13_7 程序运行结果　　　　图 13.25　Eg13_7 程序运行结果

习题十三

一、问答题

1. DLL 文件、LIB 文件、EXE 文件的区别是什么？
2. 隐式链接和动态链接有什么不同？

二、上机练习题

1. 创建一个 MFC 扩展 DLL 项目，在其中实现若干函数。
2. 创建一个应用程序调用此 DLL 的函数。

第 14 章　Android Eclipse 集成开发环境

随着社会的进步和发展，智能手机已经成为人们生活中必不可少的一部分，据调查统计，智能手机的用户数已经超过了 PC。现在，Android 平台已经吸引了越来越多的开发者参与其中，人们的生活也因为各种各样的 App 而变得便捷、丰富起来，学习并掌握开发智能手机应用程序的方法，将有利于提升自己的个人竞争力，更好地融入竞争激烈的社会中。

本章主要介绍 Android 的背景及其开发环境的搭建过程，然后着重介绍 Eclipse 集成开发环境的界面和功能。

14.1　Android 背景介绍

Android 在英文中本义是指"机器人"，它是 Google 公司于 2007 年 11 月宣布的基于 Linux 平台的开源手机操作系统。该系统由底层的 Linux 操作系统、中间件和核心应用程序组成。

Android 是基于 Java 并运行在 Linux 内核上的操作系统，Android 应用程序使用 Java 语言编写。

Android 早期是由原名为 Android 的公司开发，后来 Google(谷歌)在 2005 年收购 Android，并继续对其进行开发运营。Google 在 2007 年 11 月 5 日发布了 Android 1.0 手机操作系统，并且组建了一个全球性的联盟组织"开放手机联盟"，其英文名称为 Open Handset Alliance。开放手机联盟主要包括手机制造商、手机芯片厂商和移动运营商等几类。

2007 年 11 月 12 日，Google 发布了能在 Windows、Mac OS X、Linux 等多平台上使用的 Android 开发工具 SDK 与其相关文件，并且可以免费下载。随后，Google 再次发布操作系统核心与部分驱动程序的源代码。

2008 年 9 月 24 日，T-Mobile 首度公布第一台 Android 手机（G1）的细节，Google 也发布了 Android SDK 1.0 rc1。Android SDK 1.0 rc1 代表了开发者可以放心、安全地使用 API，不必担心 API 有太大的变动。

2008 年 10 月 21 日，Open Handset Alliance 公开了全部 Android 的源代码，至此，一个完全开放的手机平台向开发者敞开了大门。

14.2　Android 开发环境

14.2.1　Android 开发环境概述

Android SDK 提供了一系列工具，包括模拟硬件设备的模拟器（Emulator）、Android 资源打包工具（Android Asset Packaging Tool，AAPT）、Dalvik 调试监视服务（Dalvik Debug Monitor Service，DDMS）、Android 调试桥（Android Debug Bridge，ADB）和将.class 字节码文件转换为.dex 文件的 DX 工具等。

使用上述这些工具，可以直接在 DOS 命令行中进行开发、调试、编译、打包、部署等工作，由于这种开发效率太低，Android 提供了针对 Eclipse 的开发插件 ADT（Android Development Tools）。ADT 极大地提高了开发效率，可以在 Eclipse 中快速创建 Android 应用程序，自动生成一些代码。

14.2.2　Android 开发环境搭建

Android 开发环境的搭建分为以下几个步骤：

1. JDK 安装

Android 软件开发用的是 Java 语言，所以第一步要完成 Java 环境的搭建，即 jdk 安装，其下载地址为http://www.oracle.com/technetwork/java/javase/downloads/index.html，如图 14.1 所示。

图 14.1　JDK 下载界面

下载完毕后双击 exe 安装包进行安装即可。下面验证 jdk 是否安装成功，单击 Windows 系统左下角的"开始"按钮，在搜索程序和文件输入框中输入 cmd，接着在 cmd 中输入：java -version，按 Enter 键查看显示结果，如图 14.2 所示。

图 14.2　验证 jdk 是否安装成功

如果看到相应的版本信息，则证明 jdk 安装成功。

2. Eclipse 安装

Eclipse 是一个开放源代码的、基于 Java 的可扩展开发平台，是著名的跨平台的自由集成开发环境（IDE）。就其本身而言，它只是一个框架和一组服务，通过插件组件来构建开发环境，但是众多插件的支持使得 Eclipse 拥有着其他功能相对固定的 IDE 软件很难具有的灵活性。

大多数 Android 工程师使用 Eclipse 作为开发 Android 的集成环境，其作用类似于 VC++。下载地址为http://www.eclipse.org/，如图 14.3 所示。

图 14.3　Eclipse 下载界面

下载完成后，直接解压至需要安装的路径即可完成安装，不需要繁琐的安装步骤，双击解压后的 eclipse.exe 即可启动 Eclipse 界面，但要正常使用还需要安装 Android SDK。

3. Android SDK 安装

Android SDK（Android Software Development Kit，Android 软件开发工具包），是 Android 开发工程师用于为 Android 系统建立应用软件的开发工具的集合，其中包含了许多直接可用的实用库程序，可以大大提高 Android 工程师开发的效率，下载地址为http://developer.android.com，如图 14.4 所示。

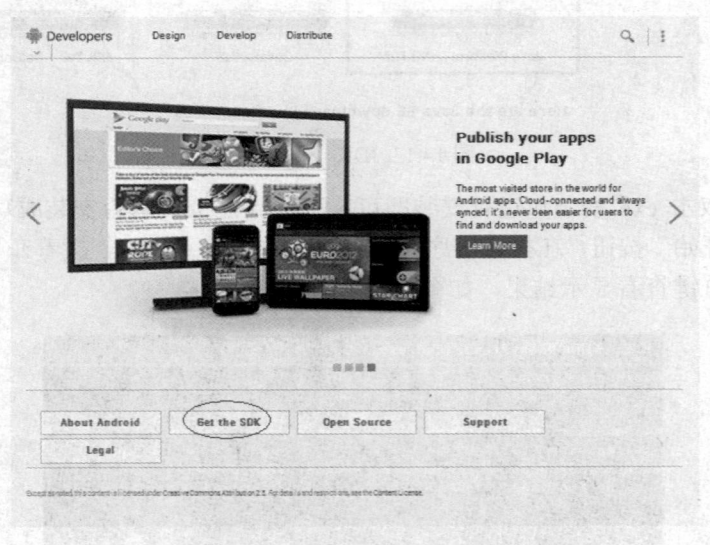

图 14.4　Android SDK 下载界面

下载完毕后双击 exe 安装包进行安装即可，在安装的最后一步勾选 Start SDK Manager，然后单击 Finish 按钮以启动 SDK Manager，如图 14.5 所示。

在 SDK Manager 界面中选择需要的 SDK 版本进行下载即可，如图 14.6 所示。

4. 环境变量配置

在"我的电脑"上单击右键，依次选择"属性 | 高级 | 环境变量"，如图 14.7 所示。如果电脑是 Win7 系统，则在"计算机"上单击右键，依次选择"属性 | 高级系统设置 | 环境变量"。

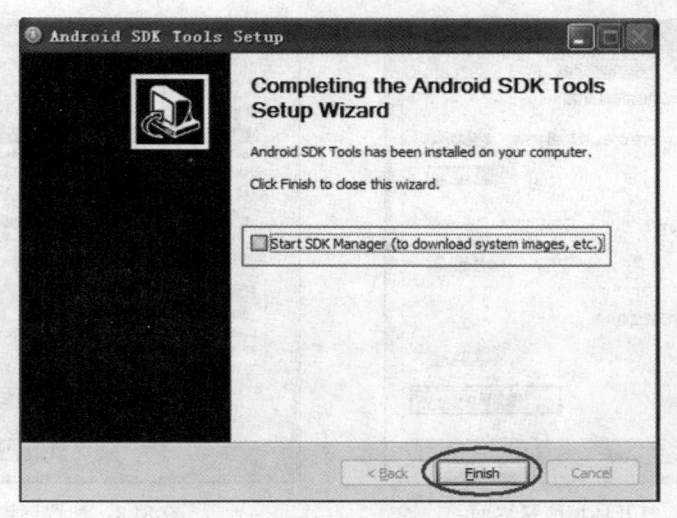

图 14.5　启动 Android SDK Manager

图 14.6　Android SDK Manager 界面

新建名为"CLASSPATH"的变量名，变量值为"%JAVA_HOME%\lib"，直接复制即可，如图 14.8 所示。

新建名为"JAVA_HOME"的变量名，变量值为之前安装 jdk 的目录。

在系统变量中找到"PATH"环境变量，编辑，在末尾添加安装的 Android SDK 的目录。

5. ADT 安装

ADT（Android Development Tools）：目前 Android 开发所用的开发工具是 Eclipse，而 Eclipse 默认是不支持创建 Android 工程的。在 Eclipse 编译 IDE 环境中，安装 ADT，是为 Android 开发人员提供开发工具的升级或者变更，ADT 只是一个 Eclipse 的插件，可以通过它设置 sdk 路径，并使 Eclipse 可以创建 Android 工程，进行 Android 应用程序的开发，其下载地址为：http://developer.android.com/tools/sdk/eclipse-adt.html，如图 14.9 所示。

图 14.7 打开环境变量界面

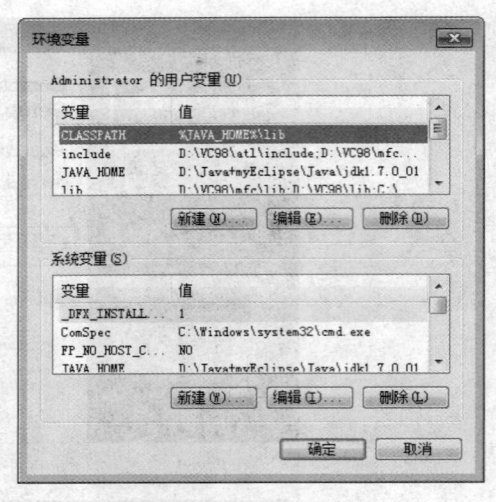

图 14.8 配置环境变量

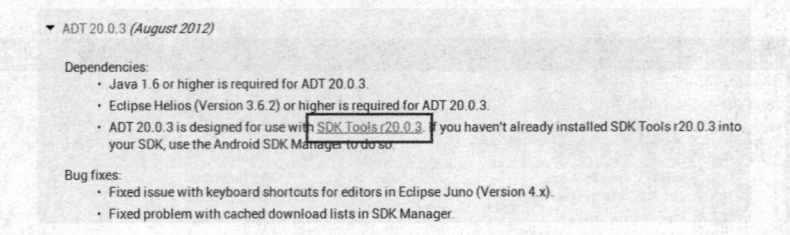

图 14.9 ADT 下载界面

下载完毕后解压 ADT，解压路径为 D:\JavaAndOther\ADT-20.0.3（可以解压到其他路径）。接着启动 Eclipse，依次选择菜单 Help | Install new software，添加 ADT，如图 14.10 所示。

图 14.10 安装 ADT

紧接着在 Location 输入框中填写 file:/D:/JavaAndOther/ADT-20.0.3/，如图 14.11 所示。

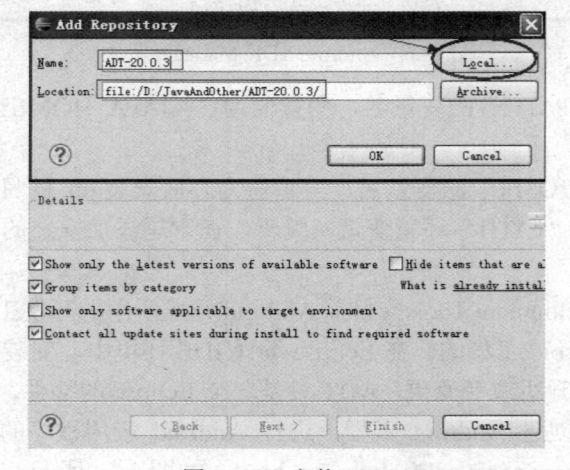

图 14.11 安装 ADT

接着勾选 Developer Tools 复选框，然后单击 Next 按钮，如图 14.12 所示。

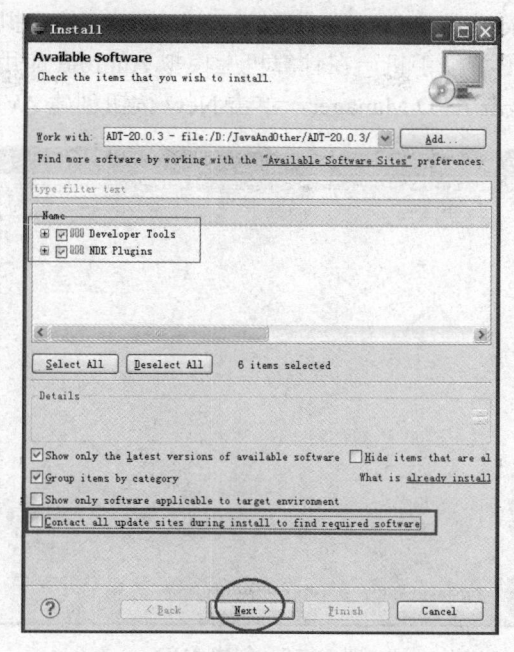

图 14.12　安装 ADT

下一步在弹出框中单击 Yes 按钮，重启 Eclipse 即可，如图 14.13 所示。

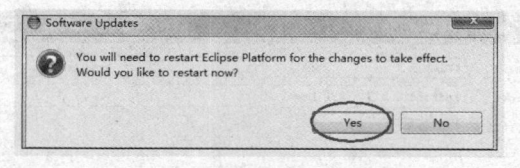

图 14.13　安装 ADT

重启后选择 Window | Preferences 菜单，选择 android 面板，它会自动找到 Android SDK 位置，如图 14.14 所示。

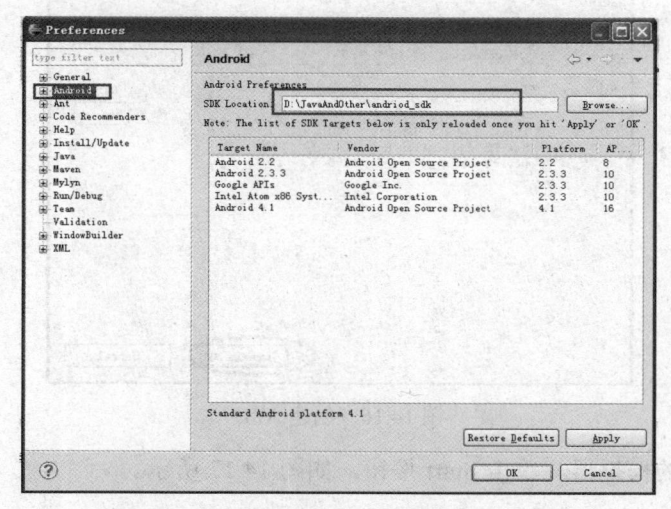

图 14.14　导入 Android SDK 路径

6. 创建并启动 AVD

AVD 的全称为 Android Virtual Device，就是 Android 运行的虚拟设备，它是 Android 的模拟器，即可以不借助真实的智能手机，在计算机上模拟 Android 应用程序的运行状况。

在 Eclipse 工具栏上单击 AVD Manager，单击 New 按钮创建 AVD，如图 14.15 所示。

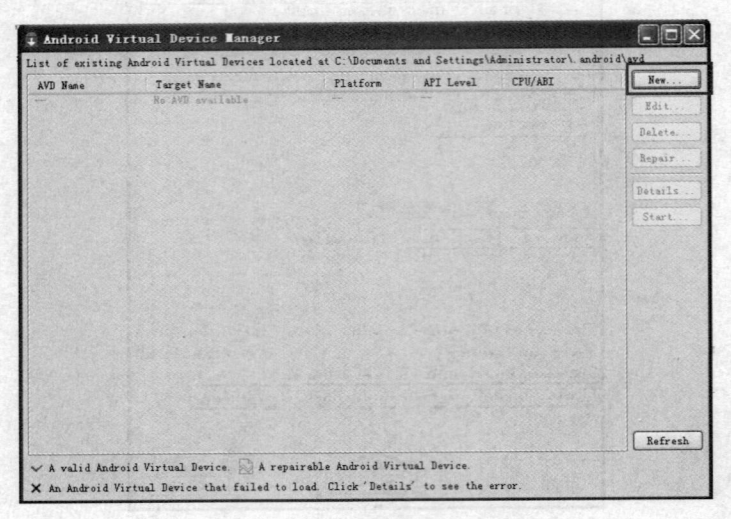

图 14.15　创建 AVD

根据需要填写 AVD 的参数，如图 14.16 所示。

图 14.16　创建 AVD

然后选择新建的模拟器，单击 Start 按钮，如图 14.17 所示。

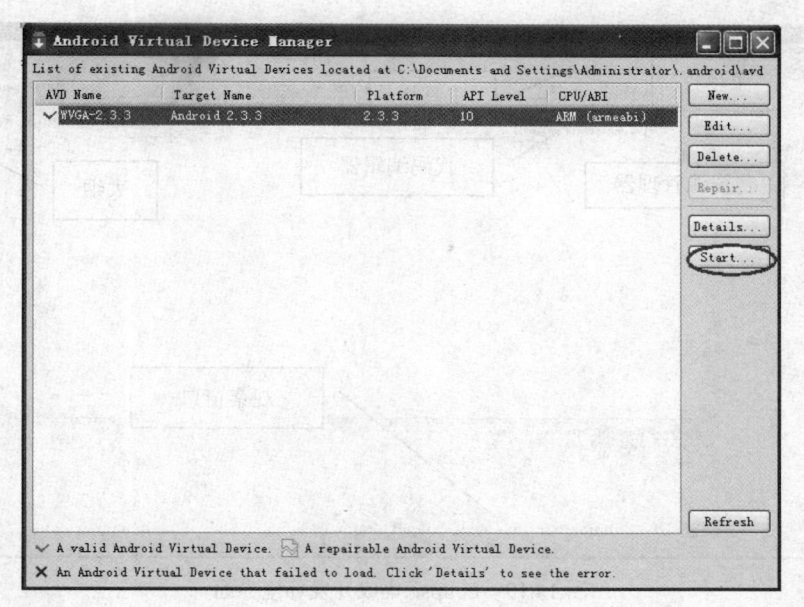

图 14.17　启动 AVD

接着单击 Launch 按钮即可在计算机上启动 AVD 设备，如图 14.18 所示。

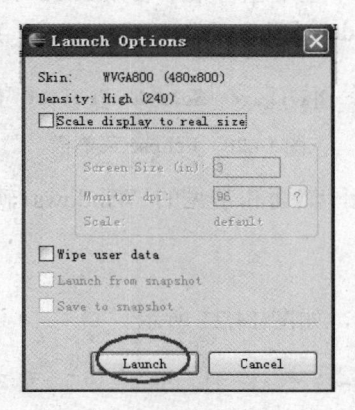

图 14.18　启动 AVD

至此，一个完整的 Android 开发环境已经成功搭建好了。

14.3　Eclipse 集成开发环境介绍

本节通过介绍 Eclipse 的开发界面，讲解 Eclipse 各种菜单、工具的使用，让您对 Eclipse 有一个快速的了解，为以后 Android 应用程序的开发打下一个良好的基础。

14.3.1　Eclipse 集成开发环境界面

Eclipse 下载完成后无需安装直接运行，在运行时需要选择工作区 Workspace，工作区是保存程序源代码和字节码文件的目录，可以使用默认也可以修改。

Eclipse 作为 Java 的集成开发环境，它包括：菜单栏、工具栏、代码编辑器、包资源管理器、大纲以及各种观察窗口等，如图 14.19 所示。

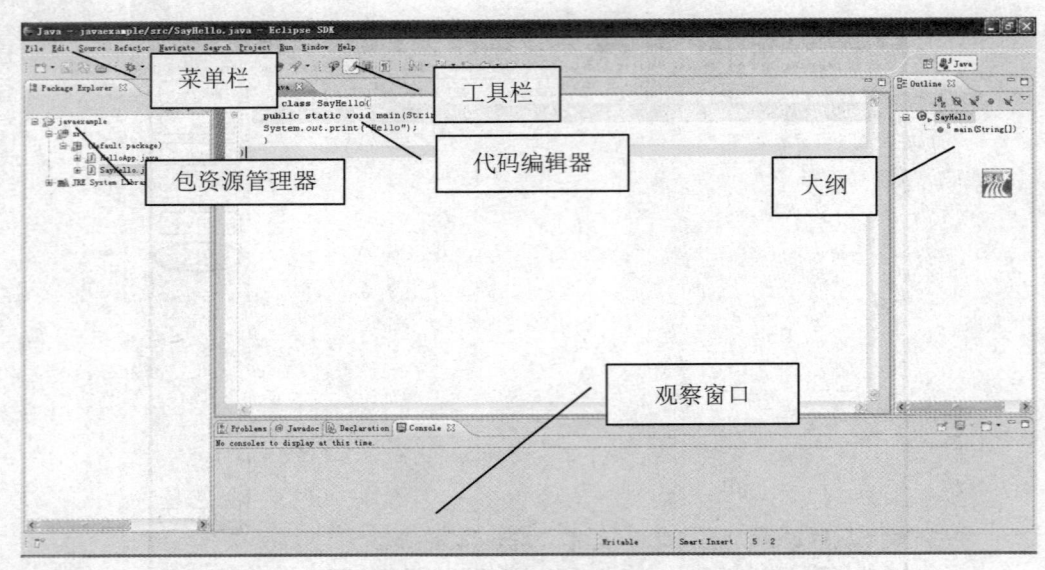

图 14.19 Eclipse 集成开发环境界面

1. 菜单栏

界面最上面的是菜单栏，菜单栏中包含菜单（如 File）和菜单项（如 File | New），菜单项下面则可能显示子菜单（如 Window | Show View | Console），如图 14.20 所示。

图 14.20 Eclipse 菜单栏

菜单栏包含了大部分的功能，然而和常见的 Windows 软件不同，Eclipse 的命令不能全部都通过菜单来完成。

2. 工具栏

位于菜单栏下面的是工具栏，如图 14.21 所示。

图 14.21 Eclipse 工具栏

工具栏包含了最常用的功能。拖动工具栏上的虚线可以更改按钮显示的位置。图 14.22 列出了常见的 Eclipse 工具栏按钮及其对应的功能。

3. 视图（View）

视图是显示在主界面中的一个小窗口，可以单独最大化、最小化显示，调整显示大小和位置，以及关闭。除了工具栏、菜单栏和状态栏之外，Eclipse 的界面就是由这样的一个个的小窗口组合起来，像拼图一样构成了 Eclipse 界面的主要部分。图 14.23 是大纲视图。

每个视图由关闭按钮、最大化和最小化按钮，视图工具栏以及视图主体和边框组成。视图最顶部显示的是标题栏，拖动这个标题栏可以在主界面中移动视图的位置，单击标题栏则可以切换显示对应视图的内容；双击标题栏或者单击最大化按钮可以让当前视图占据整个窗口。单击将会关闭当前的视图。单击最小化按钮可以最小化当前视图，这时候当前视图会缩小为一个图标并显示在界面的上侧栏，或者右侧栏和状态栏上，如图 14.24 所示。

第 14 章　Android Eclipse 集成开发环境

图标	功能	图标	功能
	新建文件或项目		保存
	打印		新建 UML 模型文件
	启动 AJAX 网络浏览器		新建 Web Service
	启动 Web Service 浏览器		发布 Java EE 项目到服务器
	启动/停止/重启服务器		启动 MyEclipse 网络浏览器
	打开项目或者文件所在目录		启动电子邮件软件发送文件
	截屏		新建 EJB 3 Bean
	调试程序		运行程序
	运行外部工具		新建 Java 项目
	新建包		新建类
	打开类型		搜索

图 14.22　Eclipse 工具栏功能对应表

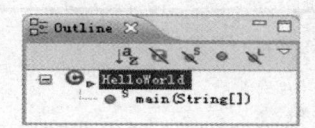

图 14.23　大纲视图　　　　　　　图 14.24　最小化视图显示

拖动工具栏上的虚线可以更改最小化视图显示的位置。单击 按钮可以恢复最小化之前的视图位置和大小，单击最小化后的图标可以暂时显示（术语叫快速切换 Fast View）视图的完整内容。鼠标放在边框上并拖动可以调节视图的显示大小。单击视图上的工具栏按钮可以执行对应的功能，而单击 按钮则可以显示和当前视图相关联的功能菜单。当视图不小心关闭后，可以通过下列菜单再次打开：Window | Show View，如图 14.25 所示，可以选择要显示的视图。

图 14.25　视图列表子菜单

常见的视图及其功能如表 14.1 所示。

表 14.1　常见视图及其功能列表

视图	功能	视图	功能
Package Explorer	Java 包结构	Hierarchy	类层次（继承关系）
Outline	大纲，显示成员等	Problems	错误，警告等信息
Tasks	任务如 TODO 标记	Web Browser	网络浏览器

续表

视图	功能	视图	功能
Console	控制台，程序输出	Servers	服务器列表和管理
Properties	属性	Image Preview	图片预览
Snippets	代码片段		

4. 上下文菜单（Context Menu）

在界面的任何地方单击鼠标右键所弹出的菜单叫上下文菜单，它能方便地显示和鼠标所在位置的组件或者元素动态关联的功能。

5. 状态栏（Status Bar）

在界面的最底部显示的是状态栏，相对来说，Eclipse 的状态栏功能大大弱化，它的主要功能都集中在视图中，如图 14.26 所示。

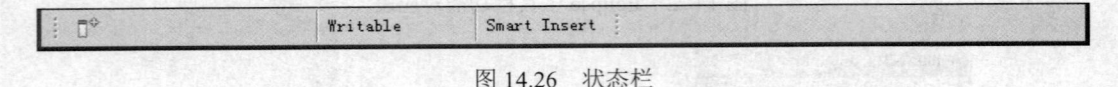

图 14.26　状态栏

6. 编辑器（Editor）

在界面的最中央会显示代码或者其他文本或图形文件编辑器。这个编辑器和视图非常相似，也能最大化和最小化，所不同的是会显示多个选项卡，也没有工具栏按钮，而且有一个很特殊的组件叫隔条，如图 14.27 中的代码最左侧的蓝色竖条所示，隔条上会显示行号、警告、错误、断点等提示信息。编辑器里面的内容没有被修改时，会在选项卡上显示 * 号。

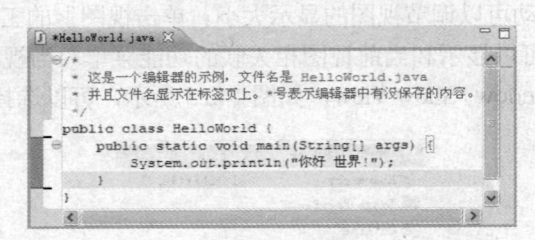

图 14.27　编辑器

14.3.2　Eclipse 集成开发环境常用功能

1. 新建 Java 项目

进入 Eclipse 后关闭欢迎页面，选择"文件 | 新建 | Java 项目"（File | New | Java Project），如图 14.28 所示。

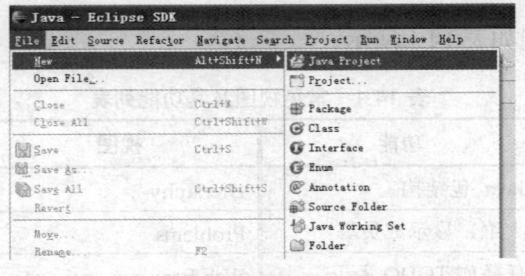

图 14.28　新建 Java 项目

在"新建 Java 项目"窗口输入项目名称，如 javaexample，单击"完成"按钮，如图 14.29 所示。

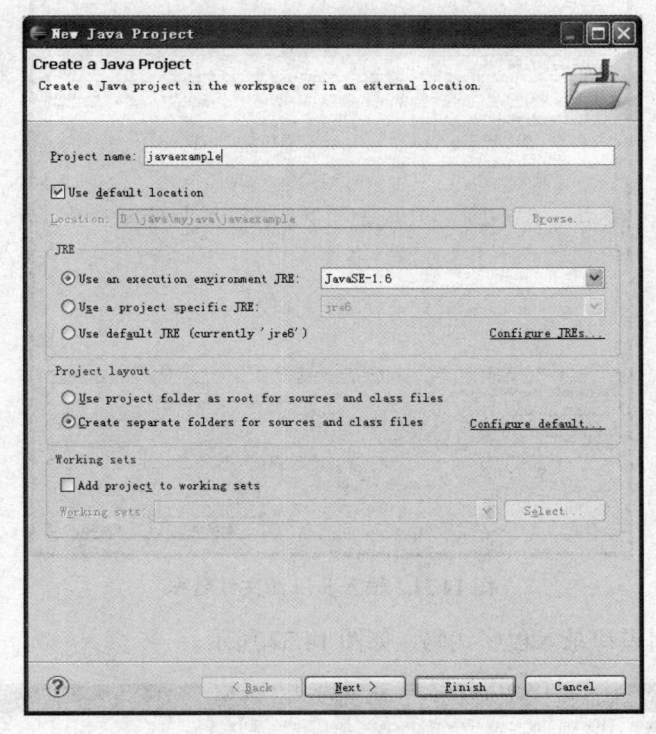

图 14.29　新建 java 项目

鼠标移动到左侧，选择 src 目录，单击右键，选择"新建 | 文件"（New | File），如图 14.30 所示。

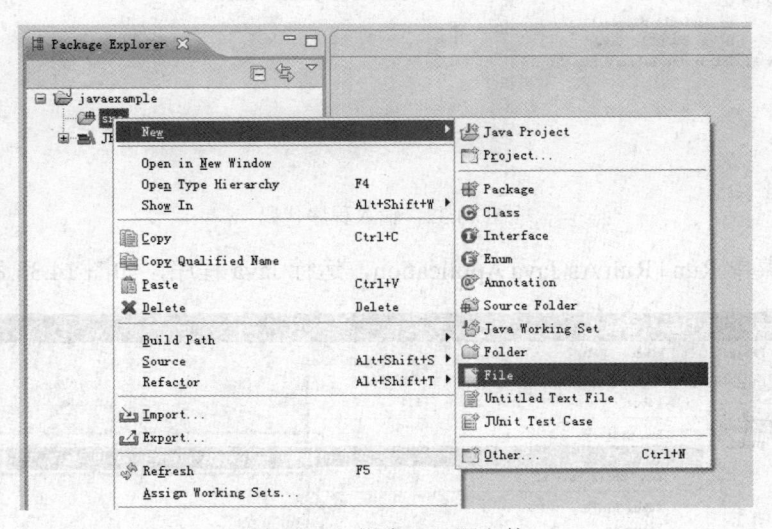

图 14.30　新建 java 源文件

在弹出窗口输入 Java 源文件的名称 SayHello.java，单击"完成"（Finish）按钮，如图 14.31 所示。

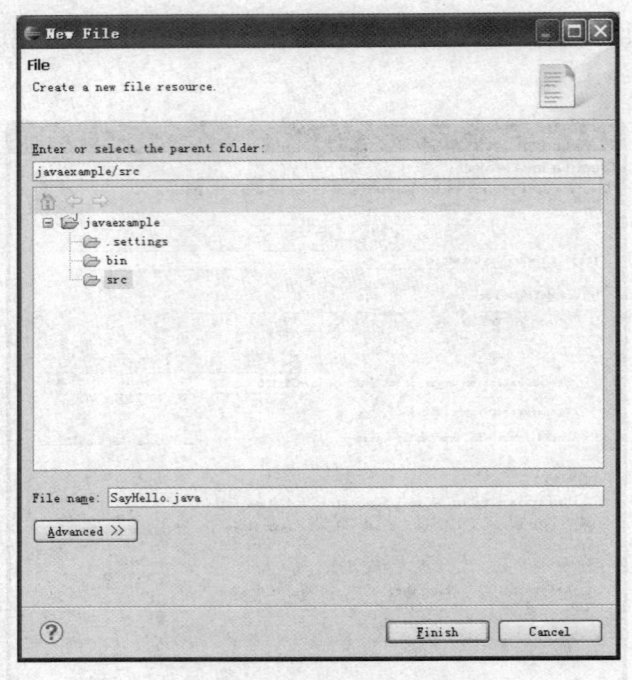

图 14.31　输入 java 源文件名称

接着在代码编辑窗口录入程序代码，如图 14.32 所示。

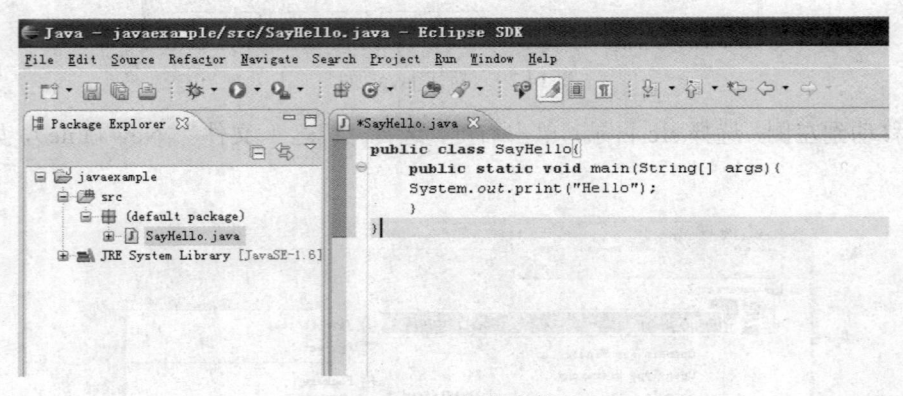

图 14.32　输入程序代码

然后选择菜单 Run | Run As-Java Application，运行 Java 程序，如图 14.33 所示。

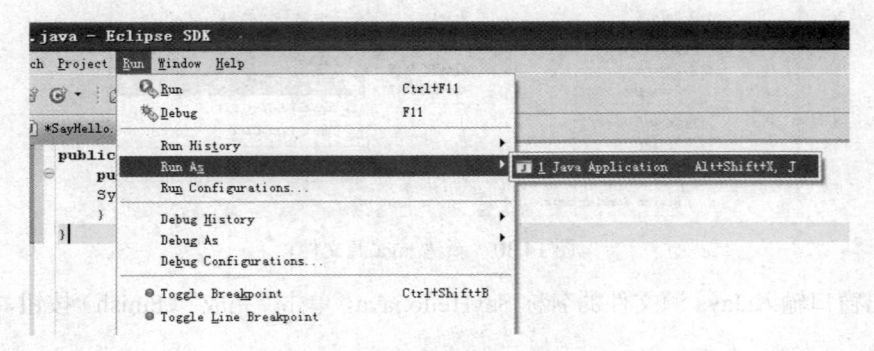

图 14.33　通过菜单运行 Java 程序

或者选择工具栏中的"运行"按钮运行程序,如图 14.34 所示。

图 14.34　通过工具栏运行 java 程序

最后在控制台(console)观察运行结果,如图 14.35 所示。

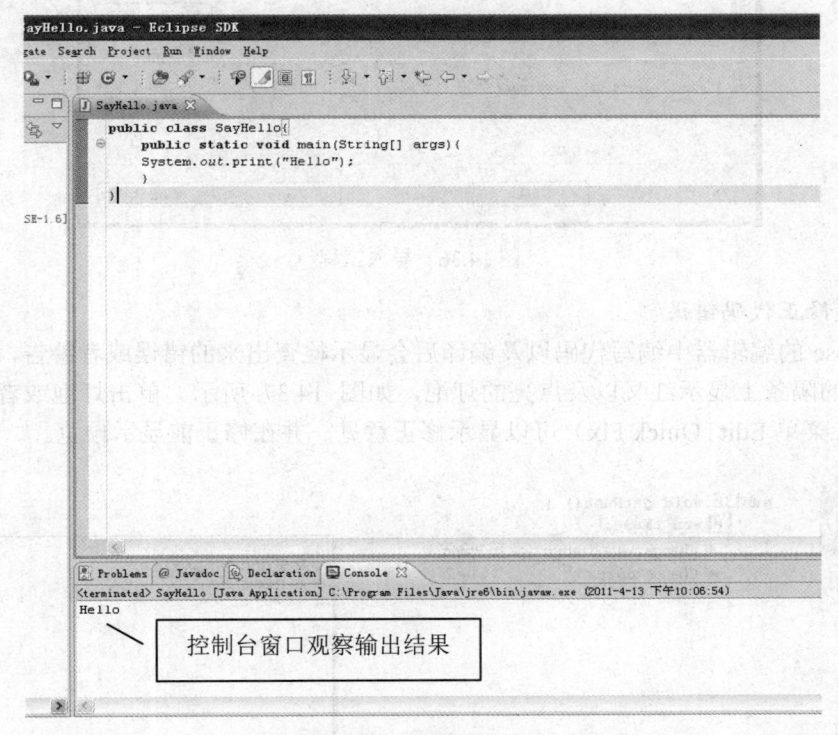

图 14.35　程序运行结果

2. 导入工程

当下载了包含 Eclipse 项目的源代码文件后,可以把它导入到当前的 Eclipse 工作区,然后进行编辑和查看。单击菜单 File | Import,然后在弹出的 Import 对话框中选择需要导入的工程类型,展开 General 目录表示导入 Java 工程(展开 Android 目录即为导入 Android 工程),选择 Existing Projects into Workspace,接着单击 Next 按钮。当选中 Select root directory 单选按钮时可以单击 Browse…按钮选中包含项目的文件夹,如果包含项目的话就可以在中间的 Projects 列表框中显示;而当选中 Select archive file 单选按钮时可以点击 Browse…按钮选中包含项目的 ZIP 压缩包,如果包含项目的话就可以在中间的 Projects 列表框中显示。最后单击 Finish 按钮就可以导入项目并打开了,如图 14.36 所示。

3. 导出工程

单击菜单 File | Export,然后在弹出的 Export 对话框中展开 General 目录,选择 Archive File,接着单击 Next 按钮。然后在 To archive file 输出框中选中要保存的文件名,一般写成项目名.zip,然后单击 Finish 按钮即可导出当前项目。

图 14.36　导入工程

4. 快速修正代码错误

在 Eclipse 的编辑器中编写代码以及编译后会显示检查出来的错误或者警告，并在出问题的代码行首的隔条上显示红叉以及点亮的灯泡，如图 14.37 所示。单击灯泡或者按下快捷键 Ctrl+1（或者菜单 Edit | Quick Fix）可以显示修正意见，并在修正前显示预览。

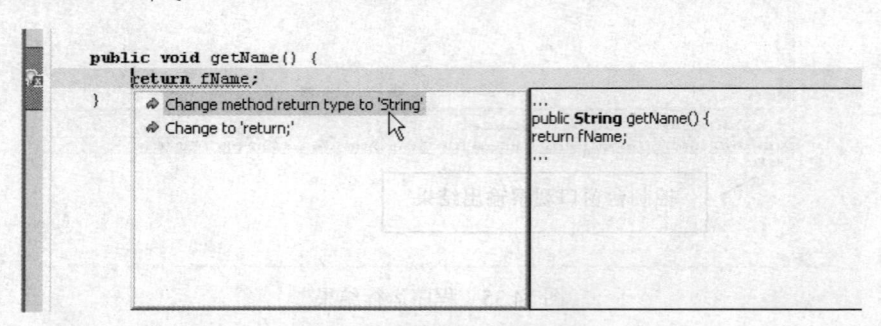

图 14.37　快速修正代码错误

5. 格式化源代码

有时候代码手写的很乱，这时候可以先选中要格式化的代码（不选择是格式化当前文件的所有代码），通过选择菜单 Source | Format，或者在编辑器中单击右键选择菜单 Source | Format，或者通过快捷键 Ctrl+Shift+F 来快速地将代码格式化成便于阅读的格式。这个操作在 Eclipse 中也可以用来格式化 XML、JSP、HTML 等源文件。

习题十四

一、问答题

1. Android 应用程序使用什么语言进行开发？

2. Android 常用的集成开发环境是什么？

二、上机练习题

1. 亲自动手下载相关的 Android 开发工具，并在自己的电脑上搭建 Android 开发环境。
2. 熟悉 Eclipse 开发环境的界面及其功能使用。

第 15 章　Android 程序开发基础

Android 应用程序使用 Java 作为其开发语言。在本章中，首先需要学习 Java 语言的基础语法，随后介绍 Android 的基本框架模型，并利用 Java 语言和 Android SDK 在 Eclipse 集成开发环境中创建第一个 Android 应用程序，并通过它来了解 Android 应用程序的基本开发步骤，从而引申出开发 Android 应用程序常用的技巧，最终使读者能够基本掌握 Android 程序的基本开发技能，做到学以致用。

15.1　Java 语法基础

Java 是一种可以撰写跨平台应用软件的面向对象的程序设计语言。Java 技术具有卓越的通用性、高效性、平台移植性和安全性，广泛应用于个人PC、数据中心、游戏控制台、科学超级计算机、移动电话和互联网，同时拥有全球最大的开发者专业社群。

15.1.1　Java 语言特性

1. Java 语言是易学的

Java 语言的语法与 C 语言和 C++语言很接近，使得大多数程序员很容易学习和使用 Java。另一方面，Java 丢弃了 C++中很少使用的、很难理解的、令人迷惑的那些特性，如操作符重载、多继承、自动的强制类型转换。特别地，Java 语言不使用指针，而使用引用。并提供了自动的垃圾收集，使得程序员不必为内存管理而担忧。

2. Java 语言是强制面向对象的

Java 语言提供类、接口和继承等原语，为了简单起见，只支持类之间的单继承，但支持接口之间的多继承，并支持类与接口之间的实现机制（关键字为 implements）。Java 语言全面支持动态绑定，而 C++语言只对虚函数使用动态绑定。总之，Java 语言是一个纯面向对象程序设计语言。

3. Java 语言是健壮的

Java 的强类型机制、异常处理、垃圾的自动收集等是 Java 程序健壮性的重要保证。对指针的丢弃是 Java 的明智选择。Java 的安全检查机制使得 Java 更具健壮性。

4. Java 语言是安全的

Java 通常被用在网络环境中，为此，Java 提供了一个安全机制以防恶意代码的攻击。除了很多 Java 语言本身具有的安全特性以外，Java 对通过网络下载的类具有一个安全防范机制（类 ClassLoader），如分配不同的名字空间以防替代本地的同名类、字节代码检查，并提供安全管理机制（类 SecurityManager）让 Java 应用设置安全哨兵。

5. Java 是性能略高的

与那些解释型的高级脚本语言相比，Java 的性能还是较优的。

6. Java 语言是解释型的

Java 程序在 Java 平台上被编译为字节码格式，然后可以在实现这个 Java 平台的任何系统中运行。在运行时，Java 平台中的 Java 解释器对这些字节码进行解释执行，执行过程中需要的类在连接阶段被载入到运行环境中。

7. Java 语言是原生支持多线程的

在 Java 语言中，线程是一种特殊的对象，它必须由 Thread 类或其子（孙）类来创建。通常有两种方法来创建线程：其一，使用型构为 Thread(Runnable)的构造子将一个实现了 Runnable 接口的对象包装成一个线程，其二，从 Thread 类派生出子类并重写 run 方法，使用该子类创建的对象即为线程。值得注意的是 Thread 类已经实现了 Runnable 接口，因此，任何一个线程均有它的 run 方法，而 run 方法中包含了线程所要运行的代码。线程的活动由一组方法来控制。Java 语言支持多个线程的同时执行，并提供多线程之间的同步机制（关键字为 synchronized）。

8. Java 语言是动态的

Java 语言的设计目标之一是适应动态变化的环境。Java 程序需要的类能够动态地被载入到运行环境，也可以通过网络来载入。这也有利于软件的升级。另外，Java 中的类有一个运行时的表示，能进行运行时的类型检查。

Java 语言的优良特性使得 Java 应用具有无比的健壮性和可靠性，这也减少了应用系统的维护费用。Java 对对象技术的全面支持和 Java 平台内嵌的 API 能缩短应用系统的开发时间并降低成本。Java 的"编译一次，到处运行"的特性使得它能够提供一个随处可用的开放结构和在多平台之间传递信息的低成本方式。特别是 Java 企业应用编程接口（Java Enterprise APIs）为企业计算及电子商务应用系统提供了有关技术和丰富的类库。

15.1.2　Java 标识符及关键字

Java 中的变量及类名称的组成也是有标识符的要求的，这些要求如下：只能由字母、数字、下划线、$所组成，但不能以数字开头，不能是 Java 中的关键字（保留字）。Java 中的关键字如表 15.1 所示。

表 15.1　Java 关键字

abstract	boolean	break	byte	case	catch	char
class	continue	default	do	double	else	extends
false	final	finally	float	for	of	implements
import	instanceof	int	interface	long	native	new
null	package	private	protected	public	return	short
static	synchronized	super	this	throw	throws	transient
true	try	void	volatile	white	assert	enum

这些保留字没有任何必要去背，随着程序的深入逐步都会接触到，但是这些关键字之中也有如下几个注意点：

- 从版本的发展来讲：
  |- JDK 1.4 之后增加了一个 assert 关键字；
  |- JDK 1.5 之后增加了一个 enum（枚举）关键字；
- 以上的关键字之中，有两个未添加进去的保留字：const、goto；
- 有特殊含义的标记（严格讲不能算做关键字）：true、false、null；

15.1.3 Java 数据类型

任何的编程语言都无法回避数据类型的问题，在 Java 之中数据类型一共分为两大类：
- 基本数据类型：传递的是一个个具体的数值；
    - |- 数值型：
        - |- 整型：byte、int、short、long
        - |- 浮点型：float、double
    - |- 字符型：char
    - |- 布尔型：boolean
- 引用数据类型：类似于 C 语言中的指针传递，传递的是内存地址；
    - |- 数组
    - |- 类
    - |- 接口

15.1.4 Java 运算符

数学运算符：+、-、*、/、%；

简便运算符：++、--、+=、-=；

逻辑运算符：&&、&、||、|、!；逻辑运算符是一种判断逻辑的运算，分别为短路与、与、短路或、或、非。

关系运算符：>、>=、<、<=、!=；

位运算符：&、|、^、~；位运算符是一种数位计算，分别为与、或、非、异或。

15.1.5 Java 语句

Java 的语句可以分为以下 3 种：表达式语句，方法调用语句和控制语句。

1. 表达式语句

一个表达式加上一个分号就构成了一个语句。分号表示一个语句的结束，缺少分号，编译将出错。最典型的表达式语句是赋值语句。

比如：
int x;
x = 23;

2. 方法调用语句

调用一个类的对象的方法：类名（或对象名）.方法名(参数列表)。

比如：
System.out.println("Hello");

如果方法有返回值，还可以把返回值赋值给一个变量。

比如：
String s="Hello";
int len;
len=s.length();

3. 控制语句

Java 语言的控制语句有 2 种：条件语句、循环语句。

(1) 条件语句

条件语句有两种：if 语句和 switch 语句。

- if 语句：
  if(条件)
  　　{代码块 1}
  else
  　　{代码块 2}

如果条件为真，则执行代码块 1，否则执行代码块 2；else 部分是可选的，也就是说，可以没有 else；如果有 else，则与最近的 if 结合。

- switch 语句

  switch 语句是多分支的开关语句，它的一般格式定义如下：
  switch(表达式)
  {
  case 常量值 1:
  　　{代码块 1}
  　　break;

  case 常量值 2:
  　　{代码块 2}
  　　break;

  　　……

  default:
  　　{代码块}
  }

语句中表达式的值必须是整型或者字符型；常量值 1 到常量值 n 也必须是整型或者字符型。switch 语句首先计算表达式的值，如果表达式的值和某个 case 后面的常量值相同，就执行该 case 里的若干个语句直到 break 语句为止。如果没有一个常量与表达式的值相同，则执行 default 后面的若干个语句。default 是可有可无的，如果它不存在，并且所有的常量值都和表达式的值不相同，那么 switch 语句就不会进行任何处理。

需要注意的是，在 switch 同一个语句中，case 后的常量值必须互不相同。

(2) 循环语句

循环语句，顾名思义，就是反复执行的语句。比如，计算 100 的阶乘，1*2*3*...*100，就需要用到循环语句，不然，就要写一百遍乘法。循环语句需要特别小心，很容易陷入死循环，所以循环体的代码块里需要有能使循环结束的语句。Java 有三种循环语句：while 语句，do-while 语句和 for 语句。

- while 语句

  while 语句的格式是：
  while(条件)
  　　{代码块}

当条件成立的时候，执行代码块，再检查条件，如果还成立，再执行代码块，……直到条件不成立。

- do-while 语句

  do-while 语句的格式是：

do{
　　代码块
}while(条件)

do-while 语句和 while 语句的区别在于：while 语句先检查条件，如果条件不成立，则不进入循环体；do-while 语句先执行循环体的代码，再检查条件，如果条件成立，则再次执行循环体的代码。所以，do-while 语句至少要执行一遍循环体的代码块。

- for 语句

for 语句是 Java 语言中用得最多的循环语句。它的格式如下：
for(表达式 1; 表达式 2; 表达式 3;)
{代码块}

其中，表达式 1 完成变量的初始化，表达式 2 是布尔类型的表达式，是循环条件，表达式 3 是当执行了一遍循环之后，修改控制循环的变量值。

for 语句的执行过程是这样的：首先计算表达式 1，完成必要的初始化工作；然后判断表达式 2 的值，如果表达式的值为 true，则执行循环体；如果为 false，则跳出循环。执行完循环体之后紧接着计算表达式 3，以便改变循环条件，这样一轮循环就结束了。第二轮循环从计算表达式 1 开始，如果表达式的值仍为 true，则继续循环；否则循环结束，执行 for 语句后面的语句。

- 嵌套循环

经常可以遇到嵌套循环的例子。所谓嵌套循环，是指一个循环体里还有一个或者更多个循环。比如计算 10 以内的阶乘之和，或者求 50 以内的素数，就需要用到嵌套循环。

循环语句里的 break 语句和 continue 语句：在循环体中，如果遇到 break 语句，那么整个循环语句就结束；如果遇到 continue 语句，那么本次循环就结束，就是说，不再执行本次循环中 continue 语句后面的语句，而是转入下一次循环。

15.1.6 Java 数组和字符串

1. 什么是数组？为什么要用数组？

除了基本数据类型，Java 还提供一种导出类型：数组。数组是相同类型的数据按顺序组成的一种复合数据类型，通过数组名和下标，可以使用数组中的数据。下标从 0 开始。数组是所有编程语言中常用的数据结构。

为什么要用数组呢？举一个例子：假设需要表示一个班 50 个人的数学成绩，要求出平均成绩。如果没有数组，则需要用前面学过的声明变量的方法，声明 50 个变量，写 50 次加法运算！数组可以大大地简化类似的问题！只要声明一个长度为 50 的整型数组，结合上一讲学过的循环语句，就可以很方便地解决这个问题！

在编程语言比如 C 或者 C++中，字符串也是使用数组来表示的：字符串是字符数组！所以字符串与数组有着天然的联系。但是在 Java 中，提供了一种更方便的表示字符串的方法：用一个 String 类来表示。类是面向对象的语言特有的概念，对于初次接触面向对象技术的人来说，比较难理解。所以，本节将学习表示字符串的 String 类，也对类的使用有一个粗略的了解，作为下面详细学习类的准备。

需要指出的是，C 语言还有其他两种导出类型：结构体和共用体，在 Java 里已经被取消。

2. 数组的声明、创建和初始化

- 数组的声明

声明数组，包括声明数组的名字、数组包含的元素的数据类型。数组可以是一维的，也可以是二维或者多维的。举例来说：一个班有 50 个人，用一个长度为 50 的一维数组表示；如果要表示每个同学的五门高考成绩，那么就需要用一个第一维长度为 50，第二维长度为 5 的二维数组。

声明一维数组有两种格式：
数组元素类型 数组名[ ];
数组元素类型[ ] 数组名;
比如：int student[ ]; 或者：int[ ] student;
类似地，声明二维数组也有两种格式：
数组元素类型 数组名[ ][ ];
数组元素类型[ ][ ] 数组名;
比如：int score[ ][ ]; 或者：int[ ][ ] score;
下面，主要以一维数组为例，学习数组的用法。

● 数组的创建

声明数组仅仅给出了数组名字和元素的数据类型，想要真正使用数组还必须为数组分配内存空间，也就是创建数组。在为数组分配内存空间时必须指明数组的长度。为数组分配内存空间的格式如下：

数组名 = new 数组元素的类型 [数组的长度]
例如：
student = new int [50];
score = new int [50] [4];
事实上，数组的声明和创建可以一起完成，比如：
int student [ ] = new int [50];
一旦数组被创建，数组的大小就不能改变。如果在程序运行期间，需要对数组的大小进行扩展，通常需要使用另一种数据对象：Vector。有关向量和扩展数组，有兴趣的同学可以在 Java 帮助中查找帮助。

student 数组创建之后，其内存模式如图 15.1 所示。

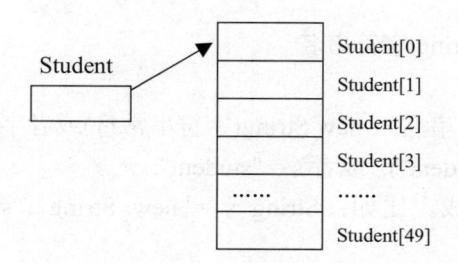

图 15.1 Java 数组内存模式

● 数组的初始化

创建数组后，系统会给每个元素一个默认值，比如，整型数组的默认值是 0。
也可以在声明数组的同时给数组一个初始值，称之为初始化。
int num [ ] = {2, 4, 4, 1};
这个初始化动作相当于：
int num [ ] = new int [4];
num [0]=2; num [1]=4; num [2]=4; num [3]=1;

3. 数组的使用

● 数组的访问

前面已经看到，数组通过下标访问其元素，比如：student [0]=70，student [49]=87 等。注意，下标从 0 开始，如果数组长度为 n，则下标是 0～n-1，如果使用 n 或者以上的元素，将会发生数组溢出异常。比如：student[50] = 79，虽然编译的时候能通过，程序运行时将中止。

二维数组的使用与之类似。

● 数组的复制

可以把一个数组变量复制给另一个，但两个变量引用的都会是同一个内存空间，所以改变一个数组变量的值，另一个数组变量的值也会改变。

比如：

int num [ ] = {2, 3, 5, 1};
int numcopy[ ]=num;
numcopy[2]=5;

现在，num[2]也变成了 5。

如果真的想把一个数组的所有值都复制到另一个数组中，就需要采用 System.arraycopy() 方法：System.arraycopy (num, 0, numcopy, 0, 4)。这样，num 和 numcopy 将指向不同的内存空间，numcopy 数组值的改变，不会再影响 num 数组。有兴趣的同学可以参考帮助文件。

4. 字符串

前面已经说过，Java 使用 java.lang 包中的 String 类来表示字符串，尽管也可以用字符数组来实现类似的功能。关于类的详细知识，后面将会讲到。由于类是面向对象编程语言最核心的概念，学习起来有些难度，在这里先通过 String 类对类的概念有一个粗略的了解，以使下面的学习更顺利一些。

字符串，顾名思义，就是一串字符。比如："student100"，"China"等。用一对双引号表示字符串。也可以把字符串看成字符数组（事实上，C 就是把字符串当作字符数组来处理的），但是把它视为类更方便一些。为什么？下面马上会看到。

● 字符串的声明、创建

字符串声明的格式是：String 字符串名

比如：String s;

字符串的创建格式：字符串名 = new String(字符串常量)或者字符串名 = 字符串常量。

比如：s = new String ("student")；或者 s = "student";。

声明和创建可以一步完成，比如：String s = new String ("student")；或者 String s = "student";。

String 类的声明，跟前面学过的基本数据类型的声明格式是一样的，比如：整型的声明：int n;，比较一下：String s;？

事实上，"类型 变量名"这种格式是类的声明的一般格式，可以把类当作基本数据类型一样来声明。

另一方面，变量名= new 类名（参数列表）；比如 s = new String ("student");。

这是类的一般创建格式。

5. 与字符串有关的操作

● 字符串的长度

length()方法：
String s = "student";
int len=s.length();

需要指出的是，s.length()这种调用方法，是面向对象编程语言特有的方法，把 s 叫做 String 类的对象，就像 int n，把 n 叫做整型变量一样；把 length()叫做 String 类的方法。下面可以看到，String 类的方法，都是通过"对象名.方法名()"这种方式调用的。

- 取子串
  String s = "I am a Chinese";
  String subs;
  subs = s.substring (7);
- 字符串的比较
  String tom = "my name is tom";
  String jane = "my name is jane";

tom.equals(jane)，返回 false，表示不相等。

tom.compareTo(jane)，返回一个负整数，因为第一个不相等的字符 t 和 j 相比，t 在 j 的后面；如果返回 0，表示相等；如果返回一个正整数，表示 tom 和 jane 第一个不相等的字符，tom 的在 jane 的前面。

注意，不要用 tom==jane 来判断两个字符串是否相等，因为这样比较的只是它们在内存中的地址是否相同，而不是所希望的比较字符串的内容是否相同。

- 字符串连接
  String s = " I am";
  String s2 = "a Chinese";
  String s4, s4;
  s4 = s+s2;
  s4 = s+24;

整数型 24 将会自动转换为字符串。

- 字符串检索

字符串检索是指判断一个字符串是否包含某一个字符或者子字符串，如果有，返回它的位置，如果没有，返回一个负数。

String s = "I am a Chinese";
s.indexOf("Chinese"); //返回 7;
s.indexOf('a'); //返回 2;

- 字符串转换为数值

如果一个字符串是一串数字，可以把它转换成相应的数值。

转换为整型：
String s = "21";
int x; x= Integer.parseInt (s);

转换为浮点型：
String s = "22.124";
float f; f = Float.valueOf(s).floatValue();

当然，也可以把整数或者浮点数转换为字符串类型：
String s;
int n = 24;
s = String.valueOf (n);

- 其他

与字符串有关的方法还有很多，不能一一讲解。前面说过，要学会使用帮助。查找关于 String 的帮助，就可以看到，有关于 String 的所有方法的详细讲解。希望同学们可以学会使用帮助。

15.1.7　Java 类、对象和接口

1. 类的概念

要理解类，先要了解"对象"的概念，因为类就是用来创建对象的模板，它包含了被创建的对象的状态描述和方法定义。

如同可以把长虹牌电视机看成是一个对象，而不必关心电视机里面的集成电路是怎样的，也不用关心电视机的显像管的工作原理，只需要知道电视机的遥控器上提供了对这台电视机的什么操作，比如选台、调节色彩、声音等。这样，虽然不知道电视机内部是怎么工作的，但可以使用这台电视机。听起来这跟编程没什么关系，但面向对象的思想正是与它类似：对象，对外只提供操作该对象的方法，内部的实现对外是隐藏的。这种技术叫做数据隐藏。这样，程序员不必了解一个对象内部是怎么实现的，但可以很方便地使用这个对象。

类，就是对象的模板。比如，电视机是一个类，而某一台电视机就是这个类的一个对象，也叫一个实例。

前面使用的 String 类，虽然不知道里面的实现细节，但只要知道他的操作方法，就可以很方便地使用它。这样，对别的程序员编写的程序，可以很方便地拿来使用，从而提高软件的复用程度和编程的效率。

比如，要构造一个类：TV，然后对外提供一些对它的操作方法，选台 selectChannel()等。然后用这个类创建一个对象：TV kongKai；然后就可以这样操作这台电视： kongKai.selectChannel。

类的另一个特性，也是它的一个大好处——继承。继承的概念类似于这样一种表达：电视是一种电器。如果有一个电器类，那么，电视机类继承了电器类。继承有什么好处呢？设想电器类有一些属性，比如工作电压、功率，有一些方法，比如：打开 open()、关闭 close()。这时候，如果电视类继承了电器类，电视类就自动拥有了电器类的这些属性和方法，而不用再自己重写一遍（当然，如果想重写，也可以，这种技术叫做重载）。这样做有什么好处呢？最明显的好处就是减轻编程的工作量。假设有另一个类：VCD 类，它也继承了电器类，对于打开、关闭等，同样不用重新编写。

好了，既然面向对象的方法有这么多好处，下面就来学习类和对象的一些基本知识。

2. 类的例子

下面是一个完整的类的例子，通过这个例子来详细讲解类的一些用法。

```java
class Employee {
    private String name;
    private double salary;
    private int hireYear;
    private static String company=new String("IBM");

    public Employee(String n, double s, int d) {
        name = n;
        salary = s;
        hireYear = d;
```

}

```
    public void print() {
        System.out.println(name + " " + salary + " " + getHireYear() + " "+ getCompany());
        return;
    }

    public void raiseSalary(double byPercent) {
        salary *= 1 + byPercent / 100;
    }

    public void raiseSalary(int byAbsolute) {
        salary +=byAbsolute;
    }

    public int getHireYear() {
        return hireYear;
    }

    public static String getCompany() {
        return company;
    }
}
```

为了测试这个类，写一个测试程序：

```
package teach4;
public class EmployeeTest {
    public static void main(String[] args) {
        Employee emp = new Employee ("Tony Tester", 38000, 1990);
        emp.print();
        emp.raiseSalary(5.0D);
        emp.print();
        int raise=1000;
        emp.raiseSalary(raise);
        emp.print();
    }
}
```

3. 类的结构

class Employee { } 表示一个类的声明，其中，class 是关键字，Employee 是类名。在一对大括号中的内容，叫做类体，是这个类的实现部分。

前面说过，类把数据和在数据上的操作方法封装起来，所以，类体中有两部分，一部分是数据，另一部分是方法。

数据部分是：
Private String name;
Private double salary;
private int hireDay;

分别是 String 类型的 name，代表该员工的姓名；double 类型的 salary，代表该员工的薪水；int 类型的 hireDay，代表该员工的雇佣年份。

private 是一个关键字，是私有的意思，表明这些数据，只能被类里面的方法访问，外部程序是不能直接访问这些数据的。这正是类的一个好处：对外隐藏数据。编程时建议始终保持数据的私用，也就是始终用 private 来修饰数据，来使程序更安全。

这个类的方法部分是：
public Employee(String n, double s, Day d) {...}
Public void print() {...}
public void raiseSalary(double byPercent) {...}
public void raiseSalary(int byAbsolute) {...}
public int getHireYear() {...}
public static String getCompany() {...}

所谓方法，就是对数据的操作，有过 C 编程经验的同学，可以把它理解为函数，只是这些函数是放在类里并对类的数据进行操作的。比如这个方法：

public void raiseSalary(double byPercent)就是对数据 salary 的操作。

public 是一个关键字，是公有的意思，表明该方法可以用"对象名.方法名"的方式调用。比如测试程序中：emp.raiseSalary(5.0D)，就是对这个方法的调用。否则，如果是 private，该方法就只能被类里的方法调用，像 emp.raiseSalary(5.0D)这种调用就是非法的。

void 表明方法的返回类型为空，也就是什么都不返回。public int getHireYear()这个方法的返回类型是 int。一般来说，返回类型这部分是不能缺少的，即使方法什么都不返回，也要用一个 void 关键字来修饰。但有一个例外：构造函数，之后将会讲到。

raiseSalary(double byPercent)是方法名，前面已经说过方法的命名规则，第一个单词小写，以后每个单词首字母大写。这样可以增加可读性，根据 raiseSalary 这个名字就可以知道这个方法的功能是涨工资。括号里是参数列表，类似于前面学过的变量的声明。如果有多个参数，用逗号隔开，比如 Employee(String n, double s, int d)。

方法中的一对大括号里是方法的实现，就是前面学过的语句的组合。比如 print()方法，是打印出该员工的姓名、工资等信息；raiseSalary()方法是根据参数，把员工工资涨相应的比例。注意，如果方法有返回类型且不为 void，那么在方法的实现中必须有 return 语句，返回相应的类型。比如 hireYear()方法，就有 return 子句。相反，如果返回类型是 void，那么不能返回任何数据，但可以有一个 return 语句，后面不带返回值，比如 print()方法里就有一个空的 return 语句。

4. 构造函数

可以注意到，有一个方法是与类名同名的，而且没有返回类型，比如这个例子中的 public Employee(String n, double s, int d)，即构造函数。构造函数是做什么用的呢？构造函数是在声明对象的时候，自动调用的方法，其作用是为对象的数据做一些必要的初始化工作。比如，这里的 public Employee(String n, double s, int d)方法，就是初始化这个员工的姓名、工资和雇佣年份。在声明 emp 对象的时候，调用的就是构造函数。

Employee emp = new Employee ("Tony ", 10000, 1990);

如果没有定义构造函数，Java 会自动提供一个默认的构造函数，把所有成员数据初始化为默认值，比如数字类型（包括整型、浮点型）将是 0，布尔类型将是 false 等。注意在没有构造方法时，new 后面的()中不能有数字。

需要注意的是，与构造函数相对的是析构函数，目的是在对象不再使用的时候回收对象使用的内存。C++里就支持析构函数。但是，由于 Java 提供自动回收"垃圾"的机制，所以不需要进行内存回收，所以 Java 没有析构函数。

5. 方法的重载

方法的名字相同但参数的类型或个数不同，即重载。

类允许有相同名字的方法，比如这个例子中的 raiseSalary 方法。

public void raiseSalary(double byPercent)
public void raiseSalary(int byAbsolute)

第一个参数是 double 型，表明工资上涨的百分比；第二个参数是 int 型，表明工资上涨的数额。这两个方法参数不同。调用的时候，根据参数的不同，决定使用哪一个方法。比如，在例子中，emp.raiseSalary(5.0D)的参数是 double 型，所以将会调用第一个，工资上涨 5%，emp.raiseSalary(raise)的参数 raise 是一个 int 型，所以将会调用第二个，工资上涨 1000 元。

方法的重载的好处是使程序处理更方便。比如，例子中的涨工资，提供了统一的 raiseSalary() 方法，不用自己判断涨的是百分比还是绝对数额，由程序自己判断，使程序更好用，可读性更强。

6. 静态方法和静态成员变量

所谓静态方法和静态成员变量，是指那些用 static 关键字修饰的方法或者变量，比如例子中的 private static String company 就是一个静态成员变量，而 public static String getCompany() 和 public static void setCompany(String s)都是静态方法。

静态的意思，是指该方法或者变量在整个类中只有一份。类是用来创建对象的模板，就是说，创建对象的时候，每个对象都会有类中所声明的成员变量的一个副本。但是，对于静态成员变量，在内存中只有一个副本，所有的对象将共享这个副本。比如例子中，所有 Employee 所在的公司就只有一个，所以没有必要为每一个 Employee 的对象都保留一个 company 的副本，所以把它声明为静态的成员变量。比如例子中有两个 Employee 类的对象：emp 和 emp2，它们的成员变量内存模式如图 15.2 所示。

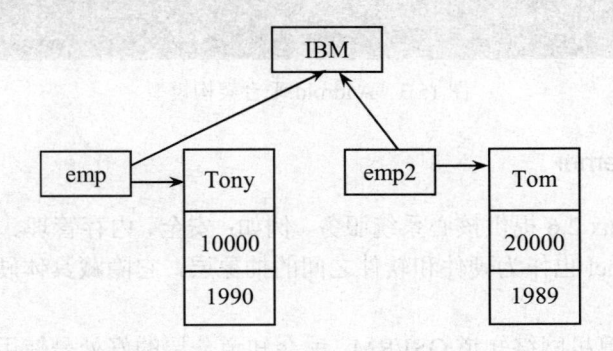

图 15.2 成员变量内存模式

所以，只要改变了 company 的值，对所有 Employee 的对象都是起作用的。

另一方面,静态方法只能访问静态成员变量,比如例子中,setCompany()只能访问 company,如果它访问 name 之类的变量，编译器将会报错。而且静态方法的调用是"类名.方法名"的方式，也可以用一般的"对象名.方法名"的方式来调用。

实际上，先前用的 System.out.println()方法，就是一个静态方法，所以可以直接用"类名.方法名"的方式调用。而一个类里如果有 main 函数，都要声明为静态方法，因为一个程序只能有一个 main 函数入口。

15.2　Android 架构模型

如图 15.3 所示，Android 系统架构由 5 部分组成，分别是：Linux Kernel、Android Runtime、Libraries、Application Framework、Applications。下面详细介绍这五部分。

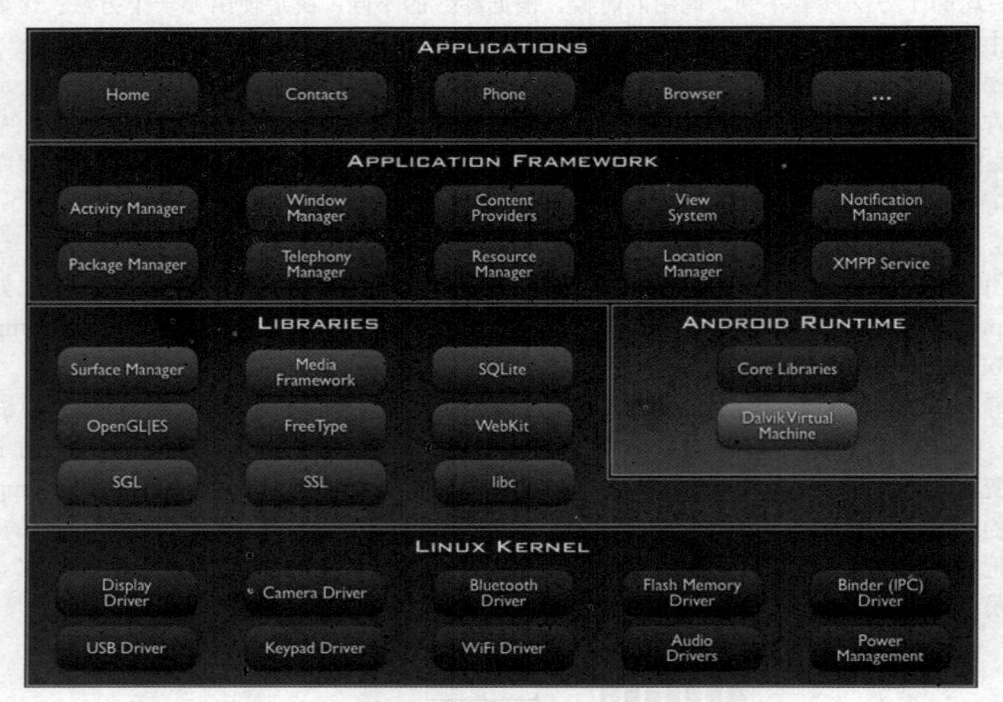

图 15.3　Android 平台架构模型

15.2.1　Linux Kernel

Android 基于 Linux 2.6 提供核心系统服务，例如：安全、内存管理、进程管理、网络堆栈、驱动模型。Linux Kernel 也作为硬件和软件之间的抽象层，它隐藏具体硬件细节而为上层提供统一的服务。

如果读者学过计算机网络知道 OSI/RM，就会知道分层的好处是使用下层提供的服务并为上层提供统一的服务，屏蔽本层及以下层的差异，当本层及以下层发生了变化不会影响到上层。也就是说各层各司其职，各层提供固定的 SAP（Service Access Point），专业点可以说是高内聚、低耦合。

如果只是做应用开发，就不需要深入了解 Linux Kernel 层。

15.2.2　Android Runtime

Android 包含一个核心库的集合，提供大部分在 Java 编程语言核心类库中可用的功能。每一个 Android 应用程序是 Dalvik 虚拟机中的实例，运行在它们自己的进程中。Dalvik 虚拟机设计成在一个设备可以高效地运行多个虚拟机。Dalvik 虚拟机可执行的文件格式是.dex，dex

格式是专为 Dalvik 设计的一种压缩格式，适合内存和处理器速度有限的系统。

大多数虚拟机包括 JVM 都是基于栈的，而 Dalvik 虚拟机则是基于寄存器的。两种架构各有优劣，一般而言，基于栈的机器需要更多指令，而基于寄存器的机器指令更大。dx 是一套工具，可以将 Java .class 转换成 .dex 格式。一个 dex 文件通常会有多个.class。由于 dex 有时必须进行最佳化，会使文件大小增加 1～4 倍，并以 ODEX 结尾。

Dalvik 虚拟机依赖于 Linux 内核提供基本功能，如线程和底层内存管理。

15.2.3 Libraries

Android 包含一个 C/C++库的集合，供 Android 系统的各个组件使用。这些功能通过 Android 的应用程序框架（application framework）提供给开发者。下面列出一些核心库：

- **系统 C 库**——标准 C 系统库（libc）的 BSD 衍生，调整为基于嵌入式 Linux 设备；
- **媒体库**——基于 PacketVideo 的 OpenCORE。这些库支持播放和录制许多流行的音频和视频格式及静态图像文件，包括 MPEG4、H.264、MP3、AAC、AMR、JPG、PNG；
- **界面管理**——管理访问显示子系统和无缝组合多个应用程序的二维和三维图形层；
- **LibWebCore**——新式的 Web 浏览器引擎，驱动 Android 浏览器和内嵌的 web 视图；
- **SGL**——基本的 2D 图形引擎；
- **3D 库**——基于 OpenGL ES 1.0 APIs 的实现，库使用硬件 3D 加速或包含高度优化的 3D 软件光栅；
- **FreeType**——位图和矢量字体渲染；
- **SQLite**——所有应用程序都可以使用的强大而轻量级的关系数据库引擎；

15.2.4 Application Framework

通过提供开放的开发平台，Android 使开发者能够编制极其丰富和新颖的应用程序。开发者可以自由地利用设备硬件优势、访问位置信息、运行后台服务、设置闹钟、向状态栏添加通知等等，很多很多。

开发者可以完全使用核心应用程序所使用的框架 API。应用程序的体系结构旨在简化组件的重用，任何应用程序都能发布它的功能且任何其他应用程序可以使用这些功能（需要服从框架执行的安全限制）。这一机制允许用户替换组件。

所有的应用程序其实是一组服务和系统，包括：

- 视图（View）——丰富的、可扩展的视图集合，可用于构建一个应用程序，包括列表、网格、文本框、按钮，甚至是内嵌的网页浏览器；
- 内容提供者（Content Providers）——使应用程序能访问其他应用程序（如通讯录）的数据，或共享自己的数据；
- 资源管理器（Resource Manager）——提供访问非代码资源，如本地化字符串、图形和布局文件；
- 通知管理器（Notification Manager）——使所有的应用程序能够在状态栏显示自定义警告；
- 活动管理器（Activity Manager）——管理应用程序生命周期，提供通用的导航回退功能。

15.2.5 Applications

Android 装配一个核心应用程序集合，包括电子邮件客户端、SMS 程序、日历、地图、浏览器、联系人和其他设置。所有应用程序都是用 Java 编程语言写的。

Android 的架构是分层的，非常清晰，分工很明确。Android 本身是一套软件堆叠（Software Stack），或称为"软件叠层架构"，叠层主要分成三层：操作系统、中间件、应用程序。从它的上面也看到了开源的力量，一个个熟悉的开源软件都在这里贡献了自己的一份力量。

15.3 创建第一个 Android 工程

通过前面几节的学习了解了 Java 基础语法、Android 框架模型和怎样搭建相应的开发环境。这一节，将动手创建第一个 Android 项目"Hello World"。

15.3.1 创建工程

（1）选择 File | New | Project 命令，弹出 New Project 窗口，如图 15.4 所示。选择 Android | Android Project 命令，单击 Next 按钮进行下一步骤。

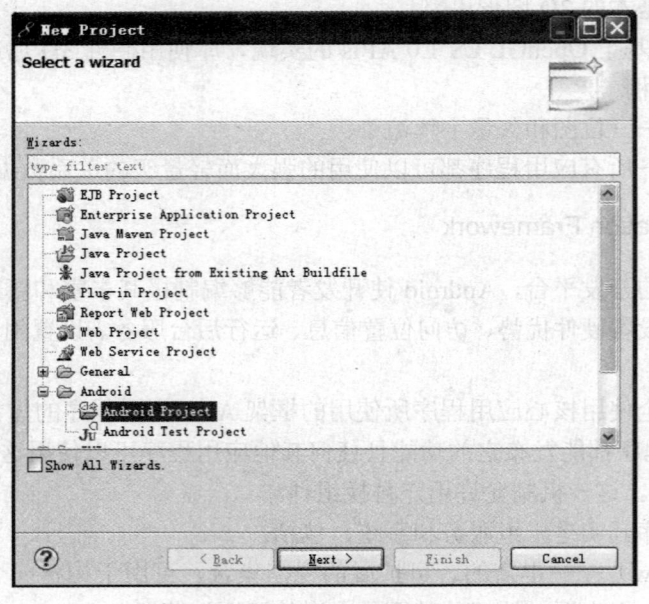

图 15.4 新建 Android 项目

（2）弹出 New Android Project 窗口，如图 15.5 所示。在 Project name 文本框中输入项目名称"HelloWorld"；下面的"Create new project in workspace"选项是指选择默认的工作区，"Create project from existing source"选项是指自定义工作区，这里选择默认的工作区。

（3）在 Build Target 列表中选择要创建的项目 API 版本，这里选择 Android 2.3；在 Application name 文本框中输入应用程序的名称"Hello World"。在 Package name 文本框中输入包名"com.hello"。在 Create Activity 文本框中输入要创建 Activity 名称"HelloActivity"。在 Min SDK Version 文本框中输入最小 SDK 层级"9"。单击 Finish 按钮，完成项目创建。

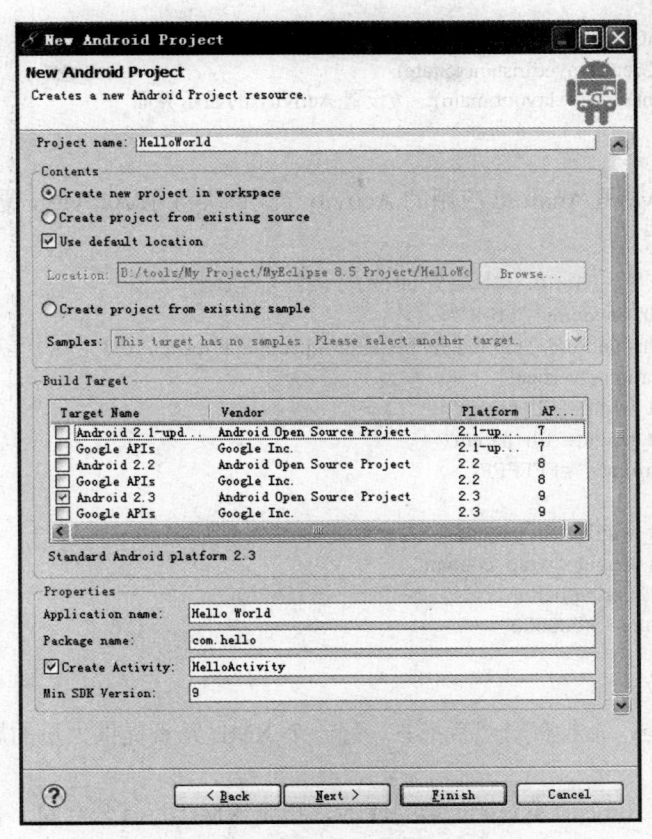

图 15.5 新建 Android 项目

完成以上步骤,就创建了一个名为"HelloWorld"的项目,项目结构如图 15.6 所示。

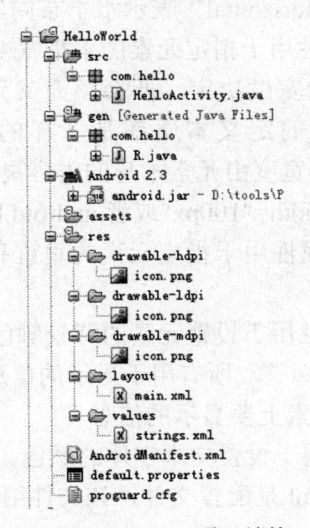

图 15.6 Android 项目结构

(4)接下来编写这个"HelloWorld"项目,HelloActivity.java 的代码如下:

```
package com.hello;
public class HelloActivity extends Activity {
    @Override
```

```
        public void onCreate(Bundle savedInstanceState) {
            super.onCreate(savedInstanceState);
            setContentView(R.layout.main);   //设置 Activity 的显示界面
        }
    }
```

HelloActivity.java 是 Android 应用的 Activity 类,该类继承 Activity,覆盖父类的 onCreate() 方法。

（5）在图 15.6 中,main.xml 是界面布局文件,代码如下。

```xml
<?xml version="1.0" encoding="utf-8"?>
<LinearLayout xmlns:android="http://schemas.android.com/apk/res/android"
    android:orientation="vertical"
    android:layout_width="fill_parent"
    android:layout_height="fill_parent"
    android:background="#FFFFFF" >
<TextView
    android:layout_width="fill_parent"
    android:layout_height="wrap_content"
    android:text="@string/hello"
    android:textColor="#000000" />
</LinearLayout>
```

这段代码的含义如下：

<LinearLayout>：流式布局元素标签,每一个 XML 元素提供大量的属性,用于修改元素的外观。

xmlns:android：LinearLayout 元素的属性,指定 XML 的命名空间,告诉 Android 的开发工具使用该命名空间中的元素和属性（所有的 Android 设计文件必须引入这个命名空间）。

android:orientation：该属性用于指定流式布局的方向,流式布局有两种布局方向,分别为:"vertical" 表示垂直布局,"horizontal" 表示水平布局。

android:layout_width：该属性用于指定元素的水平宽度,有 3 种取值,分别为:"fill_parent" 表示当前元素的宽度由父元素的宽度决定,即会填充父元素,该值在 Android 2.2 开始由 "match_parent" 所取代,它们的定义本质都是一样的,值均为-1,只是换了个别名；"wrap_content" 表示当前元素的宽度由元素本身的内容决定,即根据内容的不同自动调节元素的宽度,例如 android:layout_width="100px"或者 android:layout_width="100dip"。

android:layout_height：该属性用于指定元素的垂直高度,与 android:layout_width 取值相同。

android:background：该属性用于设置元素的背景颜色。

<TextView>：文本显示元素标签,所有用于显示的信息都可以通过该元素实现。

android:text：该属性指定元素上要显示的信息。

android:textColor：该属性用于设置文本字体的颜色。

（6）在图 15.6 中,strings.xml 是配置文件,该文件用于声明一些在程序中使用的字符串常量。代码如下：

```xml
<?xml version="1.0" encoding="utf-8"?>
<resources>
    <string name="hello">Hello World!</string>
    <string name="app_name">Hello World</string>
</resources>
```

现阶段只需编写如上文件代码即可，接下来看看运行效果，如图15.7所示。

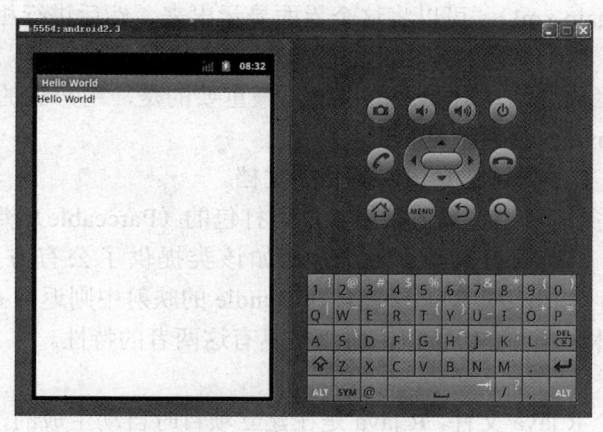

图15.7 "Hello World" Android 项目运行效果图

至此，创建了一个简单的 Android 应用程序 Hello World，所在的目录为 Eg15_1。读者可以直接根据第 14 章提到的使用 Eclipse 导入工程的方法打开项目运行，当然为了加深读者对程序的理解，建议自行在 Eclipse 中敲代码，然后一步步调试运行，以便更快地掌握 Android 程序的开发技巧。

15.3.2 工程目录结构

在搭建 Android 开发环境及简单地建立一个 HelloWorld 项目后，本节将通过 HelloWorld 项目来介绍 Android 项目的目录结构，如图 15.6 所示。

1. src 文件夹

顾名思义（src，source code）该文件夹是放项目的源代码的。

新建一个简单的 HelloWorld 项目，系统生成了一个 HelloWorld.java 文件。它导入了两个类：android.app.Activity 和 android.os.Bundle，HelloWorld 类继承自 Activity 且重写了 onCreate 方法。

关于@Override：在重写父类的 onCreate 时，在方法前面加上@Override，系统可以帮助检查方法的正确性。

例如，public void onCreate(Bundle savedInstanceState){······.}这种写法是正确的；

如果写成 public void oncreate(Bundle savedInstanceState){······.}这样编译器会报如下错误——The method oncreate(Bundle) of type HelloWorld must override or implement a supertype method，以确保正确重写 onCreate 方法（因为 oncreate 应该为 onCreate）。

而如果不加@Override，则编译器将不会检测出错误，而是会认为新定义了一个方法 oncreate。

android.app.Activity 类：因为几乎所有的活动（activities)都是与用户交互的，所以 Activity 类关注创建窗口，可以用方法 setContentView(View)将自己的 UI 放到里面。然而活动通常以全屏的方式展示给用户，也可以以浮动窗口的方式或嵌入在另外一个活动中来展示。有两个方法是几乎所有的 Activity 子类都实现的：

onCreate(Bundle)：初始化活动（Activity），比如完成一些图形的绘制。最重要的是，在这个方法里通常用布局资源（layout resource）调用 setContentView(int)方法定义 UI，用

findViewById(int)方法在 UI 中检索需要编程交互的小部件（widgets）。setContentView 指定由哪个文件指定布局（main.xml），可以将这个界面显示出来，然后进行相关操作，这些操作会被包装成为一个意图，这个意图对应由相关的 activity 进行处理。

onPause()：处理当离开活动时要做的事情。最重要的是，用户做的所有改变应该在这里提交（通常 ContentProvider 保存数据）。

更多关于 Activity 类的详细信息请参阅相关文档。

android.os.Bundle 类：从字符串值映射各种可打包的（Parceable）类型（Bundle 单词就是捆绑的意思，所以这个类很好理解和记忆）。如该类提供了公有方法——public boolean containKey(String key)，如果给定的 key 包含在 Bundle 的映射中则返回 true，否则返回 false。该类实现了 Parceable 和 Cloneable 接口，所以它具有这两者的特性。

2. gen 文件夹

该文件夹下面有个 R.java 文件，R.java 是在建立项目时自动生成的，这个文件是只读模式的，不能更改。R.java 文件中定义了一个类——R，R 类中包含很多静态类，且静态类的名字都与 res 中的一个名字对应，即 R 类定义该项目所有资源的索引。HelloWorld 项目的资源索引如图 15.8 所示。

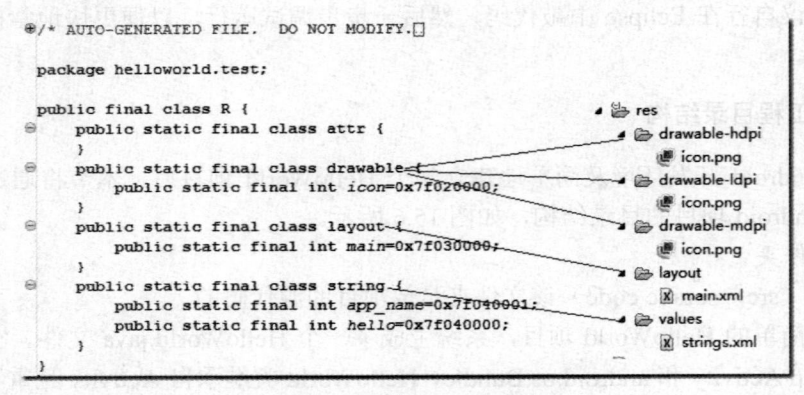

```
/* AUTO-GENERATED FILE.  DO NOT MODIFY.*/

package helloworld.test;

public final class R {
    public static final class attr {
    }
    public static final class drawable {
        public static final int icon=0x7f020000;
    }
    public static final class layout {
        public static final int main=0x7f030000;
    }
    public static final class string {
        public static final int app_name=0x7f040001;
        public static final int hello=0x7f040000;
    }
}
```

图 15.8　R.java 对应 res 文件夹

通过 R.java 可以很快地查找需要的资源，另外编译器也会检查 R.java 列表中的资源是否被使用到，没有被使用到的资源不会编译进软件中，这样可以减少应用在手机占用的空间。

3. Android 2.3 文件夹

该文件夹下包含 android.jar 文件，这是一个 Java 归档文件，其中包含构建应用程序所需的所有的 Android SDK 库（如 Views、Controls）和 API。通过 android.jar 将自己的应用程序绑定到 Android SDK 和 Android Emulator，这允许使用所有 Android 的库和包，且使应用程序在适当的环境中调试。例如上面的 HelloWorld.java 源文件中的：

import android.app.Activity;
import android.os.Bundle;

这两行代码就是从 android.jar 包导入的。

4. Assets

包含应用系统需要使用到的诸如 mp3、视频类的文件。

5. res 文件夹

资源目录,包含项目中的资源文件并将编译进应用程序。向此目录添加资源时,会被 R.java

自动记录。新建一个项目，res 目录下会有三个子目录：drawabel、layout、values。

drawabel-*dpi：包含一些应用程序可以用的图标文件（*.png、*.jpg）；

layout：界面布局文件（main.xml）与 Web 应用中的 HTML 类型；

values：软件上所需要显示的各种文字。可以存放多个*.xml 文件，还可以存放不同类型的数据。比如 arrays.xml、colors.xml、dimens.xml、styles.xml。

6. AndroidManifest.xml

项目的总配置文件，记录应用中所使用的各种组件。这个文件列出了应用程序所提供的功能，在这个文件中，可以指定应用程序使用到的服务（如电话服务、互联网服务、短信服务、GPS 服务等）。另外当新添加一个 Activity 的时候，也需要在这个文件中进行相应配置，只有配置好后，才能调用此 Activity。AndroidManifest.xml 将包含如下设置：application permissions、Activities、intent filters 等。

HelloWorld 项目的 AndroidManifest.xml 如下所示。

```xml
<?xml version="1.0" encoding="utf-8"?>
<manifest xmlns:android="http://schemas.android.com/apk/res/android"
    package="helloworld.test"
    android:versionCode="1"
    android:versionName="1.0">
    <application android:icon="@drawable/icon"
      android:label="@string/app_name">
        <activity android:name=".HelloWorld"
          android:label="@string/app_name">
            <intent-filter>
                <action android:name="android.intent.action.MAIN" />
                <category android:name="android.intent.category.LAUNCHER" />
            </intent-filter>
        </activity>
    </application>
</manifest>
```

关于 AndroidManifest.xml 现在就讲这么多。

7. default.properties

记录项目中所需要的环境信息，比如 Android 的版本等。

HelloWorld 的 default.properties 文件代码如下所示，代码中的注释已经把 default.properties 解释得很清楚了：

```
# This file is automatically generated by Android Tools.
# Do not modify this file -- YOUR CHANGES WILL BE ERASED!
#
# This file must be checked in Version Control Systems.
#
# To customize properties used by the Ant build system use,
# "build.properties", and override values to adapt the script to you
# project structure.
# Indicates whether an apk should be generated for each density.
split.density=false
# Project target.
target=android-7
```

习题十五

一、问答题

1．Java 语言有哪些特性？
2．Android 工程各个目录的功能分别是什么？

二、上机练习题

1．使用 Eclipse 创建一个 Java 工程，并使用 Java 语言进行输入输出等简单的应用。
2．在自己的电脑上创建一个 HelloWorld 工程并成功运行它。

第 16 章 Android 基本控件

Android SDK 为开发者提供了大量现成的控件，大大提高了开发者的工作效率，使开发者把更多的精力放在应用的逻辑以及使用流程上。熟悉和掌握这些控件的使用，是成为一名合格的 Android 工程师的必经之路。

本章主要介绍 Android SDK 中提供的一些常用控件（包括 TextView、EditText、Button、ImageButton、Toast、LinearLayout 和 RelativeLayout）的结构、属性、方法及其使用，并提供创建好的工程文件，读者可以直接使用 Eclipse 导入并运行、调试，加以学习。

16.1 TextView 文本框

16.1.1 TextView 类的结构

TextView 是用于显示字符串的组件，对于用户来说就是屏幕中一块用于显示文本的区域。TextView 类的层次关系如下：

```
java.lang.Object
    android.view.View
        android.widget.TextView
```

直接子类：

Button，CheckedTextView，Chronometer，DigitalClock，EditText。

间接子类：

AutoCompleteTextView，CheckBox，CompoundButton，ExtractEditText，MultiAutoCompleteTextView，RadioButton，ToggleButton。

16.1.2 TextView 类的方法

TextView 类的方法及其功能、返回值如表 16.1 所示。

表 16.1 TextView 类的方法及其功能，返回值

主要方法	功能描述	返回值
TextView	TextView 的构造方法	Null
getDefaultMovementmethod	获取默认的箭头按键移动方式	Movementmethod
getText	获得 TextView 对象的文本	CharSquence
length	获得 TextView 中的文本长度	Int
getEditableText	取得文本的可编辑对象，通过这个对象可对 TextView 的文本进行操作，如在光标之后插入字符	Void
getCompoundPaddingBottom	返回底部填充物	Int
setCompoundDrawables	设置图像显示位置，在设置 Drawable 资源之前需要调用 setBounds(Rect)	Void

主要方法	功能描述	返回值
setCompoundDrawablesWithIntrinsicBounds	设置 Drawable 图像的显示位置，但其边界不变	Void
setPadding	根据位置设置填充物	Void
getAutoLinkMask	返回自动连接的掩码	Void
setTextColor	设置文本显示的颜色	Void
setHighlightColor	设置文本选中时显示的颜色	Void
setShadowLayer	设置文本显示的阴影颜色	Void
setHintTextColor	设置提示文字的颜色	Void
setLinkTextColor	设置链接文字的颜色	Void
setGravity	设置当 TextView 超出了文本本身时横向以及垂直对齐	Void
getFreezesText	设置该视图是否包含整个文本，如果包含则返回真值，否则返回假值	Boolean

16.1.3 TextView 标签的属性

TextView 标签的 XML 属性如表 16.2 所示。

表 16.2 TextView 类的 XML 属性

属性名称	描述
android:autoLink	设置是否当文本为 URL 链接/email/电话号码/map 时，文本显示为可点击的链接。可选值（none/web/email/phone/map/all）
android:autoText	如果设置，将自动执行输入值的拼写纠正 此处无效果，在显示输入法并输入的时候起作用
android:bufferType	指定 getText()方式取得的文本类别。选项 editable 类似于 StringBuilder，可追加字符，也就是说 getText 后可调用 append 方法设置文本内容
android:capitalize	设置英文字母大写类型。此处无效果，需要弹出输入法才能看得到，参见 EditView 中有关此属性说明
android:cursorVisible	设定光标为显示/隐藏，默认显示
android:digits	设置允许输入哪些字符，如 "1234567890.+-*/%\n()"
android:drawableBottom	在 text 的下方输出一个 drawable，如图片。如果指定一个颜色的话会把 text 的背景设为该颜色，并且同时和 background 使用时覆盖后者
android:drawableLeft	在 text 的左边输出一个 drawable
android:drawablePadding	设置 text 与 drawable（图片）的间隔，与 drawableLeft、drawableRight、drawableTop、drawableBottom 一起使用，可设置为负数，单独使用没有效果
android:drawableRight	在 text 的右边输出一个 drawable
android:drawableTop	在 text 的正上方输出一个 drawable
android:editable	设置是否可编辑。这里无效，参见 EditView
android:editorExtras	设置文本的额外的输入数据。在 EditView 中再讨论

续表

属性名称	描述
android:ellipsize	设置当文字过长时，该控件该如何显示。有如下值设置： start——省略号显示在开头； end——省略号显示在结尾； middle——省略号显示在中间； marquee——以跑马灯的方式显示（动画横向移动）
android:freezesText	设置保存文本的内容以及光标的位置
android:gravity	设置文本位置，如设置成"center"，文本将居中显示
android:hint	Text 为空时显示的文字提示信息，可通过 textColorHint 设置提示信息的颜色。比较奇怪的是 TextView 本来就相当于 Label，怎么会不设置 Text
android:imeOptions	附加功能，设置右下角 IME 动作与编辑框相关的动作，如 actionDone 右下角将显示一个"完成"；不设置，默认是一个回车符号。在 EditView 中再详细说明，此处无用
android:imeActionId	设置 IME 动作 ID。在 EditView 再做说明
android:imeActionLabel	设置 IME 动作标签。在 EditView 再做说明
android:includeFontPadding	设置文本是否包含顶部和底部额外空白，默认为 true
android:inputMethod	为文本指定输入法，需要完全限定名（完整的包名）。 例如：com.google.android.inputmethod.pinyin，但是这里报错找不到
android:inputType	设置文本的类型，用于帮助输入法显示合适的键盘类型。在 EditView 中再详细说明，这里无效果
android:linksClickable	设置链接是否打开连接，即使设置了 autoLink
android:marqueeRepeatLimit	在 ellipsize 中指定 marquee 的情况下，设置重复滚动的次数，当设置为 marquee_forever 时表示无限次
android:ems	设置 TextView 的宽度为 N 个字符的宽度
android:maxEms	设置 TextView 的宽度最长为 N 个字符的宽度。与 ems 同时使用时覆盖 ems 选项
android:minEms	设置 TextView 的宽度最短为 N 个字符的宽度。与 ems 同时使用时覆盖 ems 选项
android:maxLength	限制显示的文本长度，超出部分不显示
android:lines	设置文本的行数，设置两行就显示两行，即使第二行没有数据
android:maxLines	设置文本的最大显示行数，与 width 或者 layout_width 结合使用，超出部分自动换行，超出行数将不显示
android:minLines	设置文本的最小行数，与 lines 类似
android:lineSpacingExtra	设置行间距
android:lineSpacingMultiplier	设置行间距的倍数，如 1.2
android:numeric	如果被设置，该 TextView 有一个数字输入法。此处无用，设置后唯一效果是 TextView 有点击效果，此属性在 EdtiView 将详细说明
android:password	以小点"."显示文本
android:phoneNumber	设置为电话号码的输入方式
android:privateImeOptions	设置输入法选项，此处无用，在 EditText 将进一步讨论

续表

属性名称	描述
android:scrollHorizontally	设置文本超出 TextView 宽度的情况下，是否出现水平滚动条
android:selectAllOnFocus	如果文本是可选择的，让它获取焦点而非将光标移动到文本的开始位置或者末尾位置。TextView 中设置后无效果
android:shadowColor	指定文本阴影的颜色，需要与 shadowRadius 一起使用。效果：Hello World, TestActivity!
android:shadowDx	设置阴影横坐标开始位置
android:shadowDy	设置阴影纵坐标开始位置
android:shadowRadius	设置阴影的半径。设置为 0.1 就变成字体的颜色了，一般设置为 3.0 的效果比较好
android:singleLine	设置单行显示。如果和 layout_width 一起使用，当文本不能全部显示时，后面用 "…" 来表示。 如 android:text="test_ singleLine " android:singleLine="true" android:layout_width="20dp"将只显示 "t…"。 如果不设置 singleLine 或者设置为 false，文本将自动换行
android:text	设置显示文本
android:textAppearance	设置文字外观。 如 "?android:attr/textAppearanceLargeInverse" 这里引用的是系统自带的一个外观，？表示系统是否有这种外观，否则使用默认的外观。可设置的值有 textAppearanceButton/textAppearanceInverse/textAppearanceLarge/textAppearanceLargeInverse/textAppearanceMedium/textAppearanceMediumInverse/textAppearanceSmall/textAppearanceSmallInverse
android:textColor	设置文本颜色
android:textColorHighlight	被选中文字的底色，默认为蓝色
android:textColorHint	设置提示信息文字颜色，默认为灰色，与 hint 一起使用
android:textColorLink	文字链接的颜色
android:textScaleX	设置文字之间间隔，默认为 1.0f。 分别设置 0.5f/1.0f/1.5f/2.0f 的效果如下： abcdef 0.5f abcdef 1.0f abcdef 1.5f abcdef 2.0f
android:textSize	设置文字大小，推荐度量单位 "sp"，如 "15sp"
android:textStyle	设置字形 bold（粗体）0，italic（斜体）1，bolditalic（粗斜）2，可以设置一个或多个，用 "|" 隔开
android:typeface	设置文本字体，必须是以下常量值之一：normal 0，sans 1，serif 2，monospace（等宽字体）3
android:height	设置文本区域的高度，支持度量单位：px（像素）/dp/sp/in/mm（毫米）
android:maxHeight	设置文本区域的最大高度
android:minHeight	设置文本区域的最小高度
android:width	设置文本区域的宽度，支持度量单位：px（像素）/dp/sp/in/mm（毫米）

续表

属性名称	描述
android:maxWidth	设置文本区域的最大宽度
android:minWidth	设置文本区域的最小宽度

16.1.4 TextView 的使用

可以在 XML 布局文件中声明及设置 TextView，也可以在代码中生成 TextView 组件。本小节代码保存在目录 Eg16_1 中。

● 在 xml 布局中

```
//显示超链接：
<TextView android:id="@+id/textView0" android:layout_width="fill_parent" android:layout_height="wrap_content"
android:textColor="#FF0000"
android:textSize="18dip" android:background="#FFFFFF" android:text="拨打手机：13888888888"
android:gravity="center_vertical|center_horizontal" android:autoLink="phone" />

<TextView android:id="@+id/textView1" android:layout_width="fill_parent"
android:layout_height="wrap_content"
android:textColor="#FF0000"
android:textSize="18dip" android:background="#00FF00"
android:text="Google 搜索：http://www.google.com.hk" android:gravity="center_vertical|center_horizontal"
android:autoLink="web" />

<TextView android:id="@+id/textView2" android:layout_width="fill_parent"
android:layout_height="wrap_content"
android:textColor="#FF0000"
android:textSize="18dip"
android:background="#FFFF00"
android:text="发送邮件：1007857613@qq.com"
android:gravity="center_vertical|center_horizontal" android:autoLink="email" />

//设置文字的滚屏
<TextView android:id="@+id/textView3" android:layout_width="fill_parent"
android:layout_height="20dp" android:textSize="18dip"
android:ellipsize="marquee" android:focusable="true"
android:marqueeRepeatLimit="marquee_forever"
android:focusableInTouchMode="true"
android:scrollHorizontally="true"
android:text="文字滚屏文字跑马灯效果加长加长加长加长加长加长加长加长加长加长"
android:background="#FF0000"
android:textColor="#FFFFFF">
</TextView>

//设置字符阴影
<TextView android:id="@+id/TextView4" android:layout_width="fill_parent"
android:layout_height="wrap_content" android:textSize="18dip"
android:background="#69541b" android:textColor="#FFFFFF" android:text="设置字符串阴影颜色为绿色"
android:shadowColor="#45b97c" android:shadowRadius="3.0"
android:gravity="center_vertical|center_horizontal" />
//设置字符的外形
```

```
<TextView android:layout_width="fill_parent"
    android:layout_height="wrap_content" android:textSize="18dip"
    android:background="#FFFFFF" android:textColor="#FF0000" android:text="设置文字外形为 italic"
    android:textStyle="italic" android:gravity="center_vertical|center_horizontal" />
</LinearLayout>
```

- 在代码中

```
//动态创建 textView
linearLayout = (LinearLayout)findViewById(R.id.linearLayout01);
param = new LinearLayout.LayoutParams(LinearLayout.LayoutParams.FILL_PARENT,
    LinearLayout.LayoutParams.WRAP_CONTENT);
LinearLayout layout1 = new LinearLayout(this);
layout1.setOrientation(LinearLayout.HORIZONTAL);
TextView tv = new TextView(this);
tv.setId(200);
tv.setText("动态创建 TextView");
tv.setBackgroundColor(Color.GREEN);
tv.setTextColor(Color.RED);
tv.setTextSize(20);
layout1.addView(tv, param);
linearLayout.addView(layout1, param);
```

运行效果图如图 16.1 所示。

图 16.1　TextView 工程运行效果图

16.2　EditText 编辑框

16.2.1　EditText 类的结构

EditText 和 TextView 的功能基本类似，它们之间的主要区别在于 EditText 提供了可编辑的文本框，其类结构如下：

```
java.lang.Object
    android.view.View;
        android.widget.TextView
            android.widget.EditText
```

直接子类：
AutoCompleteTextView，ExtractEditText。

间接子类：

MultiAutoCompleteTextView。

16.2.2 EditText 类的方法

EditText 类的方法如表 16.3 所示。

表 16.3 EditText 类的方法

方法	功能描述	返回值
setImeOptions	设置软键盘的 Enter 键	void
getImeActionLable	设置 IME 动作标签	Charsequence
getDefaultEditable	获取是否默认可编辑	boolean
setEllipse	设置文件过长时控件的显示方式	void
setFreeezesText	设置保存文本内容及光标位置	void
getFreeezesText	获取保存文本内容及光标位置	boolean
setGravity	设置文本框在布局中的位置	void
getGravity	获取文本框在布局中的位置	int
setHint	设置文本框为空时，文本框默认显示的字符	void
getHint	获取文本框为空时，文本框默认显示的字符	Charsequence
setIncludeFontPadding	设置文本框是否包含底部和顶端的额外空白	void
setMarqueeRepeatLimit	在 ellipsize 指定 marquee 情况下，设置重复滚动次数，当设置为 marquee_forever 时表示无限次。	void

16.2.3 EditText 标签的属性

EditText 标签的属性如表 16.4 所示。

表 16.4 EditText 类的属性

属性名称	描述
android:autoLink	设置是否当文本为 URL 链接/email/电话号码/map 时，文本显示为可点击的链接。可选值（none/web/email/phone/map/all）。 这里只有在同时设置 text 时才自动识别链接，后来输入的无法自动识别
android:autoText	自动拼写帮助。这里单独设置是没有效果的，可能需要其他输入法辅助才行
android:bufferType	指定 getText()方式取得的文本类别。 选项 editable 类似于 StringBuilder 的可追加字符，也就是说 getText 后可调用 append 方法设置文本内容。 spannable 则可在给定的字符区域使用样式
android:capitalize	设置英文字母大写类型。设置如下值：sentences 仅第一个字母大写；words 每一个单词首字母大小，用空格区分单词；characters 每一个英文字母都大写。在模拟器上用 PC 键盘直接输入可以出效果，但是用软键盘无效果
android:cursorVisible	设定光标为显示/隐藏，默认显示。 如果设置 false，即使选中了也不显示光标栏。
android:digits	设置允许输入哪些字符。如 "1234567890.+-*/%\n()"

续表

属性名称	描述
android:drawableBottom	在 text 的下方输出一个 drawable。如果指定一个颜色的话会把 text 的背景设为该颜色,并且同时和 background 使用时覆盖后者
android:drawableLeft	在 text 的左边输出一个 drawable
android:drawablePadding	设置 text 与 drawable(图片)的间隔,与 drawableLeft、drawableRight、drawableTop、drawableBottom 一起使用,可设为负数,单独使用没有效果
android:drawableRight	在 text 的右边输出一个 drawable
android:editable	设置是否可编辑。仍然可以获取光标,但是无法输入
android:editorExtras	指定特定输入法的扩展,如"com.mydomain.im.SOME_FIELD"。源码跟踪至 EditorInfo.extras,暂无相关实现代码
android:ellipsize	设置当文字过长时,该控件该如何显示。有如下值设置:"start"——省略号显示在开头;"end"——省略号显示在结尾;"middle"——省略号显示在中间;"marquee"——以跑马灯的方式显示(动画横向移动)
android:freezesText	设置保存文本的内容以及光标的位置
android:gravity	设置文本位置,如设置成"center",文本将居中显示
android:hint	Text 为空时显示文字提示信息,可通过 textColorHint 设置提示信息颜色
android:imeOptions	设置软键盘的 Enter 键。有如下值可设置:normal,actionUnspecified,actionNone,actionGo,actionSearch,actionSend,actionNext,actionDone,flagNoExtractUi,flagNoAccessoryAction,flagNoEnterAction。可用'|'设置多个。这里仅设置显示图标之用
android:imeActionId	设置 IME 动作 ID,在 onEditorAction 中捕获判断进行逻辑操作
android:imeActionLabel	设置 IME 动作标签。但不能保证一定会使用,猜想在输入法扩展的时候应该有用
android:includeFontPadding	设置文本是否包含顶部和底部额外空白,默认为 true
android:inputMethod	为文本指定输入法,需要完全限定名(完整的包名)例如:com.google.android.inputmethod.pinyin,但是这里报错找不到。sentences 仅第一个字母大写;words 每一个单词首字母大小,用空格区分单词;characters 每一个英文字母都大写
android:marqueeRepeatLimit	在 ellipsize 指定 marquee 的情况下,设置重复滚动的次数,当设置为 marquee_forever 时表示无限次
android:ems	设置 TextView 的宽度为 N 个字符的宽度。参见 TextView 中此属性的截图
android:maxEms	设置 TextView 的宽度最长为 N 个字符的宽度。与 ems 同时使用时覆盖 ems 选项
android:minEms	设置 TextView 的宽度最短为 N 个字符的宽度。与 ems 同时使用时覆盖 ems 选项
android:maxLength	限制输入字符数。如设置为 5,那么仅可以输入 5 个汉字/数字/英文字母
android:lines	设置文本的行数,设置两行就显示两行,即使第二行没有数据
android:maxLines	设置文本的最大显示行数,与 width 或者 layout_width 结合使用,超出部分自动换行,超出行数将不显示

续表

属性名称	描述
android:minLines	设置文本的最小行数，与 lines 类似
android:linksClickable	设置链接是否打开连接，即使设置了 autoLink
android:lineSpacingExtra	设置行间距
android:lineSpacingMultiplier	设置行间距的倍数，如"1.2"
android:numeric	如果被设置，该 TextView 有一个数字输入法。有如下值设置：integer 正整数、signed 带符号整数、decimal 带小数点浮点数
android:password	以小点"."显示文本
android:phoneNumber	设置为电话号码的输入方式
android:privateImeOptions	提供额外的输入法选项（字符串格式），依据输入法而决定是否提供。自定义输入法继承 InputMethodService
android:scrollHorizontally	设置文本超出 TextView 的宽度的情况下，是否出现水平滚动条
android:selectAllOnFocus	如果文本是可选择的，让他获取焦点而不是将光标移动到文本的开始位置或者末尾位置。TextView 中设置后无效果
android:shadowColor	指定文本阴影的颜色，需要与 shadowRadius 一起使用 参见 TextView 中此属性的截图
android:shadowDx	设置阴影横坐标开始位置
android:shadowDy	设置阴影纵坐标开始位置
android:shadowRadius	设置阴影的半径。 设置为 0.1 就变成字体的颜色了，一般设置为 3.0 的效果比较好
android:singleLine	设置单行显示。如果和 layout_width 一起使用，当文本不能全部显示时，后面用"…"来表示。如 android:text="test_ singleLine " android:singleLine="true" android:layout_width="20dp"将只显示"t…"。如果不设置 singleLine 或者设置为 false，文本将自动换行
android:text	设置显示文本
android:textAppearance	设置文字外观。如 "?android:attr/textAppearanceLargeInverse" 这里引用的是系统自带的一个外观，? 表示系统是否有这种外观，否则使用默认的外观。可设置的值如下：textAppearanceButton/textAppearanceInverse/textAppearance-Large/textAppearanceLargeInverse/textAppearanceMedium/textAppearanceMediumInverse/textAppearanceSmall/textAppearanceSmallInverse
android:textColor	设置文本颜色
android:textColorHighlight	被选中文字的底色，默认为蓝色
android:textColorHint	设置提示信息文字的颜色，默认为灰色。与 hint 一起使用
android:textColorLink	文字链接的颜色
android:textScaleX	设置文字缩放，默认为 1.0f。参见 TextView 的截图
android:textSize	设置文字大小，推荐度量单位"sp"，如"15sp"
android:textStyle	设置字形 bold（粗体）0，italic（斜体）1，bolditalic（粗斜）2，可以设置一个或多个，用"|"隔开
android:typeface	设置文本字体，必须是以下常量值之一：normal 0，sans 1，serif 2，monospace（等宽字体）3

续表

属性名称	描述
android:height	设置文本区域的高度，支持度量单位：px（像素）/dp/sp/in/mm（毫米）
android:maxHeight	设置文本区域的最大高度
android:minHeight	设置文本区域的最小高度
android:width	设置文本区域的宽度，支持度量单位：px（像素）/dp/sp/in/mm（毫米）
android:maxWidth	设置文本区域的最大宽度
android:minWidth	设置文本区域的最小宽度

16.2.4 EditText 的使用

EditText 和 TextView 一样，既可以在 xml 中声明实现，也可以在代码中动态的生成，关于在代码动态生成和 TextView 的类似，这里就不在赘述。下面以一个实例来说明 EditText 的简单使用，其工程代码保存在目录 Eg16_2 中。

XML 布局中：

```xml
<TextView android:text="TextView" android:id="@+id/textView1"
        android:layout_height="wrap_content" android:layout_width="fill_parent">
</TextView>

<!-- 用于输入数字的文本框 -->
<EditText android:id="@+id/editText1" android:inputType="date"
        android:layout_width="fill_parent" android:layout_height="wrap_content"
        android:maxLength="40" android:hint="输入电话号码" android:textColorHint="#FF000000"
        android:phoneNumber="true" android:imeOptions="actionGo">
</EditText>

<!-- 用于输入密码的文本框 -->
<EditText android:id="@+id/editText2" android:inputType="date"
        android:layout_width="fill_parent" android:layout_height="wrap_content"
        android:maxLength="40" android:hint="输入密码"
        android:textColorHint="#FF000000"
        android:password="true" android:imeOptions="actionSearch">
</EditText>
```

/rec/values/string.xml 中：

```
string   name="RadioButton1">Windows</string >
    <string   name="RadioButton2">Linux</string >
    <string   name="RadioButton3">Mocos</string >
    <string   name="RadioButton4">Java</string >
```

在 Activity 中让 EditText 显示在屏幕上并实现监听：

```
/**
* 获得 TextView 对象
* 获得两个 EditTextView 对象
*/
textview = (TextView)findViewById(R.id.textView1);
edittext_num = (EditText)findViewById(R.id.editText1);
edittext_pass= (EditText)findViewById(R.id.editText2);
/**
```

```
 * 对 EditText 进行监听
 * 获得编辑框里面的内容并显示
 */
edittext_num.addTextChangedListener(new TextWatcher() {

    @Override
        public void onTextChanged(CharSequence s, int start, int before, int count) {
            //if(!(textview.getText().toString()==null))
                extview.setText("edittext_num:"+edittext_num.getText().toString());
    }

    @Override
        public void beforeTextChanged(CharSequence s, int start, int count,
            int after) {
                // TODO Auto-generated method stub

    }

    public void afterTextChanged(Editable s) {
        // TODO Auto-generated method stub
    }
});

edittext_pass.addTextChangedListener(new TextWatcher() {

    @Override
        public void onTextChanged(CharSequence s, int start, int before, int count) {
            //if(!(textview.getText().toString()==null))
                textview.setText("你正在编辑 edittext_pass");
    }

public void beforeTextChanged(CharSequence s, int start, int count,int after) {
    // TODO Auto-generated method stub
}

    public void afterTextChanged(Editable s) {
        // TODO Auto-generated method stub
        }
    });
}
```

示例的效果图如图 16.2 所示。

图 16.2　EditText 示例运行效果图

16.3 Button 按钮

16.3.1 Button 类的结构

Button 类的层次关系如下：
java.lang.Object
    android.view.View
        android.widget.TextView
            android.widget.Button

直接子类：
CompoundButton。

间接子类：
CheckBox，RadioButton，ToggleButton。

16.3.2 Button 类的常用方法

Button 类的常用方法如表 16.5 所示。

表 16.5 Button 类的常用方法

方法	功能描述	返回值
Button	Button 类的构造方法	Null
onKeyDown	当用户按键时，该方法调用	Boolean
onKeyUp	当按键弹起后，该方法被调用	Boolean
onKeyLongPress	当保持按键时，该方法被调用	Boolean
onKeyMultiple	当用户多次按键时，该方法被调用	Boolean
invalidateDrawable	刷新 Drawable 对象	void
scheduleDrawable	定义动画方案的下一帧	void
unscheduleDrawable	取消 scheduleDrawable 定义的动画方案	void
onPreDraw	设置视图显示，例如在视图显示之前调整滚动轴的边界	Boolean
sendAccessibilityEvent	发送事件类型指定的 AccessibilityEvent。发送请求之前，需要检查 Accessibility 是否打开。	void
sendAccessibilityEventUnchecked	发送事件类型指定的 AccessibilityEvent。发送请求之前，不需要检查 Accessibility 是否打开。	void
setOnKeyListener	设置按键监听	void

16.3.3 Button 类的常用属性

由于 Button 是继承 TextView，所以 TextView 有的属性，它都能用。除此之外，Button 类还具有一些 TextView 不具备的属性。Button 类的其他属性如表 16.6 所示。

表 16.6　Button 类的常用属性

属性	描述
android: layout_height	设置控件高度。可选值：fill_parent，warp_content，px
android: layout_width	设置控件宽度，可选值：fill_parent，warp_content，px
android: text	设置控件名称，可以是任意字符
android: layout_gravity	设置控件在布局中的位置，可选值：top，left，bottom，right，center_vertical，fill_vertica，fill_horizonal，center，fill 等
android: layout_weight	设置控件在布局中的比重，可选值：任意的数字
android: textColor	设置文字的颜色
android: bufferType	设置取得的文本类别，normal、spannable、editable
android: hint	设置文本为空时所显示的字符
android: textColorHighlight	设置文本被选中时，高亮显示的颜色
android: inputType	设置文本的类型，none，text，textWords 等

16.3.4　Button 类的使用

Button 可以在 xml 中声明，也可以在代码中动态创建，其工程保存在目录 Eg16_3 中。

- 在 xml 中

```
<Button android:orientation="vertical"
    android:layout_height="wrap_content"
    android:id="@+id/button1"
    android:layout_width="wrap_content"
    android:textColor="#0000FF"
    android:text="这是 button1，可以点击" />
<Button android:orientation="vertical"
    android:layout_height="wrap_content"    android:id="@+id/button2"
    android:layout_width="wrap_content"
    android:textColor="#CD0000"
    android:text="这是 button2，可以点击" />
<Button android:orientation="vertical"
    android:layout_height="wrap_content"    android:id="@+id/button3"
    android:layout_width="wrap_content"
    android:textColor="#000000"
    android:text="这是 button3，可以点击" />
```

- 在代码中创建 Button

```
button4 = new Button(this);
button4.setId(100);
button4.setText("动态创建的 Button");
button4.setTextColor(Color.GREEN);
```

创建好了 Button 后，就可以对其进行监听了，有两种方式：

- 一种是继承 OnClickListenner 接口

```
public class ButtonActivity extends Activity implements OnClickListener{
    button1 = (Button)findViewById(R.id.button1);
    button1.setOnClickListener(this);
    public void onClick(View v) {
        switch(v.getId()){
```

```
            case R.id.button1:
            .........
            break;
            }
        }
    }
```

- 另一种方式

```
public class ButtonActivity extends Activity {
    button1 = (Button)findViewById(R.id.button1);
    button1.setOnClickListener(new Button.OnClickListener(){
        public void onClick(View v) {
            // TODO Auto-generated method stub
            ..........
        }
    });
}
```

运行效果图如图 16.3 所示。

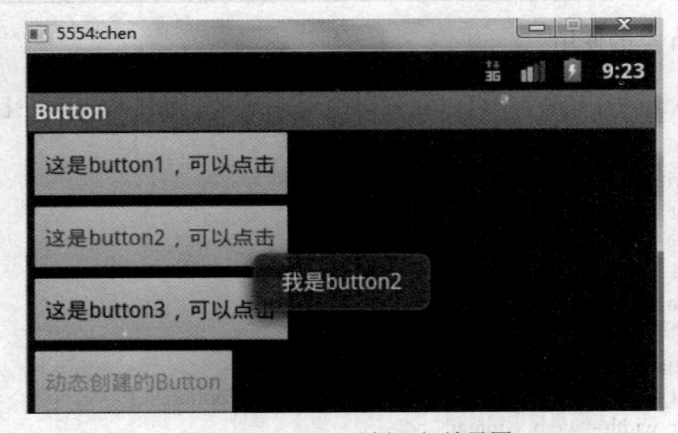

图 16.3 Button 示例运行效果图

16.4 ImageButton 图片按钮

16.4.1 ImageButton 类的结构

ImageButton 是带有图标的按钮，它的类层次关系如下：
java.lang.Object
android.view.View
android.widget.ImageView
android.widget.ImageButton

16.4.2 ImageButton 类的常用方法

ImageButton 类的常用方法如表 16.7 所示。

表 16.7 ImageButton 类的常用方法

方法	功能描述	返回值
ImageButton	构造函数	null
setAdjustViewBounds	设置是否保持高宽比，需与 maxWidth 和 maxHeight 结合起来一起使用	Boolean
getDrawable	获取 Drawable 对象，获取成功返回 Drawable，否则返回 null	Drawable
getScaleType	获取视图的填充方式	ScaleType
setScaleType	设置视图的填充方式，包括矩阵、拉伸等七种填充方式	void
setAlpha	设置图片的透明度	void
setMaxHeight	设置按钮的最大高度	void
setMaxWidth	设置按钮的最大宽度	void
setImageURI	设置图片的地址	void
setImageResource	设置图片资源库	void
setOnTouchListener	设置事件的监听	Boolean
setColorFilter	设置颜色过滤	void

16.4.3 ImageButton 类的常用属性

ImageButton 类的常用属性如表 16.8 所示。

表 16.8 ImageButton 类的常用属性

属性	描述
android: adjustViewBounds	设置是否保持宽高比，true 或 false
android: cropToPadding	是否截取指定区域用空白代替。单独设置无效果，需要与 scrollY 一起使用。true 或者 false
android: maxHeight	设置图片按钮的最大高度
android: maxWidth	设置图片按钮的最大宽度
android: scaleType	设置图片的填充方式
android: src	设置图片按钮的 drawable
android: tint	设置图片为渲染颜色

16.4.4 ImageButton 类的使用

在 xml 和代码中都可以实现，但相比较而言，在 xml 中实现更有利于代码的改动。其工程代码保存在 Eg16_4 中。

- 在 xml 中声明

```
<ImageButton
  android:id="@+id/button1"
  android:layout_width="wrap_content"
  android:layout_height="wrap_content"
  android:src="@drawable/p1"    //使用自己的图片
/>
<ImageButton
  android:id="@+id/button2"
```

```
        android:layout_width="wrap_content"
        android:layout_height="wrap_content"
        android:src="@android:drawable/sym_call_incoming " //使用系统自带的图片
    />
```

- 在代码中创建

```
imagebutton3 = new ImageButton(this);
imagebutton3.setId(100);
//设置自己的图片
imagebutton3.setBackgroundDrawable(getResources().getDrawable(R.drawable.p2));
```

接下来就可以对 ImageButton 进行监听，这里通过继承 OnClickListener 接口来实现：

```
imagebutton1 = (ImageButton)findViewById(R.id.button1);
imagebutton2 = (ImageButton)findViewById(R.id.button2);
//注册监听
imagebutton1.setOnClickListener(this);
imagebutton2.setOnClickListener(this);
//注册监听
imagebutton3.setOnClickListener(this);
//加入布局
layout = new LinearLayout(this);
layout.addView(imagebutton3,param);
linnearlayout.addView(layout,param);
public void onClick(View v) {
        // TODO Auto-generated method stub
        switch(v.getId()){
        case R.id.button1:
            textveiw.setText("你刚才点击的是 ImageButton1");
            break;
        case R.id.button2:
            textveiw.setText("你刚才点击的是 ImageButton2");
            break;
        case 100:
            textveiw.setText("你刚才点击的是 ImageButton3");
            if(s) {
            imagebutton3.setBackgroundDrawable(
                getResources().getDrawable(
                android.R.drawable.stat_sys_vp_phone_call_on_hold)
            );
             s=false;
             break;
            }
        imagebutton3.setBackgroundDrawable(
            getResources().getDrawable(R.drawable.p2)
        );
        s = true;
            break;
        }
    }
```

运行效果图如图 16.4 所示。

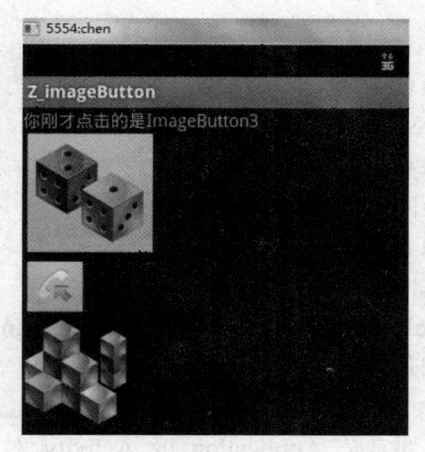

图 16.4 ImageButton 示例运行效果图

16.5 Toast 提示

16.5.1 Toast 类的结构

Toast 是 Android 提供的"快显讯息"类,它的用途很多,使用起来非常得简单。它是直接继承 java.lang.Object 的。因此它的类层次结构如下:

java.lang.Object
    android.widget.Toast

16.5.2 Toast 的常量

Toast 中有两个关于 Toast 显示时间长短的常量:

常量 LENGTH_LONG:持续显示视图或文本提示较长时间。该时间长度可定制。参见 setDuration(int)。

常量 LENGTH_SHORT:持续显示视图或文本提示较短时间。该时间长度可定制。该值为默认值。参见 setDuration(int)。

16.5.3 Toast 类的方法

(1) public int cancel ()

如果视图已经显示则将其关闭,还没有显示则不再显示。一般不需要调用该方法。正常情况下,视图会在超过存续期间后消失。

(2) public int getDuration ()

返回存续期间,请参阅 setDuration(int)。

(3) public int getGravity ()

取得提示信息在屏幕上显示的位置。请参阅 Gravity setGravity()。

(4) public float getHorizontalMargin ()

返回横向栏外空白。

(5) public float getVerticalMargin ()

返回纵向栏外空白。

（6）public View getView ()

返回 View 对象。请参阅 setView(View)。

（7）public int getXOffset ()

返回相对于参照位置的横向偏移像素量。

（8）public int getYOffset ()

返回相对于参照位置的纵向偏移像素量。

（9）public static Toast makeText (Context context, int resId, int duration)

生成一个从资源中取得的包含文本视图的标准 Toast 对象。

参数含义如下：

context：使用的上下文。通常是 Application 或 Activity 对象。

resId：使用的字符串资源 ID，可以是已格式化文本。

duration：该信息的存续期间。值为 LENGTH_SHORT 或 LENGTH_LONG。

当资源未找到时抛出异常 Resources.NotFoundException。

（10）public static Toast makeText (Context context, CharSequence text, int duration)

生成一个包含文本视图的标准 Toast 对象。

参数含义如下：

Context：使用的上下文。通常是 Application 或 Activity 对象。

resId：要显示的文本，可以是已格式化文本。

Duration：该信息的存续期间。值为 LENGTH_SHORT 或 LENGTH_LONG。

（11）public void setDuration (int duration)

设置存续期间。

（12）public void setGravity (int gravity, int xOffset, int yOffset)

设置提示信息在屏幕上的显示位置。

自定义 Toast 的显示位置，toast.setGravity(Gravity.CENTER_VERTICAL, 0, 0)可以把 Toast 定位在左上角。Toast 提示的位置：xOffset 大于 0 向右移，小于 0 向左移。

（13）public void setMargin (float horizontalMargin, float verticalMargin)

设置视图的栏外空白。

参数含义如下：

horizontalMargin：容器的边缘与提示信息的横向空白（与容器宽度的比）。

verticalMargin：容器的边缘与提示信息的纵向空白（与容器高度的比）。

（14）public void setText (int resId)

更新之前通过 makeText()方法生成的 Toast 对象的文本内容。

参数 resId 为 Toast 指定的新的字符串资源 ID。

（15）public void setText (CharSequence s)

更新之前通过 makeText()方法生成的 Toast 对象的文本内容。

参数 s 为 Toast 指定的新的文本。

（16）public void setView (View view)

设置要显示的 View。

注意这个方法可以显示自定义的 Toast 视图，可以包含图像、文字等，是比较常用的方法。

（17）public void show ()

按照指定的存续期间显示提示信息。

16.5.4 Toast 类的使用

接下来的示例要实现的是 Toast 的直接显示以及 Toast 显示 view 的内容，其工程代码保存在目录 Eg16_5 中。

- 首先在 XML 布局中声明了两个 Button 按钮：

```xml
<Button android:id="@+id/button1"
    android:layout_width="fill_parent"
    android:layout_height="wrap_content"
    android:text="Toast 显示 View"
/>
<Button android:id="@+id/button2"
    android:layout_width="fill_parent"
    android:layout_height="wrap_content"
    android:text="Toast 直接输出"
/>
```

- 然后在 Activity 中：

```java
Button button1=(Button)findViewById(R.id.button1);
    button1.setOnClickListener(bt1lis);
    Button button2=(Button)findViewById(R.id.button2);
    button2.setOnClickListener(bt2lis);
}
OnClickListener bt1lis=new OnClickListener(){
    public void onClick(View v) {
        showToast();
    }
};
OnClickListener bt2lis=new OnClickListener(){
    public void onClick(View v) {
        Toast.makeText(Z_Toast1Activity.this,"直接输出测试", Toast.LENGTH_LONG).show();
    }
};
public void showToast(){
    LayoutInflater li = (LayoutInflater)
        getSystemService(Context.LAYOUT_INFLATER_SERVICE);
    View view = li.inflate(R.layout.toast,null);
    //把布局文件 toast.xml 转换成一个 view
    Toast toast=new Toast(this);
    toast.setView(view);
    //载入 view，即显示 toast.xml 的内容
    TextView tv=(TextView)view.findViewById(R.id.tv1);
    tv.setText("Toast 显示 View 内容");
    //修改 TextView 里的内容
    toast.setDuration(Toast.LENGTH_SHORT);
    //设置显示时间，长时间 Toast.LENGTH_LONG,
    //短时间为 Toast.LENGTH_SHORT，不可以自己编辑；
    toast.show();
}
```

Toast 示例的运行效果图 16.5 所示。

图 16.5 Toast 示例运行效果图

16.6 LinearLayout 线性布局

16.6.1 线性布局介绍

LinearLayout 是一种线性排列的布局，在线性布局中，所有的子元素都按照垂直或水平的顺序在界面上排列。

如果垂直排列，则每行仅包含一个界面元素，如果水平排列，则每列仅包含一个界面元素。可以通过属性 android:orientation 定义布局中子元素的排列方式。android.widget. LinearLayout 类是 android.view.viewGroup 的子类，其中又派生了 RadioGroup、TabWidget、TableLayout、TableRow、ZoomControls 等类。

16.6.2 线性布局的常用属性

Android:id：为控件指定相应的 ID；

Android:text：指定控件当中显示的文字，需要注意的是，这里尽量使用 strings.xml 文件当中的字符；

Android:grivity：指定控件的基本位置，比如说居中，居右等位置；

Android:textSize：指定控件当中字体的大小；

Android:background：指定该控件所使用的背景色，RGB 命名法；

Android:width：指定控件的宽度；

Android:height：指定控件的高度；

Android:padding*：指定控件的内边距，也就是说控件当中的内容；

Android:sigleLine：如果设置为真的话，则将控件的内容在同一行当中进行显示。

16.6.3 线性布局常用的方法

线性布局的常用方法如表 16.9 所示。

表 16.9 线性布局的常用方法

方法	功能描述	返回值
LinearLayout	两个构造函数：LinearLayout(Contex context) LinearLayout(Contex contex, AttributeSet attrs)	null
getOrientation()	获取布局的方向设置。0 代表水平方向，1 代表垂直方向	int
isBaselineAligned()	判断布局是否按照基线对齐	boolean
setBaselineAligned(boolen baselineAligned)	根据参数设置基线对齐	void
setGravity(int gravity)	根据指定的重力设置元素的大小	void
setHorizontalGravity(int gravity)	设置水平方向的重力	void
setVerticalGravity(int gravity)	设置垂直方向的重力	void
gennerateDefaultLayoutParams	返回包含宽度和高度的布局参数的集合	LayoutParams
setGravity(int gravity)	设置布局的重力	void

16.6.4 线性布局的使用

在 XML 中设置如下，其工程代码保存在目录 Eg16_6 下。

```
<!-- 水平线性布局 -->
    <LinearLayout android:layout_height="100dip"
        android:orientation="horizontal"
        android:layout_width="fill_parent">
        <TextViewandroid:background="#aa0000"
            android:layout_width="wrap_content"
            android:gravity="center_horizontal"
            android:text="第一列"
            android:layout_weight="1"
            android:layout_height="50dip"></TextView>
        <TextView android:background="#00aa00"
            android:layout_width="wrap_content"
            android:gravity="center_horizontal"
            android:text="第二列"
            android:layout_weight="1"
            android:layout_height="50dip"></TextView>
        <TextView android:background="#0000aa"
            android:layout_width="wrap_content"
            android:gravity="center_horizontal"
            android:text="第三列"
            android:layout_weight="1"
            android:layout_height="50dip"></TextView>
    </LinearLayout>
```

```xml
<!-- 垂直线性布局 -->
<LinearLayout
    android:layout_height="100dip"
        android:orientation="vertical" android:layout_width="fill_parent">
        <TextView android:background="#aa0000"
            android:layout_width="fill_parent"
            android:gravity="center_horizontal" android:text="第一行"
            android:layout_weight="1"
            android:layout_height="50dip"></TextView>
        <TextView android:background="#00aa00"
            android:layout_width="fill_parent"
            android:gravity="center_horizontal" android:text="第二行"
            android:layout_weight="1"
            android:layout_height="50dip"></TextView>
        <TextView android:background="#0000aa"
            android:layout_width="fill_parent"
            android:gravity="center_horizontal" android:text="第三行"
            android:layout_weight="1"
            android:layout_height="50dip"></TextView>
></LinearLayout>
```

线性布局的运行效果图如图 16.6 所示。

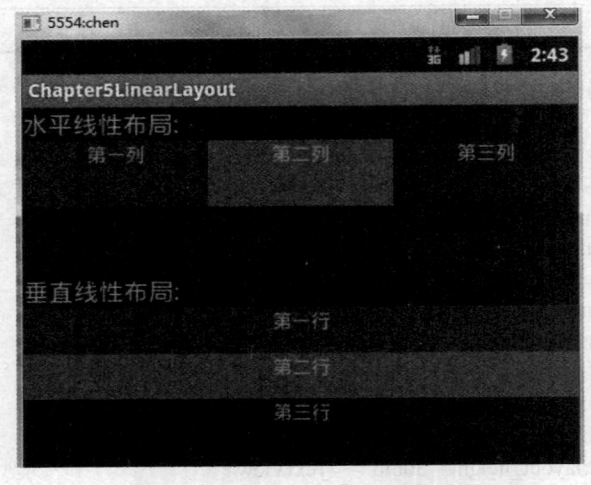

图 16.6 线性布局示例运行效果图

16.7 RelativeLayout 相对布局

16.7.1 RelativeLayout 类的结构

相对布局（RelativeLayout）是一种非常灵活的布局方式，能够通过指定界面元素与其他元素的相对位置关系，确定界面中所有元素的布局位置。

特点：能够最大程度保证在各种屏幕类型的手机上正确显示界面布局。它的层次关系如下所示。

java.lang.Object
　　android.view.View
　　　　android.widget.ViewGroup
　　　　　　android.widget.RelativeLayout

16.7.2　RelativeLayout 类的常用方法

RelativeLayout 类的常用方法如表 16.10 所示。

表 16.10　RelativeLayout 类的常用方法

方法	功能描述	返回值
RelativeLayout	两个构造函数：RelativeLayout(Contex contex) RelativeLayout(Contex contex,AttributeSet attrs)	null
checkLayoutParams(viewGroup. LayoutParams)	检查参数指定的布局参数是否是 LayoutParams 实例	boolen
isBaselineAligned()	判断布局是否按照基线对齐	boolean
set BaselineAligned(boolean baseelineAligned)	根据参数设置基线对齐	void
setGravityt(int gravity)	根据指定的重力设置元素大小	void
setHorizontalGravity(int gravity)	设置水平方向的重力	void
setVerticalGravity(int gravity)	设置垂直方向的重力	void
gennerateDefaultLayoutParams	生成默认的布局参数实例	ViewGroup.LayoutParams

16.7.3　RelativeLayout 类的常用属性

android:layout_above：将该控件的底部置于给定 ID 的控件之上；
android:layout_below：将该控件的顶部置于给定 ID 的控件之下；
android:layout_toLeftOf：将该控件的右边缘和给定 ID 的控件的左边缘对齐；
android:layout_toRightOf：将该控件的左边缘和给定 ID 的控件的右边缘对齐；
android:layout_alignBaseline：该控件的基线和给定 ID 的控件的基线对齐；
android:layout_alignBottom：将该控件的底部边缘与给定 ID 的控件的底部边缘对齐；
android:layout_alignLeft：将该控件的左边缘与给定 ID 的控件的左边缘对齐；
android:layout_alignRight：将该控件的右边缘与给定 ID 的控件的右边缘对齐；
android:layout_alignTop：将给定控件的顶部边缘与给定 ID 的控件的顶部对齐；
android:layout_alignParentBottom：如果该值为 true，则将该控件的底部和父控件的底部对齐；
android:layout_alignParentLeft：如果该值为 true，则将该控件的左边与父控件的左边对齐；
android:layout_alignParentRight：如果该值为 true，则将该控件的右边与父控件的右边对齐；
android:layout_alignParentTop：如果该值为 true，则将该控件的顶部与父控件的顶对齐；
android:layout_centerHorizontal：如果该值为真，该控件将被置于水平方向的中央；
android:layout_centerInParent：如果该值为真，该控件将被置于父控件水平方向和垂直方向的中央；
android:layout_centerVertical：如果该值为真，该控件将被置于垂直方向的中央。

16.7.4 RelativeLayout 类的使用

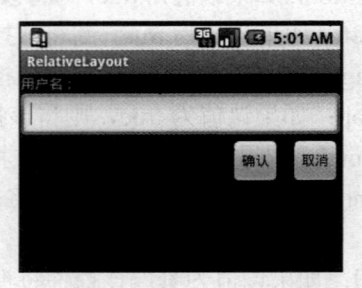

RelativeLayout 示例的工程代码保存在目录 Eg16_7 中。

```xml
<RelativeLayout android:id="@+id/RelativeLayout01"
    android:layout_width="fill_parent"
    android:layout_height="fill_parent"
    xmlns:android="http://schemas.android.com/apk/res/android">
    <TextView android:id="@+id/label"
        android:layout_height="wrap_content"
        android:layout_width="fill_parent"
        android:text="用户名：">
    </TextView>
    <EditText android:id="@+id/entry"
        android:layout_height="wrap_content"
        android:layout_width="fill_parent"
        //确定 EditText 控件在 ID 为 label 的元素下方
        android:layout_below="@id/label">
    </EditText>
  <Button android:id="@+id/cancel"
        android:layout_height="wrap_content"
        android:layout_width="wrap_content"
        //声明该元素与其父元素的右边界对齐
        android:layout_alignParentRight="true"
        android:layout_marginLeft="10dip" //左移 10dip
        android:layout_below="@id/entry"
        android:text="取消" >
    </Button>
    <Button android:id="@+id/ok"
        android:layout_height="wrap_content"
        android:layout_width="wrap_content"
        //声明该元素在 ID 为 cancel 元素的左边
        android:layout_toLeftOf="@id/cancel"
        //声明该元素与 ID 为 cancel 的元素在相同的水平位置
        android:layout_alignTop="@id/cancel"
        android:text="确认">
    </Button>
</RelativeLayout>
```

RelativeLayout 示例的运行效果图如图 16.7 所示。

图 16.7 RelativeLayout 示例运行效果图

习题十六

一、问答题

1. Android SDK 常用的控件有哪些？
2. LinearLayout 和 RelativeLayout 有哪些区别？
3. LinearLayout 和 RelativeLayout 分别在什么情况下使用更合适？

二、上机练习题

1. 在自己的计算机上运行并调试所有控件的工程，掌握每个控件的使用。
2. 尝试使用已经介绍的控件开发一些简单的程序。

第 17 章　SQLite3 数据库

作为一门应用程序开发语言和平台，Android 也需要数据库来存储需要永久保存的数据。但是由于移动设备存在性能低、功耗限制等种种因素，Android 平台的数据库对数据库的要求更为严格，必须兼顾效率和容量等问题。

SQLite3 的出现很好地解决了这个问题，它是一个十分风行的嵌入式数据库，它支持 SQL 语言，而且只利用很少的内存就有很好的性能。因为 JDBC 不适合手机这种内存受限设备，所以 Android 开发人员需要学习新的 API 来使用 SQLite3。此外它还是开源的，任何人都可以使用它。许多开源项目（Mozilla，PHP，Python）都使用了 SQLite3。目前为止，Android 平台上普遍使用 SQLite3 作为其数据库。

本章主要介绍 SQLite3 数据库在 Android 中的应用，先介绍 SQLite3 的概念和组成结构，再用一个例子说明在 Android 下如何使用 SQLite3 进行数据库的设计、创建、读写、删除、更改和查询操作。

17.1　SQLite3 数据库概述

17.1.1　SQLite3 数据库介绍

SQLite 3 为嵌入式系统上的一个开源数据库管理系统,它支持标准的关系型数据库查询语句，支持事务（Transaction），预设的语句（类似于其他 DBMS 的存储过程）。在 Andrioid 平台上大约只需要250K 的内存空间,很适合应用于智能手机这样性能及内存受限的嵌入式设备。

在 Android 平台上无需任何数据库设置和管理，只需使用 SQL 语句来访问数据库，SQL 将自动管理数据库。

在 Android 平台上使用数据库可能比较慢，这是因为访问数据库涉及大量的读写操作（一般在 SD 卡）。因此从性能上考虑,建议不在 UI 线程进行访问数据库的操作,可以使用 AsyncTask 来进行数据库的读写。

SQLite 3 支持的数据类型有 TEXT（类似 Java 中的 String 类型），INTEGER（类似 Java 中的 long 类型）以及 REAL（类似 Java 中的 double 类型），所有其他数据类型最终都必须转化成这三种类型之一才能存放到数据库中。

要注意的是 SQLite3 本身不校验字段的数据类型，也就是说可以将整数写到字符串字段中。

如果应用创建一个 SQLite 数据库，它的缺省路径为："DATA/data/APP_NAME/databases/FILENAME"。

- DATA 为使用 Environment.getDataDirectory()返回的路径，一般为 SD 卡的路径。
- APP_Name 为应用的名称。
- FILENAME 为数据库的文件名。

一般来说，应用创建的数据库只能由创建它的应用访问，如果想共享数据，可以使用 Content provider 来实现。

17.1.2　SQLite3 数据库特性

和传统数据相比较，SQLite3 数据库具备的特性有：
- SQL 语句：
  SELECT，INSERT，UPDATE，CREATE，DROP；
- 数据类型：
  不区分大小写；
  TEXT 文本；
  NUMERIC 数值；
  INTEGER 整型；
  REAL 小数；
  NONE 无类型。
- SQLite3 不具备的特性有：
  FOREIGN KEY 外键约束；
  RIGHT OUTER JOIN 和 FULL OUTER JOIN；
  ALTER TABLE。

SQLite3 基本上符合 SQL-92 标准，和其余的重要 SQL 数据库没什么区别。它的长处便是高效，Android 运行时环境包括了完全的 SQLite。

SQLite3 和其他数据库最大的不同便是对数据类型的支撑，创建一个表时，可以在 CREATE TABLE 语句中指定某列的数据类型，然而可以把任何数据类型放入任何列中。当某个值插入数据库时，SQLite3 将审查它的类型。假如该类型与关联的列不匹配，则 SQLite3 会尝试将该值转换成该列的类型。假如不能转换，则该值将以其本身存在的类型存储。比方可以把一个字符串（String）放入 INTEGER 列。SQLite 称这为"弱类型"（manifest typing）。

此外，SQLite3 不支持一些标准的 SQL 性能，特别是外键约束（FOREIGN KEY constrains）、嵌套 transcaction 和 RIGHT OUTER JOIN 和 FULL OUTER JOIN，还有一些 ALTER TABLE 性能。

除了上述性能外，SQLite3 是一个完全的 SQL 系统，拥有完整的触发器，事务等。

17.1.3　SQLite3 数据库组成结构

SQLite3 由以下几个组件构成：SQL 编译器、内核、后端以及附件，如图 17.1 所示。SQLite3 通过利用虚构机和虚构数据库引擎（VDBE），使调试、修改和扩大 SQLite3 的内核变得更加容易。

Android 在运行时（run-time）集成了 SQLite3，所以每个 Android 应用程序都可以使用 SQLite3 数据库。对于熟悉 SQL 的开发人员来说，在 Android 开发中使用 SQLite3 相当容易。然而，因为 JDBC 会消费太多的系统资源，所以 JDBC 关于手机这种内存受限设施来说并不合适。因此，Android 提供了一些新的 API 来使用 SQLite3 数据库，在 Android 开发中，程序员需要学会使用这些 API。

另外，Android 的数据库文件默认存储在 data/< 名目文件夹 >/databases/ 下，开发人员也可以在程序中指定其存储路径。

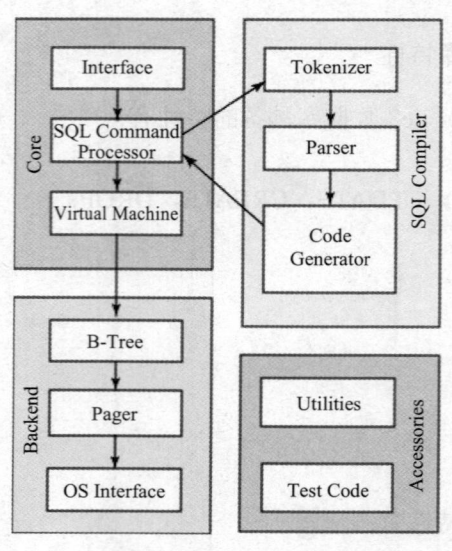

图 17.1 SQLite3 组成结构

17.2 Android SQLite3 数据库访问类

和通常的数据库不同的是，SQLite3 是以库函数的形式提供的，而不是以单独的进程来提供数据库服务（如 Desktop 平台上的 SQL Server）。这样做的效果是，由应用程序创建的 SQLite3 数据库成为应用的一部分，从而降低了外部依赖，减小了数据访问的延迟，简化了数据在事务处理时的同步和锁定操作。在 Android 平台上 SQLite3 支持定义在 android.database.sqlite 中（其实是 Android 系统中 SQLite C 函数的 Java 接口），其主要的类和接口的类关系图如图 17.2 所示。

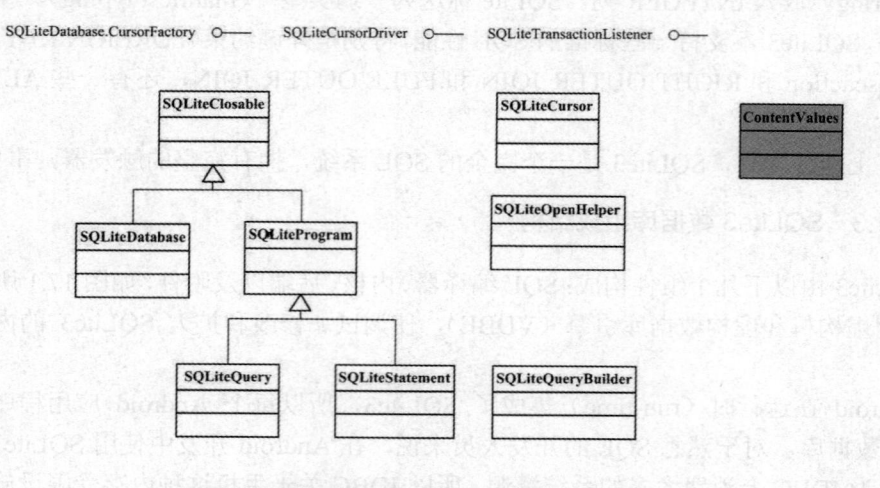

图 17.2 Android SQLite3 数据库访问类

其中 ContentValues 定义在 android.content 包中，可以用来在数据库表中插入一行，每个 ContentValues 对象可以表示数据表中的一行，为一组列名和列值的集合。

所有 SQL 查询的返回结果为一个 Cursor 对象，使用 Cursor（游标）对象可以访问返回的数据集中的任一行，前进或后退如 moveToFirst，moveToNext，getCount，getColumnName 等。

SQLiteOpenHelper 为一抽象类，它简化了数据库的创建、打开、升级操作。

SQLiteDatabase 代表一个数据库对象，提供 insert，update，delete 以及 exec SQL 等操作来查询、读写数据库。

SQLiteQuery 代表一个查询，一般不能直接使用，而是由 SQLiteCursor 使用。

SQLiteStatement 代表一个预编译的数据库查询（类似存储过程）。

SQLiteQueryBuild 为一辅助类，用于帮助创建 SQL 查询。

17.3 创建 SQLite3 数据库

17.3.1 SQLite3 数据库设计

本节将使用一个 TodoList 为例介绍 SQLite3 的基本用法，设计 SQLite3 数据库表时有几点建议：

对于一些文件资源（如图像或是声音等）不建议直接存放在数据库表中，如今存储这些资源对应的文件名或是对应的 Content Provider 使用的是 URL 全名。

尽管不是强制的，但在设计数据库的关键字时，所有表都包含一个_id 域作为表的关键字，它是一个自动增长的整数域。如果使用 SQLite3 作为一个 Content Provider，此时唯一的_id 域就是必须的。

设计 Todolist 的数据库结构如图 17.3 所示。

Database: todoList.db
Table: todoItems

_id	task	Create_date
INTEGER Primary key	TEXT	LONG

图 17.3　TodoList 数据库结构

前面说过 Android SDK 中提供了一个 SQLiteOpenHelper 来帮助创建、打开和管理数据库，一个比较常见的设计模式是创建一个数据库的 Adpater，为应用程序访问数据库提供一个抽象层，该层可以封装与数据库之间的直接交互，如图 17.4 所示。

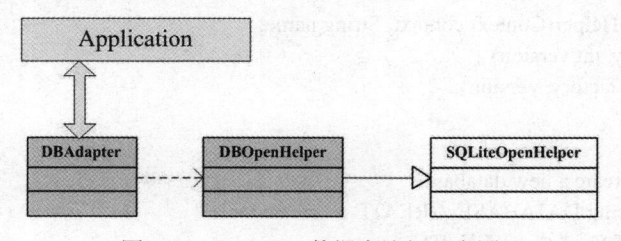

图 17.4　TodoList 数据库访问示意图

17.3.2 SQLite3 数据库实现

按照上面的原则，为 todoList 数据库创建两个类：ToDoDBAdapter 和 ToDoDBOpenHelper，

其中 ToDoDBOpenHelper 作为 ToDoDBAdapter 内部类定义（也可以作为单独类），工程代码保存在目录 Eg17_1 中。构造创建数据库的 SQL 语句，初始的类定义如下：

```java
public class ToDoDBAdapter {
private static final String DATABASE_NAME = "todoList.db";
private static final String DATABASE_TABLE = "todoItems";
private static final int DATABASE_VERSION = 1;

private SQLiteDatabase mDb;
private final Context mContext;

public static final String KEY_ID = "_id";
public static final String KEY_TASK = "task";
public static final int TASK_COLUMN = 1;

public static final String KEY_CREATION_DATE = "creation_date";
public static final int CREATION_DATE_COLUMN = 2;

private ToDoDBOpenHelper dbOpenHelper;

public ToDoDBAdapter(Context context) {
mContext = context;
dbOpenHelper = new ToDoDBOpenHelper(context, DATABASE_NAME, null,
DATABASE_VERSION);
}

public void close() {
mDb.close();
}

public void open() throws SQLiteException {
try {
mDb = dbOpenHelper.getWritableDatabase();
} catch (SQLiteException ex) {
mDb = dbOpenHelper.getReadableDatabase();
}
}
private static class ToDoDBOpenHelper extends SQLiteOpenHelper {

public ToDoDBOpenHelper(Context context, String name,
CursorFactory factory, int version) {
super(context, name, factory, version);
}

// SQL statement to create a new database
private static final String DATABASE_CREATE = "create table "
+ DATABASE_TABLE + " (" + KEY_ID
+ " integer primary key autoincrement , " + KEY_TASK
+ " text not null, " + KEY_CREATION_DATE + " long);";

@Override
public void onCreate(SQLiteDatabase db) {
```

```
db.execSQL(DATABASE_CREATE);
}

@Override
public void onUpgrade(SQLiteDatabase db, int oldVersion,
int newVersion) {
Log.w("TaskDBAdapter", "Upgrading from version " + oldVersion
+ " to " + newVersion);

db.execSQL("DROP TABLE IF EXISTS " + DATABASE_TABLE);
onCreate(db);
}
}
}
```

17.3.3 SQLite3 数据库实现解析

ToDoDBOpenHelper 为 SQLiteOpenHelper 的子类，一般需要重载 onCreate(SQLiteDatabase) 和 onUpgrade(SQLiteDabase, int ,int)，如有需要也可以重载 onOpen (SQLiteDatabase)，这个类可以在数据库未创建时自动创建数据库，如果已有数据库则可以打开。

它提供了两个方法 getReadableDatabase()和 getWriteableDatabase()来取得 SQLiteDatabase 数据库对象，此时 SQLiteOpenHelper 会根据需要创建 onCreate 或升级 onUpdate 数据库，如果数据库已存在，则打开对应的数据库。尽管是两个方法，通常两个方法返回时是同一个数据库对象，除非在出现问题时（如磁盘空间满），此时 getReadableDatabase()可能返回只读数据库对象。

ToDoDBAdapter 的 open 方法首先是试图获取一个可读写的数据库对象，如果不成功，则再试图取得一个只读类型数据库。

17.4 SQLite3 数据库读写

有了数据库对象之后，可以使用 execSQL 提供的 SQL 语言来添加、删除、修改或查询数据库。除了通用的 execSQL 之外，SQLite Database 提供了 insert、update、delete、query 方法来简化数据库的添加、删除、修改或查询操作。

此外 SQLite 不强制检测数据库的数据类型，通过 DBAdapter 可以使用强数据类型来修改、删除数据等，这也是使用 DBAdapter 的一个好处。

以下使用 SQLite3 进行数据库读写的工程代码保存在目录 Eg17_2 中。

17.4.1 定义 TodoItem 项

这里先定义了一个 TodoItem 类，表示一个 Todo 项：
```
public class TodoItem {
  private String mTask;
  private Date mCreated;

  public String getTask(){
  return mTask;
  }
```

```java
public Date getCreated(){
return mCreated;
}

public TodoItem(String task){
this(task,new Date(System.currentTimeMillis()));
}

public TodoItem(String task,Date created){
mTask=task;
mCreated=created;
}

@Override
public String toString(){
SimpleDateFormat sdf=new SimpleDateFormat("dd/mm/yy");
String dateString= sdf.format(mCreated);
return "("+ dateString+ ")" + mTask;
}
}
```

17.4.2 删除和修改 TodoItem 项

下面的方法提供使用 TodoItem 类型做参数实现添加、删除和修改 TodoItem：

```java
//insert a new task
public long insertTask(TodoItem task){
  ContentValues newTaskValues=new ContentValues();
  //assign values for each row
  newTaskValues.put(KEY_TASK, task.getTask());
  newTaskValues.put(KEY_CREATION_DATE, task.getCreated().getTime());

  //insert row
  return mDb.insert(DATABASE_TABLE,null,newTaskValues);
}

public boolean removeTask(long rowIndex){
  return mDb.delete(DATABASE_TABLE,KEY_ID+"="+rowIndex, null)>0;
}

public boolean updateTask(long rowIndex,String task){
  ContentValues newValue=new ContentValues();
  newValue.put(KEY_TASK, task);
  return mDb.update(DATABASE_TABLE, newValue,
  KEY_ID+"="+rowIndex, null)>0;
}
```

其中 ContentValues 定义了列名到列值的映射，类似于哈希表。
SQLiteDatabase 的 Query 方法的一个定义如下：
public Cursorquery(String table, String[] columns, String selection, String[] selectionArgs, String groupBy, String having, String orderBy)
　　table：数据库名称；

columns：需要返回的列名称；
selection：查询条件，为 WHERE 语句（不含 WHERE）；
selectionArgs：如果 selection 中带有?，这里可以给出 ? 的替代值；
groupBy：Group 语句除去 GROUP BY；
having：Having 语句除去 Having；
OrderBy：Order by 语句。

17.4.3 查询 TodoItem 项

下面代码给出查询某个 TodoItem 项：

```
public Cursor getAllToDoItemsCursor(){
 return mDb.query(DATABASE_TABLE,
 new String[]{KEY_ID,KEY_TASK,KEY_CREATION_DATE},
 null, null, null, null, null);
}

public Cursor setCursorToToDoItem(long rowIndex)
  throws SQLException {
  Cursor result=mDb.query(DATABASE_TABLE,
  new String[]{KEY_ID,KEY_TASK},
  KEY_ID+"="+rowIndex, null, null, null, null);
  if(result.getCount()==0 || !result.moveToFirst()){
  throw new SQLException ("No to do item found for row:"
  + rowIndex);
  }
  return result;
}

public TodoItem getToDoItem(long rowIndex)
  throws SQLException {
  Cursor cursor=mDb.query(DATABASE_TABLE,
  new String[]{KEY_ID,KEY_TASK,KEY_CREATION_DATE},
  KEY_ID+"="+rowIndex, null, null, null, null);
  if(cursor.getCount()==0 || !cursor.moveToFirst()){
  throw new SQLException ("No to do item found for row:"
  + rowIndex);
  }
  String task=cursor.getString(TASK_COLUMN);
  long created=cursor.getLong(CREATION_DATE_COLUMN);
  TodoItem result=new TodoItem(task,new Date(created));
  return result;
}
```

习题十七

一、问答题

1. Android 应用程序为什么不使用 PC 上经常使用的 SQL Server 等作为数据库？

2. SQLite3 数据库有什么特点？
3. SQLite3 数据库的组成结构是什么样的？

二、上机练习题

1. 使用 Android SDK 创建一个 SQLite3 数据库。
2. 对这个数据库进行增加、删除、修改、查询等操作，熟悉 SQLite3 数据库的使用。

第 18 章　Android 网络编程

互联网的出现拉近了人们之间的距离，目前大部分 Android 应用程序都具备网络功能，开发者们通过网络编程实现了诸如即时通信、保存用户数据到服务器、从服务器上获取更多丰富资源等功能，网络通信功能的使用大大延长了应用产品的生命力，增强了应用的活跃度，所以掌握网络编程对于任何一个领域的开发者来说都是至关重要的。

本章主要介绍 Android 网络编程的相关知识，先介绍网络编程的基本概念和方法，然后介绍 Android 网络编程的分类，接着介绍 Android 网络编程的几种具体实现方法，最后介绍 Fastjson 在 Android 网络编程中的应用。

18.1　Android 网络编程概述

在了解 Android 网络编程的具体实现之前，首先需要了解有关 Android 网络编程的一些基础概念。

1. Android 平台网络相关 API 接口
- java.net.*（标准 Java 接口）

java.net.*提供与联网有关的类，包括流、数据包套接字（socket）、Internet 协议、常见 Http 处理等。比如：创建 URL，以及 URLConnection/HttpURLConnection 对象、设置链接参数、链接到服务器、向服务器写数据、从服务器读取数据等通信。这些在 Java 网络编程中均有涉及。

- Org.apache 接口

对于大部分应用程序而言 JDK 本身提供的网络功能已远远不够，这时就需要 Android 提供的 Apache HttpClient 了。它是一个开源项目，功能更加完善，为客户端的 Http 编程提供高效、最新、功能丰富的工具包支持。

- Android.net.*（Android 网络接口）

常常使用此包下的类进行 Android 特有的网络编程，如：访问 WiFi，访问 Android 联网信息，邮件等功能。

2. 网络架构主要有两种模式 B/S，C/S
- B/S 模式：就是浏览器/服务器模式了，通过应用层的 HTTP 协议通信，不需要特定客户端软件，而是需要统一规范的客户端，简而言之就是 Android 网络浏览器（如 Chrome，UCWEB，QQ 浏览器等）访问 Web 服务器的方式。
- C/S 模式：就是客户端/服务器端模式，通过任意的网络协议通信，需要特定的客户端软件。

3. 服务器端返回客户端的内容有三种方式
- 以 HTML 代码的形式返回。
- 以 XML 字符串的形式返回，做 Android 开发时这种方式比较多。返回的数据需要通过 XML 解析器（SAX、DOM，Pull 等）进行解析（必备知识）。

- 以 json 对象的方式返回。

18.2 Android 网络编程分类

Android 的网络编程分为两种：基于 http 协议的和基于 socket 的。下面详细说明这两种网络编程方式的特点。

18.2.1 基于 HTTP 协议的 Android 网络编程

HTTP 协议是基于 TCP/IP 协议之上的协议，使用 HTTP 协议进行网络编程的步骤如下：

1. HttpURLConnection 连接 URL

   （1）创建一个 URL 对象

   URL url = new URL(http://www.baidu.com);

   （2）利用 HttpURLConnection 对象从网络中获取网页数据

   HttpURLConnection conn = (HttpURLConnection) url.openConnection();

   （3）设置连接超时

   conn.setConnectTimeout(6*1000);

   （4）对响应码进行判断

   //从 Internet 获取网页，发送请求，将网页以流的形式读回来
   if (conn.getResponseCode() != 200)
   throw new RuntimeException("请求 url 失败");

   （5）得到网络返回的输入流

   //文件流输入出文件用 outStream.write
   InputStream is = conn.getInputStream();

   （6）String result = readData(is, "GBK");

   （7）conn.disconnect();

总结：
- 记得设置连接超时，如果网络不好，Android 系统在超过默认时间后会收回资源中断操作。
- 返回的响应码是 200，是表示成功。
- 在 Android 中对文件流的操作和在 Java SE 上面是一样的。
- 在对大文件操作时，要将文件写到 SD 卡上面，不要直接写到手机内存上。
- 操作大文件时，要一边从网络上读，一边往 SD 卡上面写，减少手机内存的使用。
- 对文件流操作完，要记得及时关闭。

2. 向服务器端发送请求参数

步骤如下：

   （1）创建 URL 对象

   URL realUrl = new URL(requestUrl);

   （2）通过 HttpURLConnection 对象，向网络地址发送请求

   HttpURLConnection conn = (HttpURLConnection) realUrl.openConnection();

   （3）设置容许输出

   conn.setDoOutput(true);

   （4）设置不使用缓存

conn.setUseCaches(false);
（5）设置使用 POST 的方式发送
conn.setRequestMethod("POST");
（6）设置维持长连接
conn.setRequestProperty("Connection", "Keep-Alive");
（7）设置文件字符集
conn.setRequestProperty("Charset", "UTF-8");
（8）设置文件长度
conn.setRequestProperty("Content-Length", String.valueOf(data.length));
（9）设置文件类型
conn.setRequestProperty("Content-Type","application/x-www-form-urlencoded");
（10）设置 HTTP 请求头
conn.setRequestProperty("Accept ", image/gif, image/jpeg, image/pjpeg, image/pjpeg, application/x-shockwave-flash, application/xaml+xml, application/vnd.ms-xpsdocument, application/x-ms-xbap, application/x-ms-application, application/vnd.ms-excel, application/vnd.ms-powerpoint, application/msword, */*");

设置语言：conn.setRequestProperty("Accept-Language ", "zh-CN");
（11）以流的方式输出

总结：
- 发送 POST 请求必须设置允许输出。
- 不要使用缓存，容易出现问题。
- 在开始用 HttpURLConnection 对象的 setRequestProperty()设置，就是生成 HTML 文件头。

3. 向服务器端发送 xml 数据（也称为实体 Entity）

XML 格式是通信的标准语言，Android 系统也可以通过发送 XML 文件传输数据。

（1）将生成的 XML 文件写入到 byte 数组中，并设置为 UTF-8
byte[] xmlbyte = xml.toString().getBytes("UTF-8");
（2）创建 URL 对象，并指定地址和参数
URL url = new URL(http://localhost:8080/itcast/contanctmanage.do?method=readxml);
（3）获得连接
HttpURLConnection conn = (HttpURLConnection) url.openConnection();
（4）设置连接超时
conn.setConnectTimeout(6* 1000);
（5）设置允许输出
conn.setDoOutput(true);
（6）设置不使用缓存
conn.setUseCaches(false);
（7）设置以 POST 方式传输
conn.setRequestMethod("POST");
（8）维持长连接
conn.setRequestProperty("Connection", "Keep-Alive");
（9）设置字符集
conn.setRequestProperty("Charset", "UTF-8");
（10）设置文件的总长度
conn.setRequestProperty("Content-Length", String.valueOf(xmlbyte.length));

（11）设置文件类型
   conn.setRequestProperty("Content-Type","text/xml; charset=UTF-8");
（12）以文件流的方式发送 xml 数据
   outStream.write(xmlbyte);

总结：
- 例子中使用的是用 HTML 的方式传输文件，这个方式只能传输一般 5M 以下的文件。
- 传输大文件不适合用 HTML 的方式，传输大文件要面向 Socket 编程，以确保程序的稳定性。
- 将地址和参数存到 byte 数组中：byte[] data = params.toString().getBytes();。

4. 利用 Apache 的 HttpClient 实现 Android 客户端发送实体 Entity

以上为直接利用 HTTP 协议来实现的，其实 Android 已经集成了第三方开源项目 org.apache.http.client.HttpClient，可以直接参考它提供的 API 使用。

使用 POST 方法进行参数传递时，需要使用 NameValuePair 来保存要传递的参数。另外，还需要设置所使用的字符集。

18.2.2 基于 Socket 的 Android 网络编程

Socket（套接字）是一种抽象层，应用程序通过它来发送和接收数据，就像应用程序打开了一个文件句柄，将数据读写到稳定的存储器上一样。使用 Socket 可以将应用程序添加到网络中，并与处于同一网络中的其他应用程序进行通信。一台计算机上的应用程序向 Socket 写入的信息能够被另一台计算机上的另一个应用程序读取，反之亦然。根据不同的底层协议实现，也会有很多种不同的 Socket。

本节只覆盖了 TCP/IP 协议族的内容，在这个协议族当中，主要的 Socket 类型为流套接字（stream socket）和数据报套接字（datagram socket）。流套接字将 TCP 作为其端对端协议，提供了一个可信赖的字节流服务。数据报套接字使用 UDP 协议，提供了一个"尽力而为"的数据报服务，应用程序可以通过它发送最长 65500 字节的个人信息。

Socket 通信模型如图 18.1 所示。

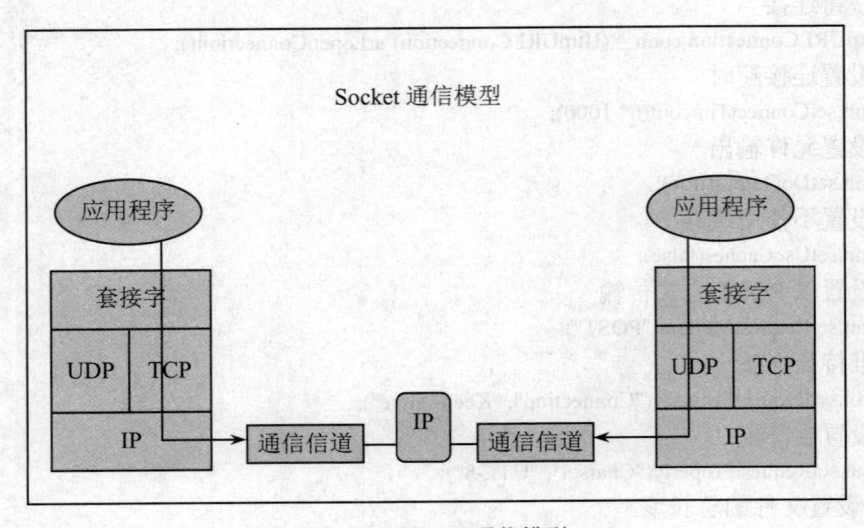

图 18.1 Socket 通信模型

1. 使用基于 TCP 协议的 Socket

一个客户端要发起一次通信，首先必须知道运行服务器端的主机 IP 地址。然后由网络基础设施利用目标地址，将客户端发送的信息传递到正确的主机上。在 Java 中，地址可以由一个字符串来定义，这个字符串可以是数字型的地址（比如 192.168.1.1），也可以是主机名（example.com）。

在 Java 当中 InetAddress 类代表了一个网络目标地址，包括主机名和数字类型的地址信息。下面为大家介绍一下基于 TCP 协议操作 Socket 的 API。

- ServerSocket

这个类实现了一个服务器端的 Socket，利用这个类可以监听来自网络的请求。

①创建 ServerSocket 的方法：

  ServerSocket(Int localPort)

  ServerSocket(int localport,int queueLimit)

  ServerSocket(int localport,int queueLimit,InetAddress localAddr)

创建一个 ServerSocket 必须指定一个端口，以便客户端能够向该端口号发送连接请求。端口的有效范围是 0～65535。

②ServerSocket 操作

  Socket accept()

  void close

accept()方法为下一个传入的连接请求创建 Socket 实例，并将已成功连接的 Socket 实例返回给服务器套接字，如果没有连接请求，accept()方法将阻塞等待。

close 方法用于关闭套接字。

- Socket

①创建 Socket 的方法：

  Socket（InetAddress remoteAddress,int remotePort）

利用 Socket 的构造函数，可以创建一个 TCP 套接字后，先连接到指定的远程地址和端口号。

②操作 Socket 的方法

  InputStream getInputStream()

  OutputStream getOutputStream()

  void close()

基于 TCP 协议的 Socket 通信示意图如图 18.2 所示。

2. 使用基于 UDP 的 Socket

①创建 DatagramPacket

  DatagramSocket(byte [] data,int offset,int length,InetAddress remoteAddr,int remotePort)

该构造函数创建一个数据报对象，数据包含在第一个参数当中。

②创建 DatagramSocket 创建

  DatagramSocket(int localPort)

以上构造函数将创建一个 UDP 套接字。

③DatagramSocket：发送和接收

  void send(DatagramPacket packet)

void receive(DatagramPacket packet)

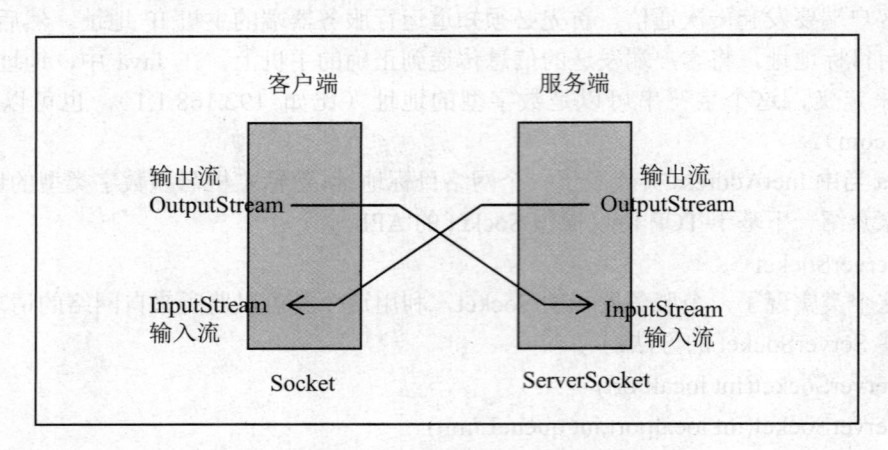

图 18.2　基于 TCP 协议的 Socket 通信示意图

send()方法用来发送 DatagramPacket 实例。一旦创建连接，数据报将发送到该套接字所连接的地址。

receive()方法将阻塞等待，直到接收到数据报文，并将报文中的数据复制到指定的 DatagramPacket 实例中。

18.2.3　Android 平台的其他网络编程技术

1. Android WebView 控件

WebView 控件是一种在 Android app 中嵌入网页的形式，可以大大提高现有网页的利用率，避免重复开发已有的功能。

此外，通过 WebView 可以实现 HTML、JavaScript 和 Android Java 三个平台语言之间的交互，来访问本地手机硬件。

例如：

（1）让 Java 方法可以在 JavaScript 中被调用：
void addJavascriptInterface(Object obj, String interfaceName)

（2）Java 中调用 JavaScript 脚本中的方法
// 调用 js 的 show 方法
webview.loadUrl("javascript:show('"+json+"')");

2. 实现服务器推送

通过建立持久连接的方法，服务器端发送信息给手机 Android 用户。

● 方法一：MQTT 协议（实例 Android+PHP）

（1）服务器端需下载安装 IBM 的 Really Small Message Broker（RSMB）（MQTT 协议代理），并运行 broker。

下载地址：http://www.alphaworks.ibm.com/tech/rsmb

（2）PHP 服务器端使用 SAM 针对 MQTT 写的 PHP 库（下载链接为 Tokudu PHPMQTT 通信项目），其中 send_mqtt.php 是一个通过 POST 接收消息并且通过 SAM 将消息发送给 RSMB 的 PHP 脚本。

（3）实例下载

说明：http://tokudu.com/2010/how-to-implement-push-notifications-for-android/

android 客户端：https://github.com/tokudu/AndroidPushNotificationsDemo

php 服务器端：https://github.com/tokudu/PhpMQTTClient

- 方法二：XMPP 协议（实例 Android+JSP）

XMPP（The Extensible Messaging and Presence Protocol，可扩展通讯和表示协议）是以 Jabber 协议为基础，而 Jabber 是即时通信中常用的开放式协议。

下载地址：http://sourceforge.net/projects/androidpn/files/

解压服务器端，单击 bin/run.bat 运行，访问 http://127.0.0.1:7070/index.do，就可以看服务器端的管理页面，利用这个管理页面，就可以向客户端推送消息。

- 方法三：使用 APNS（Android Push Notification Service）

http://www.push-notification.org/

APNS（Android Push Notification Service）是一种在 Android 上轻松实现推送通知功能的解决方案。只需申请一个 API Key，经过简单的步骤即可实现推送通知的功能。

18.3 Android 网络编程实现

18.3.1 使用标准 Java 接口进行网络编程

下面看一个简单的 Socket 编程，实现服务器回发客户端信息。其工程代码保存在目录 Eg18_1 中。

- 服务端：

```
public class Server implements Runnable{
    @Override
    public void run() {
        Socket socket = null;
        try {
            ServerSocket server = new ServerSocket(18888);
            //循环监听客户端连接请求
            while(true){
                System.out.println("start...");
                //接收请求
                socket = server.accept();
                System.out.println("accept...");
                //接收客户端消息
                BufferedReader in = new BufferedReader(
                    new InputStreamReader(socket.getInputStream()));
                String message = in.readLine();
                //发送消息，向客户端
                PrintWriter out = new PrintWriter(new BufferedWriter(
                    new OutputStreamWriter(socket.getOutputStream())),true);
                out.println("Server:" + message);
                //关闭流
                in.close();
                out.close();
```

```java
                    }
                } catch (IOException e) {
                    e.printStackTrace();
                }finally{
                    if (null != socket){
                        try {
                            socket.close();
                        } catch (IOException e) {
                            e.printStackTrace();
                        }
                    }
                }
            }
        }
        //启动服务器
        public static void main(String[] args){
            Thread server = new Thread(new Server());
            server.start();
        }
    }
```

- 客户端：MainActivity

```java
public class MainActivity extends Activity {
    private EditText editText;
    private Button button;
    /** Called when the activity is first created. */
    @Override
    public void onCreate(Bundle savedInstanceState) {
        super.onCreate(savedInstanceState);
        setContentView(R.layout.main);

        editText = (EditText)findViewById(R.id.editText1);
        button = (Button)findViewById(R.id.button1);

        button.setOnClickListener(new OnClickListener() {
            @Override
            public void onClick(View v) {
                Socket socket = null;
                String message = editText.getText().toString()+ "\r\n" ;
                try {
                    //创建客户端 socket，注意：不能用 localhost 或 127.0.0.1
                    //Android 模拟器把自己作为 localhost
                    socket = new Socket("10.0.2.2",18888);
                    PrintWriter out = new PrintWriter(
                        new BufferedWriter(new OutputStreamWriter
                            (socket.getOutputStream())),true);
                    //发送数据
                    out.println(message);
                    //接收数据
                    BufferedReader in = new BufferedReader(
                        new InputStreamReader(socket.getInputStream()));
                    String msg = in.readLine();
                    if (null != msg){
```

```java
                    editText.setText(msg);
                    System.out.println(msg);
                }
                else{
                    editText.setText("data error");
                }
                out.close();
                in.close();
            } catch (UnknownHostException e) {
                e.printStackTrace();
            } catch (IOException e) {
                e.printStackTrace();
            }
            finally{
                try {
                    if (null != socket){
                        socket.close();
                    }
                } catch (IOException e) {
                    e.printStackTrace();
                }
            }
        }
    });
    }
}
```

- 布局文件：

```xml
<?xml version="1.0" encoding="utf-8"?>
<LinearLayout xmlns:android="http://schemas.android.com/apk/res/android"
    android:orientation="vertical" android:layout_width="fill_parent"
    android:layout_height="fill_parent">
    <TextView android:layout_width="fill_parent"
        android:layout_height="wrap_content" android:text="@string/hello" />
    <EditText android:layout_width="match_parent"
        android:id="@+id/editText1"
        android:layout_height="wrap_content"
        android:hint="input the message and click the send button"
        ></EditText>
    <Button android:text="send" android:id="@+id/button1"
        android:layout_width="fill_parent"
        android:layout_height="wrap_content"></Button>
</LinearLayout>
```

- 启动服务器：

javac com/test/socket/Server.java
java com.test.socket.Server

- 运行客户端程序：

运行结果如图 18.3 所示。

图 18.3 使用标准 Java 接口进行网络编程运行结果

注意：服务器与客户端无法连接的可能原因有以下几点：
（1）没有添加访问网络的权限：
<uses-permission android:name="android.permission.INTERNET"></uses-permission>；
（2）IP 地址要使用：10.0.2.2；
（3）模拟器不能配置代理。

18.3.2 使用 Org.apache 接口进行网络编程

对于大部分应用程序而言 JDK 本身提供的网络功能已远远不够，这时就需要 Android 提供的 Apache HttpClient 了。它是一个开源项目，功能更加完善，为客户端的 Http 编程提供高效、最新、功能丰富的工具包支持。

下面以一个简单例子来看看如何使用 HttpClient 在 Android 客户端访问 Web。其工程代码保存在目录 Eg18_2 中。

（1）首先，要在机器上搭建一个 Web 应用 myapp，只有很简单的一个 http.jsp。内容如下：

```
<%@page language="java" import="java.util.*" pageEncoding="utf-8"%>
<html>
<head>
<title>
Http Test
</title>
</head>
<body>
<%
String type = request.getParameter("parameter");
String result = new String(type.getBytes("iso-8859-1"),"utf-8");
out.println("<h1>" + result + "</h1>");
```

```
%>
</body>
</html>
```

（2）然后实现 Android 客户端，分别以 post、get 方式去访问 myapp，代码如下：

- 布局文件：

```xml
<?xml version="1.0" encoding="utf-8"?>
<LinearLayout xmlns:android="http://schemas.android.com/apk/res/android"
    android:orientation="vertical"
    android:layout_width="fill_parent"
    android:layout_height="fill_parent"
    >
<TextView
    android:gravity="center"
    android:id="@+id/textView"
    android:layout_width="fill_parent"
    android:layout_height="wrap_content"
    android:text="@string/hello"
    />
<Button android:text="get" android:id="@+id/get"
    android:layout_width="match_parent"
    android:layout_height="wrap_content"></Button>
<Button android:text="post" android:id="@+id/post"
    android:layout_width="match_parent"
    android:layout_height="wrap_content"></Button>
</LinearLayout>
```

- 资源文件 strings.xml：

```xml
<?xml version="1.0" encoding="utf-8"?>
<resources>
    <string name="hello">通过按钮选择不同方式访问网页</string>
    <string name="app_name">Http Get</string>
</resources>
```

- 主 Activity：

```java
public class MainActivity extends Activity {
    private TextView textView;
    private Button get,post;
    /** Called when the activity is first created. */
    @Override
    public void onCreate(Bundle savedInstanceState) {
        super.onCreate(savedInstanceState);
        setContentView(R.layout.main);

        textView = (TextView)findViewById(R.id.textView);
        get = (Button)findViewById(R.id.get);
        post = (Button)findViewById(R.id.post);

        //绑定按钮监听器
        get.setOnClickListener(new OnClickListener() {
            @Override
            public void onClick(View v) {
                //注意：此处 IP 不能用 127.0.0.1 或 localhost
                //Android 模拟器已将它自己作为了 localhost
```

```java
            String uri = "http://192.168.22.28:8080/myapp/http.jsp?parameter=以 Get 方式发送请求";
            textView.setText(get(uri));
        }
    });
    //绑定按钮监听器
    post.setOnClickListener(new OnClickListener() {
        @Override
        public void onClick(View v) {
            String uri = "http://192.168.22.28:8080/myapp/http.jsp";
            textView.setText(post(uri));
        }
    });
}
/**
 * 以 get 方式发送请求,访问 web
 * @param uri web 地址
 * @return 响应数据
 */
private static String get(String uri){
    BufferedReader reader = null;
    StringBuffer sb = null;
    String result = "";
    HttpClient client = new DefaultHttpClient();
    HttpGet request = new HttpGet(uri);
    try {
        //发送请求,得到响应
        HttpResponse response = client.execute(request);

        //请求成功
        if (response.getStatusLine().getStatusCode() == HttpStatus.SC_OK){
            reader = new BufferedReader(
                new InputStreamReader(response.getEntity().getContent()));
            sb = new StringBuffer();
            String line = "";
            String NL = System.getProperty("line.separator");
            while((line = reader.readLine()) != null){
                sb.append(line);
            }
        }
    } catch (ClientProtocolException e) {
        e.printStackTrace();
    } catch (IOException e) {
        e.printStackTrace();
    }
    finally{
        try {
            if (null != reader){
                reader.close();
                reader = null;
            }
        } catch (IOException e) {
            e.printStackTrace();
```

```java
            }
        }
        if (null != sb){
            result =   sb.toString();
        }
        return result;
    }
    /**
     * 以 post 方式发送请求，访问 web
     * @param uri web 地址
     * @return 响应数据
     */
    private static String post(String uri){
        BufferedReader reader = null;
        StringBuffer sb = null;
        String result = "";
        HttpClient client = new DefaultHttpClient();
        HttpPost request = new HttpPost(uri);

        //保存要传递的参数
        List<NameValuePair> params = new ArrayList<NameValuePair>();
        //添加参数
        params.add(new BasicNameValuePair("parameter","以 Post 方式发送请求"));

        try {
            //设置字符集
            HttpEntity entity = new UrlEncodedFormEntity(params,"utf-8");
            //请求对象
            request.setEntity(entity);
            //发送请求
            HttpResponse response = client.execute(request);

            //请求成功
            if (response.getStatusLine().getStatusCode() == HttpStatus.SC_OK){
                System.out.println("post success");
                reader = new BufferedReader(
                    new InputStreamReader(response.getEntity().getContent()));
                sb = new StringBuffer();
                String line = "";
                String NL = System.getProperty("line.separator");
                while((line = reader.readLine()) != null){
                    sb.append(line);
                }
            }
        } catch (ClientProtocolException e) {
            e.printStackTrace();
        } catch (IOException e) {
            e.printStackTrace();
        }
        finally{
            try {
                //关闭流
```

```
                    if (null != reader){
                        reader.close();
                        reader = null;
                    }
                } catch (IOException e) {
                    e.printStackTrace();
                }
            }
            if (null != sb){
                result =   sb.toString();
            }
            return result;
        }
    }
```

（3）运行结果如图 18.4 所示。

图 18.4　使用 Org.apache 接口进行网络编程运行结果

18.4　使用 Fastjson 传输数据

18.4.1　Fastjson 介绍

在 Android 开发中，Android 客户端如果要和服务器端交互，一般都会采用 json 数据格式。Fastjson 是一个 Json 处理工具包，包括"序列化"和"反序列化"两部分，Fastjson 是一个用 Java 语言编写的高性能、功能完善的 JSON 库。

一个 JSON 库涉及的最基本功能就是序列化和反序列化。Fastjson 支持 java bean 的直接序列化。可以使用 com.alibaba.fastjson.JSON 这个类进行序列化和反序列化。Fastjson 采用独创的算法，将解析的速度提升到极致，超过所有 JSON 库。

Fastjson 速度最快，具有极快的性能，超越任何其他的 Java json 解析器。

Fastjson 功能强大，完全支持 Java Bean、集合、Map、日期、Enum，支持范型，支持自省；无依赖。

Fastjson API 入口类是 com.alibaba.fastjson.JSON，常用的序列化操作都可以用 JSON 类上的静态方法直接完成。

使用 Fastjson 要首先在官网下载，然后应用到自己的项目中，下载地址如下：

http://code.alibabatech.com/wiki/display/FastJSON/Download

18.4.2　Fastjson 常用方法

（1）把 JSON 文本解析为 JSONObject 或者 JSONArray
　　public static final Object parse(String text);
（2）把 JSON 文本解析成 JSONObject
　　public static final JSONObject parseObject(String text);
（3）把 JSON 文本解析为 JavaBean
　　public static final T parseObject(String text, Class clazz);
（4）把 JSON 文本解析成 JSONArray
　　public static final JSONArray parseArray(String text);
（5）把 JSON 文本解析成 JavaBean 集合
　　public static final List parseArray(String text, Class clazz);
（6）将 JavaBean 序列化为 JSON 文本
　　public static final String toJSONString(Object object);
（7）将 JavaBean 序列化为带格式的 JSON 文本
　　public static final String toJSONString(Object object, boolean prettyFormat);
（8）将 JavaBean 转换为 JSONObject 或者 JSONArray
　　public static final Object toJSON(Object javaObject);

18.4.3　使用 Fastjson

1. 服务器端使用 Fastjson 将数据转换成 json 字符串

主要使用的函数如下：
```
public static String createJsonString(Object value)
{
    String alibabaJson = JSON.toJSONString(value);//此处转换
    return alibabaJson;
}
```
服务器端调用此函数执行转换即可，此处不再赘述。

2. 客户端将从服务器端获取到的 json 字符串转换为相应的 JavaBean

下面给出写核心的函数例子。
```
public static String getJsonContent(String urlStr)
{
    try
    {   // 获取 HttpURLConnection 连接对象
        URL url = new URL(urlStr);
        HttpURLConnection httpConn = (HttpURLConnection) url.openConnection();
        // 设置连接属性
        httpConn.setConnectTimeout(3000);
        httpConn.setDoInput(true);
        httpConn.setRequestMethod("GET");
        // 获取相应码
        int respCode = httpConn.getResponseCode();
        if (respCode == 200)
        {
            return ConvertStream2Json(httpConn.getInputStream());
```

```java
                }
            }
            catch (MalformedURLException e)
            {
                // TODO Auto-generated catch block
                e.printStackTrace();
            }
            catch (IOException e)
            {
                // TODO Auto-generated catch block
                e.printStackTrace();
            }
            return "";
        }
        private static String ConvertStream2Json(InputStream inputStream)
        {
            String jsonStr = "";
            // ByteArrayOutputStream 相当于内存输出流
            ByteArrayOutputStream out = new ByteArrayOutputStream();
            byte[] buffer = new byte[1024];
            int len = 0;
            // 将输入流转移到内存输出流中
            while ((len = inputStream.read(buffer, 0, buffer.length)) != -1)
            {
                out.write(buffer, 0, len);
            }
            // 将内存流转换为字符串
            jsonStr = new String(out.toByteArray());
            return jsonStr;
        }
```

3. 使用泛型获取 JavaBean（核心函数）

```java
public static T getPerson(String jsonString, Class cls) {
    T t = null;
    t = JSON.parseObject(jsonString, cls);
    return t;
}
public static List getPersons(String jsonString, Class cls) {
    List list = new ArrayList();
    list = JSON.parseArray(jsonString, cls);
    return list;
}
```

习题十几

一、问答题

1. Android 网络编程有哪几种接口？

2．网络编程有哪几种架构模型？

3．Android 网络编程有哪几种分类？其使用流程分别是什么？

二、上机练习题

1．使用标准 Java 接口编写一个简单的网络编程示例。

2．使用 Org.apache 接口编写一个简单的网络编程示例。

第 19 章　MFC 网络编程及无线组网

上一章中讲解了 Android 平台下进行网络编程的相关知识，虽然网络编程的基本原理都是一致的，但是对于不同的平台，例如 Android 和 MFC，网络编程细节的实现却不尽相同。由于在之后的章节中，需要组建一个手机无线局域网，使运行在手机上的 Android 平台和运行在 PC 上的 MFC 平台能够进行网络通信，所以在本章中，需要对 MFC 网络编程进行系统地学习。

本章主要介绍 MFC 平台下进行网络编程的相关知识，首先介绍网络编程的基本概念，然后介绍 Winsock 的基本用法，接着用两个示例说明 MFC 下进行网络编程的方法，最后介绍在 MFC 下使用 json 进行数据传输的方法。

19.1　网络编程基本概念

1. 网络字节序

世界上有很多种类不同的计算机，不同种类的计算机在存放多字节的时候存放顺序不同。如采用 Intel CPU 的计算机，地址按照"低位先存"，即这些地址字节，低位在左高位在右。这种存放顺序称为"Little Endian"顺序。而有些采用 AMD CPU 的 UNIX 机器，它们的存放方式与 intel 的完全相反，采用网络字节序，按照"高位先存"，即高字节在左，低字节在右的顺序。

实际在网络编程中，大多都是用网络字节序（如 TCP/IP 就是采用的网络字节序）。所以平时在编程时要注意将"Little Endian"顺序转换为网络字节序。

2. 套接字的类型

套接字主要分为 3 类，简单说下：

（1）流式套接字（SOCK_STREAM）：用于 TCP；

（2）数据报套接字（SOCK_DGRAM）：用于 UDP；

（3）原始套接字（SOCK_RAW）：原始套接字只能读取内核没有处理过的 IP 数据包，平时基本没有用到。

注意：如果需要访问其他协议的话，就必须要用原始套接字。

3. 套接字的初始化

在套接字使用前必须先进行初始化，在请求到适合自己或需求的版本后，方能进行相关方面的操作。

首先来看一个结构体，这个结构体保存了 Socket 相关的信息：

```
typedef struct WSAData {
    //表示想获取的 Socket 的版本号码。低字节表示主版本号，高字节表示副版本号
    WORD wVersion;
    //Windows 支持的最高的 sockets 的版本号码
    WORD wHighVersion;
    //空终止，保存了 socket 的实现描述（基本不用）
    char szDescription[WSADESCRIPTION_LEN+1];
    //空终止，保存的系统的状态或者配置信息（基本不用）
```

```
char szSystemStatus[WSASYS_STATUS_LEN+1];
//Socket 最大可以打开的数目,在 WinSock2 以后的版本忽略掉
unsigned short iMaxSockets;
//Socket 数据报最大的长度,在 WinSock2 以后的版本忽略掉
unsigned short iMaxUdpDg;
//为某些厂商预留的字段,在 Win32 下不需要使用
char FAR* lpVendorInfo;
} WSADATA, *LPWSADATA;
```

4. Winsock

Winsock 是 Windows 下网络编程的规范——Windows Sockets 是 Windows 下得到广泛应用的、开放的、支持多种协议的网络编程接口。在 Windows 平台下,一般使用 Winsock 进行网络编程,其初始化函数如下:

```
int WSAStartup(
    //需要的版本
    __in    WORD wVersionRequested,
    //返回初始化的信息
    __out   LPWSADATA lpWSAData
);
```

其中版本号是 WORD 类型,可以通过宏 WORD MAKEWORD(BYTE bLow, BYTE bHigh); 来生成一个字——bLow 低字节,bHigh 高字节。

在用完 socket 的时候,需要调用 int WSACleanup(void); 终止 Socket。

接着再来看一个结构体 hostent,该结构体是用来存储指定的主机的相关信息的(如主机名、IP 地址等)。

```
typedef struct hostent {
    //主机的名称
    char FAR* h_name;
    //地址预备名称
    char FAR    FAR** h_aliases;
    //地址类型,通常设为 AF_INET(PF_INET),Windows 只支持这一区域的
    short h_addrtype;
    //每个地址的字节长度
    short h_length;
    //地址列表指针,在老版本中可能会看到 h_addr,两者是一样的
    char FAR    FAR** h_addr_list;
} HOSTENT,    *PHOSTENT,    FAR *LPHOSTENT;
```

19.2　Winsock 基础

19.2.1　Winsock API

Socket 接口是网络编程(通常是 TCP/IP 协议,也可以是其他协议)的 API。最早的 Socket 接口是 Berkeley 接口,在 UNIX 操作系统中实现。WinSock 也是一个基于 Socket 模型的 API,在 Microsoft Windows 操作系统类中使用。它在 Berkeley 接口函数的基础之上,还增加了基于消息驱动机制的 Windows 扩展函数。Winsock1.1 只支持 TCP/IP 网络,WinSock2.0 则增加了对更多协议的支持。这里,讨论 TCP/IP 网络上的 API。

Socket 接口包括三类函数:

第一类是 WinSock API 包含的 Berkeley socket 函数。这类函数分两部分：第一部分是用于网络 I/O 的函数，如：

accept、Closesocket、connect、recv、recvfrom、Select、Send、Sendto；

第二部分是不涉及网络 I/O、在本地端完成的函数，如：

bind、getpeername、getsockname、getsocketopt、htonl、htons、inet_addr、inet_nton、ioctlsocket、listen、ntohl、ntohs、setsocketopt、shutdow、socket 等。

第二类是检索有关域名、通信服务和协议等 Internet 信息的数据库函数，如：

gethostbyaddr、gethostbyname、gethostname、getprotolbyname、getprotolbynumber、getserverbyname、getservbyport。

第三类是 Berkekley socket 例程的 Windows 专用的扩展函数，如 gethostbyname 对应的 WSAAsynGetHostByName（其他数据库函数除了 gethostname 都有异步版本），select 对应的 WSAAsynSelect，判断是否阻塞的函数 WSAIsBlocking，得到上一次 WinSock API 错误信息的 WSAGetLastError 等。

从另外一个角度，这些函数又可以分为两类，一是阻塞函数，一是非阻塞函数。所谓阻塞函数，是指其完成指定的任务之前不允许程序调用另一个函数，在 Windows 下还会阻塞本线程消息的发送。所谓非阻塞函数，是指操作启动之后，如果可以立即得到结果就返回结果，否则返回表示结果需要等待的错误信息，不等待任务完成函数就返回。

首先，异步函数是非阻塞函数。

其次，获取远程信息的数据库函数是阻塞函数（因此，WinSock 提供了其异步版本）。

在 Berkeley socket 函数部分中，不涉及网络 I/O、本地端工作的函数是非阻塞函数。

在 Berkeley socket 函数部分中，网络 I/O 的函数是可阻塞函数，也就是它们可以阻塞执行，也可以不阻塞执行。这些函数都使用了一个 socket，如果它们使用的 socket 是阻塞的，则这些函数是阻塞函数；如果它们使用的 socket 是非阻塞的，则这些函数是非阻塞函数。

创建一个 socket 时，可以指定它是否阻塞。在缺省情况下，Berkerley 的 Socket 函数和 WinSock 都创建"阻塞"的 socket。阻塞 socket 通过使用 select 函数或者 WSAAsynSelect 函数在指定操作下变成非阻塞的。WSAAsyncSelect 函数原型如下。

```
int WSAAsyncSelect(
    SOCKET s,
    HWND hWnd,
    u_int wMsg,
    long lEvent
);
```

其中，参数 1 指定了要操作的 socket 句柄；参数 2 指定了一个窗口句柄；参数 3 指定了一个消息，参数 4 指定了网络事件，可以是多个事件的组合，如：

- FD_READ 准备读；
- FD_WRITE 准备写；
- FD_OOB 带外数据到达；
- FD_ACCEPT 收到连接；
- FD_CONNECT 完成连接；
- FD_CLOSE 关闭 socket。

用 OR 操作可以组合这些事件值，如 FD_READ|FD_WRITE。

WSAAsyncSelect 函数表示对 socket s 监测 lEvent 指定的网络事件，如果有事件发生，则给窗口 hWnd 发送消息 wMsg。

假定应用程序的一个 socket s 指定了监测 FD_READ 事件，则在 FD_READ 事件上变成非阻塞的。当 read 函数被调用时，不管是否读到数据都马上返回，如果返回一个错误信息表示还在等待，则在等待的数据到达后，消息 wMsg 发送给窗口 hWnd，应用程序处理该消息读取网络数据。

对于异步函数的调用，以类似的过程最终得到结果数据。以 gethostbyname 的异步版本的使用为例进行说明。该函数原型如下：

```
HANDLE WSAAsyncGetHostByName(
    HWND hWnd,
    u_int wMsg,
    const char FAR *name,
    char FAR *buf,
    int buflen
);
```

在调用 WSAAsyncGetHostByName 启动操作时，不仅指定主机名字 name，还指定了一个窗口句柄 hWnd、一个消息 ID wMsg、一个缓冲区及其长度。如果不能立即得到主机地址，则返回一个错误信息表示还在等待。当需要的数据到达时，WinSock DLL 给窗口 hWnd 发送消息 wMsg 告知得到了主机地址，窗口过程从指定的缓冲区 buf 得到主机地址。

使用异步函数或者非阻塞的 socket，主要是为了不阻塞本线程的执行。在多进程或者多线程的情况下，可以使用两个线程通过同步手段来完成异步函数或者非阻塞函数的功能。

19.2.2　WinSock 的使用

WinSock 以 DLL 的形式提供，在调用任何 WinSock API 之前，必须调用函数 WSAStartup 进行初始化，最后，调用函数 WSACleanUp 作清理工作。

MFC 使用函数 AfxSocketInit 包装了函数 WSAStartup，在 WinSock 应用程序的初始化函数 InitInstance 中调用 AfxSocketInit 进行初始化。程序不必调用 WSACleanUp。

Socket 是网络通信过程中端点的抽象表示。Socket 在实现中以句柄的形式被创建，包含了进行网络通信必须的五种信息：连接使用的协议，本地主机的 IP 地址，本地进程的协议端口，远程主机的 IP 地址，远程进程的协议端口。

要使用 socket，首先必须创建一个 socket；然后，按要求配置 socket；接着，按要求通过 socket 接收和发送数据；最后，程序关闭此 socket。

为了创建 socket，使用 socket 函数得到一个 socket 句柄：

socket_handle = socket(protocol_family, Socket_type, protocol);

其中：protocol_family 指定 socket 使用的协议，取值 PF_INET，表示 Internet（TCP/IP）协议族；Socket_type 指 socket 面向连接或者使用数据报；第三个参数表示使用 TCP 或者 UDP 协议。

当一个 socket 被创建时，WinSock 将为一个内部结构分配内存，在此结构中保存此 socket 的信息，到此，socket 连接使用的协议已经确定。

创建了 socket 之后，配置 socket。

对于面向连接的客户，WinSock 自动保存本地 IP 地址和选择协议端口，但是必须使用 connect 函数配置远程 IP 地址和远程协议端口：

result = connect(socket_handle, remote_socket_address, address_length)

remote_socket_address 是一个指向特定 socket 结构的指针，该地址结构为 socket 保存了地址族、协议端口、网络主机地址。

面向连接的服务器则使用 bind 指定本地信息，使用 listen 和 accept 获取远程信息。

使用数据报的客户或者服务器使用 bind 给 socket 指定本地信息，在发送或者接收数据时指定远程信息。

bind 给 socket 指定一个本地 IP 地址和协议端口，如下：

result = bind(socket_hndle, local_socket_address, address_length)

参数类型同 connect。

函数 listen 监听 bind 指定的端口，如果有远程客户请求连接，使用 accept 接收请求，创建一个新的 socket，并保存信息。

socket_new = accept(socket_listen, socket_address, address_length)

在 socket 配置好之后，使用 socket 发送或者接收数据。

面向连接的 socket 使用 send 发送数据，recv 接收数据

使用数据报的 socket 使用 sendto 发送数据，recvfrom 接收数据。

1. MFC 对 WinSock API 的封装

MFC 提供了两个类 CAsyncSocket 和 CSocket 来封装 WinSock API，这给程序员提供了一个更简单的网络编程接口。

CAsyncSocket 在较低层次上封装了 WinSock API，缺省情况下，使用该类创建的 socket 是非阻塞的 socket，所有操作都会立即返回，如果没有得到结果，返回 WSAEWOULDBLOCK，表示是一个阻塞操作。

CSocket 建立在 CAsyncSocket 的基础上，是 CAsyncSocket 的派生类。也就是缺省情况下使用该类创建的 socket 是非阻塞的 socket，但是 CSocket 的网络 I/O 是阻塞的，它在完成任务之后才返回。CSocket 的阻塞不是建立在"阻塞"socket 的基础上，而是在"非阻塞"socket 上实现的阻塞操作，在阻塞期间，CSocket 实现了本线程的消息循环，因此，虽然是阻塞操作，但是并不影响消息循环，即用户仍然可以和程序交互。

（1）CAsyncSocket

CAsyncSocket 封装了低层的 WinSock API，其成员变量 m_hSocket 保存其对应的 socket 句柄。使用 CAsyncSocket 的方法如下：

首先，在堆或者栈中构造一个 CAsyncSocket 对象，例如：

CAsyncSocket sock；或者 CAsyncSocket *pSock = new CAsyncSocket；

其次，调用 Create 创建 socket，例如：使用缺省参数创建一个面向连接的 socket；

sock.Create()

指定参数创建一个使用数据报的 socket，本地端口为 30；

pSocket.Create(30, SOCK_DGRM);

其三，如果是客户程序，使用 Connect 连接到远程；如果是服务程序，使用 Listen 监听远程的连接请求；

其四，使用成员函数进行网络 I/O；

最后，销毁 CAsyncSocket，析构函数调用 Close 成员函数关闭 socket。

下面，分析 CAsyncSocket 的几个函数，从中可以看到它是如何封装低层的 WinSock API，简化有关操作的；还可以看到它是如何实现非阻塞的 socket 和非阻塞操作。

（2）socket 对象的创建和捆绑
- Create 函数

首先，讨论 Create 函数，分析 socket 句柄如何被创建并和 CAsyncSocket 对象关联。Create 的实现如下：

```
BOOL CAsyncSocket::Create(UINT nSocketPort, int nSocketType,
long lEvent, LPCTSTR lpszSocketAddress)
{
    if (Socket(nSocketType, lEvent))
    {
        if (Bind(nSocketPort,lpszSocketAddress))
            return TRUE;
        int nResult = GetLastError();
        Close();
        WSASetLastError(nResult);
    }
    return FALSE;
}
```

其中：

参数 1 表示本 socket 的端口，缺省是 0，如果要创建数据报的 socket，则必须指定一个端口号。

参数 2 表示本 socket 的类型，缺省是 SOCK_STREAM，表示面向连接类型。

参数 3 是屏蔽位，表示希望对本 socket 监测的事件，缺省是 FD_READ | FD_WRITE | FD_OOB | FD_ACCEPT | FD_CONNECT | FD_CLOSE。

参数 4 表示本 socket 的 IP 地址字符串，缺省是 NULL。

Create 调用 Socket 函数创建一个 socket，并把它捆绑在 this 所指对象上，监测指定的网络事件。参数 2 和 3 被传递给 Socket 函数，如果希望创建数据报的 socket，不要使用缺省参数，指定参数 2 是 SOCK_DGRM。

如果上一步骤成功，则调用 bind 给新的 socket 分配端口和 IP 地址。

- Socket 函数

接着，分析 Socket 函数，其实现如下：

```
BOOL CAsyncSocket::Socket(int nSocketType, long lEvent,
int nProtocolType, int nAddressFormat)
{
    ASSERT(m_hSocket == INVALID_SOCKET);
    m_hSocket = socket(nAddressFormat,nSocketType,nProtocolType);
    if (m_hSocket != INVALID_SOCKET)
    {
        CAsyncSocket::AttachHandle(m_hSocket, this, FALSE);
        return AsyncSelect(lEvent);
    }
    return FALSE;
}
```

其中：

参数 1 表示 Socket 类型，缺省值是 SOCK_STREAM。

参数 2 表示希望监测的网络事件，缺省值同 Create，指定了全部事件。

参数 3 表示使用的协议，缺省是 0。实际上，SOCK_STREAM 类型的 socket 使用 TCP 协议，SOCK_DGRM 的 socket 则使用 UDP 协议。

参数 4 表示地址族（地址格式），缺省值是 PF_INET（等同于 AF_INET）。对于 TCP/IP 来说，协议族和地址族是同值的。

在 socket 没有被创建之前，成员变量 m_hSocket 是一个无效的 socket 句柄。Socket 函数把协议族、socket 类型、使用的协议等信息传递给 WinSock API 函数 socket，创建一个 socket。如果创建成功，则把它捆绑在 this 所指对象。

- 捆绑（Attach）

捆绑过程类似于其他 Windows 对象在模块线程状态的 WinSock 映射中添加一对新的映射：this 所指对象和新创建的 socket 对象的映射。

另外，如果本模块线程状态的"socket 窗口"没有创建，则创建一个，该窗口在异步操作时用来接收 WinSock 的通知消息，窗口句柄保存到模块线程状态的 m_hSocketWindow 变量中。函数 AsyncSelect 将指定该窗口为网络事件消息的接收窗口。

函数 AttachHandle 的实现在此不列举了。

- 指定要监测的网络事件

在捆绑完成之后，调用 AsyncSelect 指定新创建的 socket 将监测的网络事件。AsyncSelect 实现如下：

```
BOOL CAsyncSocket::AsyncSelect(long lEvent)
{
    ASSERT(m_hSocket != INVALID_SOCKET);
    _AFX_SOCK_THREAD_STATE* pState = _afxSockThreadState;
    ASSERT(pState->m_hSocketWindow != NULL);
    return WSAAsyncSelect(m_hSocket, pState->m_hSocketWindow,
        WM_SOCKET_NOTIFY, lEvent) != SOCKET_ERROR;
}
```

函数参数 lEvent 表示希望监测的网络事件。

_afxSockThreadState 得到的是当前的模块线程状态，m_hSocketWindow 是本模块在当前线程的"socket 窗口"，指定监视 m_hSocket 的网络事件，如指定事件发生，给窗口 m_hSocketWindow 发送 WM_SOCKET_NOTIFY 消息。

被指定的网络事件对应的网络 I/O 将是异步操作，是非阻塞操作。例如：指定 FR_READ 导致 Receive 是一个异步操作，如果不能立即读到数据，则返回一个错误 WSAEWOULDBLOCK。在数据到达之后，WinSock 通知窗口 m_hSocketWindow，导致 OnReceive 被调用。

指定 FR_WRITE 导致 Send 是一个异步操作，即使数据没有送出也返回一个错误 WSAEWOULDBLOCK。在数据可以发送之后，WinSock 通知窗口 m_hSocketWindow，导致 OnSend 被调用。

指定 FR_CONNECT 导致 Connect 是一个异步操作，还没有连接上就返回错误信息 WSAEWOULDBLOCK，在连接完成之后，WinSock 通知窗口 m_hSocketWindow，导致 OnConnect 被调用。

对于其他网络事件，就不一一解释了。

所以，使用 CAsyncSocket 时，如果使用 Create 缺省创建 socket，则所有网络 I/O 都是异步操作，进行有关网络 I/O 时则必须覆盖以下的相关函数：OnAccept、OnClose、OnConnect、OnOutOfBandData、OnReceive、OnSend。

- Bind 函数

经过上述过程，socket 创建完毕。下面，调用 Bind 函数给 m_hSocket 指定本地端口和 IP 地址。Bind 的实现如下：

```
BOOL CAsyncSocket::Bind(UINT nSocketPort, LPCTSTR lpszSocketAddress)
{
    USES_CONVERSION;
    //使用 WinSock 的地址结构构造地址信息
    SOCKADDR_IN sockAddr;
    memset(&sockAddr,0,sizeof(sockAddr));
    //得到地址参数的值
    LPSTR lpszAscii = T2A((LPTSTR)lpszSocketAddress);
    //指定是 Internet 地址类型
    sockAddr.sin_family = AF_INET;
    if (lpszAscii == NULL)
        //没有指定地址，则自动得到一个本地 IP 地址
        //把 32 比特的数据从主机字节序转换成网络字节序
        sockAddr.sin_addr.s_addr = htonl(INADDR_ANY);
    else
    {
        //得到地址
        DWORD lResult = inet_addr(lpszAscii);
        if (lResult == INADDR_NONE)
        {
            WSASetLastError(WSAEINVAL);
            return FALSE;
        }
        sockAddr.sin_addr.s_addr = lResult;
    }
    //如果端口为 0，则 WinSock 分配一个端口（1024～5000）
    //把 16 比特的数据从主机字节序转换成网络字节序
    sockAddr.sin_port = htons((u_short)nSocketPort);
    //Bind 调用 WinSock API 函数 bind
    return Bind((SOCKADDR*)&sockAddr, sizeof(sockAddr));
}
```

其中：函数参数 1 指定了端口；参数 2 指定了一个包含本地地址的字符串，缺省是 NULL。

函数 Bind 首先使用结构 SOCKADDR_IN 构造地址信息。该结构的域 sin_family 表示地址格式（TCP/IP 同协议族），赋值为 AF_INET（Internet 地址格式）；域 sin_port 表示端口，如果参数 1 为 0，则 WinSock 分配一个端口给它，范围在 1024 和 5000 之间；域 sin_addr 表示地址信息，它是一个联合体，其中 s_addr 表示如下形式的字符串："28.56.22.8"。如果参数没有指定地址，则 WinSock 自动得到本地 IP 地址（如果有几个网卡，则使用其中一个地址）。

- 总结 Create 的过程

首先，调用 socket 函数创建一个 socket；然后把创建的 socket 对象映射到 CAsyncSocket 对象（捆绑在一起），指定本 socket 要通知的网络事件，并创建一个"socket 窗口"来接收网络事件消息，最后，指定 socket 的本地信息。

下一步，是使用成员函数 Connect 连接远程主机，配置 socket 的远程信息。函数 Connect 类似于 Bind，把指定的远程地址转换成 SOCKADDR_IN 对象表示的地址信息（包括网络字节序的转换），然后调用 WinSock 函数 Connect 连接远程主机，配置 socket 的远程端口和远程 IP

地址。

2. CSocket

如果希望在用户界面线程中使用阻塞 socket，则可以使用 CSocket。它在非阻塞 socket 基础之上实现了阻塞操作，在阻塞期间实现了消息循环。

对于 CSocket，处理网络事件通知的函数 OnAccept、OnClose、OnReceive 仍然可以使用，OnConnect、OnSend 在 CSocket 中永远不会被调用，另外 OnOutOfBandData 在 CSocket 中不鼓励使用。

CSocket 对象在调用 Connect、Send、Accept、Close、Receive 等成员函数后，这些函数在完成任务（连接被建立、数据被发送、连接请求被接收、socket 被关闭、数据被读取）之后才会返回。因此，Connect 和 Send 不会导致 OnConnect 和 OnSend 被调用。如果覆盖虚拟函数 OnReceive、OnAccept、OnClose，不主动调用 Receive、Accept、Close，则在网络事件到达之后导致对应的虚拟函数被调用，虚拟函数的实现应该调用 Receive、Accept、Close 来完成操作。下面，就一个函数 Receive 来考察 CSocket 是如何实现阻塞操作和消息循环的。

```
int CSocket::Receive(void* lpBuf, int nBufLen, int nFlags)
{
    //m_pbBlocking 是 CSocket 的成员变量，用来标识当前是否正在进行
    //阻塞操作。但不能同时进行两个阻塞操作
    if (m_pbBlocking != NULL)
    {
        WSASetLastError(WSAEINPROGRESS);
        return FALSE;
    }
    //完成数据读取
    int nResult;
    while ((nResult = CAsyncSocket::Receive(lpBuf, nBufLen, nFlags))
        == SOCKET_ERROR)
    {
        if (GetLastError() == WSAEWOULDBLOCK)
        {
            //进入消息循环，等待网络事件 FD_READ
            if (!PumpMessages(FD_READ))
                return SOCKET_ERROR;
        }
        else
            return SOCKET_ERROR;
    }
    return nResult;
}
```

其中：

参数 1 指定一个缓冲区保存读取的数据；参数 2 指定缓冲区的大小；参数 3 取值 MSG_PEEK（数据拷贝到缓冲区，但不从输入队列移走），或者 MSG_OOB（处理带外数据），或者 MSG_PEEK|MSG_OOB。

Receive 函数首先判断当前 CSocket 对象是否正在处理一个阻塞操作，如果是，则返回错误 WSAEINPROGRESS；否则，开始数据读取的处理。

读取数据时，如果基类 CAsyncSocket 的 Receive 读取到了数据，则返回；否则，如果返回一个错误，而且错误号是 WSAEWOULDBLOCK，则表示操作阻塞，于是调用 PumpMessage

进入消息循环等待数据到达（网络事件 FD_READ 发生）。数据到达之后退出消息循环，再次调用 CAsyncSocket 的 Receive 读取数据，直到没有数据可读为止。

PumpMessage 是 CSocket 的成员函数，它完成以下工作：

（1）设置 m_pbBlocking，表示进入阻塞操作。

（2）进行消息循环，如果有以下事件发生则退出消息循环：收到指定定时器的定时事件消息 WM_TIMER，退出循环，返回 TRUE；收到发送给本 socket 的消息 WM_SOCKET_NOTIFY、网络事件 FD_CLOSE 或者等待的网络事件发生，退出循环，返回 TRUE；发送错误或者收到 WM_QUIT 消息，退出循环，返回 FALSE。

（3）在消息循环中，把 WM_SOCKET_READ 消息和发送给其他 socket 的通知消息 WM_SOCKET_NOFITY 放进模块线程状态的通知消息列表 m_listSocketNotifications，在阻塞操作完成之后处理；对其他消息，则把它们送给目的窗口的窗口过程处理。

19.3　MFC 网络编程示例

19.3.1　基于 TCP 的网络编程示例

本示例使用 TCP 协议进行网络编程，示例代码保存在目录 Eg19_1 中。

- 服务器端：

```
#include<iostream>
#include<Winsock2.h>
#include<string>
using namespace std;
void main()
{
    WORD wVersionRequested;
    WSADATA wsaData;
    int err;
    wVersionRequested = MAKEWORD( 1, 1 );
    err = WSAStartup( wVersionRequested, &wsaData );
    if ( err != 0 ) {
        return;
    }
    if ( LOBYTE( wsaData.wVersion ) != 1 ||
         HIBYTE( wsaData.wVersion ) != 1) {
        WSACleanup( );
        return;
    }
    SOCKET sockserver=socket(AF_INET,SOCK_STREAM,0);
    SOCKADDR_IN addrserver;
    addrserver.sin_addr.S_un.S_addr=htonl(ADDR_ANY);//转化为字节序
    addrserver.sin_family=AF_INET;
    addrserver.sin_port=htons(6000);//转化为字节序
    bind(sockserver,(SOCKADDR*)&addrserver,sizeof(SOCKADDR));
    listen(sockserver,5);//监听队列最多出现 5 个客户端
    SOCKADDR_IN addrclient;
    int len=sizeof(SOCKADDR);        //accept 最后一个参数为[in/out]
```

```cpp
        while(1)
        {
            SOCKET sockConn=accept(sockserver,(SOCKADDR*)&addrclient,&len);
            string str="hello,I am server,i know your ip:";
            string ip=inet_ntoa(addrclient.sin_addr);//转化为 char*类型
            send(sockConn,(str+ip).c_str(),str.length()+ip.size()+1,0);
            char receiveBuf[100];
            recv(sockConn,receiveBuf,100,0);
            cout<<"receive from the client:"<<receiveBuf<<endl;
            closesocket(sockConn);
        }
        system("pause");
    }
```

- 客户端：
```cpp
#include<iostream>
#include<Winsock2.h>
using namespace std;
void main()
{
    WORD wVersionRequested;
    WSADATA wsaData;
    int err;
    wVersionRequested = MAKEWORD( 2, 2 );
    err = WSAStartup( wVersionRequested, &wsaData );
    if ( err != 0 ) {
        return;
    }
    if ( LOBYTE( wsaData.wVersion ) != 2 ||
        HIBYTE( wsaData.wVersion ) != 2 ) {
        WSACleanup( );
        return;
    }
    SOCKET sockclient=socket(AF_INET,SOCK_STREAM,0);
    SOCKADDR_IN addrclient;
    addrclient.sin_addr.S_un.S_addr=inet_addr("127.0.0.1");    //设置要连接的主机 IP，这里用
                                                               //一台机做试验

    addrclient.sin_family=AF_INET;
    addrclient.sin_port=htons(6000);
    connect(sockclient,(SOCKADDR*)&addrclient,sizeof(SOCKADDR));
    char receiveBuf[100];
    recv(sockclient,receiveBuf,100,0);
    cout<<"receive from the server"<<receiveBuf<<endl;
    send(sockclient,"hello,I am client",strlen("hello,I am client")+1,0);
    closesocket(sockclient);
    WSACleanup();
}
```

先打开服务器端，然后再打开客户端，运行结果如图 19.1 所示。

另外有一点需要注意的是，使用 MFC 进行网络编程时，需要添加相应动态库，如图 19.2 所示。

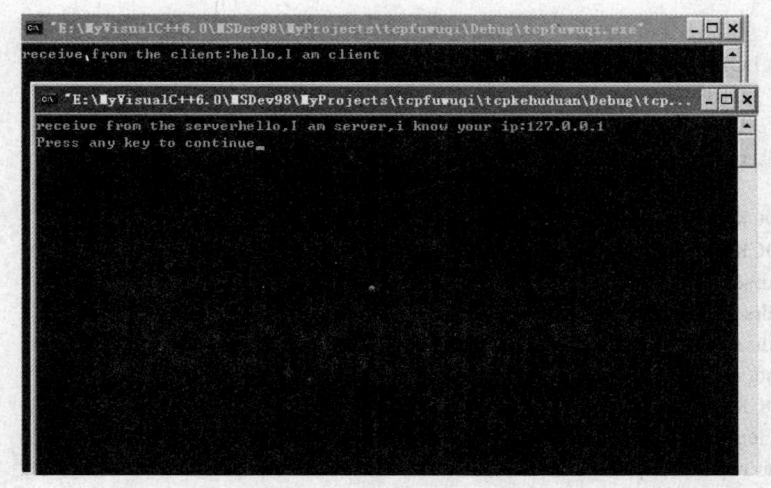

第 19 章 MFC 网络编程及无线组网

图 19.1 使用 TCP 协议进行网络编程运行结果

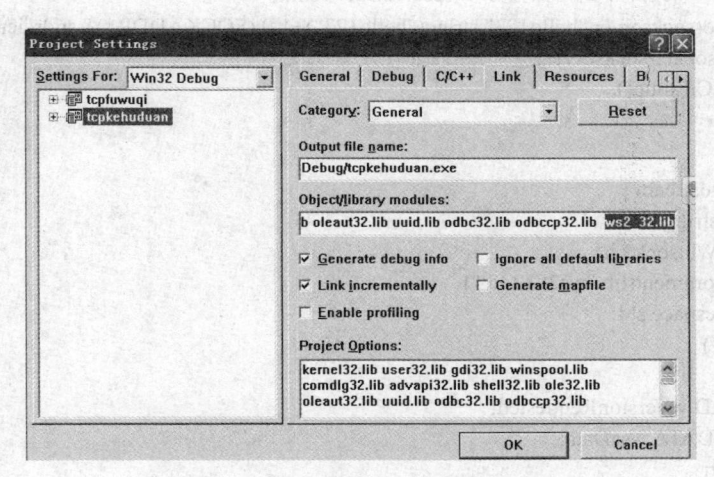

图 19.2 添加相应的网络编程动态库

19.3.2 基于 UDP 的网络编程示例

本示例代码保存在目录 Eg19_2 中。

- 服务器端：

```
#include<iostream>
#include<Winsock2.h>
#pragma comment(lib,"WS2_32.lib")
using namespace std;
void main()
{
    WORD wVersionRequested;
    WSADATA wsaData;
    int err;
    wVersionRequested = MAKEWORD( 2, 2 );
    err = WSAStartup( wVersionRequested, &wsaData );
    if ( err != 0 ) {
        return;
```

```
        }
        if ( LOBYTE( wsaData.wVersion ) != 2 ||
            HIBYTE( wsaData.wVersion ) != 2 ) {
            WSACleanup( );
            return;
        }
        SOCKET sockserver=socket(AF_INET,SOCK_DGRAM,0);
        SOCKADDR_IN addrserver;
        addrserver.sin_addr.S_un.S_addr=htonl(ADDR_ANY);
        addrserver.sin_family=AF_INET;
        addrserver.sin_port=htons(6000);
        bind(sockserver,(SOCKADDR*)&addrserver,sizeof(SOCKADDR));
        SOCKADDR_IN addrcient;
        int len=sizeof(SOCKADDR);
        char receiveBuf[100];
        recvfrom(sockserver,receiveBuf,100,0,(SOCKADDR*)&addrcient,&len);
        cout<<"来自客户端的消息:"<<receiveBuf<<endl;
        sendto(sockserver,"hello123",strlen("hello123")+1,0,(SOCKADDR*)&addrcient,len);
        closesocket(sockserver);
        WSACleanup();
    }
```

- 客户端：

```
#include<iostream>
#include<string>
#include<Winsock2.h>
#pragma comment(lib,"ws2_32.lib")
using namespace std;
void main()
{
    WORD wVersionRequested;
    WSADATA wsaData;
    int err;
    wVersionRequested = MAKEWORD( 2, 2 );
    err = WSAStartup( wVersionRequested, &wsaData );
    if ( err != 0 ) {
        return;
    }
    if ( LOBYTE( wsaData.wVersion ) != 2 ||
        HIBYTE( wsaData.wVersion ) != 2 ) {
        WSACleanup( );
        return;
    }
    SOCKET sockclient=socket(AF_INET,SOCK_DGRAM,0);
    SOCKADDR_IN addrserver;
    int len=sizeof(SOCKADDR);
    addrserver.sin_addr.S_un.S_addr=inet_addr("127.0.0.1");
    addrserver.sin_family=AF_INET;
    addrserver.sin_port=htons(6000);
    sendto(sockclient,"hello,i am client",strlen("hello,i am client")+1,0,(SOCKADDR*)&addrserver,len);
    char receiveBuf[100];
    recvfrom(sockclient,receiveBuf,100,0,(SOCKADDR*)&receiveBuf,&len);
```

```
        cout<<"接收来自服务器的消息:"<<receiveBuf<<endl;
        closesocket(sockclient);
        WSACleanup();
}
```
基于 UDP 网络编程的示例运行结果如图 19.3 所示。

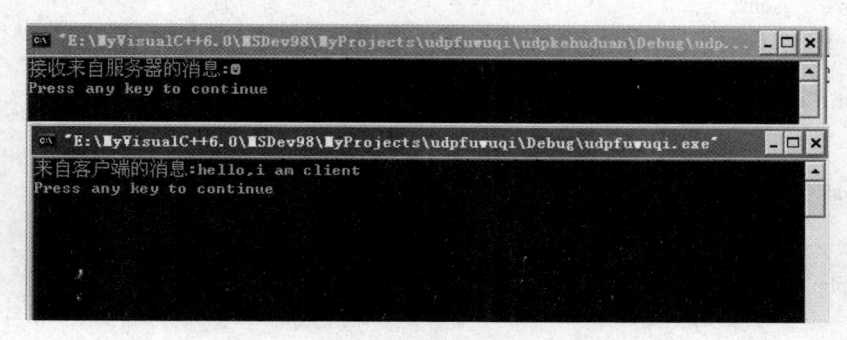

图 19.3　基于 UDP 网络编程运行示例

19.4　使用 json 传输数据

上一章中讲解了如何在 Android 平台下使用 json 传输数据的方法，json 虽然是一种通用的网络传输数据格式，但是在不同平台下却有不同的实现，也就是说，不同平台下使用的 json 解析库是不一样的，下面就来讲解在 MFC 平台下使用 json 传输数据的相关知识。

JSON 是一个轻量级的数据定义格式，比起 XML 易学易用，而扩展功能却不比 XML 差多少，用之进行数据交换是一个很好的选择。

JSON 的全称为 JavaScript Object Notation，顾名思义，JSON 是用于标记 Javascript 对象的，详情参考 http://www.json.org/。

本节选择第三方库 JsonCpp 来解析 json，JsonCpp 是比较出名的 C++解析库，在 json 官网也是首推的。

JsonCpp 主要包含三种类型的 class：Value、Reader、Writer。

JsonCpp 中所有对象、类名都在名称空间 json 中，包含 json.h 即可。

注意：Json::Value 只能处理 ANSI 类型的字符串，如果 C++程序是使用 Unicode 编码的，最好加一个 Adapt 类来适配。

1. 下载和编译

下载地址是：http://sourceforge.net/projects/jsoncpp/。

解压之后得到 jsoncpp-src-0.5.0 文件夹，只需要 jsoncpp 的头文件和 cpp 文件，其中 jsonscpp 的头文件位于 jsoncpp-src-0.5.0/include/json，jsoncpp 的 cpp 文件位于 jsoncpp-src-0.5.0/src/lib_json/。

使用前需要把头文件和 cpp 文件全部加入到工程中来，步骤是：

（1）分别把 include/json/和 src/lib/下的.h 和.cpp 文件加入到工程里，别的不用加入。

（2）生成工程。

在 VC++6.0 中生成 jsoncpp 工程可能会报一些错误，解决方案为在三个.cpp 头文件加入 #include "StdAfx.h"；然后再生成项目就不会报错了。

（3）想在哪里用直接包含 json.h 头文件就可以了。

2. jsoncpp 的用法

- 反序列化 Json 对象

```
{
"name": "json",
"array": [
{
"cpp": "jsoncpp"
},
{
"java": "jsoninjava"
},
{
  "php": "support"
}
]
}
```

实现这个json的反序列号代码如下：

```
voidreadJson() {
usingnamespacestd;
std::stringstrValue = "{\"name\":\"json\",\"array\":[{\"cpp\":\"jsoncpp\"},
    {\"java\":\"jsoninjava\"},{\"php\":\"support\"}]}";
Json::Reader reader;
Json::Value value;
if(reader.parse(strValue, value))
{
std::stringout= value["name"].asString();
std::cout <<out<<std::endl;
constJson::Value arrayObj = value["array"];
   for(unsigned inti = 0;i <arrayObj.size(); i++)
{
if(!arrayObj[i].isMember("cpp"))
continue;
out= arrayObj[i]["cpp"].asString();
std::cout <<out;
if(i != (arrayObj.size() - 1))
std::cout <<std::endl;
   }
}
}
```

- 序列化 Json 对象

```
voidwriteJson() {
    usingnamespacestd;
    Json::Value root;
    Json::Value arrayObj;
    Json::Value item;
    item["cpp"] = "jsoncpp";
    item["java"] = "jsoninjava";
    item["php"] = "support";
    arrayObj.append(item);
```

```
root["name"] = "json";
root["array"] = arrayObj;
root.toStyledString();
std::stringout= root.toStyledString();
std::cout <<out<<std::endl;
}
```

19.5 无线组网

通常在进行 socket 网络编程的时候，客户端需要指定服务器的 IP 地址才能进行 socket 的创建以及后续的数据通信，在通常的实验中，一般会使用 127.0.0.1 作为服务器的 IP 地址，即服务器和客户端运行在同一台计算机上，这样可以减少实验的成本。但是在实际的产品运行时，服务器往往需要租用或者自行搭建，即服务器和客户端运行在不同的计算机系统上。

在本书配套的实训教材中，将实现一个手机通过无线局域网进行网络通信的综合性实验，客户端是 Android 智能手机，服务器是无线局域网内的一台计算机，在这种情况下，不能使用 127.0.0.1 作为服务器的 IP 地址，而是应该通过一定的技术手段为局域网内的计算机配置固定 IP 来进行网络通信。

为无线局域网内的计算机配置固定 IP 的方法如下：

（1）查看计算机 MAC 地址。

单击计算机左下角的"开始"按钮，弹出搜索程序和文件框，如图 19.4 所示。

在搜索程序和文件的输入框内输入 cmd，如图 19.5 所示。

图 19.4 搜索程序和文件框

图 19.5 在输入框中输入 cmd

在弹出的命令控制台界面中输入 ipconfig /all 命令，如图 19.6 所示。

图 19.6 在命令控制台中输入 ipconfig /all 命令

按回车键，控制台会显示出命令结果，其中物理地址这一行即为本机的 MAC 地址，图中的计算机 MAC 地址为 B8-E8-56-34-E3-42，每台计算机返回的结果都不一样，因为每台计算机的网卡的 MAC 地址都是唯一的，如图 19.7 所示。

图 19.7 命令返回结果界面

（2）登录路由器。

打开浏览器，在地址栏上输入 192.168.1.1，如图 19.8 所示。

图 19.8　登录路由器界面

输入用户名、密码（默认全部为 admin），如图 19.9 所示。

图 19.9　输入路由器账号和密码

（3）选择左边菜单的"DHCP 服务器｜静态地址分配"，如图 19.10 所示。

图 19.10　选择静态地址分配

（4）进入静态地址分配主界面，如图 19.11 所示。

图 19.11　静态地址分配主界面

（5）单击"添加新条目"按钮，进入添加新条目界面，输入步骤（1）中查询到的 MAC

地址，并设置一个 IP 地址（IP 地址可以任意设定，如 192.168.1.100 等），状态选择"生效"，单击"保存"，如图 19.12 所示。

图 19.12 添加新条目界面

（6）根据提示，单击重启路由器，完成固定 IP 的设置。

至此，一个无线局域网服务器环境已经搭建成功，智能手机上的 Android 客户端可以通过设定好的固定 IP 来访问局域网内的服务器，并进行网络通信。

习题十九

一、问答题

1. 网络的字节序有哪几种？
2. 套接字有哪几种类型？
3. 简要说明 Socket 通信的过程。

二、上机练习题

1. 在自己的计算机上实现基于 TCP 协议的网络编程示例。
2. 在自己的计算机上实现基于 UDP 协议的网络编程示例。

第 20 章　MFC 和 Flash 的交互

众所周知，MFC 虽然功能强大，但是利用 MFC 做出漂亮美观的界面确实要花上不少工夫。利用 Flash 可以轻易地制作出漂亮美观的界面，在某些对界面要求较高的场合下，通常使用 Flash 制作界面，结合 MFC 控制逻辑的方法来开发产品。使用 MFC 结合 Flash 开发产品时，不可避免地要处理 MFC 和 Flash 之间的交互问题。

本章主要对 Flash 进行简单介绍，并讲解 Flash 脚本的基础知识，最后介绍 MFC 和 Flash 通过 ShockwaveFlash 控件进行交互的相关知识和方法。

20.1　Flash 介绍

20.1.1　Flash 简介

Flash 是美国 Macromedia 公司于 1999 年 6 月推出的优秀网页动画设计软件。它是一种交互式动画设计工具，可以将音乐、声效、动画以及富有新意的界面融合在一起，以制作出高品质的网页动态效果。

由于 HTML 语言的功能十分有限，无法达到人们的预期设计，以实现令人耳目一新的动态效果，在这种情况下，各种脚本语言应运而生，使得网页设计更加多样化。然而，程序设计总是不能很好地普及，因为它要求一定的编程能力，而人们更需要一种既简单直观又功能强大的动画设计工具，Flash 的出现正好满足了这种需求。

Flash 动画设计的三大基本功能是整个 Flash 动画设计知识体系中最重要、也是最基础的，包括绘图和编辑图形、补间动画和遮罩。这是三个紧密相连的逻辑功能，并且这三个功能自 Flash 诞生以来就存在。Flash 动画说到底就是"遮罩+补间动画+逐帧动画"与元件（主要是影片剪辑）的混合物，通过这些元素的不同组合，从而可以创建千变万化的效果。

20.1.2　Flash 主要功能

1．图形操作

绘图和编辑图形不但是创作 Flash 动画的基本功，也是进行多媒体创作的基本功。只有基本功扎实，才能在以后的学习和创作道路上一帆风顺。

使用 Flash Professional 8 绘图和编辑图形是 Flash 动画创作的三大基本功的第一位。

在绘图的过程中要学习怎样使用元件来组织图形元素，这也是 Flash 动画的一个巨大特点。

2．补间动画

补间动画是整个 Flash 动画设计的核心，也是 Flash 动画的最大优点，它有动画补间和形状补间两种形式。

用户学习 Flash 动画设计，最主要的就是学习"补间动画"设计。

在应用影片剪辑元件和图形元件创作动画时，有一些细微的差别，应该完整把握这些细微的差别。

还有补间动画的帧，起动画的主要作用，只有使用帧才能使动画更完美！

3．遮罩

遮罩是 Flash 动画创作中所不可缺少的——这是 Flash 动画设计三大基本功能中重要的出彩点。

使用遮罩配合补间动画，用户可以创建更多丰富多彩的动画效果：图像切换、火焰背景文字、管中窥豹等都是实用性很强的动画。并且，从这些动画实例中，用户可以举一反三创建更多实用性更强的动画效果。

遮罩的原理非常简单，但其实现的方式多种多样，特别是和补间动画以及影片剪辑元件结合起来，可以创建千变万化的形式，应该对这些形式作个总结概括，从而使自己可以有的放矢，从容创建各种形式的动画效果。

20.1.3　Flash 特性和发展前景

从 Flash 软件本身特性来看，它在动画制作上较其他软件有很多优势和独到之处。首先，Flash 简单易学，容易上手。很多人不用经过专业训练，通过自学也能制作出很不错的 Flash 动画作品。其次，用 Flash 制作出来的动画是矢量的，不管怎样放大、缩小，都不会影响画面质量，而且播放文件很小，便于在互联网上传输。它采用了流技术，只要下载一部分，就能欣赏动画，而且能一边播放一边传输数据。Flash 有很多重要的动画特征，能实现较好的动画效果、Flash 的人机交互性可以让观众通过单击按钮、选择菜单来控制动画的播放。最后，可以建立 Flash 电影，把动画输出为许多不同的文件格式，便于播放。正是有了这些优点，才使 Flash 日益成为网络多媒体的主流。

如今，Flash 动画越来越受到国人的关注。2001 年前后，Flash 软件开始在中国的动画市场风行。这个由美国 Macromedia 公司推出的多媒体动画制作软件，作为交互式动画设计工具，可以将音乐、声效和可动的画面方便地融合在一起，以制作出高品质的动态效果，造就了一种新的动画形式——Flash 动画。短短几年时间，Flash 动画就从网络迅速推广到影视媒介，其发展速度之快，出乎很多人的意料。

20.2　Flash 脚本开发基础

20.2.1　Flash 脚本基础知识

动作脚本就是 Flash 为程序提供的各种命令、运算符以及对象，使用动作脚本时必须将其附加在按钮、影片剪辑或者帧上，从而使单击按钮和按下键盘键之类的事件发生时触发这些脚本，以便实现所需的交互性。

学习动作脚本的最佳方法是进行实际操作，即使对动作脚本没有完全理解，也不影响对其控制功能的使用，一样能够实现简单的交互性操作，经过一段时间的实践，对基本动作（如 play、stop）能运用自如、对动作脚本略知一二后，就可以开始学习关于此语言的更多知识了。

1．基本动作控制命令

停止命令格式——stop()：停止播放头的移动；

播放命令——play()：在时间轴中向前移动播放头；

转移命令——gotoAndPlay(scene, frame)：参数 scene 是播放头将转到的场景的名称；

frame 播放头将转到的帧的编号或标签。

动作：将播放头转到场景中指定的帧并从该帧开始播放；如果未指定场景，则播放头将转到当前场景中的指定帧。以上三个命令是动作脚本中最常用的基本动作，它们通过对时间轴上播放头的控制实现特定功能，在对播放头实施控制时一般有多种方法可供选择，但最常用的是在坐标系内部实施控制和在不同坐标系之间实施控制，前者直接使用命令就可以实现目的，后者则必须使用目标路径才能实现控制功能。

2. 按钮

使用按钮元件可以在影片中创建响应鼠标单击、滑过或其他动作的交互式按钮。可以定义与各种按钮状态关联的图形，然后指定按钮实例的动作。在单击或滑过按钮时要让影片执行某个动作，必须将动作指定给按钮的一个实例；该元件的其他实例不受影响。

当为按钮指定动作时，必须将动作嵌套在 on 处理函数中，并指定触发该动作的鼠标或键盘事件。当在标准模式下为按钮指定动作时，会自动插入 on 处理函数，然后您可从列表中选择一个事件。您也可用动作脚本 Button 对象的事件在发生按钮事件时执行脚本。

20.2.2 Flash 数据类型

Flash 中根据数据的处理方法的不同，对数据进行了分类：数值类型、字符串类型、布尔类型、对象类型、影片剪辑类型、未定义类型共六种。

计算机在处理这些数据的时候，必需使用某种方法存储这些数据，变量就是服务于该目的的。所以常说"变量是保存信息的容器"，下面先看看几个最常用的数据：

1. number（数值）类型

数值型数据指的是程序常用的数字。可以使用算术运算符加（+）、减（-）、乘（*）、除（/）、求模（%）、递增（++）和递减（--）来处理，也可使用内置的 Math 对象的方法处理。使用 Number()可以指定数据为数值类型。

Number()又叫数值转换函数：
Number(...);
圆括号中放入要转换为数字的表达式，例：
a=2;
b=10;
trace(a-b);
trace(math.abs(a-b));
c=Number(a)+Number(b);//指定 a,b 为数值型数据，然后求和

2. string（字符串）类型

字符串是诸如字母、数字和标点符号等字符的序列。将字符串放在双引号之间，可以在动作脚本语句中输入它们。字符串被当做字符，而不是变量进行处理。使用 String()可以指定数据为字符串类型，也可以将数值类型的数据转换为字符串型数据。

String()又叫字符串转换函数：
String(...);
圆括号内为要转换为字符串的表达式。
例如，
c=String(a)+String(b); //指定 a,b 为字符串型数据，然后将 a,b 连接起来
例如，在下面的语句中，"L7" 是一个字符串：
a1 = "L7";

可以使用加法（+）运算符连接或合并两个字符串。

例如，

a1="mc"+"2";

trace(a1);

虽然动作脚本在引用变量、实例名称和帧标签时不区分大小写，但是文本字符串是区分大小写的。例如，下面的两个语句会在指定的文本字段变量中放置不同的文本，这是因为 "Hello" 和 "HELLO" 是文本字符串。

invoice.display = "Hello";

invoice.display = "HELLO";

3. boolean（布尔）类型

布尔值是 true 或 false。动作脚本也会在需要时将值 true 和 false 转换为 1 和 0。布尔值在进行比较以控制脚本流的动作脚本语句中经常与逻辑运算符一起使用。例如，在下面的脚本中，如果变量 a 为 true，变量 b 也为 true，则会播放影片：

onClipEvent(enterFrame) {
if (b == true && a== true){
play();
}}

20.2.3　Flash 关键字和变量

1. 标识符

Flash 中标识符是用于表示变量、属性、对象、函数或方法的名称。它的第一个字符必须是字母、下划线（_）或美元记号（$）。其后的字符必须是字母、数字、下划线或美元记号。例如，firstName 是一个变量的名称。

2. 关键字

关键字是有特殊含义的保留字。例如，var 是用于声明本地变量的关键字。不能使用关键字作为标识符，例如，var 不是合法的变量名。

Flash 中定义了一些保留关键字，所谓保留关键字就是 Flash 系统已经严格定义了的一类标识符，它们具有固定的含义，不允许再定义或另作它用。Flash 中的关键字一共有 32 个，下面列出了所有动作脚本关键字：

break　case　class　continue　default　delete　dynamic　else　extends　for　function　get　if　implements　import　in　instanceof　interface　intrinsic　new　private　public　return　set　static　switch　this　typeof　var　void　while　with

先学习两个关键字 if 和 else。

if 是用来对条件进行计算并判断其真假的一个关键字，使用 if 构成所谓的条件语句。

if 的应用格式为：

if(...) {
mmm
}else{
nnn
}

说明：圆括号中放入条件，这个条件的计算结果为 true 时就执行大括号中的命令 mmm；当这个条件计算结果为 false 时就执行 else 后面大括号中的命令 nnn。

例如：
```
if(2+3>1){
    //计算并判断 2+3 的值是否大于 1。如果大于 1 就输出一个"true"值
        gotoandstop(1); //如果判断结果为 true，就执行 gotoadstop(1)
        }
else{ //如果判断结果为 false，就执行 gotandstop(2)
        gotoandstop(2);
        }
```

程序运行时关键字 if 首先计算 2+3 的值，然后判断 2+3 的值是否大于 1。如果大于 1 则执行花括号中的语句；如果不大于 1，则不执行 else 后面花括号中的语句。在实际应用中 else 有时被省略，省略后的形式为：

```
if(2+3>1){
    gotoandstop(1);
    }
```

3. 常量

在程序运行过程中，其值保持不变的量叫常量，常量的类型有 number、string 和 boolean 型，还有一种用标识符表示的常量叫符号常量。

"中国" 字符串型常量；
true 布尔型常量，代表"真"；
false 布尔型常量，代表"假"；
null 表示"空值"；
newline 表示插入一个回车换行符号；
undefined 表示没有被赋值的变量，没赋值的变量可以认为是常量，类似于 null。

4. 变量

变量是保存信息的容器。变量可以存储任何类型的数据：数字、字符串、布尔值、对象和影片剪辑。要使用变量必需首先把变量附加在某个位置上（如时间轴，影片剪辑，函数体中...），给它起一个名字，即命名变量；然后还得使用特定符号对变量进行声明。变量根据其使用范围可以分成全局变量和局部变量，若要测试变量的值，可以使用 trace() 动作。

● 命名变量

变量名称必须遵守下面的规则：
①必须是标识符；
②不能是关键字或动作脚本文本，例如 true、false、null 或 undefined；
③在其范围内必须是唯一的；

此外，不应将动作脚本语言中的任何元素用作变量名称。

● 声明变量

（1）"=" 声明变量

格式　expression1 = expression2

参数 expression1 表示变量、数组元素或对象属性；expression2 表示任何类型的值。

在 Flash 中运算符 "=" 执行赋值操作，判断两个值是否相等使用运算符 "=="。

示例：
```
x = 5;          //使用赋值运算符将数字数据类型赋予变量 x
x = "hello";    //使用赋值运算符将字符串数据类型赋予变量 x
```

（2）var 声明本地变量

格式 var variablenam [= m1] [...,variablenam [=mi]]

variablenam 参数给出变量名，m1 参数给这个声明的变量赋值。

示例：
```
var nam1;                           //变量被声明但没有赋值
var nam2=600;
var nam3="abcd",nam4="efg";         //同时声明两个字符串变量
var mc_a=true;
var m,n,i,j=800;                    //同时声明四个变量，但只有变量 j 被赋值
var x;
var y = 1;
var z = 3, w = 4;
var s, t, u = z;
var nam=[1,2,3];
trace(nam[0]);
trace(nam[1]);
trace(nam[2]);
```

20.2.4　Flash 影片剪辑事件与拖动

1. OnclipEvent

前面主要讲了把命令写在时间轴的关键帧上和按钮上，其实还可以把命令写在影片剪辑上。当命令写在按钮上的时候，必需首先写 on 事件，例如：on(press){...}或者 on(release){...}等，用来表示鼠标在按钮上发生的动作。同样的道理当把命令写在影片剪辑上的时候必需首先写 OnclipEvent。

事件处理函数 OnclipEvent 与 on 命令十分类似。不同的是 on 事件设置的是鼠标或键盘事件，而 OnclipEvent 命令设置的是影片剪辑事件，它只能附加在影片剪辑上面，不能写在帧或按钮元件上。OnclipEvent 的事件有九个，分别是：

（1）load：当 movieclip 被下载到当前场景的时间轴上时触发 load 事件；

（2）unload：事件在当前场景的时间轴上，当 movieclip 被卸载时触发 unload 事件，在卸载后第一帧执行 OnclipEvent 命令设定的操作；

（3）enterFrame：以影片帧频不断地触发此动作；

（4）mouseMove：每次移动鼠标时启动此动作，_xmouse 和 _ymouse 属性用于确定当前鼠标位置；

（5）mouseDown：当按下鼠标左键时启动此动作；

（6）mouseUp：当释放鼠标左键时启动此动作；

（7）keyDown：当按下某个键时启动此动作，使用 Key.getCode()方法获取最近按下的键的有关信息；

（8）keyUp：当释放某个键时启动此动作，使用 Key.getCode()方法获取最近释放的键的有关信息；

（9）data：当在 loadVariables 或 loadMovie 动作中接收数据时启动此动作。当与 loadVariables 动作一起指定时，data 事件只发生一次，即加载最后一个变量时；当与 loadMovie 动作一起指定，获取数据的每一部分时，data 事件都重复发生。

2. 拖动命令

命令格式：startDrag(target,[lock ,left ,top ,right,bottom])

参数 target 表示要拖动的影片剪辑的目标路径；lock 表示一个布尔值，指定可拖动影片剪辑是锁定到鼠标位置中央（true），还是锁定到用户首次单击该影片剪辑的位置上（false）。此参数是可选的。

参数 left、top、right、bottom 是相对于影片剪辑父级坐标的值，这些坐标指定该影片剪辑的约束矩形。这些参数是可选的。返回无。

这些参数说明了动作，使 target 影片剪辑在影片播放过程中可拖动。一次只能拖动一个影片剪辑。执行 startDrag 动作后，影片剪辑将保持可拖动状态，直到被 stopDrag 动作明确停止为止，或者直到为其他影片剪辑调用了 startDrag 动作为止。

例：若要拖动放在任何位置的影片剪辑，可将 startDrag 和 stopDrag 动作附加到该影片剪辑内的某个按钮上。

```
on(press) {
    startDrag(this,true);
}
on(release) {
    stopDrag();
}
```

20.3　在 MFC 中使用 Flash

20.3.1　MFC 中添加 ShockwaveFlash 控件

ShockwaveFlash 是一个可以使开发者在 MFC 中轻易使用并和 Flash 交互的控件，学习 MFC 和 Flash 的交互，就是学习 ShockwaveFlash 控件的使用。

步骤：

（1）下载 ShockwaveFlash 控件，安装；

（2）新建一个 MFC Dialog 程序；

（3）添加一个 Flash 控件。

在 Dialog 设计界面右击，选择 Insert ActiveX Control，如图 20.1 所示。

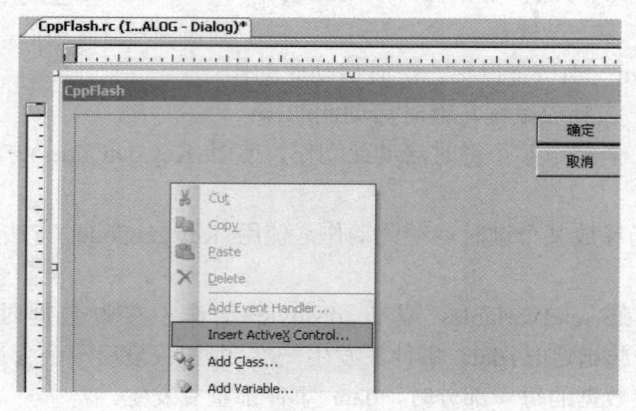

图 20.1　添加 ActiveX 控件

在弹出框中选择 Shockwave Flash Object，如图 20.2 所示。

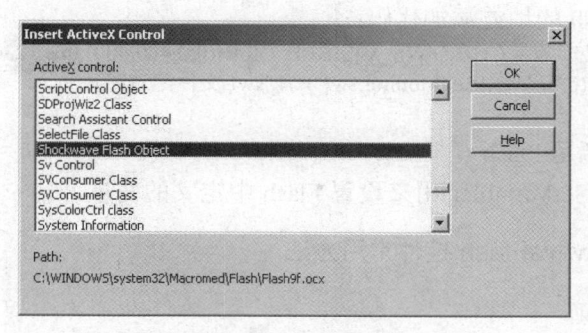

图 20.2　添加 Shockwave Flash 控件

（4）工程中插入一个 CShockwaveFlash 类变量

在上一步插入的 Flash 控件上右击，选择 Add Variable，如图 20.3 所示。

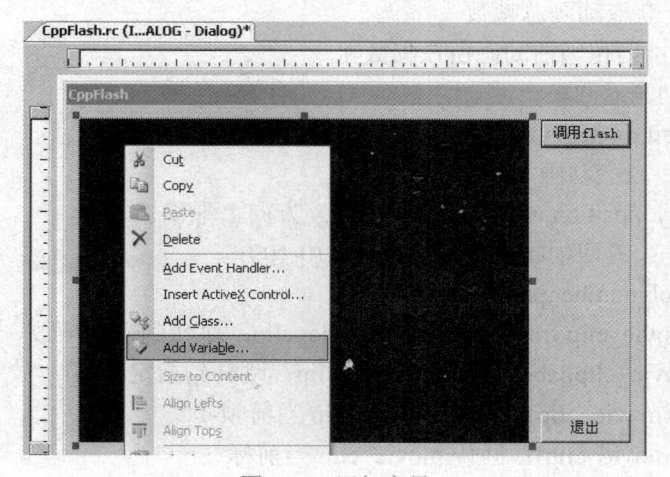

图 20.3　添加变量

在弹出的对话框中按照图 20.4 填写，添加类型为 CShockwaveflash1 类型的变量 flashUI。

图 20.4　添加变量 flashUI

(5) 使用变量

在需要控制 Flash 的地方添加代码：
flashUI.Create(NULL, WS_CHILD|WS_VISIBLE, CRect(0,0,400,400),this,1234);
flashUI.LoadMovie(0,"e://wellBedMonitor.swf"); // "swf 文件绝对路径"
flashUI.Play();

(6) 在 MFC 调用 Flash

GetVariable()和 SetVariable()用来设置 Flash 中定义的变量。

20.3.2 ShockwaveFlash 控件常用方法

Play()：播放动画

StopPlay()：停止动画

IsPlaying()：动画是否正在播放（true，false）

GotoFrame(frame_number)：跳转到某帧（frame_number+1）

TotalFrames()：获取动画总帧数

CurrentFrame()：回传当前动画所在帧数-1

Rewind()：使动画返回第一帧

SetZoomRect(left,top,right,buttom)：放大指定区域

Zoom(percent)：改变动画大小

Pan(x_position,y_position,unit)：使动画在 x,y 方向上平移

PercentLoaded()：返回动画被载入的百分比(0-100)

LoadMovie(level_number,path)：加载动画

TGotoFrame(movie_clip,frame_number) movie_clip：跳转到指定帧数

TGotoLabel(muvie_clip,label_name) movie_clip：跳转到指定标签

TCurrentFrame(movie_clip)：回传 movie_clip 当前帧-1

TCurrentLabel(movie_clip)：回传 movie_clip 当前标签

TPlay(movie_clip)：播放 movie_clip

TStopPlay(movie_clip)：停止 movie_clip 的播放

GetVariable(variable_name)：获取变量

SetVariable(variable_name,value)：变量赋值

TCallFrame(movie_clip,frame_number)：调用指定帧上的 action

TCallLabel(movie_clip,label)：调用指定标签上的 action

TGetProperty(movie_clip,property)：获取 movie_clip 的指定属性

TSetProperty(movie_clip,property,number)：设置 movie_clip 的指定属性

20.3.3 在 Flash 和 MFC 之间传递消息

把 Flash 嵌入自己的程序后，用户在 Flash 动画上面操作，想知道用户进行了什么操作，就得让 Flash 动画来通知程序了。Flash 脚本中的命令 FSCommand(command,args)可以用来向外部发送消息。

FSCommand 命令有两个参数，都是字符串，开发者可以在 Flash 脚本中指定任意的字符串。比如用户按下 Flash 动画的一个按钮就发送 FSCommand("bt","bt1")这样一个消息，按下另

一个按钮发送 FSCommand("bt","bt2")，而程序收到 FSCommand 消息后就通过两个参数的不同字符串来判断用户按下的是哪个按钮。

在 MFC 中如何才能接收这个消息呢？前面讲到，Shockwave Flash Object 插入程序后就可以像一个普通的 Windows 控件那样使用它了。要让它接收并处理这个消息当然是使用 MFC 的类向导进行消息映射了。做法如下：

1．添加消息处理函数。

在主菜单中选择"查看 | 类向导"，在弹出的对话框中选择消息映射，在左边的列表框中选择刚插入程序的 Shockwave Flash Object 控件 id，右边选择 FSCommand，单击 AddFunction，这样就添加了一个 FSCommand 消息处理函数了。它的形式大概是这样子的：

  void CPlayFlashDlg::OnFSCommandShockwaveflash1(LPCTSTR command, LPCTSTR args) ;

函数有两个参数，就是 Flash 的 Action Script 中 FSCommand 语句中的两个参数。其实并不一定两个参数都用到，Flash 脚本中可以就使用一个参数，这样这边的函数就只要对第一个参数进行处理就行了。

2．编写消息处理代码。

在刚添加的 FSCommand 消息处理函数中，对两个参数进行处理。其实就是做字符串比较的操作，根据是什么字符串来判断用户进行了什么操作。

习题二十

一、问答题

1．Flash 有哪些特性？为什么要用 Flash 做界面？
2．Flash 脚本有哪些数据类型？有哪些关键字？
3．MFC 和 Flash 使用什么控件进行交互？

二、上机练习题

1．下载并安装 Flash 软件，并编写一个简单的算术程序，熟悉 Flash 脚本的开发过程。
2．在 MFC 中安装 ShockwaveFlash 控件并实现和 Flash 的交互。

参考文献

[1] 谭浩强．C 程序设计（第二版）．北京：清华大学出版社，1999．

[2] 钱能．C++程序设计教程（第 2 版）．北京：清华大学出版社，2002．

[3] 候俊杰．深入浅出 MFC．武汉：华中理工大学出版社，2002．

[4] [美] David J.Kruglinski．Visual C++技术内幕．潘爱民译．北京：清华大学出版社，2001．

[5] [美] David J.Kruglinski．Programming Visual C++6.0 技术内幕．希望图书创作室译．北京：希望电子出版社，1999．

[6] [美] Gregory.K．Visual C++6.0 开发使用手册．前导工作室译．北京：机械工业出版社，1999．

[7] 曾玉明．Visual C++.NET——深入 Windows 编程．北京：电子工业出版社，2002．

[8] 王险峰．Windows 环境下的多线程编程原理与应用．北京：清华大学出版社，2002．

[9] 杨浩广．Visual C++6.0 数据库开发学习教程．北京：北京大学出版社，2000．

[10] 席庆，张春林．Visual C++6.0 实用编程技术．北京：中国水利水电出版社，1999．

[11] 王华等．Visual C++6.0 编程实例与技巧．北京：机械工业出版社，1999．

[12] 穆学宗等．Visual C++4.2 编程实践指要．北京：中国铁道出版社，1997．

[13] 李国徽．编程实例技巧．武汉：华中理工大学出版社，1999．

[14] 杨晓鹏．Visual C++7.0 实用编程技术．北京：中国水利水电出版社，2002．

[15] 李松等．最新 Visual C++6.0 程序设计教程．北京：冶金工业出版社，2001．

[16] 胡峪．Visual C++ 编程技巧与示例．西安：西安电子科技大学出版社，2000．

[17] 彭忠良．从 MFC 到.NET 类库．北京：机械工业出版社，2003．

[18] [美] Dave Maclean，[印]Satya Komatineni．精通 Android 4．曾少宁，杨越译．北京：人民邮电出版社，2013．

[19] [英] Reto Meier．Android 4 高级编程．佘建伟，赵凯译．北京：清华大学出版社，2013．

[20] 韩超．Android 经典应用程序开发．北京：电子工业出版社，2011．

[21] E2ECloud 工作室．深入浅出 Google Android．北京：人民邮电出版社，2009．

[22] 扶松柏．Android 开发从入门到精通．北京：北京希望电子出版社，2012．

[23] 李刚．疯狂 Android 讲义．北京：电子工业出版社，2011．

[24] 王世江等．Google Android SDK 开发范例大全（第 2 版）．北京：人民邮电出版社，2010．

[25] 邓凡平．深入理解 Android．北京：机械工业出版社，2012．

[26] [美] Ed Burnette．Android 基础教程（第 3 版）．北京：人民邮电出版社，2011．

[27] 梁伟．Visual C++网络编程经典案例详解．北京：清华大学出版社，2010．

[28] 曹铭．FLASH MX 宝典．北京：电子工业出版社，2003．

[29] 陈青．Flash MX 2004 标准案例教材．北京：人民邮电出版社，2006．

[30] 梁建武．Visual C++程序设计教程．北京：中国水利水电出版社，2007．